“十二五”职业教育国家规划教材
经全国职业教育教材审定委员会审定

机械制图与CAD

（第3版）

黄　洁　主编
王爱民　刘晓燕　副主编
董胜利　张　芸　马秀华　参编
茅正新　主审

科学出版社
北　京

内容简介

本书依据教育部高职高专院校“机械制图”课程教学基本要求，采用目前最新技术制图和机械制图国家标准编写。全书主要内容包括制图的基本知识与技能，投影基础，立体表面的交线，轴测图，组合体，机件常用的表达方法，常用标准件和齿轮、弹簧的表示法，零件图，装配图，零部件测绘，AutoCAD 2010 绘图基础与实训及附录。

本书紧密结合高职高专教学特点，以应用为目的，以“必需、够用”为度，对画法几何及投影变换、轴测图、标准件和常用件等内容适当压缩优化；在组合体部分增加构形设计以及零部件测绘和 CAD 绘图实训内容。CAD 绘图部分采用案例教学法，增加了录屏演示，简明易学，学生上手快。

本书既适用于高职高专院校非机类各专业的制图教学，也可供非机类、近机类专业成人教育使用或工程技术人员参考。

图书在版编目（CIP）数据

机械制图与 CAD/黄洁主编. —3 版. —北京：科学出版社，2018

“十二五”职业教育国家规划教材　经全国职业教育教材审定委员会审定

ISBN 978-7-03-058510-3

Ⅰ.①机…　Ⅱ.①黄…　Ⅲ.①机械制图-AutoCAD 软件-职业教育-教材　Ⅳ.①TH126

中国版本图书馆 CIP 数据核字（2018）第 183181 号

责任编辑：赵丽欣　常晓敏 / 责任校对：陶丽荣

责任印制：吕春珉 / 封面设计：耕者设计工作室

科学出版社出版

北京东黄城根北街 16 号

邮政编码：100717

http://www.sciencep.com

三河市骏杰印刷有限公司印刷

科学出版社发行　各地新华书店经销

*

2009 年 8 月第　一　版　2018 年 8 月第十四次印刷

2013 年 6 月第　二　版　开本：787×1092　1/16

2018 年 8 月第　三　版　印张：18

字数：432 880

定价：49.00 元

（如有印装质量问题，我社负责调换〈骏杰〉）

销售部电话　010-62136230　编辑部电话　010-62134021

前言

本书是在第 2 版的基础上，依据教育部高职高专院校《机械制图》课程教学基本要求，以及近几年发布的最新技术制图和机械制图国家标准修订而成。本书第 2 版是“十二五”职业教育国家规划教材，并获陕西省 2016 年普通高校优秀教材二等奖。

本书充分考虑高职高专教育的特点，以掌握基本理论、强化实际应用、培养基本技能为重点，对画法几何及投影变换、轴测图、标准件和常用件等内容适当压缩优化；在组合体部分增加了构形设计；零件图、装配图之后增加了零部件测绘和 CAD 绘图实训指导，旨在突出实践应用教学，提高学生整体工程素质和综合制图技能。主要内容包括：制图基本知识与技能；投影基础；立体表面的交线；轴测图；组合体；机件常用的表达方法；常用标准件和齿轮、弹簧的表示法；零件图；装配图；零部件测绘；AutoCAD 2010 绘图基础与 AutoCAD 2010 绘图实训，共 12 章和 6 个附录。本书既适用于高职高专院校非机类各专业的制图教学，也可供非机类、近机类专业成人教育使用或工程技术人员参考。

本书在第 3 版修订中着重补充修改了以下几点内容：

1. 在重点概念和抽象知识点处增加了数字信息资源，给出形象生动的视频或动画演示，帮助学生加深理解概念和掌握知识点，也方便学生自学和课后复习。

2. 教材以应用为目的，突出 CAD 实践应用教学和绘图能力的培养。继续采用案例教学法，并以录屏方式增加了 CAD 绘图图例操作的演示或指导，方便学生学习和操作练习。

3. 修订了与教材配套的习题集，选择部分典型习题，给出了参考图例，对学生易犯的错误进行分析和强调。

4. 习题集中 CAD 绘图部分增加了录屏演示或指导，方便观看操作过程和步骤，有利于学生短时间内有效提高 CAD 绘图能力和技巧。

5. 采用了近年来的最新技术制图和机械制图国家标准。

本书由西安电力高等专科学校黄洁主编，参加第 1 版编写的还有王爱民、刘晓燕、董胜利、张芸，全书由黄洁统稿，西安空军工程大学茅正新教授审阅。此外，第 3 版由黄洁、马秀华校核和修订了书中所引用的制图国家标准和附录。同时，在修订过程中参考了其他优秀教材，西安交通大学机械学院郑镁教授给出了宝贵的指正和建议，此外本书还得到了曹敏、王立涛教授的大力帮助，以及单位领导和同事的热心支持，在此表示诚挚的感谢。

由于编者水平有限，加之时间较紧，错漏之处在所难免，欢迎广大读者批评指正。

目　录

绪　　论

一、课程的地位和性质

在现代生产中，无论是机器的设计、制造还是安装，都要根据图样进行，在工程技术界，图样是人们表达和交流思想的重要工具，被喻为工程界的“技术语言”，所有工程技术人员都必须学习和掌握这种语言。

本课程是一门研究三维物体的形状与二维平面图形之间关系的学科，是高职高专院校理工科的一门必修技术基础课。本课程重在培养学生的空间思维能力和识图、绘图技能，也是学习后续课程和完成课程设计、毕业设计不可缺少的基础。

二、课程的主要任务和要求

课程的主要任务是培养学生识图、绘图技能。通过学习，学生应达到如下基本要求：

(1) 掌握正投影法的基本原理及其应用，具有空间想象和空间分析的初步能力。

(2) 掌握绘制和识读机械图样的基本方法和技能，能识绘一般复杂程度的机械图样。

(3) 学习制图国家标准及其有关规定，具有查阅标准和技术手册的能力。

(4) 掌握正确使用仪器画图和徒手画图的技能，同时具有 CAD 绘图的基本能力。

三、课程的学习方法

1. 强调实践性

要在理解基本概念和理论的基础上，着重于实践练习。要求每次课后认真、独立地完成作业和练习，这是掌握知识，提高识图、绘图能力的重要手段。

2. 重视空间想象能力的培养

本课程着重研究的是“由物到图，由图到物”的转化问题。因此，要把投影分析与空间想象紧密地结合起来，坚持多画、多看、多想，不断提高空间想象与空间思维能力，掌握正确的分析问题的方法。

3. 重视学习制图国家标准

要认真学习并严格遵守制图国家标准，熟悉常用的标准并能熟练地运用。

4. 树立严谨的科学学风

在画图过程中，要培养学生认真负责的工作态度和严谨细致、一丝不苟的工作作风。

第1章

制图的基本知识与技能

教学提示

本章主要介绍技术制图和机械制图国家标准中有关的基本规定；常用的几何作图方法；平面图形的尺寸分析、线段分析和作图步骤；绘图工具、仪器的使用方法。

通过本章学习，要求学生熟悉制图国家标准有关的基本规定，掌握常用的几何作图法，能正确地进行图形分析，掌握平面图形的绘制方法。

图样是现代化工业生产和技术交流的重要技术文件，其规范性要求很高。因此，为了便于组织生产、管理及技术交流，对于图样格式、尺寸注法和表达方法等必须有统一规定，这个规定就是《技术制图》和《机械制图》中国家标准的有关规定。每个工程技术人员都必须掌握并遵守这些国家标准。国家标准简称国标，用 GB 或 GB/T 表示。“GB/T 14689－2008”的含义如下：GB 是国家标准的缩写，T 是推荐的缩写，14689 是该标准的编号，2008 表示标准颁布的时间。

本章主要介绍国家标准中对图纸幅面和格式、比例、字体、图线、尺寸注法等的有关规定，并介绍常用的绘图工具、仪器的使用，几何作图方法及平面图形的画法。

1.1　制图国家标准的基本规定

1.1.1　图纸幅面和格式（GB/T 14689—2008）

1. 图纸幅面

图纸幅面是指由图纸的宽度和长度组成的图面。在绘图时，应优先采用表 1-1 中所规定的基本幅面尺寸。必要时，也允许选用加长幅面。加长幅面的尺寸必须按基本幅面的短边成整数倍增加后得出。表 1-1 中 B、L、a、c、e 表示的意义参见图 1-1 和图 1-2。

表 1-1　图纸基本幅面代号和尺寸　　单位：mm

幅面代号	A0	A1	A2	A3	A4
$B \times L$	841×1189	594×841	420×594	297×420	210×297
a	25				
c	10			5	
e	20		10		

2. 图框格式

图框是指图纸上限定绘图区域的线框。图框线为粗实线，其格式分为不留装订边和留装订边两种，如图 1-1 和图 1-2 所示。同一产品的图样只能采用一种图框格式。

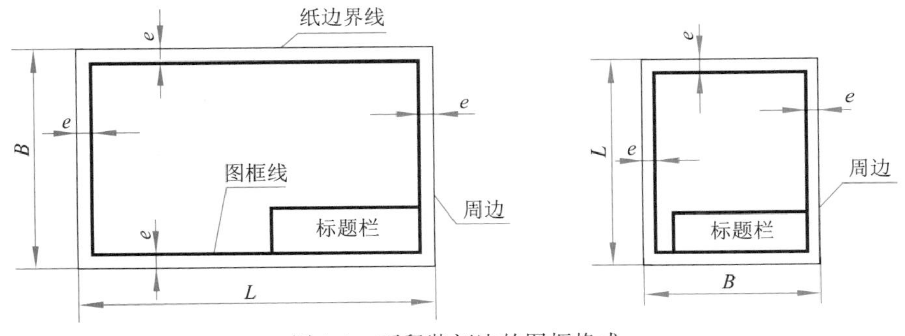

图 1-1　不留装订边的图框格式

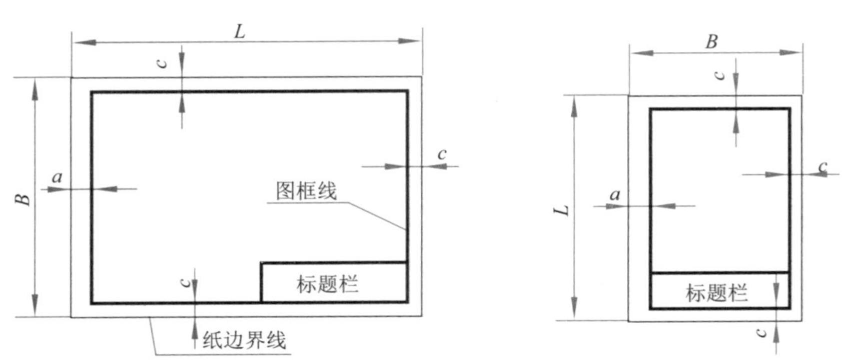

图 1-2　留装订边的图框格式

3. 标题栏的方位与格式

每张图纸上都必须画出标题栏。标题栏一般画在图纸的右下角，如图 1-1 和图 1-2 所示。标题栏中的文字方向应与看图方向一致。

标题栏的内容、格式在国家标准（GB/T 10609.1—2008 技术制图 标题栏）中已有明确的规定，比较复杂。在制图作业中，为了简化作图，建议采用如图 1-3 所示的简化标题栏。

注意：标题栏的外框线用粗实线绘制，其右边和底边与图框重合，标题栏内的分格线均用细实线绘制。

（零件名称）			比例	数量	材料	（图号）
制图	（姓名）	（日期）	（校名、班级）			
审核	（姓名）	（日期）				

(a) 用于零件图

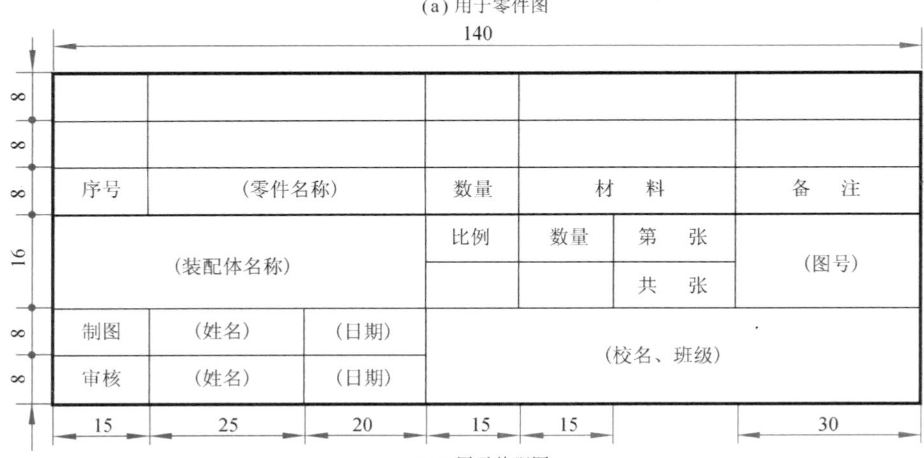

(b) 用于装配图

图 1-3　标题栏的格式

4. 附加符号

(1) 对中符号。为了使图样复制和缩微摄影时定位方便，各图纸均应在图纸边长的中点处分别画出对中符号（用线宽不小于 0.5mm 的粗实线），当对中符号处在标题栏范围内时，则伸入标题栏部分省略不画，如图 1-4 所示。

(2) 方向符号。对于使用预先印制的图纸，需要改变标题栏的方位时，必须将标题栏旋转至图纸的右上角。此时，为了明确绘图与看图时图纸的方向，应在图纸的下边对中符号处画出一个方向符号，方向符号用细实线绘制一个等边三角形，如图 1-4 所示。

标题栏

对中符号

看图方向

图 1-4　对中符号和看图方向

1.1.2　比例（GB/T 14690—1993）

比例是指图形与实物相应要素的线性尺寸之比。

表 1-2 中给出了国家标准规定的绘制工程图样优先选用的比例。

表 1-2　绘图比例

种　类	比　例
原值比例	1∶1
放大比例	5∶1　　2∶1　　5×10^n∶1　　2×10^n∶1　　1×10^n∶1
缩小比例	1∶2　　1∶5　　1∶10　　1∶2×10^n　　1∶5×10^n　　1∶1×10^n

注：n 为正整数。

为了反映机件的真实大小，应尽量采用原值比例。当机件过大或过小时，可分别采用缩小或放大的比例。图 1-5 表示同一物体采用不同比例绘制的图形。

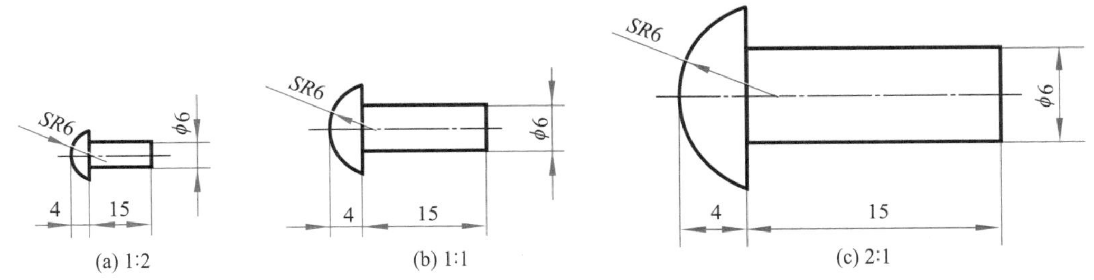

图 1-5　采用不同比例绘制的图形

注意： 不论是采用缩小还是放大的比例，在标注尺寸时都必须标注机件的实际尺寸。

1.1.3　字体（GB/T 14691—1993）

工程图样中，除了图形外，还要用数字及文字来标注尺寸和说明各项技术要求。

在图样中书写字体时，必须做到：字体工整，笔画清楚，间隔均匀，排列整齐。

字体的号数，即字体的高度（用 h 表示，单位 mm），分 1.8，2.5，3.5，5，7，10，14，20 八种。如需书写更大的字，其字体的高度应按$\sqrt{2}$的比率递增。

图样中的汉字应写成长仿宋体，并采用国家正式公布推行的简化字。汉字的高度（h）不应小于 3.5mm，其字宽一般为 $h/\sqrt{2}$（即约等于字高的 2/3）。长仿宋体的书写要领是：横平竖直、注意起落、结构均匀、填满方格。

数字和字母分为 A 型和 B 型。A 型字体的笔划宽度为字高的 1/14，B 型字体的笔划宽度为字高的 1/10。

在同一图样中，只允许采用一种形式的字体。数字和字母可写成斜体或直体，斜体字头向右倾斜，与水平线成 75°。

汉字、数字和字母的书写示例见表 1-3。

表 1-3　字体

字体		示例
长仿宋体汉字	10 号	学好制图课，培养和发展空间想象能力
	7 号	长仿宋体字书写要领：横平竖直　注意起落　结构均匀　填满方格
	5 号	徒手绘图、尺规绘图和计算机绘图都是工程技术人员必须具备的绘图技能
拉丁字母	大写斜体	ABCDEFGHIJKLMNO　PQRSTUVWXYZ
	小写斜体	abcdefghijklmnopq　rstuvwxyz
阿拉伯数字	斜体	0123456789
罗马数字	斜体	I II III IV V VI VII VIII IX X

1.1.4　图线（GB/T 4457.4—2002）

1. 图线型式及应用

在绘制图样时，应采用国标规定的图线。图线分为粗、细两种，两者之间的线宽

比例为 2∶1。粗线的宽度（d）应根据图样的大小和复杂程度在 0.5～2mm 之间选择。图线宽度的推荐系列为 0.13mm，0.18mm，0.25mm，0.35mm，0.5mm，0.7mm，1mm，1.4mm，2mm。学生作业中建议粗线宽度（d）选用 0.7mm，细线的宽度为 $d/2$。

国标规定在机械图样中使用九种图线，其中常用图线的名称、型式及应用见表 1-4。

表 1-4　图线的型式及应用

图线名称	图线型式	图线宽度	主要用途
粗实线		d	①可见轮廓线 ②可见相贯线 ③模型分型线 ④剖切符号用线
细实线		$d/2$	①尺寸线及尺寸界线 ②剖面线及重合断面的轮廓线 ③过渡线
细虚线	4~6　≈1	$d/2$	不可见轮廓线
细点画线	10~20　≈3	$d/2$	①轴线 ②对称中心线
细双点画线	10~20　≈5	$d/2$	①相邻辅助零件的轮廓线 ②极限位置的轮廓线 ③轨迹线和中断线
波浪线		$d/2$	①断裂处的边界线 ②视图与剖视图的分界线

2. 图线的画法

（1）在同一图样中，同类图线的宽度应基本一致。虚线、点画线及双点画线的线段长度和间隔应大致相等。

（2）两条平行线之间的距离应不小于粗实线的两倍宽度。

（3）绘制圆的中心线时，圆心应为线段相交，而不得画成点或间隔。中心线的两端应是线段而不是短画，且超出轮廓 2～5mm。小圆（一般直径≤12mm）的中心线，小图形的细点画线、细双点画线均可用细实线代替，如图 1-6 所示。

（4）当两种或多种图线重合时，应按粗实线、细虚线、细点画线的顺序，只画前面的一种图线。

（5）细虚线、细点画线与其他图线相交时，应在线段处相交，而不应在空隙或短画处相交。

（6）当细虚线是粗实线的延长线时，粗实线应画到分界点，而细虚线与分界点之间应留空隙。

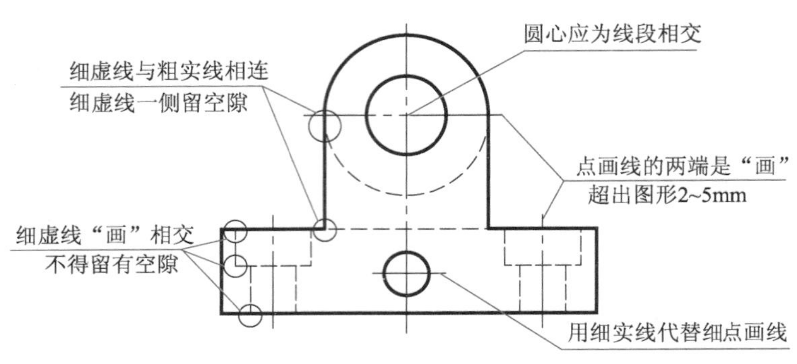

图 1-6　图线画法举例

1.1.5　尺寸标注（GB/T 4458.4—2003）

图样中的图形只能表达机件的结构和形状，而机件的大小及各部分之间的相对位置，则需要用尺寸来确定，尺寸是加工制造机件的重要依据。因此，标注尺寸时必须严格遵守有关的国标规定，做到正确、完整、清晰。

1. 尺寸标注的基本规则

（1）图样上的尺寸数值应反映机件的真实大小，与图形的大小及绘图的准确度无关。

（2）图样上（包括技术要求和其他说明）的尺寸通常以毫米为单位，不需要标注计量单位的代号或名称。如采用其他单位，则应注明相应的计量单位代号或名称。

（3）机件的每一尺寸，一般只标注一次，并应标注在反映该结构最清晰的图形上。

（4）图样上所标注的尺寸为该图样所示机件的最后完工尺寸，否则应另加说明。

（5）标注尺寸时，应尽可能使用符号和缩写词。常用的符号和缩写词见表 1-5。

表 1-5　尺寸标注常用符号和缩写词

名　称	符号或缩写词	名　称	符号或缩写词
直 径	ϕ	45°倒角	C
半 径	R	深 度	↧
球直径	$S\phi$	沉孔或锪平	⌴
球半径	SR	埋头孔	∨
厚 度	t	均 布	EQS
正方形	□	弧 长	⌒

2. 尺寸的组成与注法

一个完整的尺寸，一般应包括尺寸界线、尺寸线和尺寸数字三部分，如图 1-7 所示。

尺寸线终端可采用箭头、斜线两种形式，如图 1-8 所示。在同一图样中，尺寸线终端只能采用一种形式，不可交替使用。机械图样中一般采用箭头的形式。

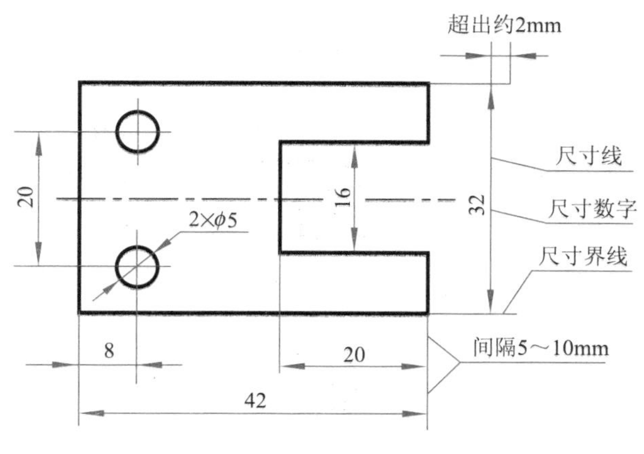

图 1-7　尺寸的标注示例

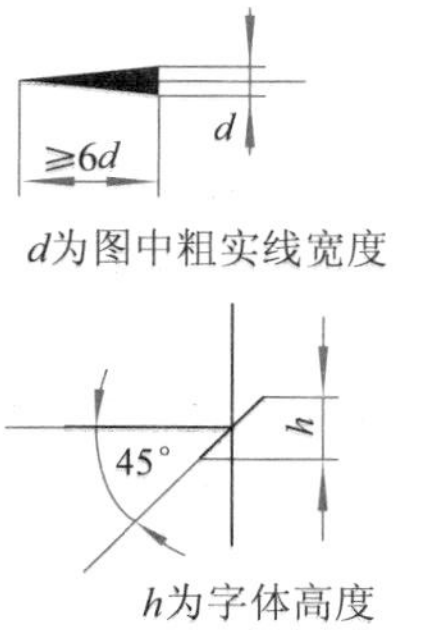

图 1-8　尺寸线终端

表 1-6 列出了标注尺寸的基本规定和注意事项。

表 1-6　标注尺寸的基本规定

名　称	说　明	图　例
尺寸数字	尺寸数字表示尺寸的大小，线性尺寸的尺寸数字一般注在尺寸线的上方或尺寸线的中断处。线性尺寸数字方向规定：水平方向字头朝上，垂直方向字头朝左，倾斜方向字头保持朝上的趋势	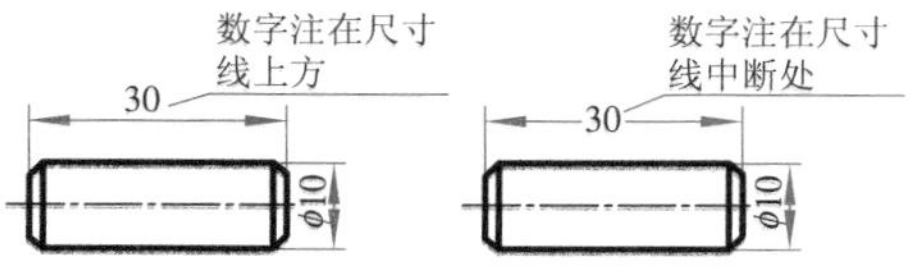
	对于各种位置的尺寸数字，可按右图所示方向注写，并尽量避免在图示有阴影线的 30°范围内标注尺寸数字。当无法避免时可采用图(b)形式	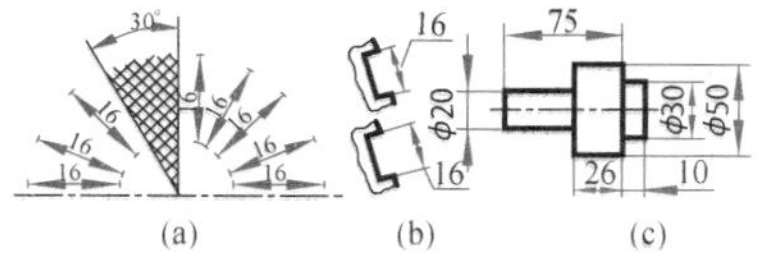
	尺寸数字不能与图线相交，当不可避免时，需将图线断开	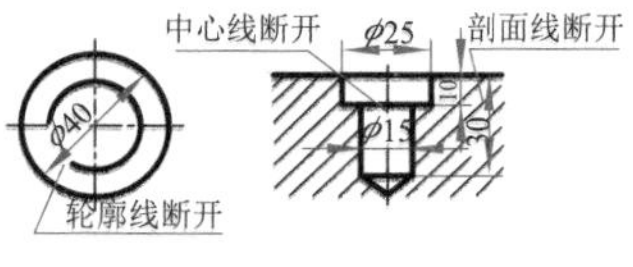
尺寸线	尺寸线表示尺寸的方向。尺寸线必须用细实线单独画出，不能用其他图线代替，也不得与其他图线重合或画在其延长线上。标注线性尺寸时，尺寸线必须与所标注的线段平行。相互平行的尺寸线应遵循小尺寸在里、大尺寸依次在外的原则	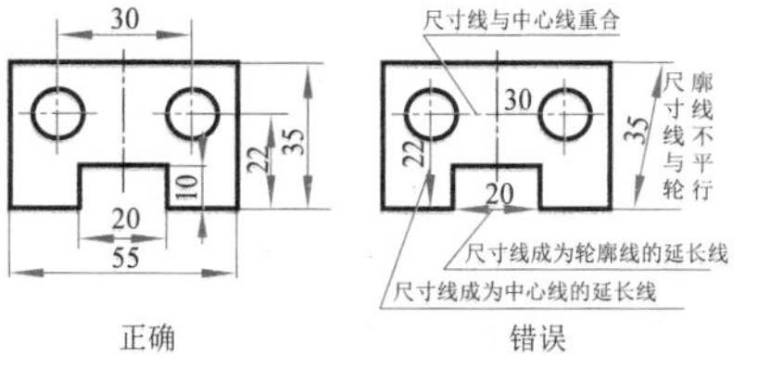

续表

名　称	说　明	图　例
尺寸界线	尺寸界线表示尺寸的范围。尺寸界线用细实线绘制，应由图形的轮廓线、轴线或对称中心线处引出，也可利用轮廓线或中心线作尺寸界线 尺寸界线一般应与尺寸线垂直，当尺寸界线过于贴近轮廓线时，允许倾斜画出（图(c)）；在光滑过渡处标注尺寸时，必须用细实线将轮廓线延长，从它们的交点引出尺寸界线（图(d)）	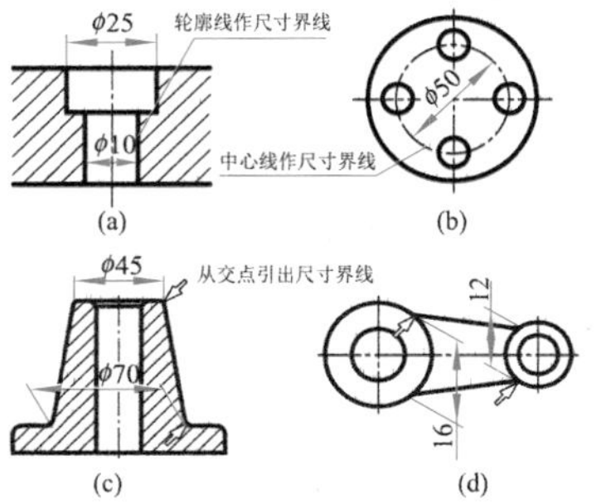
圆与圆弧尺寸标注	标注整圆和大于半圆的尺寸时，应标注直径尺寸，并在尺寸数字前加注直径符号“φ”；标注半圆的尺寸时，尺寸数字前要加注半径符号“R”	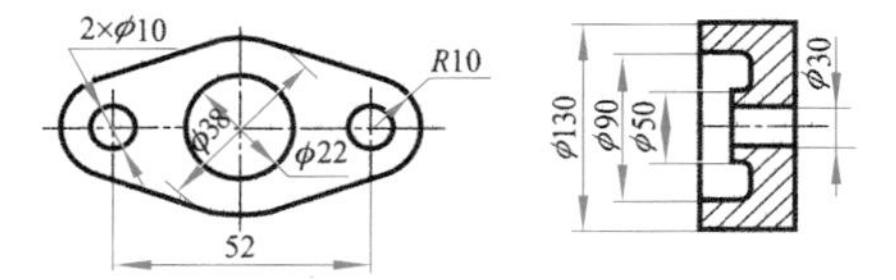
	当直径或半径尺寸较小时，箭头和数字都可以布置在外面	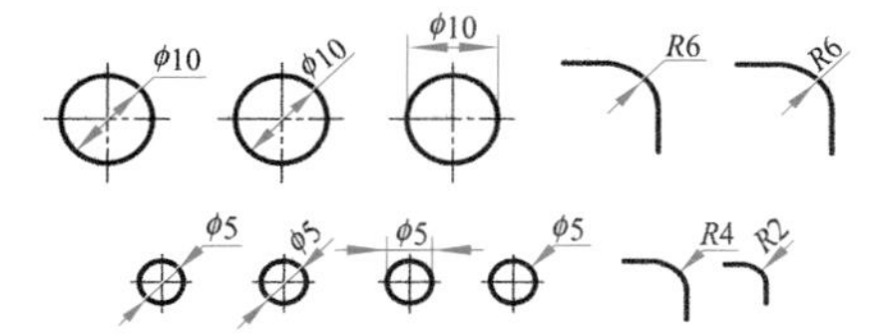
小尺寸的标注	标注一连串的小尺寸时，可用小圆点或斜线代替箭头，但最外两端箭头仍应画出	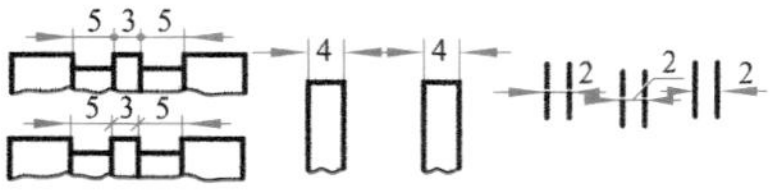
角度尺寸标注	角度尺寸界线应由径向引出，尺寸线应画成圆弧，圆心为该角的顶点；角度数字一般按水平注写在尺寸线的中断处，也可注在尺寸线的上方、外边或引出标注	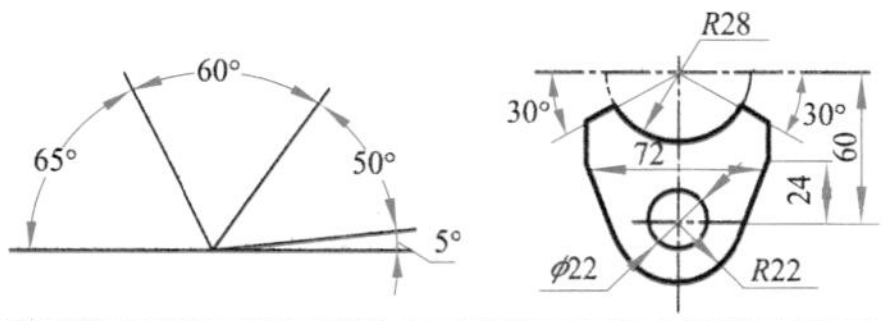

1.2　常用绘图工具的使用方法

正确、熟练地使用绘图工具，对提高绘图速度和质量十分重要。常用的绘图工具和仪器有图板、丁字尺、三角板、圆规、分规、铅笔、曲线板等。绘图工具和仪器的使用方法见表1-7。

表 1-7　常用绘图工具及其使用

名　称	图　例	说　明
图板和丁字尺	上下移动丁字尺	图板用来铺放和固定图纸。丁字尺与图板配合使用，丁字尺的尺头紧靠图板的导边，作上下移动，由左至右画水平线。丁字尺和三角板配合可画垂直线或常用斜线
三角板	15° 15°	一幅三角板包括 45°角和 30°（60°）角的各一块。三角板与丁字尺配合使用可画出与水平线成 15°倍数的各种斜线，直接利用两块三角板配合使用，也可画出已知直线的平行线和垂直线
圆规和分规	铅芯插脚 锥形钢针当分规用 插脚 鸭嘴插脚 6~8 定心针 6~8 圆规 B 3 2 1 A 分规	圆规用来画圆或圆弧。使用时，应使针脚比铅笔脚稍长 0.5～1mm，同时，注意使针脚和铅笔脚与纸面大致保持垂直。分规主要用来截取和等分线段，分规的两个针尖要调整得一样长，以便准确地量取线段
曲线板	与左段重合 本次描 留待与右段重合	曲线板用来画非圆曲线。使用时，先求出曲线上若干个点，然后用铅笔徒手轻轻地按顺序将各点连成一条光滑曲线，再用曲线板按照“找四连三，首尾相叠”的要领画出曲线
铅笔的使用	6~8 20 d	铅笔铅芯有软、硬之分，用代号 H、B 和 HB 来表示。B 前的数字越大，表示铅芯越软；H 前的数字越大，表示铅芯越硬；HB 表示软硬适中。绘图时，常用 H 或 2H 铅笔打底稿、画细线；用 HB 铅笔写字；用 B 或 2B 铅笔加粗轮廓线。削铅笔时应保留标号的一端，以方便使用

1.3 几何作图

要正确、迅速地绘制机械图样，必须掌握绘图的基本技能。本节介绍最基本的几何作图方法。

1.3.1 等分圆周及正多边形作法

1. 六等分圆周及作正六边形

作图方法有两种：

（1）用圆规作正六边形，见图 1-9（a）。

（2）用丁字尺和三角板作正六边形，见图 1-9（b）。

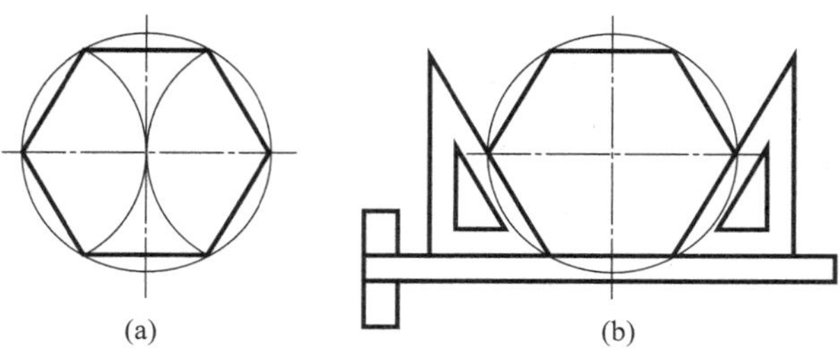

图 1-9 六边形画法

2. 五等分圆周及作正五边形

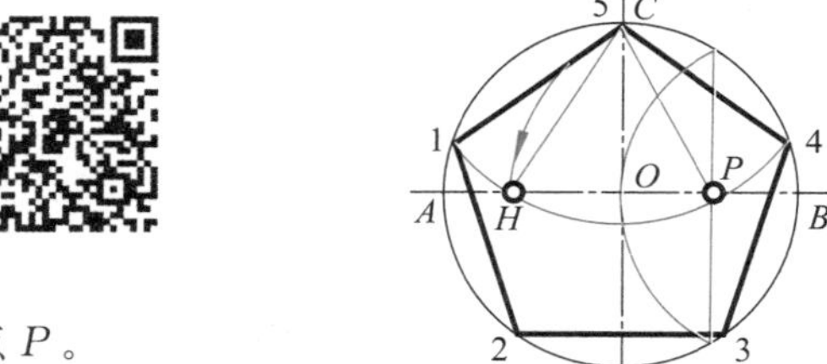

图 1-10 五边形画法

作图步骤如下（见图 1-10）：

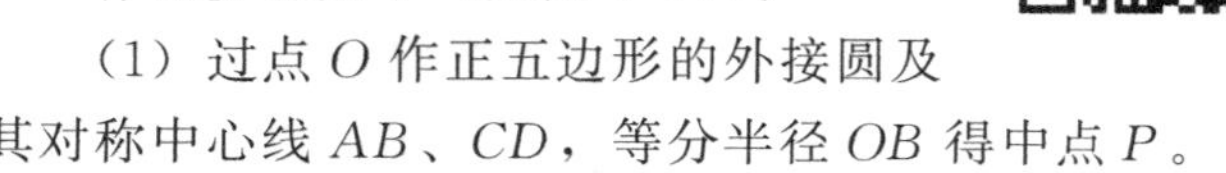

（1）过点 O 作正五边形的外接圆及其对称中心线 AB、CD，等分半径 OB 得中点 P。

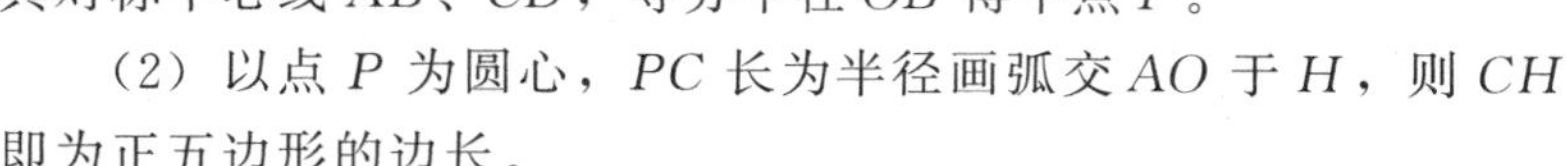

（2）以点 P 为圆心，PC 长为半径画弧交 AO 于 H，则 CH 即为正五边形的边长。

（3）以 CH 为边长，从点 C 开始作出圆的五个等分点，将各点依次连接，即得正五边形。

1.3.2 圆弧连接

机件常具有光滑连接的外形轮廓，如图 1-11 所示。在几何作图中用一已知半径的圆弧光滑地连接相邻两线段（直线或圆弧）的作图方法称为圆弧连接。这段已知半径的圆弧称为连接弧。作图时，必须先求出连接弧的圆心和连接点（切点），才能保证光滑连接。常见的圆弧连接有圆弧与直线连接、圆弧连接直线和圆弧、圆弧与圆弧连接。

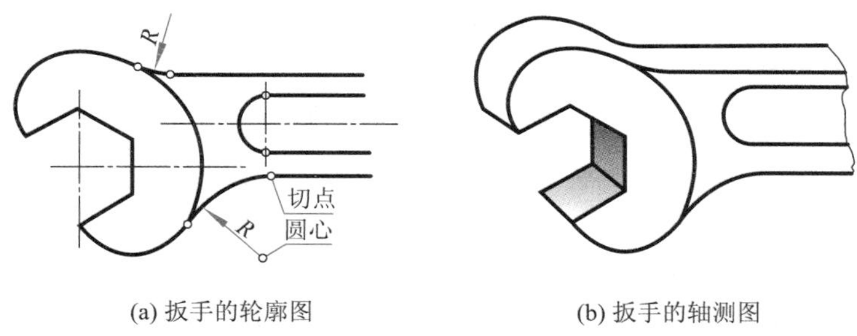

(a) 扳手的轮廓图　　(b) 扳手的轴测图

图 1-11　圆弧连接示例

1. 圆弧连接两直线

连接弧与已知直线相切时，连接弧的圆心轨迹是一条与已知直线相距为 R 的平行线。由圆心向已知直线作垂线，其垂足即为切点，如图 1-12(a)所示。

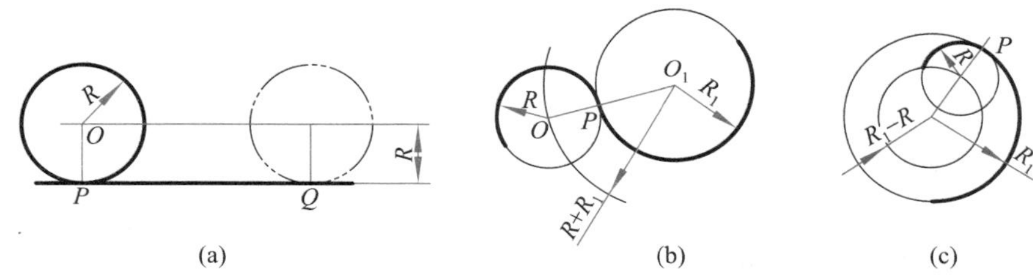

(a)　　(b)　　(c)

图 1-12　圆弧连接的作图原理

【例 1.1】 用已知半径为 R 的连接弧连接两直线，如图 1-13 所示。

作图步骤分两种情况，下面分别介绍。

两已知直线段不垂直的作图步骤如下，见图 1-13(a)。

(1) 作与两已知直线分别相距为 R 的平行线，交点 O 即为所求连接弧的圆心。

(2) 过点 O 分别作两已知直线的垂线，其垂足 P、Q 即为切点。

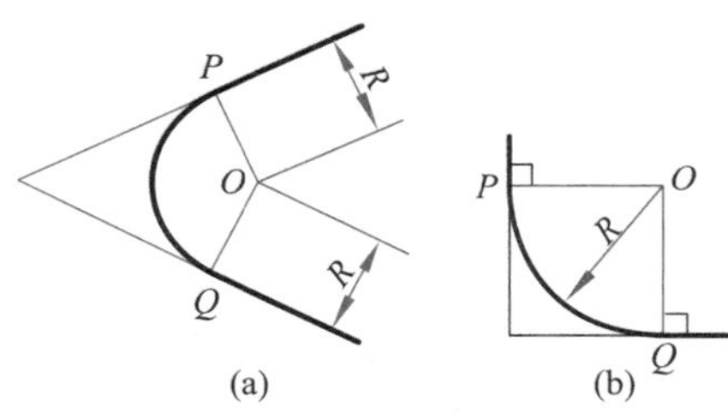

(a)　　(b)

图 1-13　用半径为 R 的圆弧连接两直线

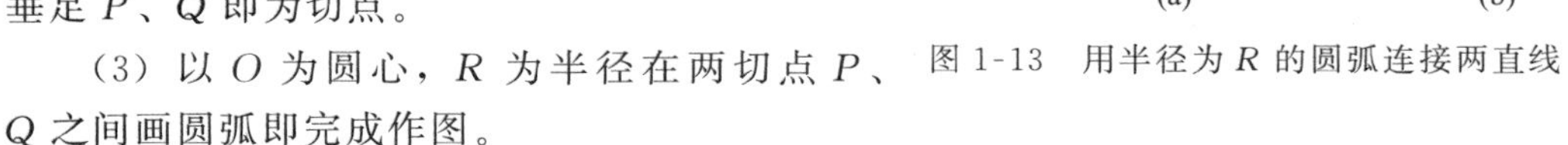

(3) 以 O 为圆心，R 为半径在两切点 P、Q 之间画圆弧即完成作图。

两已知直线段垂直的作图步骤如下，见图 1-13(b)。

(1) 以垂直线段交点为圆心，以 R 为半径作圆弧，交垂直线段于 P、Q 两点，即为切点。

(2) 分别以 P、Q 两点为圆心，以 R 为半径作圆弧，两圆弧交点 O 即为所求连接弧的圆心。

（3）以 O 为圆心，R 为半径在两切点 P、Q 之间画圆弧即完成作图。

2. 圆弧连接直线和圆弧

连接弧与已知圆弧相切时，连接弧的圆心轨迹是已知圆弧的同心圆。轨迹圆的半径分两种情况：外切时为两圆弧半径之和（R_1+R），切点位于两圆心的连线与已知圆弧的交点上，如图 1-12(b) 所示；内切时为两圆弧半径之差（R_1-R），切点位于两圆心连线的延长线与已知圆弧的交点上，如图 1-12(c) 所示。

【例 1.2】 用已知半径为 R 的连接弧连接直线和圆弧（见图 1-14）。

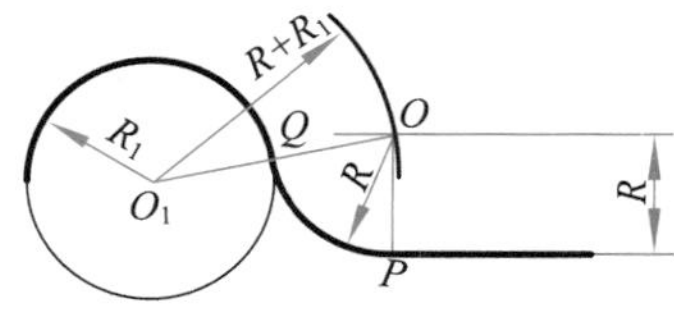

图 1-14　用半径为 R 的圆弧连接直线和圆弧

作图步骤如下：

（1）作已知直线的平行线（距离为 R），再作已知圆弧的同心圆（半径为 $R+R_1$），两者的交点 O 即为所求连接弧的圆心。

（2）过点 O 向已知直线作垂线，得垂足 P，连接 O 和 O_1 交已知圆弧于 Q，P、Q 即为切点。

（3）以 O 为圆心，R 为半径在两切点 P、Q 之间画圆弧即完成作图。

3. 圆弧连接两圆弧

圆弧连接两圆弧的方式有外切、内切、混合切三种。下面以圆弧外切方式连接两圆弧为例，说明圆弧连接的作图方法。

【例 1.3】 图 1-15(a) 的作图步骤如下：

（1）分别以 $R+R_1$ 及 $R+R_2$ 为半径，O_1 及 O_2 为圆心，画圆弧交于 O，即为所求连接弧的圆心。

（2）连接 OO_1 和 OO_2 分别交两圆弧于 P、Q，即为所求切点。

（3）以 O 为圆心，R 为半径在两切点 P、Q 之间画圆弧即完成作图。

同理，按照上述分析步骤完成图 1-15(b)、(c)。

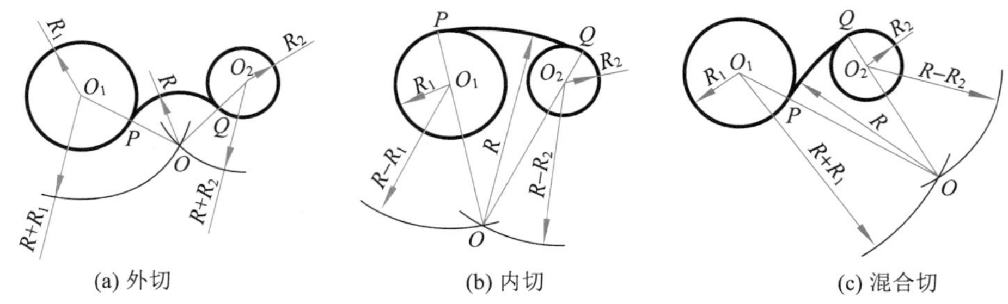

图 1-15　用半径为 R 的圆弧连接两圆弧

综上所述，圆弧连接的作图方法为：先根据相切作图原理定圆心；然后找切点；最后光滑连接。

1.3.3　斜度和锥度

1. 斜度

斜度是指直线或平面对另一直线或平面的倾斜程度。其大小用两直线或平面的夹角的正切来表示，如图 1-16(a) 所示，即

$$斜度 = \tan\alpha = \frac{H}{L}$$

通常在图样上将比例简化成 1 : n 的最简形式加以标注，并在 1 : n 前面写明斜度符号“∠”。斜度符号的画法如图 1-16(b)所示，符号斜线的方向应与斜度方向一致。h 为尺寸数字字高。

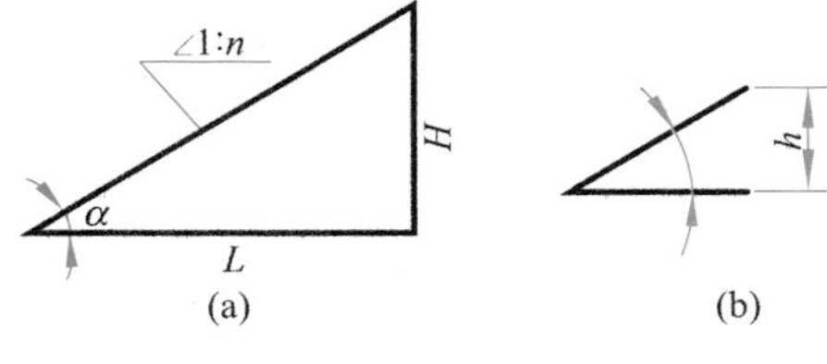

(a)　(b)

图 1-16　斜度及其符号

斜度的画法和标注如图 1-17 所示。

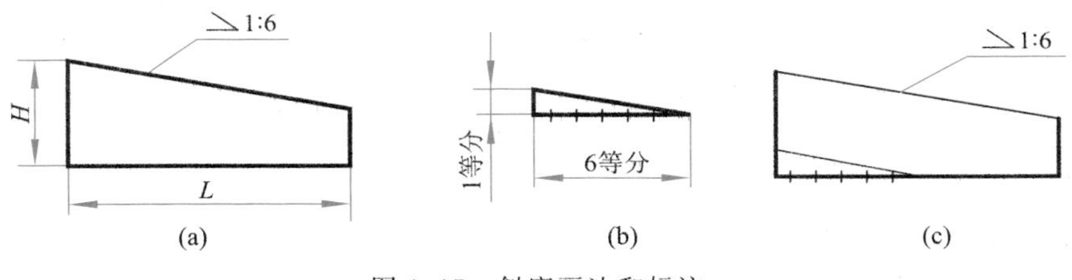

(a)　(b)　(c)

图 1-17　斜度画法和标注

2. 锥度

锥度是指圆锥的底圆直径与其高度之比；如果是锥台，则是底圆和顶圆直径的差与其高度之比，如图 1-18(a) 所示，即

$$锥度 = \frac{D}{L} = \frac{D-d}{l} = 2\tan\alpha/2$$

通常在图样上，锥度也写成 1 : n 的形式而加以标注，并在 1 : n 前面写明锥度符号。锥度符号的画法如图 1-18(b) 所示，符号斜线的方向应与锥度方向一致。

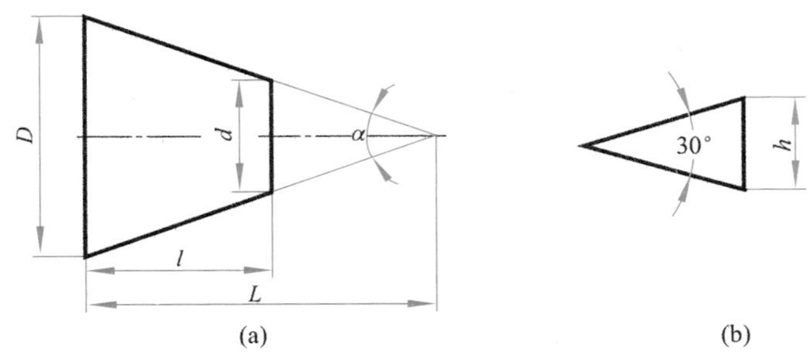

(a)　(b)

图 1-18　锥度及其符号

锥度的画法和标注如图 1-19 所示。

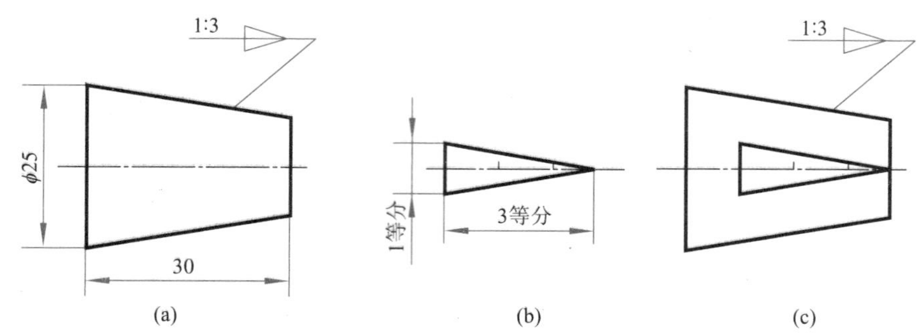

图 1-19　锥度的画法和标注

1.3.4　椭圆的近似画法（四心圆法）

已知椭圆的长轴 AB 与短轴 CD，则椭圆的近似画法如下：

（1）连接 AC，以 O 为圆心，OA 为半径画圆弧，交 CD 延长线于 E_1。

（2）以 C 为圆心，CE_1 为半径画圆弧，交 AC 于 E，如图 1-20(a) 所示。

（3）作 AE 的中垂线，交长轴于点 1，交短轴于点 2，并找出点 1 和 2 的对称点 3 和 4（即为四段圆弧的圆心），如图 1-20(b) 所示。

（4）分别连接点 1 与 2、点 2 与 3、点 3 与 4、点 4 与 1。

（5）以点 1、3 为圆心，1A 为半径；以点 2、4 为圆心，2C 为半径，分别画圆弧到连接点，光滑连接即可，如图 1-20(c) 所示。

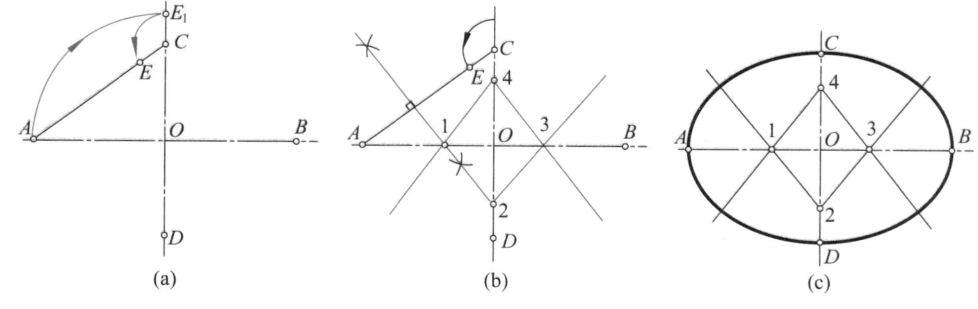

图 1-20　四心椭圆作法

1.4　平面图形的画法

平面图形是由若干线段连接而成，这些线段之间的相对位置和连接关系靠给定的尺寸来确定。画平面图形时，只有通过分析尺寸和线段之间的关系，才能确定平面图

形的作图步骤。现以手柄为例，介绍平面图形的分析方法和作图步骤。

1. 平面图形的尺寸分析

平面图形中的尺寸，按其作用可分为如下两类。

（1）定形尺寸。确定平面图形上几何元素形状大小的尺寸，称为定形尺寸。

如线段长度、圆及圆弧的直径和半径、角度大小等。如图 1-21 中的 $\phi5$、$\phi20$、$R10$、$R12$、$R15$ 等均为定形尺寸。

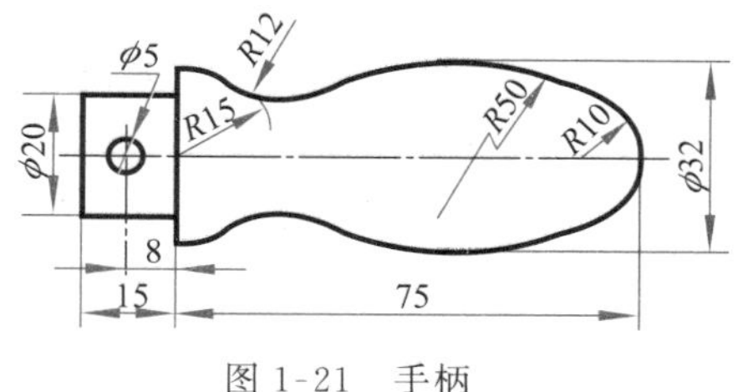

图 1-21　手柄

（2）定位尺寸。确定平面图形上几何元素之间相对位置的尺寸，称为定位尺寸。如图 1-21 中确定 $\phi5$ 圆心位置的尺寸 8 就是定位尺寸。

有时，同一个尺寸既有定形尺寸又有定位尺寸的作用。如图 1-21 中，尺寸 75 既是决定手柄长度的定形尺寸，又是右端 $R10$ 圆弧的定位尺寸；尺寸 $\phi32$ 既是决定手柄宽度的定形尺寸，又是 $R50$ 圆弧的定位尺寸。

标注平面图形的尺寸时，必须有个起点，这个起点称为尺寸基准。平面图形有长和宽两个方向，每个方向至少有一个尺寸基准。通常以图形的对称线、中心线、较长的直线作为尺寸基准，如图 1-21 中的水平对称线和 $\phi20$ 的右端面。

2. 平面图形的线段分析

在平面图形中，有些线段尺寸齐全，即具有定形、定位尺寸，可根据所注尺寸直接画出；而有些线段的定形、定位尺寸并不齐全，必须根据已注出的尺寸和该线段与相邻线段的连接关系，通过几何作图才能画出。

根据线段的尺寸是否齐全，将线段分为已知线段（圆弧）、中间线段（圆弧）和连接线段（圆弧）三类。绘制平面图形时，应先画已知圆弧，再画中间圆弧，最后画连接圆弧。下面介绍圆弧连接的作图问题。

（1）已知圆弧。给出半径大小及圆心在两个方向的定位尺寸的圆弧，称为已知圆弧。如图 1-21 中的 $R10$、$R15$。

（2）中间圆弧。给出半径大小及圆心在一个方向的定位尺寸的圆弧，称为中间圆弧。如图 1-21 中的 $R50$，圆心的上下位置由定位尺寸 $\phi32$ 确定，但缺少确定圆心左右位置的定位尺寸，画图时必须根据它和 $R10$ 圆弧相切这一条件才能将其画出。

（3）连接圆弧。已知圆弧半径，而缺少两个方向的定位尺寸的圆弧，称为连接圆弧。如图 1-21 中的 $R12$ 圆弧，只能根据和它相邻的 $R50$、$R15$ 两圆弧的相切条件，才能将其画出。

3. 平面图形的绘图方法和步骤

绘制平面图形之前，应分析图中的尺寸基准，分析哪些是定形尺寸，哪些是定位尺寸，然后进行线段分析，以便明确画图步骤。

现以图 1-22 为例，介绍平面图形的绘图方法和步骤。

（1）画基准线，并根据各个封闭图形的定位尺寸画出定位线，如图 1-22(a)所示。

（2）画已知线段，如图 1-22(b)所示。

（3）画中间线段，如图 1-22(c)所示。

（4）画连接线段，如图 1-22(d)所示。

（5）加深，注尺寸，完成全图，如图 1-22(e)所示。

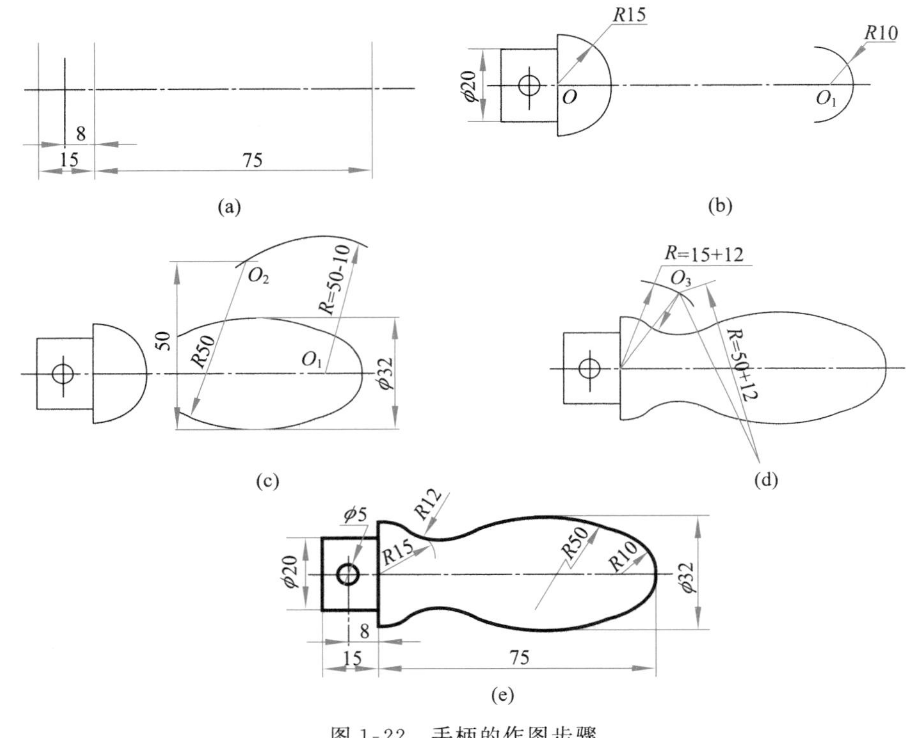

图 1-22　手柄的作图步骤

1.5　徒手画草图的方法

徒手画草图是指不借助任何绘图工具，目测物体的形状、大小，徒手绘制图样。徒手绘制的图称为草图。在设计阶段，由于设计方案需要经过反复修改才能最后确定，为了提高效率，往往以草图形式表达构思结果；在仿制产品或维修机器时，经常要进行现场测绘，由于环境和条件的限制，一般也是先画草图，再画正规图。因此，徒手画草图是工程技术人员必须具备的一种基本技能。

徒手绘图的基本要求是快、准、好，即画图速度要快，目测比例要准，图面质量要好。初学徒手绘图时，应在方格纸上进行，以便训练图线画得平直和借助方格线确定图形比例。

1. 直线的画法

画直线时，手腕靠着纸面，沿着画线方向移动，尽量画得直些。眼的余光注意终点位置，便于控制图线。画垂直线应自上而下运笔，如图 1-23(b) 所示；画水平线为了运笔方便，可将图纸斜放，如图 1-23(a)所示；斜线一般不太好画，故可将图纸自由转动，使要画的线正好处于顺手的方向，如图 1-23(c)所示。画短线，常以手腕运笔，画长线则以手臂动作。

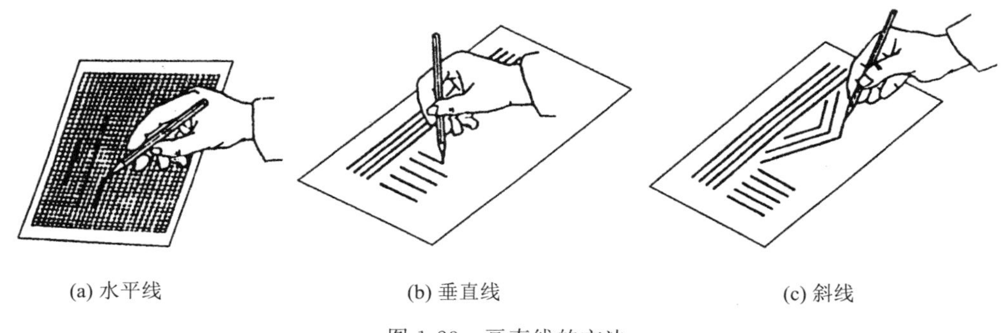

(a) 水平线　(b) 垂直线　(c) 斜线

图 1-23　画直线的方法

2. 常用角度的画法

画 45°、30°、60°等常用角度时，可按两直角边的近似比例关系，定出两端点后，连成直线，如图 1-24 所示。

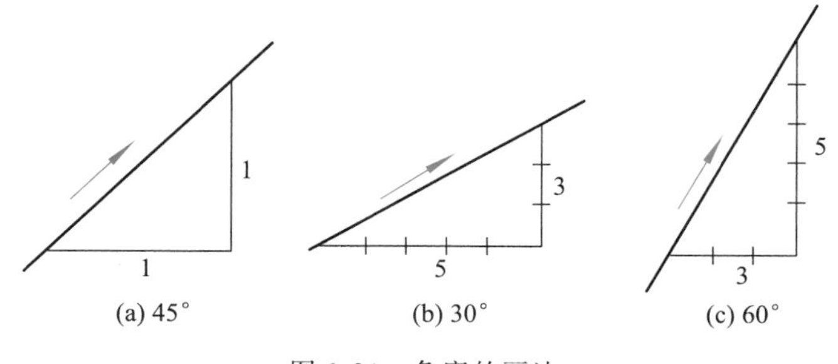

(a) 45°　(b) 30°　(c) 60°

图 1-24　角度的画法

3. 圆和圆弧的画法

画圆时，先定出圆心位置，过圆心画对称中心线。画小圆时，在中心线上按半径目测定出四个点，然后徒手将各点连接成圆，如图 1-25(a)所示。画较大圆时，可过圆心加画两条约 45°的辅助线，按半径目测定出八个点，然后徒手将各点连接成圆，如图 1-25(b)所示。

画圆弧时，应利用其与正方形、菱形相切的特点画出，如图 1-26(a)所示。

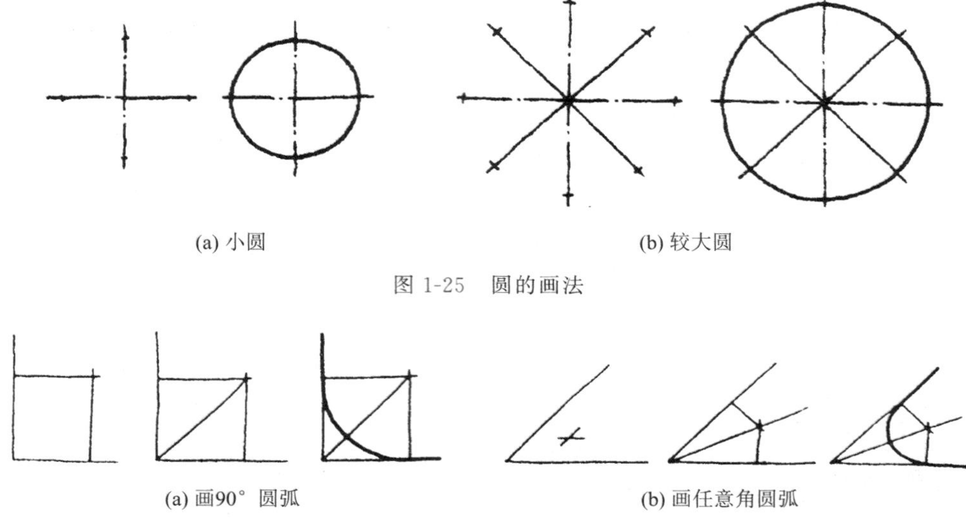

(a) 小圆　　(b) 较大圆

图 1-25　圆的画法

(a) 画90°圆弧　　(b) 画任意角圆弧

图 1-26　圆弧的画法

4. 椭圆的画法

画椭圆时，根据椭圆长短轴，在中心线上目测定出四个点，画出一个矩形，然后画出与此矩形相切的椭圆，如图 1-27(a)所示。也可先画出椭圆的外接菱形，然后在菱形内画出椭圆，如图 1-27(b)所示。

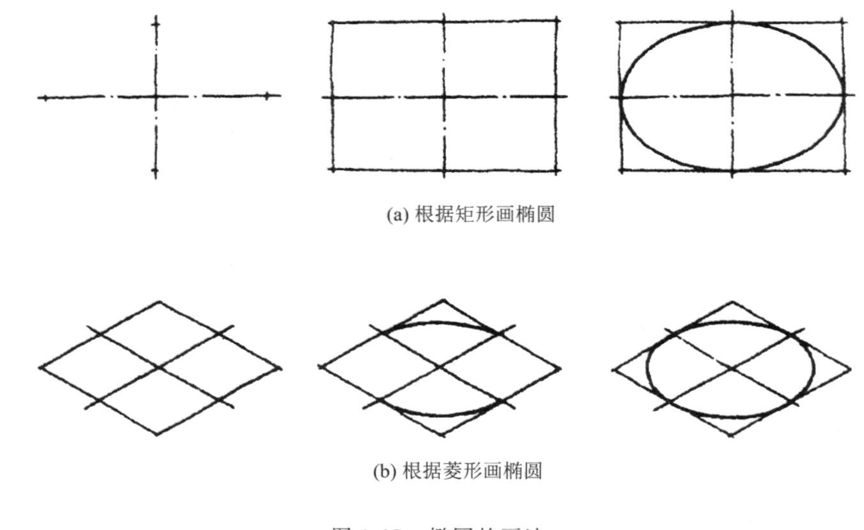

(a) 根据矩形画椭圆

(b) 根据菱形画椭圆

图 1-27　椭圆的画法

第2章

投影基础

教学提示

本章内容是“机械制图”课程的理论基础和重点内容，主要介绍投影的基础知识、物体三视图的投影规律和作图方法；研究点、直线、平面和基本体的投影特性及作图方法，为进一步学习奠定基础。

通过本章学习，学生要建立投影法的基本概念；掌握正投影的基本原理、基本性质和物体三视图的投影规律及简单物体三视图的画法；掌握点、直线和平面的投影规律及投影作图；掌握基本体的投影特性及体表面取点的作图方法。

在日常生活中，人们经常看到在太阳光或灯光的照射下，物体在地面或墙壁上就会产生影像，把这种自然现象用几何的方法加以抽象和提高，就形成了投影法。投影理论是机械制图的理论基础。本章重点介绍投影法和三视图的基本知识、几何元素以及基本几何体的投影特性和作图方法，为后续学习奠定基础。

2.1 投影法的基本知识

2.1.1 投影法

将投射线通过物体向选定的面投射，并在该面上得到图形的方法称为投影法。在图 2-1 中，平面 H 称为投影面，光源 S 点称为投射中心，Sa、Sb、Sc 称为投射线，投影面上的图形△abc，称为平面△ABC 的投影。

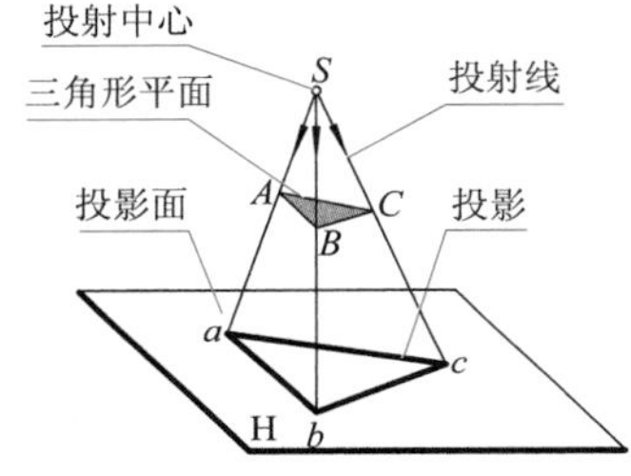

图 2-1 中心投影法

由此可见，要获得投影，必须具备投射中心、物体、投影面这三个基本条件。

根据投射线的不同，投影法一般分为两类，即中心投影法和平行投影法。

（1）中心投影法。当投射中心 S 距投影面 H 为有限远时，全部投射线都通过投影中心 S 射出，这种投影法称为中心投影法，如图 2-1 所示。

由中心投影法所得的投影大小，随着投影面、物体、投射中心三者之间距离的变化而变化，一般不能反映物体的真实大小，度量性差，作图比较复杂，因此在机械图样中很少采用。由于中心投影具有较强的立体感，因而常用于绘制建筑物的外观图。

（2）平行投影法。如果把投射中心移至无限远时，这时所有的投射线可看作是相互平行的，这种投影法称为平行投影法，如图 2-2 所示。

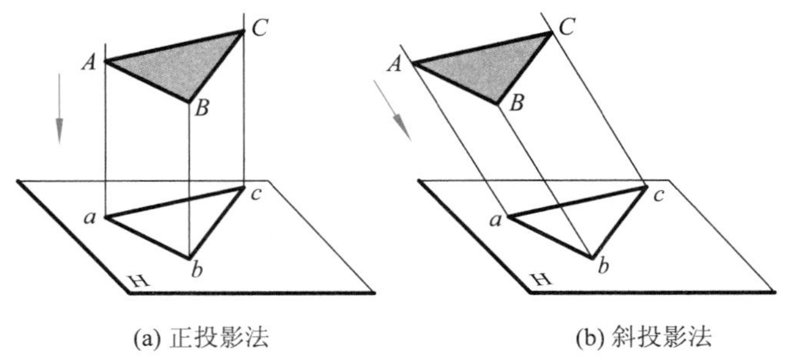

(a) 正投影法　　(b) 斜投影法

图 2-2 平行投影法

根据投射线是否垂直投影面，平行投影法又分为正投影法和斜投影法两种。正投

影法指投射线垂直投影面的平行投影法，如图 2-2（a）所示。斜投影法指投射线倾斜投影面的平行投影法，如图 2-2（b）所示。

用正投影法得到的投影称为正投影，如图 2-3 所示。正投影能够准确地表达物体的形状和大小，不仅度量性好，而且作图也简便，因此在工程中得到广泛的应用。机械图样主要用正投影法绘制。正投影法的原理是机械制图的理论基础，是本课程学习的重点。

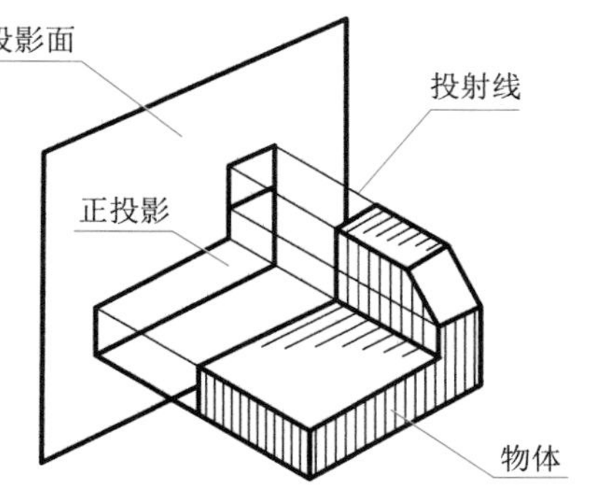

图 2-3 物体的正投影

2.1.2 正投影的基本特性

当研究物体的正投影时，必须首先了解构成物体表面的线、面的正投影特性。

1. 真实性

当直线或平面平行于投影面时，其投影反映线段的实长或平面图形的实形。这种性质称为投影的真实性，如图 2-4（a）所示。

2. 积聚性

当直线或平面垂直于投影面时，直线的投影为一点，平面的投影为一直线。这种性质称为投影的积聚性，如图 2-4（b）所示。

3. 类似性

当直线或平面倾斜于投影面时，直线的投影缩短，平面的投影为缩小的类似图形。这种性质称为投影的类似性，如图 2-4（c）所示。

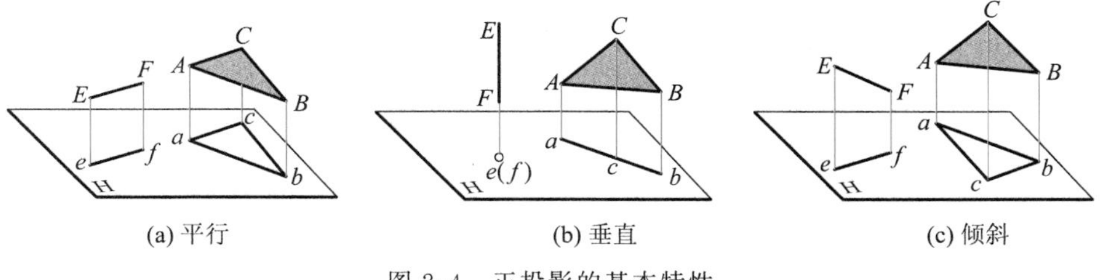

图 2-4 正投影的基本特性

根据以上特性可以看出，用正投影法绘制物体的图形时，为了能够反映物体的真实形状和大小，并使作图简便，应尽量使物体上较多的直线和平面平行或垂直于投影面。

2.2　物体的三视图及对应关系

在绘制机械图样时，将物体放置在投影面和观察者之间，通常假定人的视线为一组平行且垂直于投影面的投射线，把看到的物体的形状用图形在投影面上表达出来，这样在投影面上所得到的正投影图称为视图。

一个视图一般不能完全确定物体的形状和大小。如图 2-5 所示，三个形状不同的物体，它们的一面视图却完全相同，由此可以看出，一面视图仅能表示物体某一个方向的形状和大小。因此，必须将物体从几个方向进行投影，才能完全确定其形状和大小。通常用三个视图表示物体的形状和大小。

2.2.1　三投影面体系的建立

三投影面体系是由三个相互垂直的投影面所组成，如图 2-6 所示。其名称解释如下。

正立投影面（简称正面），用 V 表示；水平投影面（简称水平面），用 H 表示；侧立投影面（简称侧面），用 W 表示。

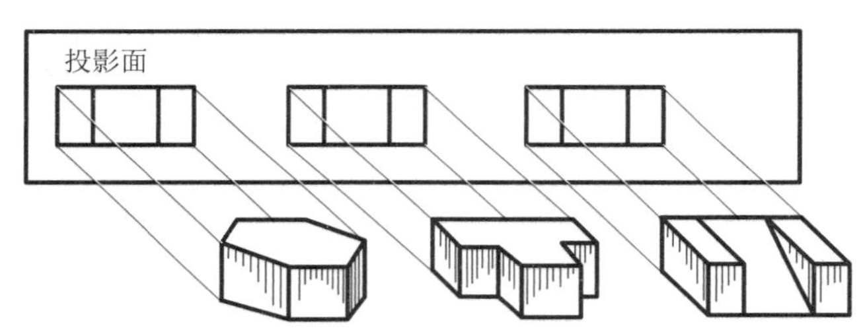

图 2-5　一个视图不能唯一确定物体的形状和大小

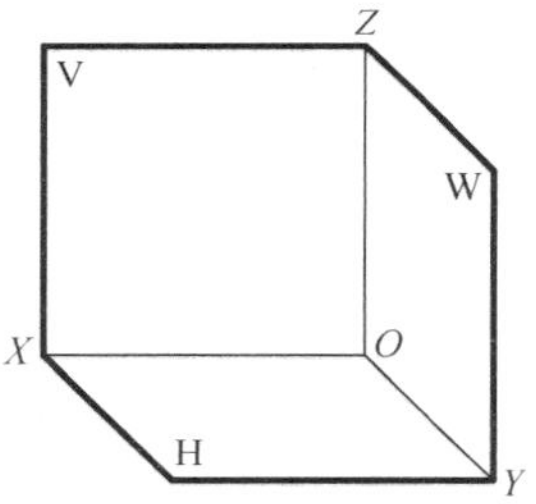

图 2-6　三投影面体系

两投影面的交线称为投影轴，它们分别是：

（1）*OX* 轴（简称 *X* 轴）是 V 面与 H 面的交线，它代表长度方向；

（2）*OY* 轴（简称 *Y* 轴）是 H 面与 W 面的交线，它代表宽度方向；

（3）*OZ* 轴（简称 *Z* 轴）是 V 面与 W 面的交线，它代表高度方向。

三个投影轴相互垂直，其交点称为原点，用 *O* 表示。

2.2.2　三视图的形成

1. 物体在三投影面体系中的投影

如图 2-7(a)所示，将物体放置在三投影面体系中，使物体的各主要表面分别平行于各投影面。按正投影法将物体由前向后投射，在 V 面上所得的视图称为主视图；将

物体由上向下投射，在 H 面上所得的视图称为俯视图；将物体由左向右投射，在 W 面上所得的视图称为左视图。

2．三投影面的展开

为了将三个视图按一定的相对位置绘制在同一张图纸上，需将相互垂直的三个投影面展开摊平在一个面上。其方法是：V 面保持不动，将 H 面绕 OX 轴向下旋转 90°，将 W 面绕 OZ 轴向右旋转 90°，就得到展开后的三视图，如图 2-7(b)、(c)所示。

应当注意的是：当投影面展开时，同一根 OY 轴被分为两处，分别用 OY_{H}（H 面上）和 OY_{W}（W 面上）表示。所以物体的“宽”在俯视图是竖向度量，而在左视图则是横向度量的。

由于视图的大小与投影面的距离无关，为了简化作图，展开后的三视图规定不画投影面的边框和投影轴，如图 2-7(d)所示。

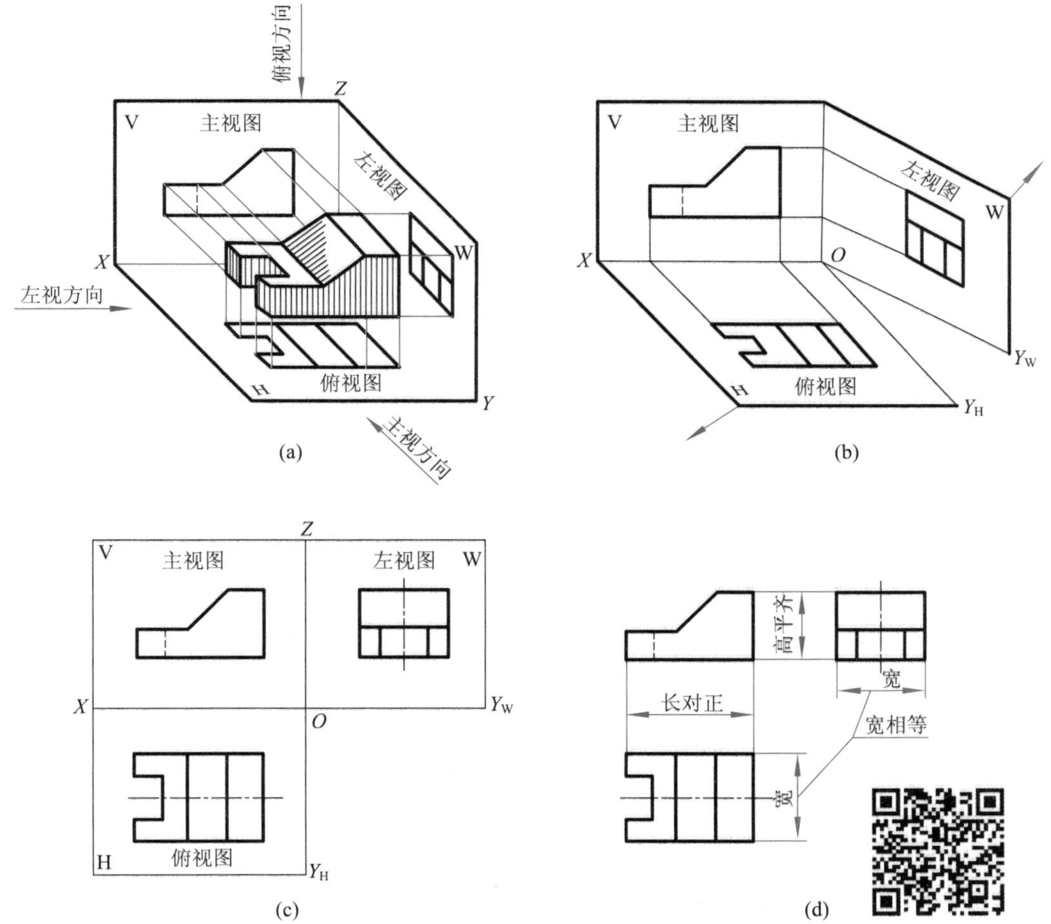

(a)　(b)

(c)　(d)

图 2-7　物体三视图的形成和投影规律

2.2.3 三视图的对应关系

1. 三视图之间的位置关系

根据三个视图的相对位置及其展开的规定，三个视图的位置关系为：以主视图为准，俯视图在其正下方，左视图在其正右方，当三视图按此位置配置时，国标规定一律不标注视图的名称，如图 2-7(d)所示。

2. 三视图之间的尺寸关系

物体有长、宽、高三个方向，从图 2-7(d)看出，每个视图反映物体的两个尺寸：主视图反映物体的长度和高度；俯视图反映物体的长度和宽度；左视图反映物体的高度和宽度。

因为三视图反映的是同一个物体，所以它们之间具有如下“三等”关系：

(1) 主、俯视图长对正（等长）；

(2) 主、左视图高平齐（等高）；

(3) 俯、左视图宽相等（等宽）。

“长对正、高平齐、宽相等”是画图和看图必须遵循的投影规律。无论是整个物体的投影或物体的局部结构投影都必须符合这条规律。

3. 三视图之间的方位关系

物体在长度、宽度和高度方向上，有左右、前后和上下六个方位，它们在三视图中的对应关系如图 2-8 所示。

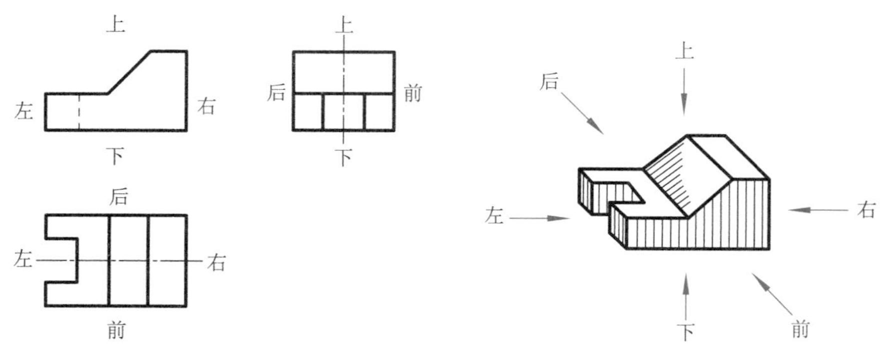

图 2-8　物体在三视图中的方位

主视图——反映物体的左、右和上、下四个方位；

俯视图——反映物体的左、右和前、后四个方位；

左视图——反映物体的上、下和前、后四个方位。

在画图、看图时，要特别注意俯视图和左视图的前、后对应关系，即：俯、左视图远离主视图的一边，表示物体的前面；靠近主视图的一边，表示物体的后面。在量

取“宽相等”时，不但要注意量取尺寸的起点，还要注意量取尺寸的方向。

4. 简单物体三视图的画法

下面以图 2-9(a) 所示物体为例，介绍三视图的画图步骤。

(1) 确定主视图的投射方向。一般应选择反映物体形状特征的一面作为主视的投射方向，同时考虑其余两视图简便好画，虚线少，如图 2-9(a)所示。

(2) 先画定位线、基准线（选择物体的对称中心线或某些边界线）。

(3) 画底板和竖板，如图 2-9(b)所示。

(4) 再画切槽和切角，注意每一部分三个视图配合着画，如图 2-9(c)、(d)所示。

(5) 检查底稿，加深完成三视图，如图 2-9(e)所示。

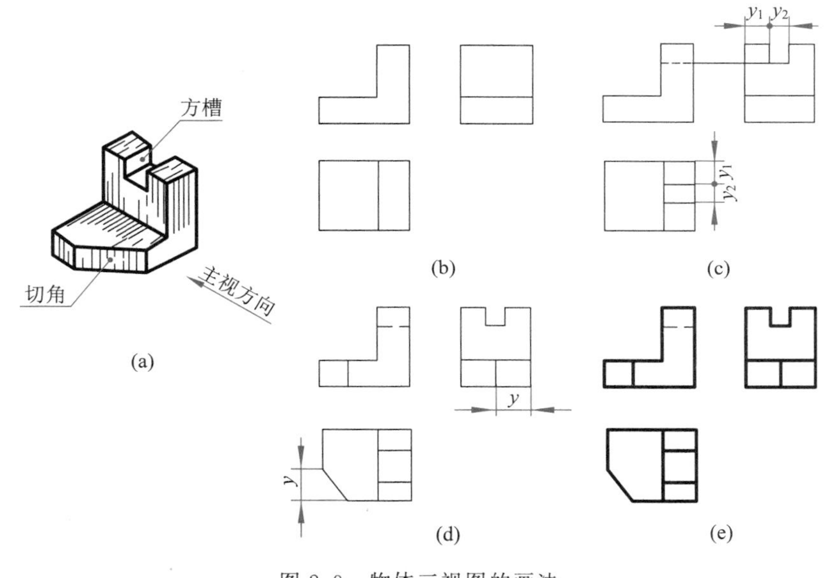

图 2-9 物体三视图的画法

2.3 点的投影

点、线、平面是构成空间物体最基本的几何元素，要正确、迅速地画出物体的三视图，首先必须掌握组成物体的几何元素的投影规律和作图方法。

2.3.1 点的三面投影

点是构成空间物体最基本的几何元素。要研究空间物体的图示法，必须首先研究空间点的图示法。

由图 2-10 看出，点的一个投影不能唯一确定点的空间位置。因此，下面研究点在三投影面体系中的投影。

如图 2-11(a)所示，在三投影面体系中，设有一空间点 A（用大写字母表示），由点 A 分别作垂直于三个投影面的投射线，它们与投影面的交点 a、a' 和 a''（用小写字母表示），即为点 A 的水平投影、正面投影和侧面投影。图中 a_X、a_Y、a_Z 分别为点的投影连线与投影轴 X、Y、Z 的交点。

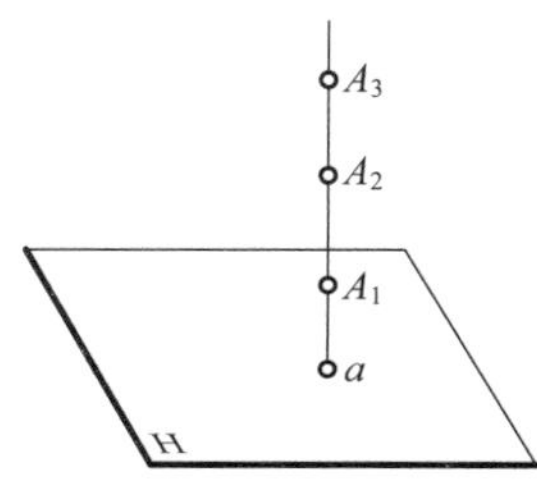

图 2-10　点的一个投影

将投影面展开后，便得到点 A 的三面投影图，如图 2-11(c) 所示。展开后的投影图一般不画出投影面的边框线，而只用细实线画出投影轴。

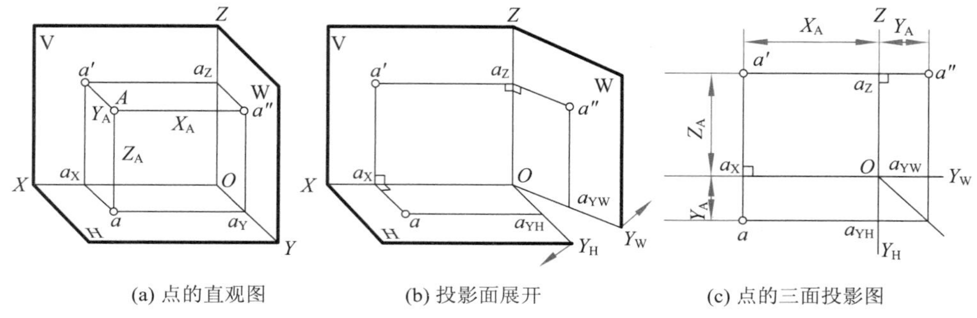

(a) 点的直观图　　(b) 投影面展开　　(c) 点的三面投影图

图 2-11　点的三面投影与空间坐标

通过点的三面投影图的形成过程，可总结出点的投影规律：

（1）点的正面投影和水平投影的连线垂直于 OX 轴，即 $a'a \perp OX$（长对正）。

（2）点的正面投影和侧面投影的连线垂直于 OZ 轴，即 $a'a'' \perp OZ$（高平齐）。

（3）点的水平投影到 OX 轴距离等于点的侧面投影到 OZ 轴距离，即 $aa_X = a''a_Z$（宽相等）。

以上点的三面投影规律，其实就是物体三视图中“三等”关系的理论依据。

在作图时，为了便于保证点的水平投影到 OX 轴的距离等于点的侧面投影到 OZ 轴的距离，并使作图简便，常以 O 点作 45°辅助线来实现，如图 2-11(c)所示。

2.3.2　点的投影与直角坐标的关系

如果把三投影面体系看成是空间直角坐标系，则投影面就是坐标面，投影轴就是坐标轴，O 点就是坐标原点。由图 2-11(a)看出，空间点 A 到三个投影面的距离，就是空间点到坐标面的距离，也就是点 A 的三个坐标，即

（1）点 A 到 W 面的距离 $Aa''=XA$；

（2）点 A 到 V 面的距离 $Aa'=YA$；

（3）点 A 到 H 面的距离 $Aa=ZA$。

由图 2-11(a)又可看出，点 A 的每一个投影到两投影轴的距离，反映点 A 到相应两投影面的距离，即 $a'a_Z = Aa'' = XA$、$a'a_X = Aa = ZA$ 等。因此，有了点的两个投影就可确定点的坐标，反之，有了点的坐标，也可作出点的投影。

【例 2.1】 已知空间点 A 的坐标(12，8，16)，求作该点的三面投影。

解：根据点的直角坐标和投影规律作图。作图方法和步骤如图 2-12 所示。

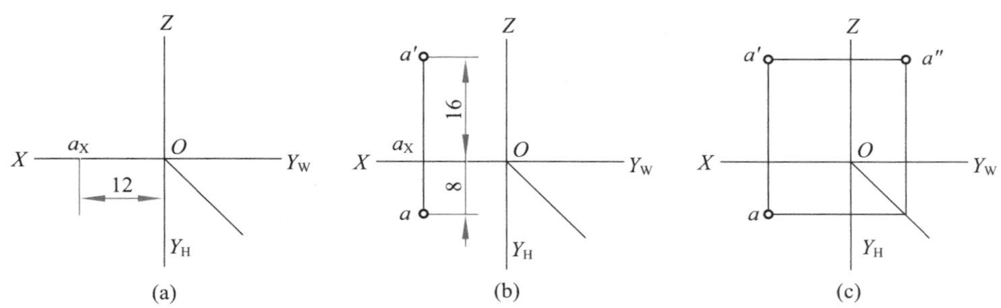

图 2-12 已知点的坐标作三面投影

【例 2.2】 已知空间点 B 的坐标（8，12，0），点 C 坐标（0，0，10），求作它们的三面投影。

解：在点 B 的三个坐标中 $Z_B=0$，故点 B 在水平面内。在点 C 的三个坐标中 $X_C=0$，$Y_C=0$，所以点 C 在 OZ 轴上。B、C 两点的三面投影，如图 2-13(a)、(b)所示。

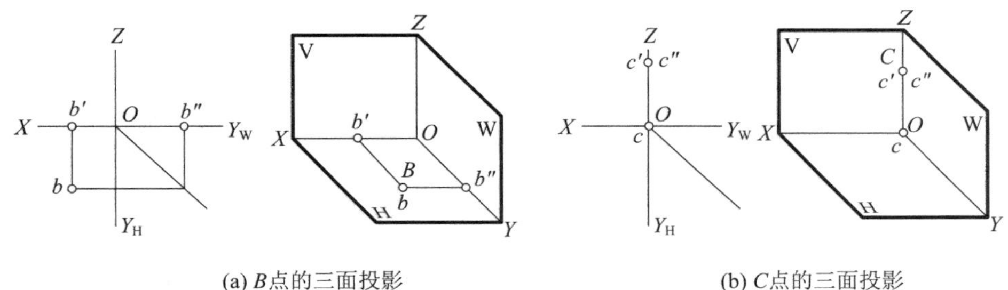

图 2-13 特殊位置点的投影图

由以上例题得出：

(1) 点的三个坐标值都不等于零时，该点属于一般空间点，点的三个投影都在投影面内。

(2) 点的一个坐标值等于零时，该点位于某个投影面内。因而它的三个投影总有两个位于不同的投影轴上，另一个投影位于投影面内且与空间点重合。

(3) 点的两个坐标值等于零时，该点位于某根投影轴上。因而它的三个投影总有两个位于同一根投影轴上且与空间点重合，另一个投影与坐标原点重合。

我们把投影面上的点和投影轴上的点统称为特殊位置点，显然，特殊位置点的投影仍符合点的投影规律。

【例 2.3】 已知空间点 A 的正面投影 a' 和侧面投影 a''，求作该点的水平投影 a，如图 2-14(a)所示。

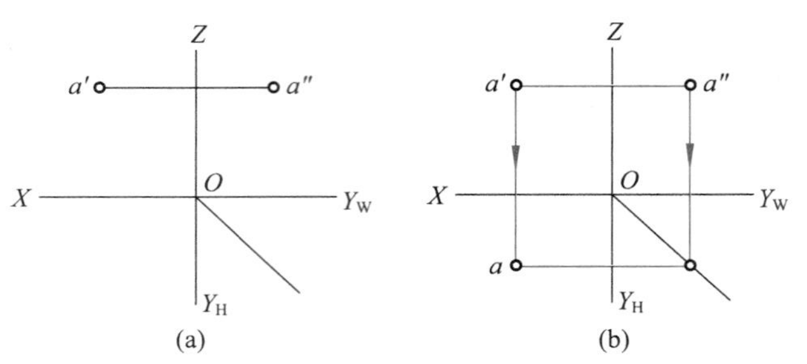

图 2-14　由点的两面投影求第三面投影

分析： 已知点 A 的正面投影 a' 和侧面投影 a''，便知道了点 A 的三个坐标值。故可根据正面投影 a' 和侧面投影 a'' 求出水平投影 a。由点的投影规律可知，$a'a \perp OX$，所以 a 一定在过 a' 且垂直于 OX 轴的投影连线上。又因 a 到 OX 轴的距离等于 a'' 到 OZ 轴的距离，只要使 $aa_X = a''a_Z$，即可求得水平投影 a。

作图： 过已知投影 a'、a''，按箭头所示方向分别作出相应的投影连线，两线的交点即为点 A 的水平投影 a。

2.3.3　两点的相对位置和重影点

1. 两点的相对位置

两点的相对位置是指以其中一点为基准点，确定另一点对基准点的相对位置。可以由两点的坐标差来确定，如图 2-15 所示。

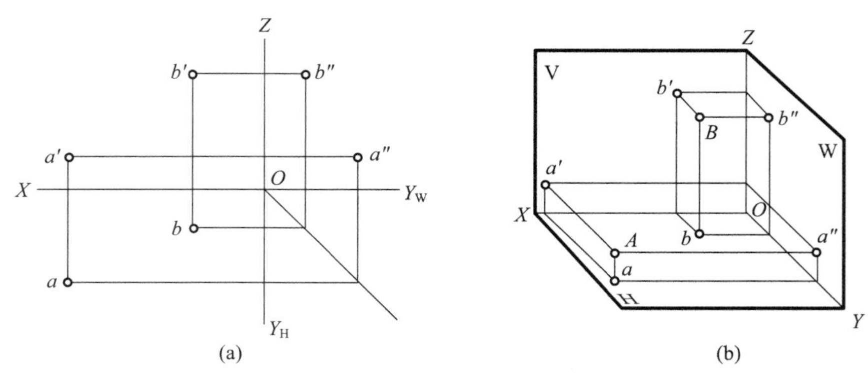

图 2-15　两点的相对位置

（1）两点的左、右相对位置由 X 坐标确定，X 坐标值大者在左，故点 A 在点 B 的左方。

（2）两点的前、后相对位置由 Y 坐标确定，Y 坐标值大者在前，故点 A 在点 B 的前方。

（3）两点的上、下相对位置由 Z 坐标确定，Z 坐标值大者在上，故点 A 在点 B 的下方。

2. 重影点及其可见性

在图 2-16 中，A、B 两点的水平投影 a、b 重合，这说明 A、B 两点的 X、Y 坐标相同，即 $X_A=X_B$、$Y_A=Y_B$，因此 A、B 两点处于对水平面的同一条投射线上。

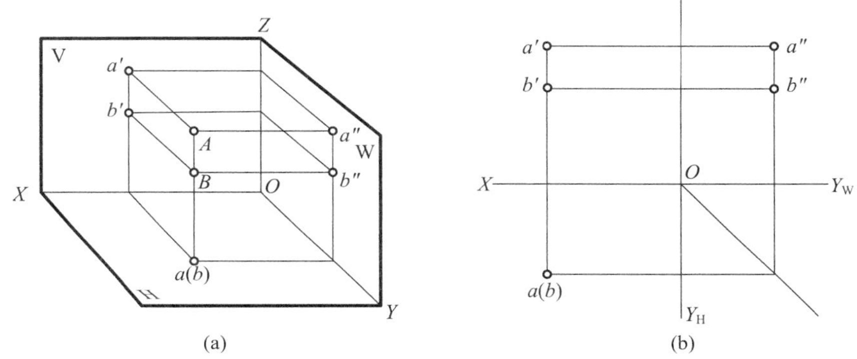

图 2-16 重影点及其可见性的判断

可见，共处于同一条投射线上的两点，必在相应的投影面上具有重合的投影。这两个点被称为对该投影面的一对重影点。

重影点的可见性，需根据这两点不重合的投影的坐标大小来判断，即：

（1）V 面投影重合的两点，需判断其 H 面或 W 面投影，则 Y 坐标大者（点在前）可见。

（2）H 面投影重合的两点，需判断其 V 面或 W 面投影，则 Z 坐标大者（点在上）可见。

（3）W 面投影重合的两点，需判断其 H 面或 V 面投影，则 X 坐标大者（点在左）可见。

例如图 2-16 中，水平投影 a、b 重合，但正面投影 a 在上，b 在下，即 $Z_A>Z_B$，所以对 H 面来说，a 可见，b 不可见。

为了区别可见与不可见点，规定对不可见的投影加括号表示，如图 2-16 俯视中 B 点的水平投影应标注成(b)。

2.4 直线的投影

直线的投影一般仍为直线，特殊情况下，直线的投影积聚为一点。

2.4.1 直线的三面投影

作图 2-17(a)中直线 AB 的三面投影时，可先作直线两端点 A、B 的三面投影，再分别连接 ab、$a'b'$ 和 $a''b''$，即为直线 AB 的三面投影，如图 2-17(b)、(c)所示。

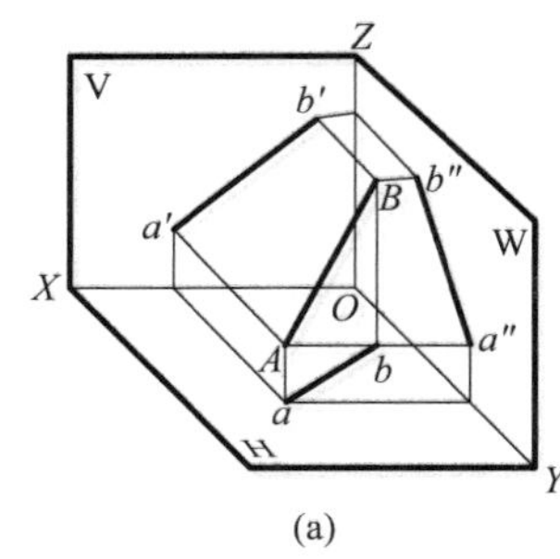

(a)

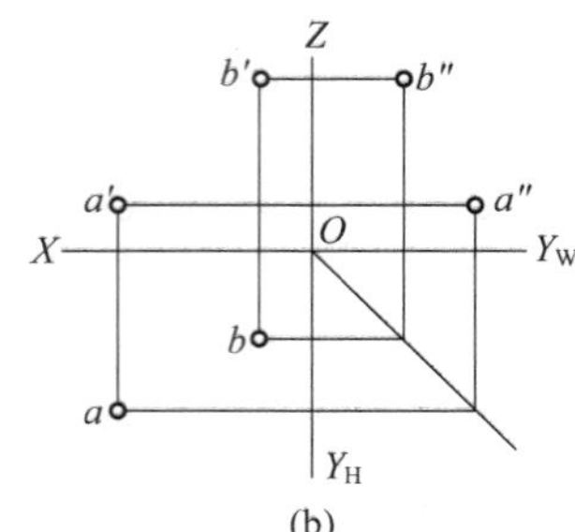

(b)

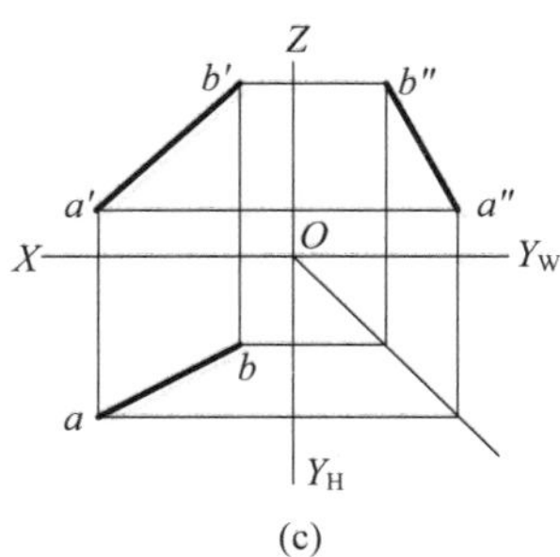

(c)

图 2-17 直线三面投影的画法

2.4.2 各种位置直线的投影

在三投影面体系中，根据直线对投影面的相对位置，直线可分为三类：投影面平行线、投影面垂直线和一般位置直线。其中前两种直线又称为特殊位置直线。

1. 投影面平行线

平行于一个投影面而倾斜于另外两个投影面的直线，称为投影面平行线。

投影面平行线有三种：水平线(∥H 面)、正平线(∥V 面)、侧平线(∥W 面)。

现以正平线为例，分析其投影特性。如图 2-18(a)所示，AB 平行于 V 面，必然倾斜于 H 和 W 面。因此，正平线具有下列投影特性：

(1) 正面投影 $a'b'$为倾斜线段且反映实长，即 $a'b'=AB$。

(2) 水平投影 $ab∥OX$ 轴，侧面投影 $a''b''∥OZ$ 轴，但都小于实长。

同理，水平线、侧平线也有类似的投影特性，见表 2-1。

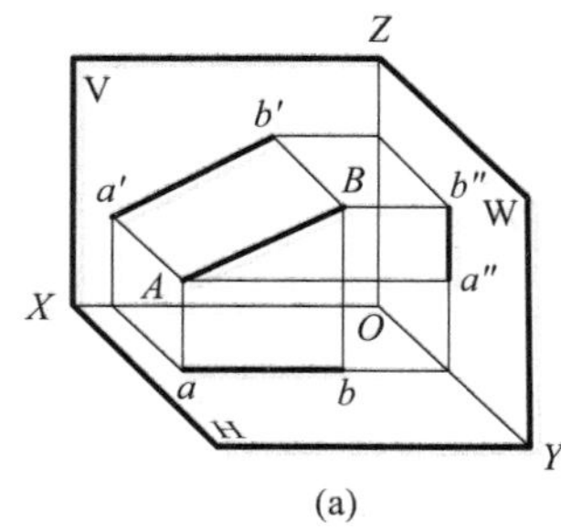

(a)

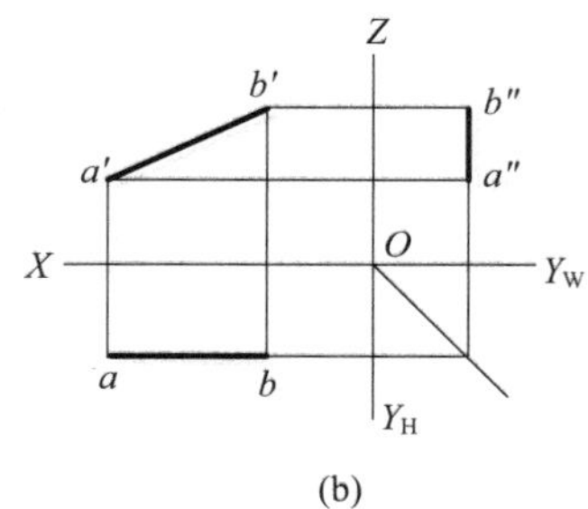

(b)

图 2-18 正平线的三面投影

表 2-1 投影面平行线的投影特性

名　称	水平线（//H）	正平线（//V）	侧平线（//W）
立体图			
投影图			
投影特性	①水平投影反映实长，即 $ab=AB$ ②正面投影 $a'b'$ // OX 轴，侧面投影 $a''b''$ // OY_W 轴，且长度缩短	①正面投影反映实长，即 $c'd'=CD$ ②水平投影 cd // OX 轴，侧面投影 $c''d''$ // OZ 轴，且长度缩短	①侧面投影反映实长，即 $e''f''=EF$ ②水平投影 ef // OY_H 轴，正面投影 $e'f'$ // OZ 轴，且长度缩短
小结	①直线在所平行的投影面上的投影反映实长 ②直线在另外两个投影面上的投影平行于相应的投影轴，且长度缩短		

当从投影图上判断直线的空间位置时，若直线的投影为“一斜两直”，则该直线必定为投影面平行线，且平行于斜直线所在的那个投影面。

2. 投影面垂直线

垂直于一个投影面而平行于另外两个投影面的直线，称为投影面垂直线。投影面垂直线也有三种，即铅垂线(⊥H 面)、正垂线(⊥V 面)、侧垂线(⊥W 面)。

现以铅垂线为例，分析其投影特性。如图 2-19(a)所示，铅垂线 AB 垂直于 H 面，平行于 V、W 面，因此，铅垂线具有下列投影特性：

(1) 水平投影 ab 积聚成一点。

(2) 正面投影 $a'b' \perp OX$ 轴，侧面投影 $a''b'' \perp OY_W$ 轴，且都反映实长。

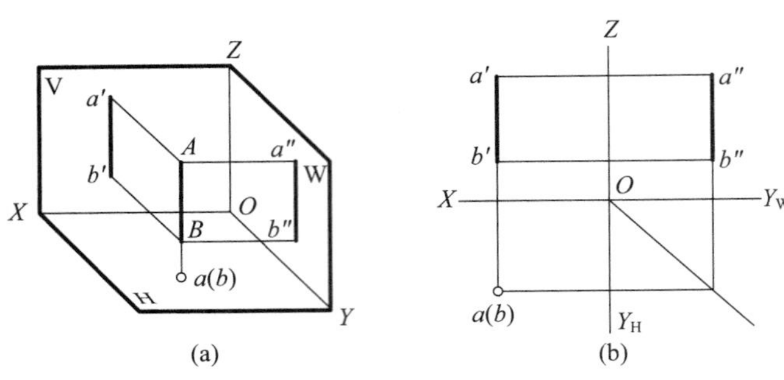

图 2-19　铅垂线的三面投影

同理，正垂线、侧垂线也有类似的投影特性，见表 2-2。

表 2-2　投影面垂直线的投影特性

名　称	铅垂线（⊥H）	正垂线（⊥V）	侧垂线（⊥W）
立体图	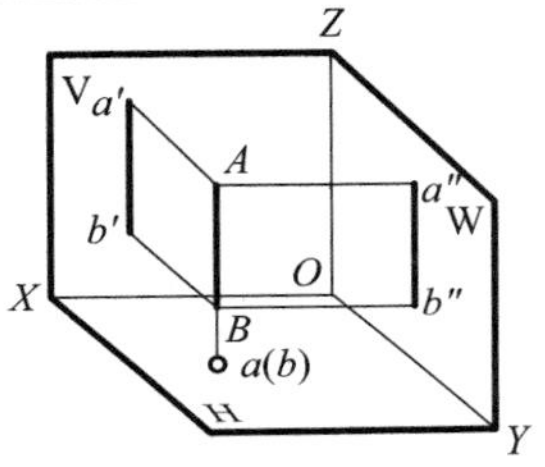	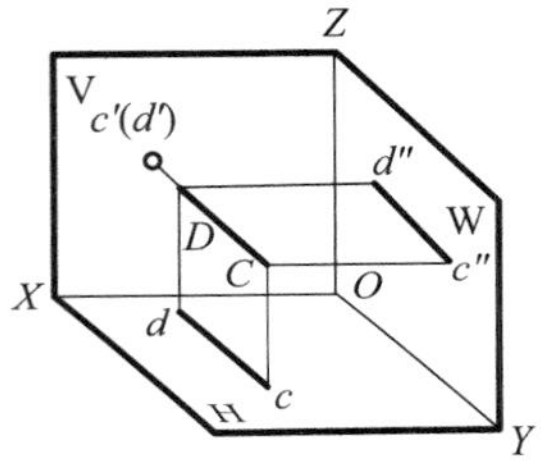	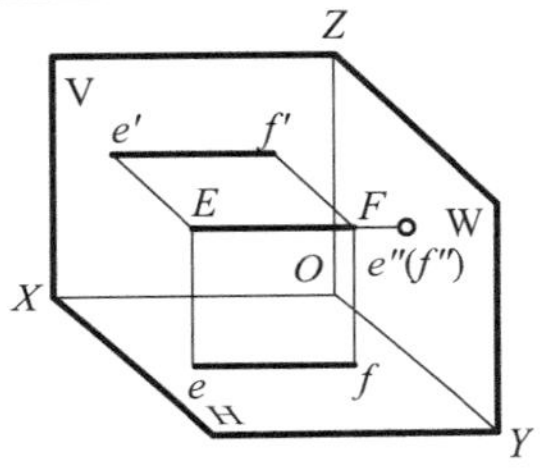
投影图	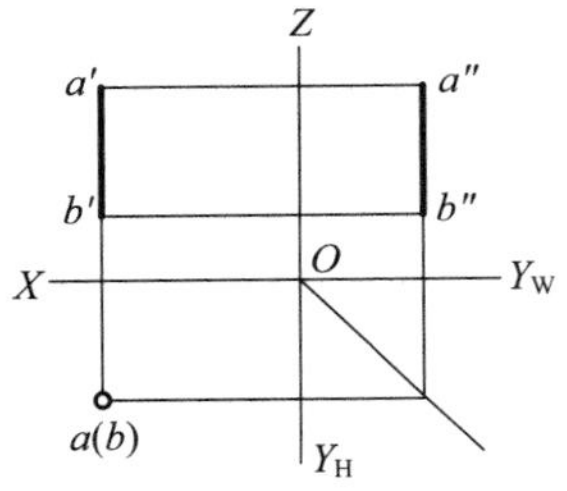	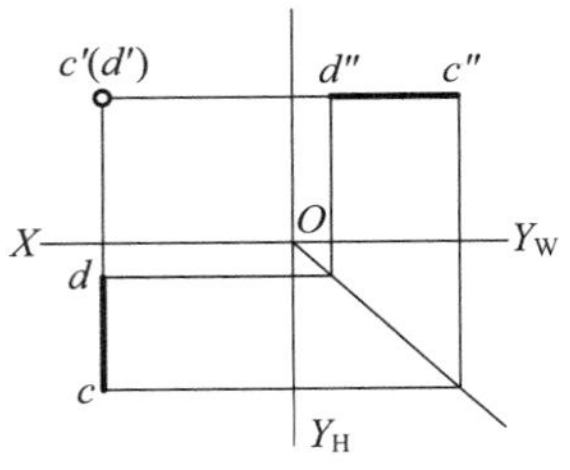	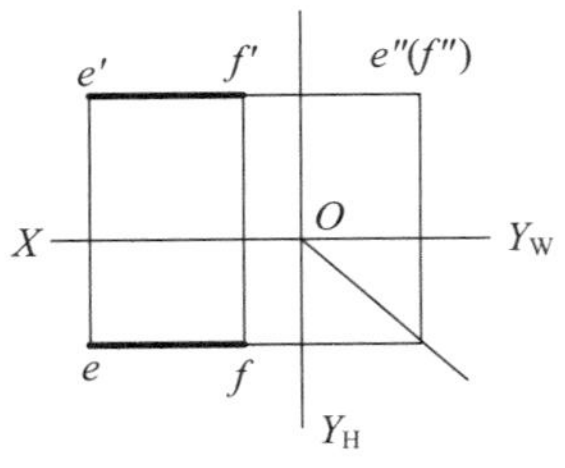
投影特性	①水平投影 ab 积聚成一点 ②正面投影 $a'b' \perp OX$，侧面投影 $a''b'' \perp OY_W$，且都反映实长	①正面投影 $c'd'$ 积聚成一点 ②水平投影 $cd \perp OX$，侧面投影 $c''d'' \perp OZ$，且都反映实长	①侧面投影 $e''f''$ 积聚成一点 ②水平投影 $ef \perp OY_H$，正面投影 $e'f' \perp OZ$，且都反映实长
小结	①直线在所垂直的投影面上的投影积聚成一点 ②直线在另外两个投影面上的投影垂直于相应的投影轴，且反映实长		

当从投影图上判断直线的空间位置时，若直线的投影为“一点两线”，则该直线必定为投影面垂直线，且垂直于点所在的那个投影面。

3. 一般位置直线

与三个投影面都倾斜的直线，称为一般位置直线，如图 2-20(a)中的 AB 直线。由

图中可看出一般位置直线的投影特性：三个投影均为倾斜投影轴的直线，且都小于实长。

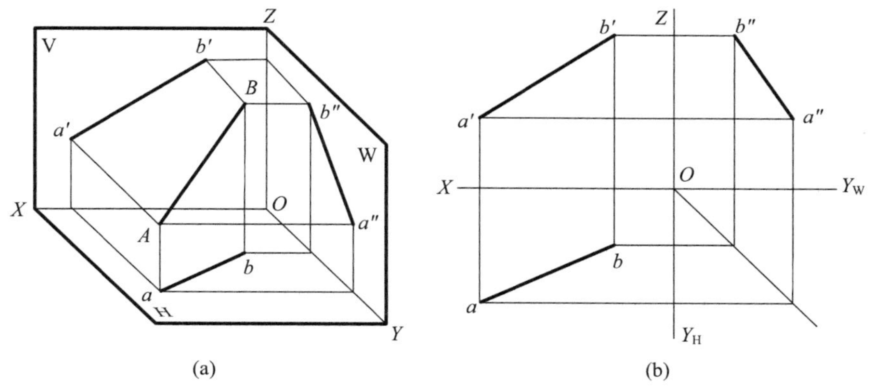

图 2-20 一般位置直线的三面投影

2.4.3 直线上的点

直线上点的投影特性如下。

(1) 从属性。点在直线上，则此点的各个投影必在该直线的同面投影上。反之，如果点的各个投影都在直线的同面投影上，则该点一定在该直线上。

(2) 等比性。点分线段之比，投影后保持不变，即 $AC：CB=ac：cb=a'c'：c'b'=a''c''：c''b''$。

如图 2-21 所示，点 C 在直线 AB 上，则 c 在 ab 上，c' 在 $a'b'$ 上，c'' 在 $a''b''$ 上。

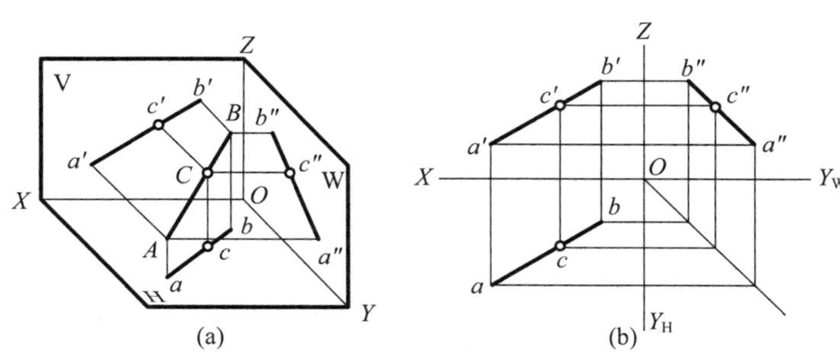

重要提示：如果一点的三面投影中，有一面投影不在直线的同面投影上，则该点必不在该直线上。

图 2-21 直线上点的投影特性

【例 2.4】 判断图 2-22 中点 C 是否属于直线 AB。

分析：从图 2-22 (a) 看出，直线 AB 为侧平线，点 C 的两个投影 c、c' 分别在直线的同面投影上。但点 C 的投影是否分割线段的各面投影成同一比例，在图中未能明确地反映出来。因此，不能直接根据侧平线 AB 的正面投影、水平投影判断点 C 在直线 AB 上。故需求出侧面投影或用辅助作图法才能确定。

作图：求出侧面投影，见图 2-22(b)，c'' 不在 $a''b''$ 上，故点 C 不在直线 AB 上。也可根据平面几何作图方法，见图 2-22(c)，过 a 引一任意方向的直线，并在直线上取 B_1、C_1 两点，使 $aB_1=a'b'$，$aC_1=a'c'$。由于 c 和 c_1 不重合（即 $ac:cb\neq a'c':c'b'$），所以可判断点 C 不在直线 AB 上。

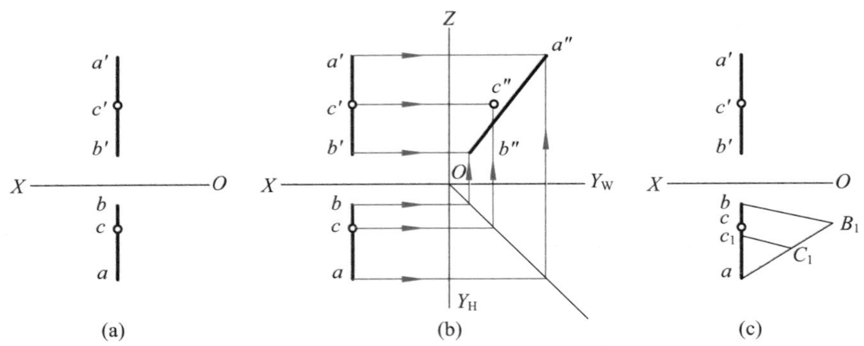

图 2-22　判断点 C 是否属于直线 AB

2.4.4　两直线的相对位置

空间两直线的相对位置有平行、相交和交叉三种情况。前两种属于同面直线，后一种属于异面直线。

1. 平行两直线

空间两直线相互平行，它们的各组同面投影必定相互平行。

如图 2-23 所示，由于 $AB/\!/CD$，当它们分别向 H 面投射时，投射线与 AB、CD 构成相互平行的两个平面，此平行两平面与 H 面的交线必定相互平行，即 $ab/\!/cd$。同理可证 $a'b'/\!/c'd'$，$a''b''/\!/c''d''$。

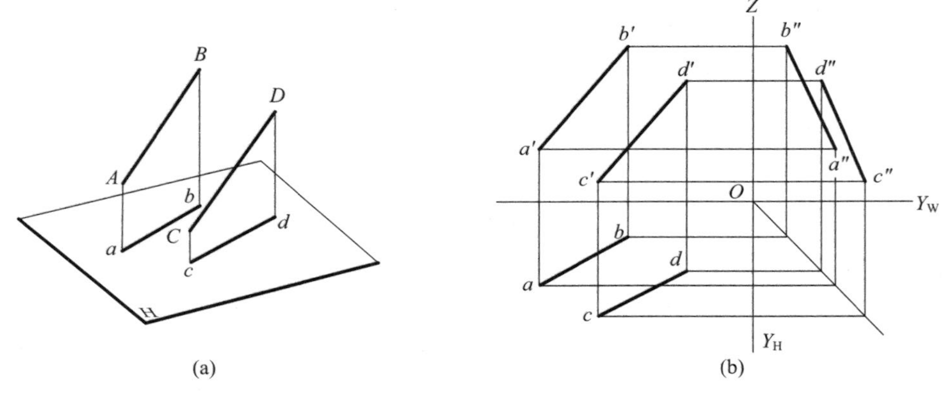

图 2-23　平行两直线

反之，如果两直线的各组同面投影都相互平行，则此两直线在空间必定相互平行。

一般情况下，根据两直线的任意两组同面投影相互平行，即可判断空间两直线平行。但在特殊情况下，即当两直线同时平行于某一投影面时，则必须观察两直线在所平行的那个投影面上的投影是否相互平行才能确定。

2. 相交两直线

空间两直线相交，它们的各组同面投影必定相交，而且交点的投影必符合点的投影规律。

图 2-24 所示的空间两直线 AB 与 CD 相交于点 K，点 K 既在直线 AB 上又在直线 CD 上，是直线 AB 和 CD 的共有点。由直线上点的投影特性可知，点 K 的水平投影 k 一定在 ab 和 cd 上，即 k 必定是 ab 和 cd 的交点；同理 k' 必定是 $a'b'$ 和 $c'd'$ 的交点；k'' 必定是 $a''b''$ 和 $c''d''$ 的交点。因为 k、k'、k'' 是同一空间点 K 的三面投影，所以它们必然符合点的投影规律。

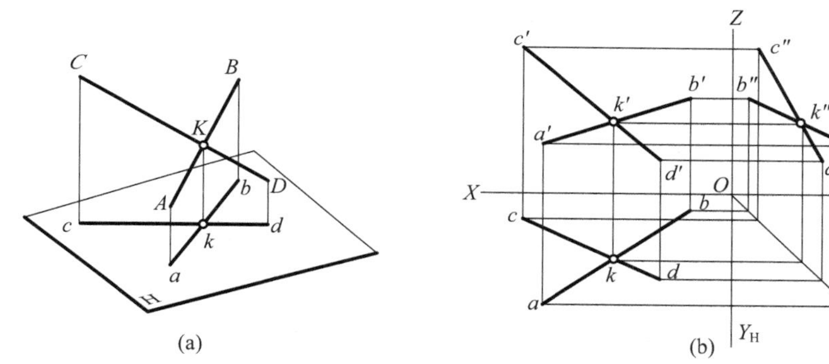

图 2-24 相交两直线

反之，如果两直线的各组同面投影都相交，且交点符合点的投影规律，则此两直线在空间必定相交。

一般情况下，根据两直线的任意两投影就可判断两直线是否相交，但若两直线中有一直线平行于某一投影面时，则必须根据两直线在该投影面上是否相交，而且交点是否符合点的投影规律进行判断，或利用直线上的点分割线段成定比的方法来判断。

3. 交叉两直线

交叉两直线在空间既不平行，又不相交，如图 2-25 所示。因此，交叉两直线的三组同面投影决不会同时都互相平行；交叉两直线的三组同面投影的三个交点也决不会符合点的投影规律。所以，如果两直线的投影既不符合平行两直线的投影特性，又不符合相交两直线的投影特性，则必定为交叉两直线。

在交叉两直线中，同面投影的交点并非真正交点的投影，而是两直线上不同的两个点的投影，即重影点的投影。如图 2-25 中，ab 和 cd 的交点是 AB 上的Ⅱ点和 CD

上的Ⅰ点的水平投影，同理，Ⅲ点和Ⅳ点为 AB 和 CD 两直线上对V面的一对重影点。

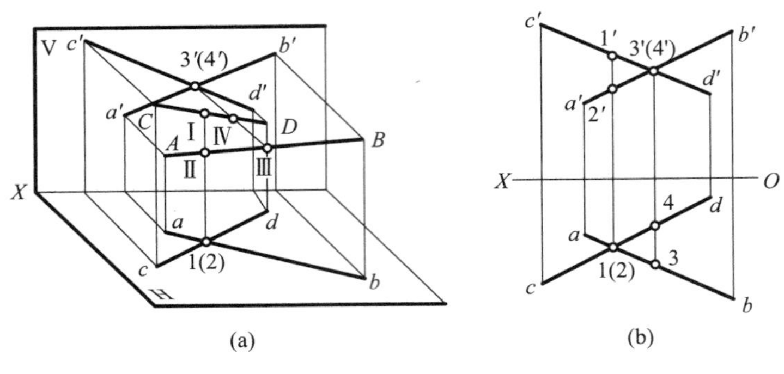

图 2-25　交叉两直线

2.5　平面的投影

2.5.1　平面的表示法

由初等几何可知，空间平面可用下列任意一组几何元素来表示，如图 2-26 所示。在投影图中，通常用平面图形来表示空间的平面。

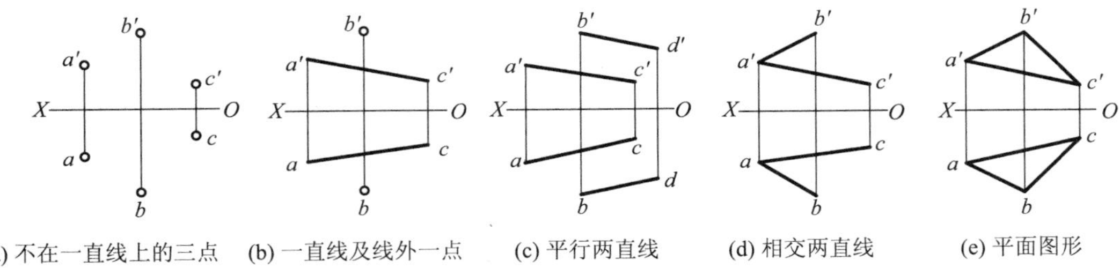

图 2-26　用几何元素的投影表示平面

2.5.2　各种位置平面的投影

在三投影面体系中，根据平面对投影面的相对位置，平面可分为三类：投影面垂直面、投影面平行面和一般位置平面。其中前两种平面又称为特殊位置平面。

1. 投影面垂直面

垂直于一个投影面而倾斜于另外两个投影面的平面，称为投影面垂直面。

垂直于H面的平面称铅垂面；垂直于V面的平面称正垂面；垂直于W面的平面称侧垂面。

现以图 2-27 所示的铅垂面为例，分析其投影特性。

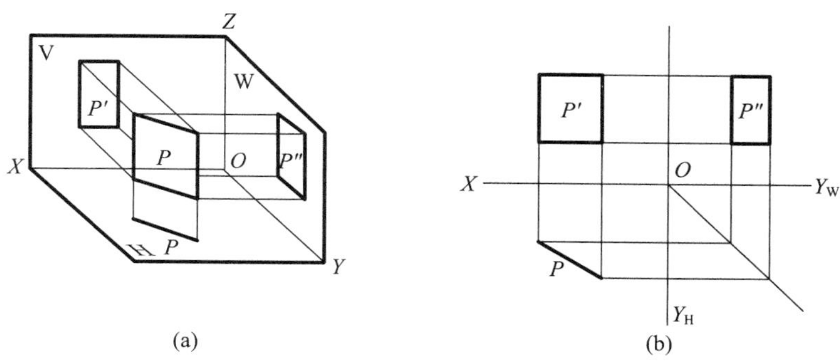

图 2-27 投影面垂直面的投影

由于铅垂面 P 垂直于 H 面，倾斜于 V、W 面，因此具有下列投影特性：

(1) 水平投影 p 积聚成一倾斜投影轴的直线。

(2) 正面投影 p'、侧面投影 p'' 均不反映实形，是小于实形的类似图形。

同理，正垂面、侧垂面也有类似的投影特性，见表 2-3。

表 2-3 投影面垂直面的投影特性

名　称	铅垂面（⊥H）	正垂面（⊥V）	侧垂面（⊥W）
立体图			
投影图			
投影特性	①水平投影积聚成一直线 ②正面投影、侧面投影分别为小于实形的类似图形	①正面投影积聚成一直线 ②水平投影、侧面投影分别为小于实形的类似图形	①侧面投影积聚成一直线 ②水平投影、正面投影分别为小于实形的类似图形
小结	①平面在所垂直的投影面上的投影积聚成一直线 ②平面在另外两个投影面上的投影均为小于实形的类似图形		

当从投影图上判断平面的空间位置时，若平面的投影为“两框一斜线”的情形时，则该平面必定为投影面垂直面，且垂直于斜直线所在的那个投影面。

2. 投影面平行面

平行于一个投影面而垂直于另外两个投影面的平面，称为投影面平行面。

平行于 H 面的平面称水平面；平行于 V 面的平面称正平面；平行于 W 面的平面称侧平面。

现以图 2-28 所示的正平面为例，分析其投影特性。

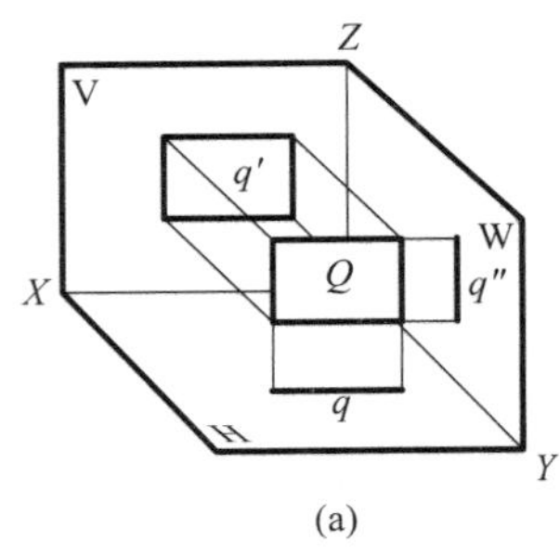

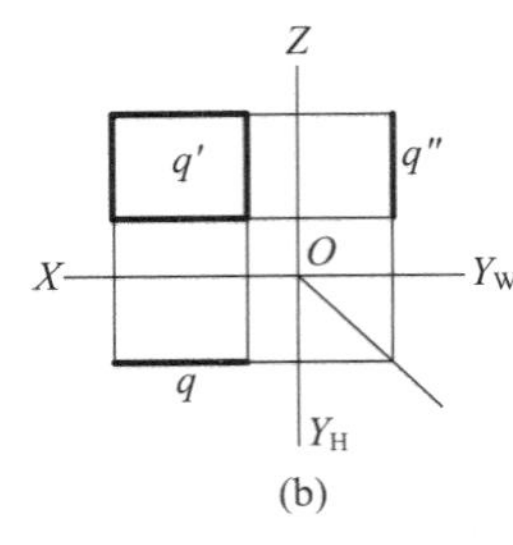

图 2-28　投影面平行面的投影

由于正平面 Q 平行于 V 面，垂直于 H、W 面，因此具有下列投影特性：

（1）正面投影 q'反映实形。

（2）水平投影 q、侧面投影 q'' 均积聚成一直线，且分别平行于 OX、OZ 轴。

同理，水平面、侧平面也有类似的投影特性，见表 2-4。

表 2-4　投影面平行面的投影特性

名　称	水平面（//H）	正平面（//V）	侧平面（//W）
立体图	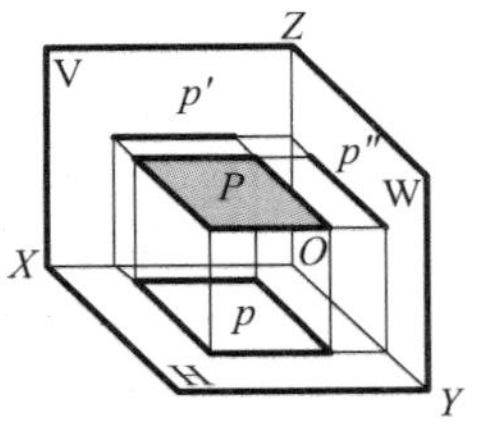	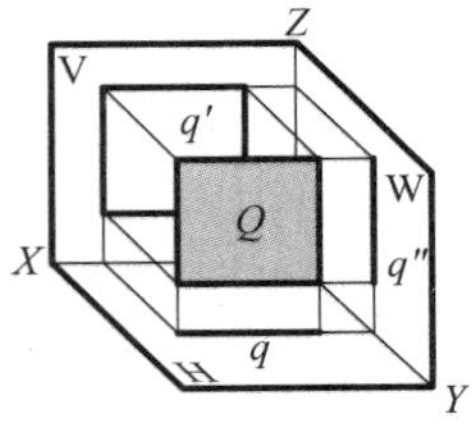	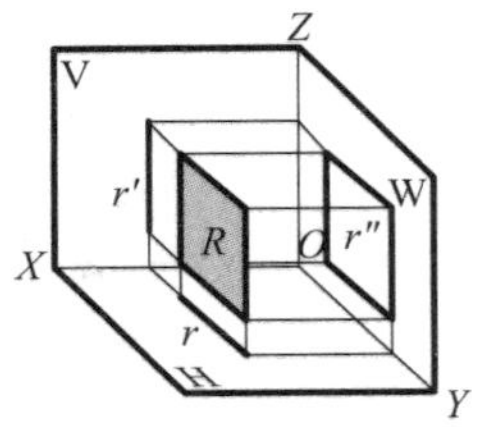
投影图	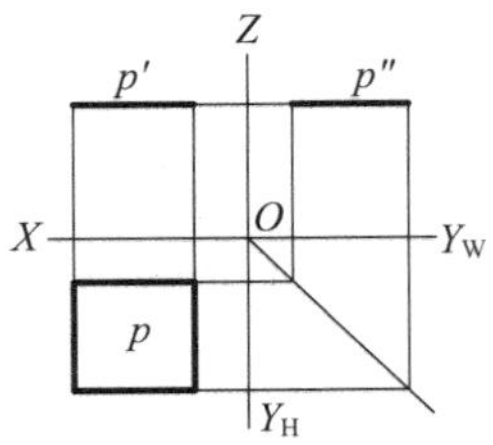	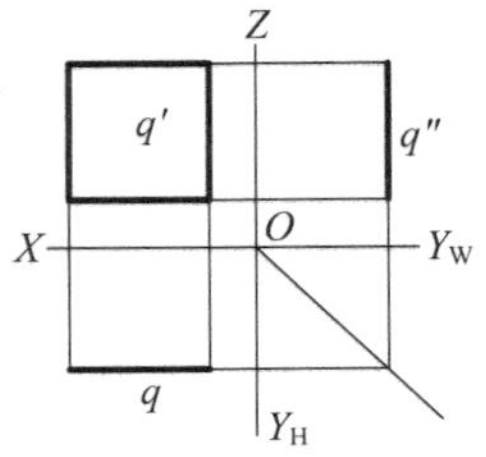	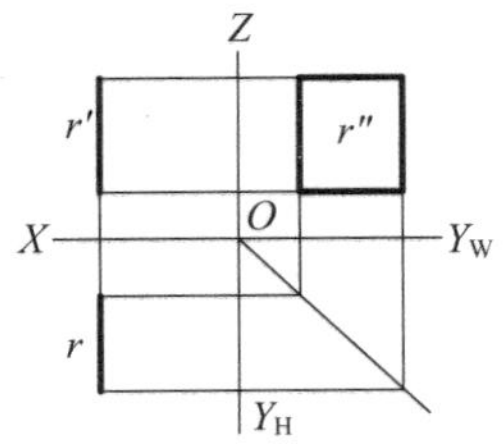
投影特性	①水平投影反映实形 ②正面投影、侧面投影分别积聚成一直线，且平行于 OX 轴、OY_W 轴	①正面投影反映实形 ②水平投影、侧面投影分别积聚成一直线、且平行于 OX 轴、OZ 轴	①侧面投影反映实形 ②水平投影、正面投影分别积聚成一直线，且平行于 OY_H 轴、OZ 轴
小结	①平面在所平行的投影面上的投影反映实形 ②平面在另外两个投影面上的投影分别积聚成一直线，且平行于相应的投影轴		

当从投影图上判断平面的空间位置时，若平面的投影为“一框两直线”的情形时，则该平面必定为投影面平行面，且平行于线框所在的那个投影面。

3. 一般位置平面

与三个投影面都倾斜的平面，称为一般位置平面，如图 2-29 所示。一般位置平面的投影特性是：在三个投影面上的投影，都是小于实形的类似图形。

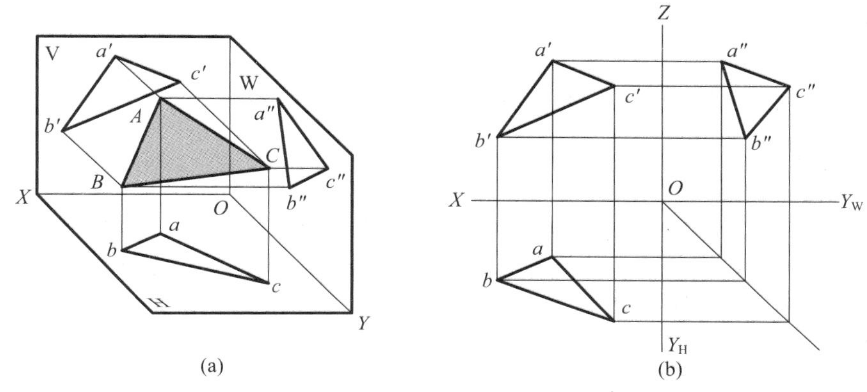

图 2-29 直线的三面投影画法

【例 2.5】 试分析图 2-30 中 T、P 和 Q 平面的投影特性，并判断它们的空间位置。

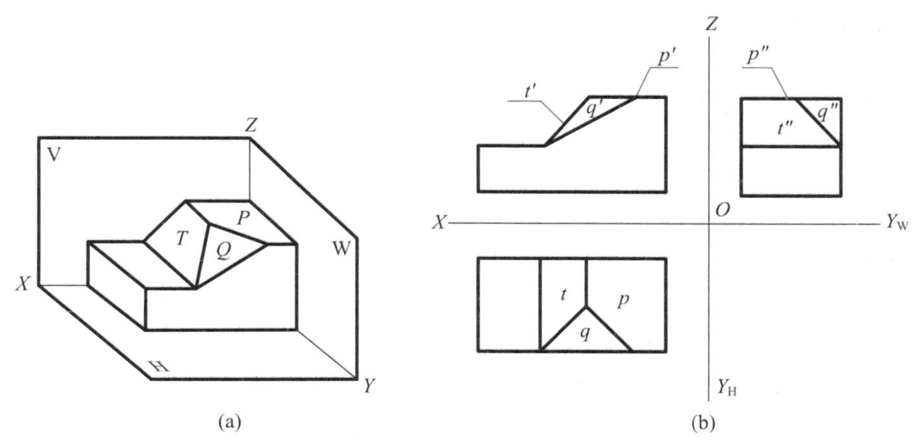

图 2-30 物体上平面的投影分析

解： 根据平面的投影特性，判断其空间位置。

T 平面：从图 2-30(a)看出，T 平面为不等边的四边形。从图 2-30(b)主视图入手按“三等”规律，找出 T 平面的三面投影 t'、t 和 t''。从图中可看出：正面投影 t' 积聚成一倾斜投影轴的直线，水平投影 t 和侧面投影 t'' 均为四边形 T 的类似形。T 平面的

三面投影符合垂直面“两框一斜线”的投影特征，由于斜直线落在V面上，因此可判断T平面为正垂面。

P平面：从图2-30(a)看出，P平面是不等边的五边形。从图2-30(b)主视图入手，按“三等”规律，找出P平面的三面投影p'、p和p''。从图中可看出，水平投影p反映实形，正面投影p'和侧面投影p''均积聚成一直线，分别平行于OX、OY_W轴。P平面的三面投影符合平行面“一框两直线”的投影特征，由于线框落在H面上，因此可判断P平面为水平面。

Q平面：从图2-30(a)看出，Q平面为一三角形。从图2-30(b)看出，Q平面的三面投影q、q'和q''均为三角形Q的类似图形，因此可判断Q平面为一般位置平面。

2.5.3 平面内的直线和点

任何平面图形都是由线段或点按照一定形式构成的。因此，如能在平面内任意作出一系列点和直线段，就可以在该平面内作出各种平面图形。由此可见，在平面内取点与直线是有关平面作图的基本问题。

1. 平面内取直线

直线在平面内的几何条件是：通过平面内两已知点；或通过平面内一已知点，且与该平面内另一直线平行。

因此，在投影图中，若要在平面内取直线，必须先在平面内的已知直线上取点。

【例2.6】 如图2-31(a)所示，已知直线DE在$\triangle ABC$所决定的平面内，求作其水平投影。

解：根据直线在平面内的条件，可按以下方法和步骤作图：

(1) 延长$d'e'$与$a'b'$和$a'c'$分别相交于$1'$和$2'$，根据直线上点的投影特性，求得Ⅰ、Ⅱ两点的水平投影1和2，如图2-31(b)所示。

(2) 连接1、2两点，再根据直线上点的投影特性，由$d'e'$求得de，如图2-31(c)所示。

上述作图方法的空间概念如图2-31(d)所示。

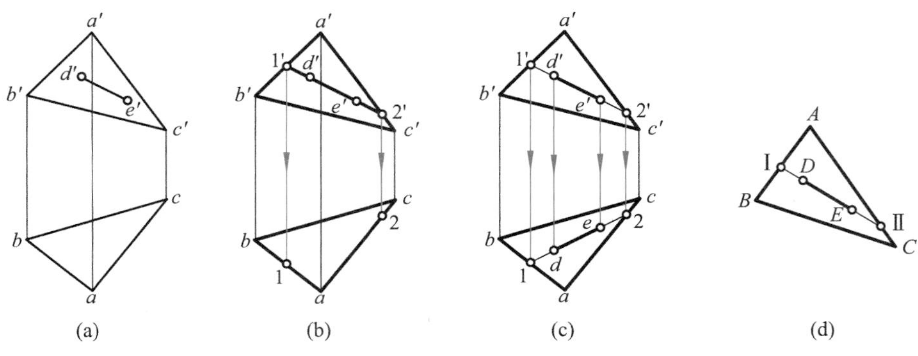

图2-31 在平面内取直线的作图方法

2. 平面内取点

点在平面内的几何条件是：如果点位于平面内的任一直线上，则此点位于该平面内。因此，在投影图中，若要在平面内取点，必须先在平面内取直线，然后再在此直线上取点。

【例 2.7】 如图 2-32(a)所示，已知△ABC 及点 K 的两面投影，试判断点 K 是否在△ABC 所决定的平面内。

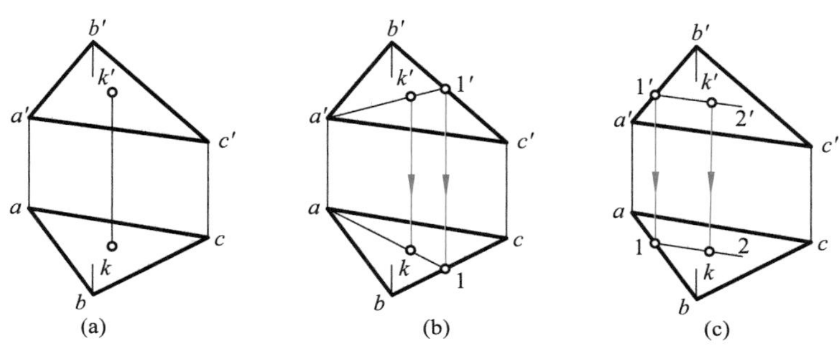

图 2-32　判断点 K 是否在△ABC 内

解：判断点是否在平面内，可利用点在平面内的几何条件来确定。

方法 1：

(1) 假设点 K 在△ABC 内，过 k 作任意直线与 ab、bc 分别交于 a 和 1，根据直线上点的投影特性，求得正面投影 1′，如图 2-32(b)所示。

(2) 连接 $a'1'$，如果 k' 在 $a'1'$上，则原假设成立，可判断点 K 在△ABC 所决定的平面内。否则点 K 就不在△ABC 所决定的平面内。从图中看出 k' 在 $a'1'$上，所以点 K 在△ABC 所决定的平面内。

方法 2：

假设点 K 在△ABC 内，在△ABC 内包含点 K 作直线Ⅰ、Ⅱ平行于 AC（即过 k 作 12∥ac），如果点 K 在△ABC 内，则点 K 的投影必定在该直线的同面投影上（即 k'在 1′2′上），则可判断点 K 在△ABC 内。反之，如果点 K 的投影不在该直线的同面投影上，则可判断点 K 不在△ABC 内。作图过程见图 2-32(c)。

2.6　基本体的投影

形体简单而规则的立体称为基本体。一般的物体都可看成是由若干个基本体按某种方式组合而成。因此，在研究物体的投影时，首先应研究基本体的投影。

按照立体表面性质的不同，基本体可分为平面立体和曲面立体。表面由平面组成

的立体称为平面立体；表面由曲面和平面或完全由曲面组成的立体称为曲面立体。

2.6.1 平面立体的三视图

常见的平面立体有棱柱和棱锥等。由于平面立体是由平面组成，因此，绘制平面立体的三视图，实质是绘制组成平面立体的平面及其交线的投影。

1. 棱柱

棱柱由上、下底面和若干棱面(侧面)组成。各棱面之间的交线称为棱线，棱线之间相互平行。根据棱面和棱线的数量，棱柱可分为三棱柱、四棱柱等。底面为正多边形且各棱面与底面垂直的棱柱，称为正棱柱。

(1) 棱柱的三视图。

分析：图 2-33(a)所示正六棱柱，由上、下底面和六个棱面组成。其上、下底面为水平面，前后棱面为正平面，其他四个棱面均为铅垂面。六条棱线均为铅垂线。

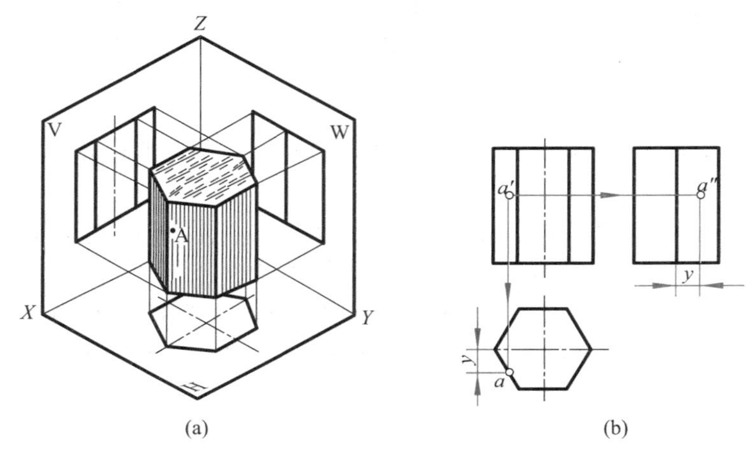

图 2-33　正六棱柱的三视图及其表面上点的求法

画三视图时，先画出上、下底面的投影，在俯视图中均反映实形且投影重合，正面和侧面投影都积聚为直线；而棱线的水平投影都积聚在六边形的六个顶点上，它们的正面和侧面投影均相互平行且反映棱柱的高，最后得出六棱柱的三视图如图 2-33(b)所示。

由此可知，棱柱三视图的投影特征：一面视图为多边形，另外两面视图为矩形或其组合。

(2) 棱柱表面上的点。求体表面上点的投影，应依据在平面上取点的方法作图。但须判别点的投影的可见性：若点所在表面的投影可见，则点的同面投影可见；反之为不可见。对不可见点的投影需加括号表示。若点所在表面的投影具有积聚性时，点的投影可不必判断其可见性。具体作法如下：

① 判断点的空间位置及其可见性。

② 分析点所在面、线的投影特性，求作另两面投影。

对棱柱而言，因其各表面均处于特殊位置，所以求棱柱表面上点的投影，可利用平面投影的积聚性直接作图。

如图 2-33(b)所示，已知六棱柱表面上点 A 的正面投影 a'，试求 a 和 a''。

分析：按 a'的位置和可见性，可判定点 A 在六棱柱的左侧棱面上。因点 A 所在棱面为铅垂面，故其水平投影 a 必落在该面具有积聚性的水平投影上。于是根据 a'和 a 即可求出侧面投影 a''，具体如图 2-33(b)所示。由于棱柱的左侧棱面投影为可见，故 a''为可见。

2. 棱锥

棱锥由多边形底面和若干三角形的棱面组成。各棱面之间的交线称为棱线，各棱线交于锥顶。当棱锥底面为正多边形、棱面为全等的等腰三角形时，称为正棱锥。常见的棱锥有三棱锥、四棱锥等。

(1) 棱锥的三视图。

分析：图 2-34(a)所示正三棱锥，由底面和三个棱面组成。底面为水平面，其水平投影反映实形，正面和侧面投影积聚为一直线。棱面△SAC 为侧垂面，侧面投影积聚为一直线，水平投影和正面投影都是类似形。棱面△SAB 和△SBC 为一般位置平面，其三面投影均为类似形。棱线 SB 为侧平线，棱线 SA、SC 为一般位置直线，棱线 AC 为侧垂线，棱线 AB、BC 为水平线。它们的投影特性读者可自行分析。

画三棱锥的三视图时，先画出底面的各个投影，再画出锥顶 S 的各个投影，连接各顶点的同面投影，即为三棱锥的三视图，如图 2-34(b)所示。

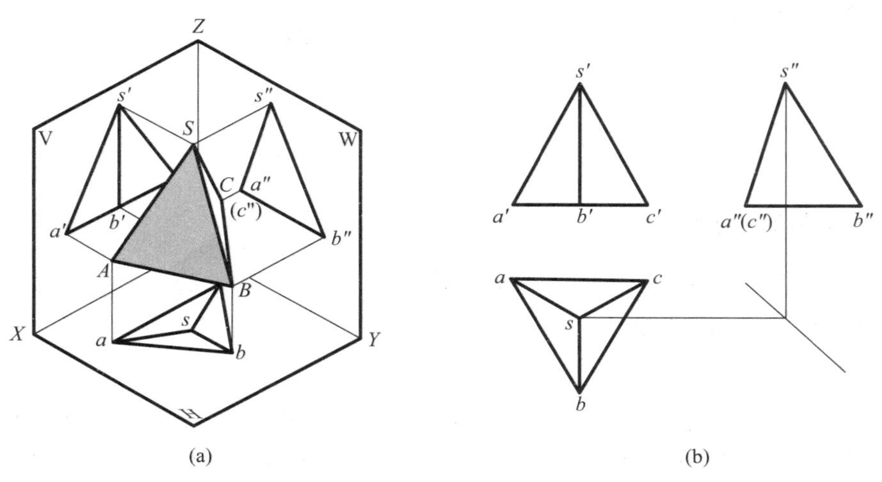

图 2-34 正三棱锥的三视图及视图分析

由此可知，棱锥三视图的投影特征是：三面视图均为三角形或其组合。其中三角形最多的视图反映棱的数目。

（2）棱锥表面上的点。棱锥的表面有特殊位置平面，也有一般位置平面。特殊位置平面上的点的投影，可利用平面投影的积聚性直接作图；一般位置平面上的点的投影，则可通过在平面上作辅助线的方法求得。

如图 2-35 所示，已知三棱锥表面上点 K 的正面投影 k'，求点 K 的另两面投影。

分析：点 K 位于一般位置平面 $\triangle SAB$ 上，求其他两面投影时，必须利用辅助线法。

方法 1：在 $\triangle SAB$ 上过锥顶 S 及点 K 作一条辅助线 SI（图中即过 k' 作 $s'1'$），然后根据点在直线上的投影特性，求出点 K 的水平投影 k 和侧面投影 k''，如图 2-35(a) 所示。

方法 2：过点 K 作一平行于 AB 的水平辅助线（即过 k' 作 $1'2' \parallel a'b'$），且交棱线 SA 于点Ⅰ，同样可求得点 K 的其他两面投影，如图 2-35(b)所示。

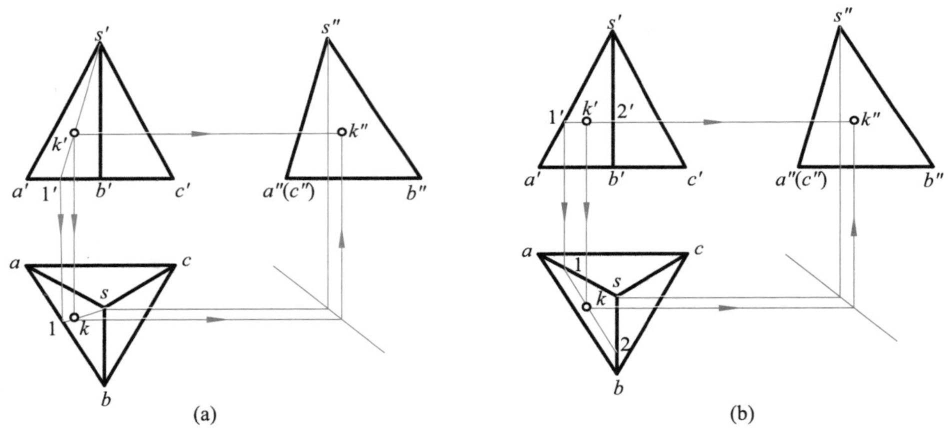

图 2-35　正三棱锥表面上点的求法

2.6.2　回转体的三视图

常见的回转体有圆柱、圆锥、圆球和圆环等。这些立体上的曲面都是由母线绕其轴线回转而形成的，因此称为回转面。

1. 圆柱

图 2-36(a)所示圆柱由上、下底面和圆柱面组成。圆柱面是由一直母线绕与它平行的轴线回转而成。母线在回转过程中的任意位置称为素线，圆柱面上特殊位置的素线（即最左、最右、最前、最后等素线）又称为转向轮廓线。

（1）圆柱的三视图。

分析：图 2-36 所示圆柱，其轴线是铅垂线，故柱面上所有素线都是铅垂线，因此，圆柱面的水平投影具有积聚性，俯视图成为一个圆，同时圆柱上、下底面的投影（反映实形）也与该圆重合。圆柱的主视图为一矩形线框，表示圆柱面的投影。其中左右轮廓线 $a'a_1'$、$b'b_1'$是圆柱面上最左、最右素线 AA_1、BB_1（前半个柱面和后半个柱面的分界线）的投影，它们把圆柱面分为前后两部分，其投影前半部分可见，后半部分不可见，最左、最右素线的侧面投影和轴线重合，不必画出，水平投影在横向中心线与圆周的交点处。矩形线框的上、下两边分别为圆柱上、下底面的投影。

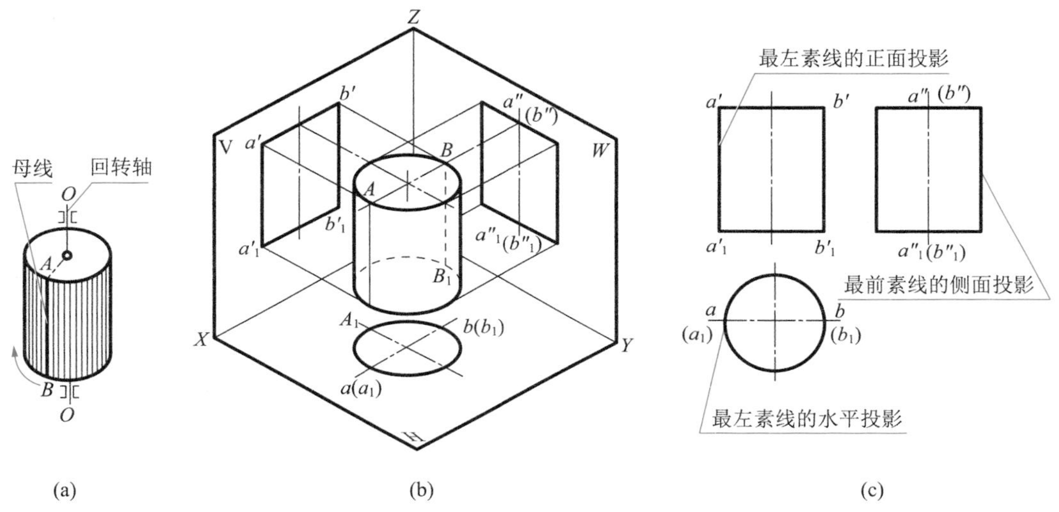

图 2-36　圆柱的形成、视图分析

对于左视图的矩形线框，读者可参照上述方法进行类似的分析。

由此可知，圆柱三视图的投影特征是：一面视图为圆，其他两面视图为全等的矩形。

画圆柱的三视图时，一般先画出对称中心线、轴线；再画出投影具有积聚性的圆，最后根据投影规律和圆柱的高度完成其他两视图，如图 2-36(c) 所示。

（2）圆柱表面上的点。圆柱表面上点的投影，可利用圆柱面投影的积聚性直接求得。如图 2-37 所示，已知圆柱表面上点 A、B 的正面投影 a'、b'，求 A、B 的另两面投影。

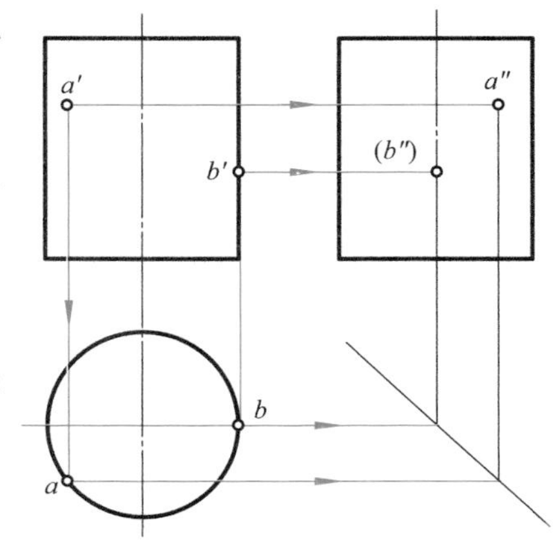

图 2-37　圆柱表面上的点

分析：根据给定的 a'、b'的位置，可判定点 A 在前半圆柱面的左半部分，点 B 在圆柱面的最右素线上。因圆柱面的水平投影具有积聚性，故 a 必在前半圆周的左部，a''可由 a' 和 a 求得。因点 B 位于最右素线上，此素线的水平投影积聚为圆的最右一点，故点 B 的水平投影 b 与之重合，该素线的侧面投影与轴线的投影重合，即点 B 的侧面投影 b''必位于轴线的侧面投影上。因点 B 在右半圆柱面上，故 b''为不可见，如图 2-37 所示。

2. 圆锥

圆锥由底面和圆锥面组成。圆锥面是由一直母线绕与它相交的轴线回转而成，如图 2-38(a)所示。

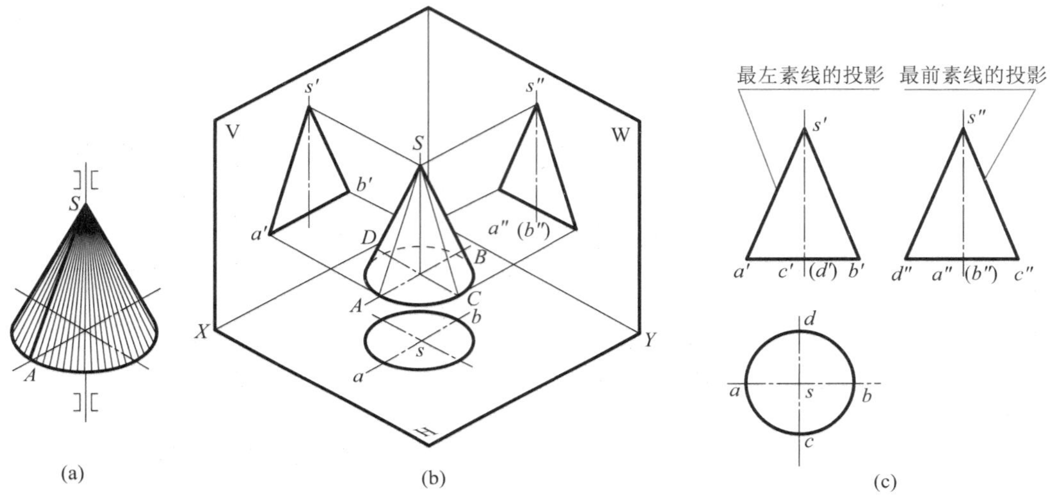

图 2-38　圆锥的形成、视图分析

（1）圆锥的三视图。

分析：图 2-38(a)所示圆锥，其轴线垂直于水平面，俯视图投影为圆，该圆反映圆锥底面的实形，同时也表示圆锥面的投影。圆锥的主、左视图为等腰三角形，其底边为圆锥底面的积聚性投影。主视图中三角形的两腰，分别表示圆锥面最左、最右素线 SA、SB 的投影，它们是圆锥面正面投影可见与不可见部分的分界线；左视图中三角形的两腰，分别表示圆锥面最前、最后素线 SC、SD 的投影，它们是圆锥面侧面投影可见与不可见部分的分界线。上述四条线的其他两面投影，请读者自行分析。

由此可知，圆锥三视图的投影特征是：一面视图为圆，其他两面视图为全等的等腰三角形。

画圆锥的三视图时，一般先画出对称中心线、轴线；再画出圆锥底面、锥顶的各个投影，最后连接底面和锥顶的同面投影，即完成圆锥的三视图，如图 2-38(c)所示。

（2）圆锥表面上的点。由于圆锥面的三面投影均没有积聚性，所以求圆锥面上的点的投影时，必须先在圆锥面上作一条包含已知点的辅助线（或辅助圆），根据从属性，求出点的另两面投影。

如图 2-39(b)所示，已知圆锥面上点 M 的正面投影 m'，试求 m 和 m''。

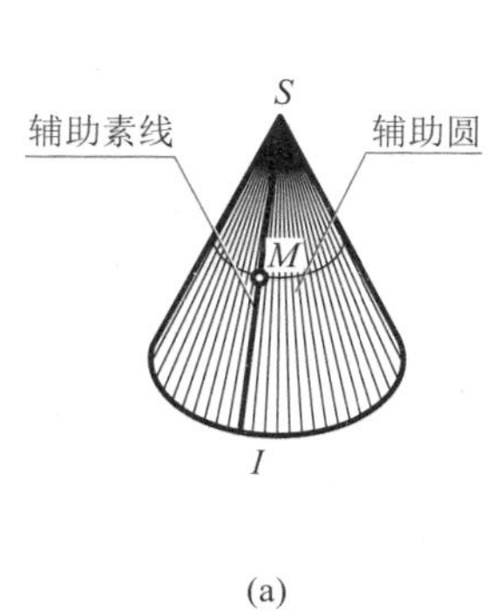

(a)

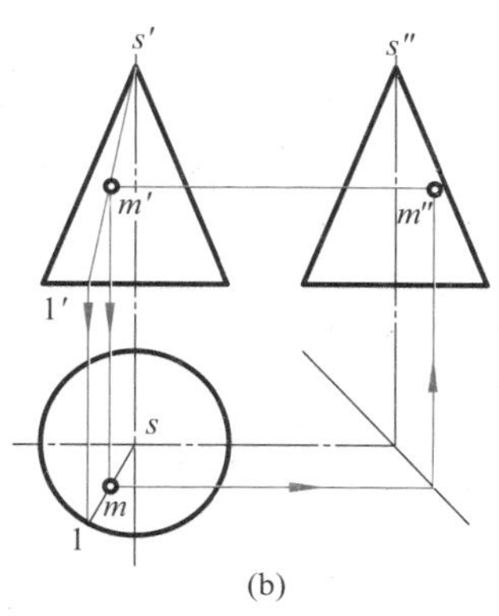

(b)

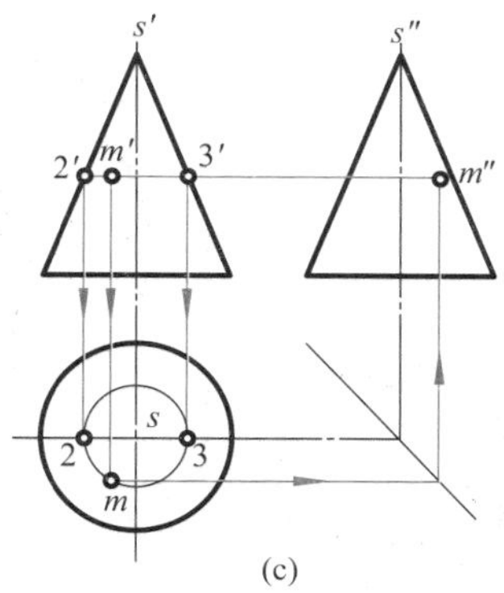

(c)

图 2-39 圆锥表面上点的求法

分析：根据点 M 的位置和可见性，可判定点 M 在左、前圆锥面上，因此，点 M 的三面投影均为可见。下面分别介绍圆锥表面上两种求点的方法。

方法 1（素线法）：以过锥顶的素线为辅助线。

作图：过锥顶 S 和点 M 作一辅助素线 SI，即在图 2-39(b)中连接 $s'm'$，并延长到底圆相交于 $1'$，求得 $s1$ 和 $s''1''$；再由 m' 根据点在线上的投影规律作出 m 和 m''。

方法 2（辅助圆法）：以垂直于轴线的平行面为辅助圆。

作图：过点 M 作垂直于圆锥轴线的水平辅助圆（该圆的正面投影积聚为一直线），即过 m' 所作的 $2'3'$。辅助圆水平投影的圆心为 s，直径等于 $2'3'$ 两点间的距离，由 m' 作 OX 轴的垂线，与辅助圆的交点即为 m。再根据 m' 和 m 求出 m''，如图 2-39(c)所示。

3. 圆球

如图 2-40(a)所示，圆球面可看作一圆母线，绕其直径回转而成。

(1) 圆球的三视图。

分析：图 2-40(c)为圆球的三视图。它们都是等于圆球直径的圆，均表示圆球面的投影。虽然圆球的三面投影都是圆，但各个圆的意义不同。如图 2-40(b)所示，正面投影的圆是球面上最大正平圆 A（亦是前、后两半球面的分界圆）的投影；水平投影的圆是球面上最大水平圆 B（亦是上、下两半球面的分界圆）的投影；侧面投影的圆是最大侧平圆 C（亦是左、右两半球面的分界圆）的投影。这三个圆的其他两面投影，都与圆的相应中心线重合。

(2) 圆球表面上的点。圆球的三面投影都没有积聚性，因此在球表面上不能作出直线。求圆球表面上的点的投影只能用辅助圆法求得。具体作法如下：

如图 2-40 所示，已知圆球表面上点 M 的水平投影 m，求其他两面投影。

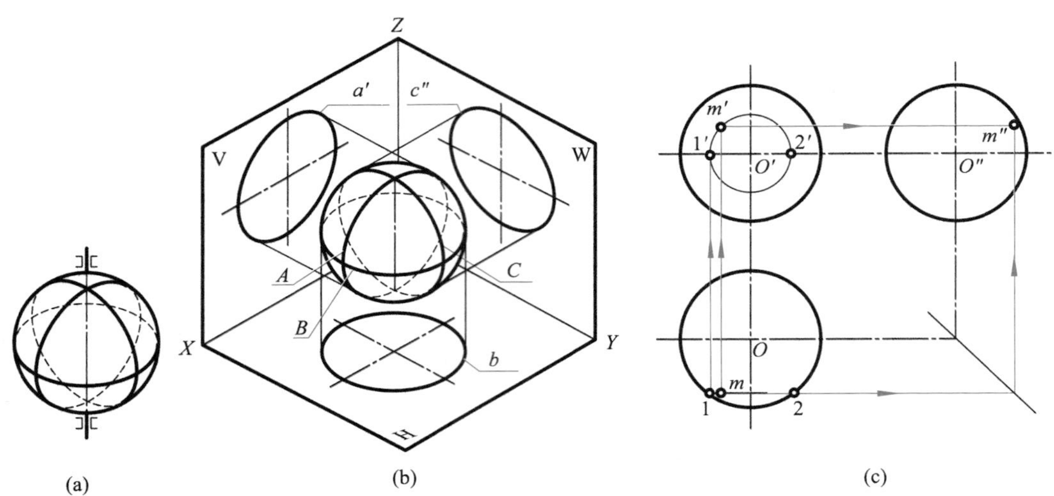

(a)　(b)　(c)

图 2-40　圆球的形成、视图分析及表面上点的求法

分析：根据点 M 的位置和可见性，可判定点 M 在前半球的左上部分，因此点 M 的三面投影均为可见。

过点 m 在球面上作一平行于正面的辅助圆。因点在辅助圆上，故点的投影必在辅助圆的同面投影上。

作图时，先在水平投影中过 m 作 $12 /\!/ OX$，12 为辅助圆在水平投影面上的积聚性投影，其正面投影为直径等于 $1'2'$ 的圆，由 m 作 OX 轴的垂线，与辅助圆正面投影的交点即为 m'，再由 m、m' 求得 m''。

求圆球表面上点的投影时，过已知点可作平行于水平面的辅助圆，也可作平行于正面或侧面的辅助圆，这三种方法得到的结果是相同的。后两种方法读者可自行分析作图。

第3章

立体表面的交线

教学提示

本章内容是“机械制图”课程的重点之一，主要介绍常见立体表面交线的形式、种类和特点；截交线、相贯线的基本性质和求作方法。

通过本章学习，学生应熟悉圆柱截交线和相贯线的投影特性，掌握求作常见截交线、相贯线的基本方法。

立体表面的交线，通常指平面与立体表面相交或两立体表面相交所产生的交线。平面与立体表面相交产生截交线，如图 3-1（a）所示；两立体表面相交产生相贯线，如图 3-1（b)所示。

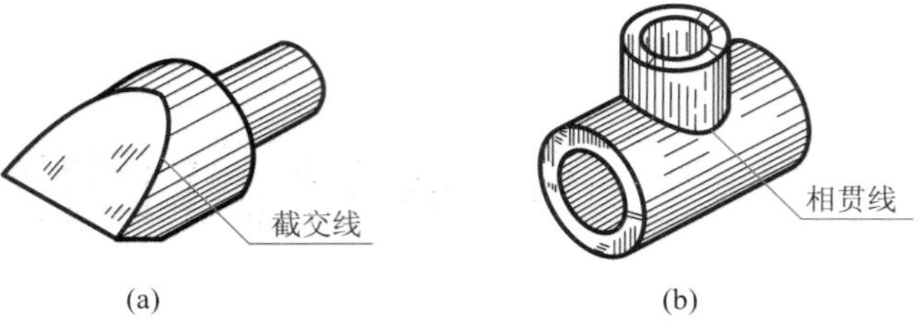

图 3-1　立体表面的交线

掌握截交线、相贯线的性质和画法，将有助于我们正确地分析和表达机件的结构形状。截交线和相贯线的类型较多，本章介绍常见的截交线和相贯线的画法。

3.1　截　交　线

立体被平面所截（或切）时，该平面称为截平面（或切平面），截平面与立体表面的交线称为截交线，如图 3-2 所示。

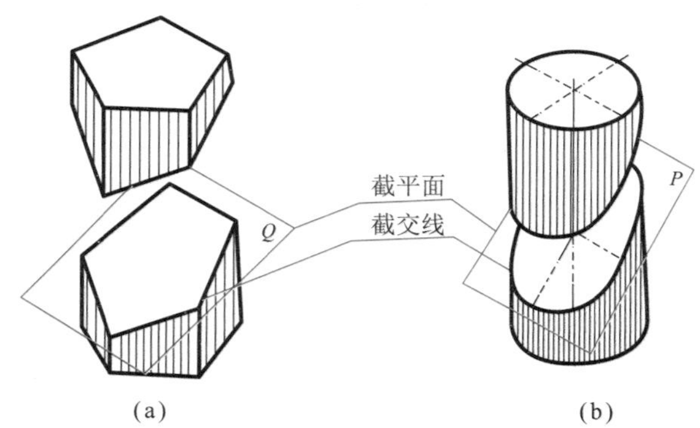

图 3-2　截平面与截交线

3.1.1　截交线的性质

从图 3-2 中可看出，截交线具有以下性质：

（1）共有性。截交线是截平面与立体表面的共有线。

（2）封闭性。由于立体具有一定的范围，所以截交线必定是闭合的平面图形（平面折线、平面曲线或两者的组合），其形状取决于立体的几何性质及其与截平面的相对位置。

3.1.2 求截交线的方法和步骤

由于截交线是截平面与立体表面的共有线，截交线上的点即是截平面与立体表面的共有点。所以，求截交线的基本问题是求一系列共有点的投影，其实质是在立体的表面上取点并求其投影的问题。

1. 平面立体的截交线

平面立体的截交线是一封闭的平面多边形。多边形的各边是截平面与立体表面的共有线，而多边形的顶点是截平面与立体棱线的共有点，如图 3-2(a)所示。因此，求平面立体的截交线，实质是求截平面与被截各棱线的共有点的投影问题。

【例 3.1】 试求三棱锥的截交线。

分析：由图 3-3（a）看出，三棱锥被正垂面 P 截切，截交线为三角形，其顶点分别是三条棱线与截平面的交点。因此，只要求出截交线三个顶点在各投影面上的投影，然后依次连接各点的同面投影，即得截交线的投影。因为截交线的正面投影具有积聚性（已知），所以只需求出截交线的水平投影和侧面投影。

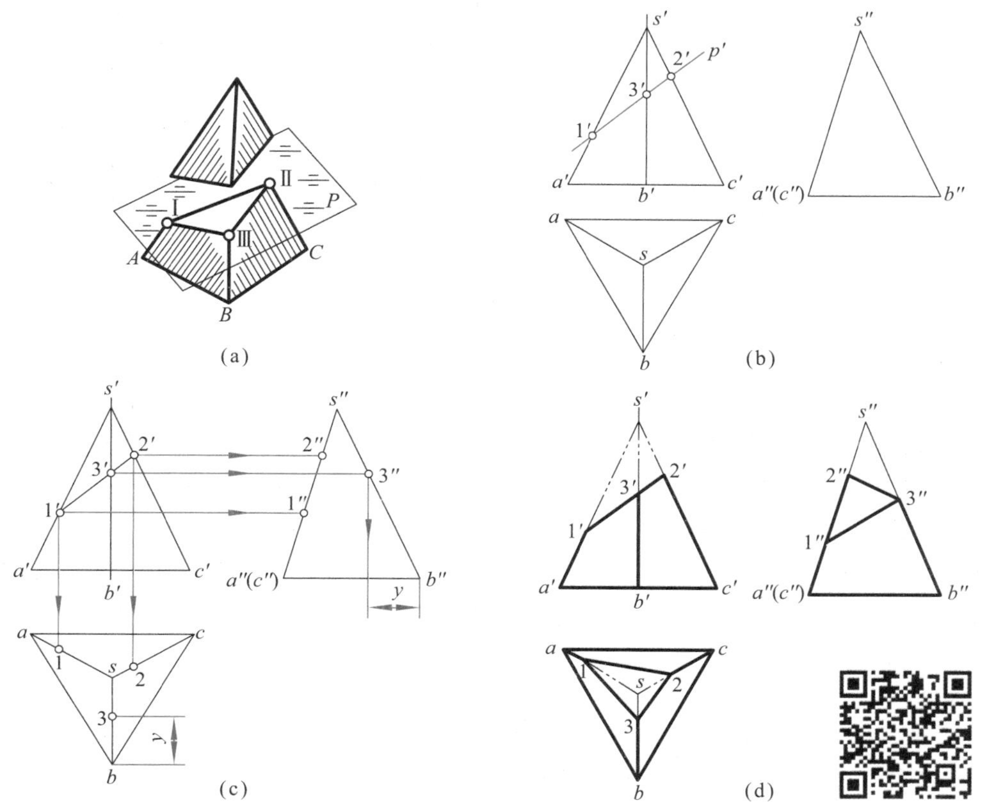

图 3-3 三棱锥截交线的画法

作图：(1) 利用 P' 的积聚性直接求出截交线三个顶点的正面投影 1′、2′、3′，见图 3-3(b)。

(2) 根据直线上点的投影特性求出各顶点的侧面投影 1″、2″、3″ 和水平投影 1、2、3，见图 3-3(c)。

(3) 依次连接各点的同面投影，即得截交线的投影，见图 3-3(d)。

2. 回转体的截交线

回转体的截交线一般是封闭的平面曲线或平面曲线与直线组成的平面图形，特殊情况下为多边形。

(1) 圆柱的截交线。由于截平面与圆柱轴线的相对位置不同，圆柱的截交线有三种情况，如表 3-1 所示。

表 3-1　圆柱体的三种截交线

截平面位置	垂直于轴线	倾斜于轴线	平行于轴线
立体图	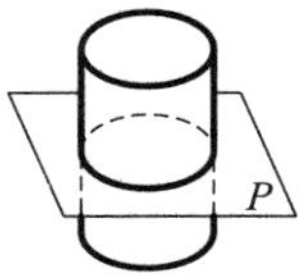 P	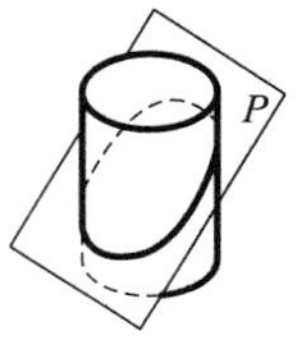 P	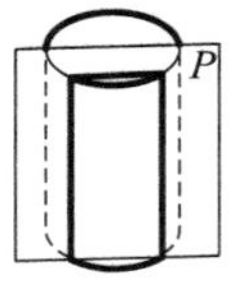 P
投影图	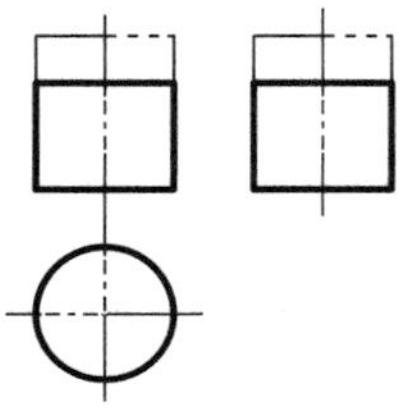	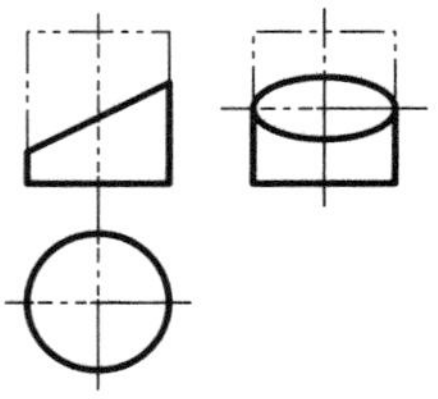	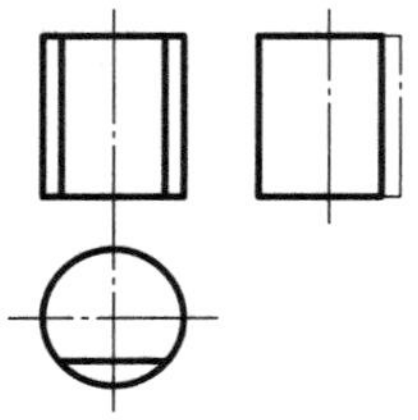
截交线	圆	椭圆	矩形

【例 3.2】 求作图 3-4 所示截断体的截交线投影。

分析：由于截平面与圆柱轴线倾斜且用正垂面截切，故其截交线为椭圆。椭圆的正面投影积聚为一直线，水平投影重合在圆周上，故需求作椭圆的侧面投影。在题设情况下，椭圆的侧面投影是一椭圆，但不反映实形。椭圆的长轴是正平线，它的两个端点在圆柱的最左、最右转向素线上；短轴是正垂线，与长轴互相垂直平分，它的两个端点在圆柱的最前、最后转向素线上。知道了椭圆长、短轴的方向和长度就可以画出椭圆的侧面投影。

作图：

① 求特殊点。特殊点一般指转向素线上的共有点，也是极限点（如最高、最低、最前、最后、最左、最右点）。在本例中，转向素线上的Ⅰ、Ⅱ、Ⅲ、Ⅳ点是极限点，也是椭圆长、短轴的端点，故可根据其正面投影 1′、2′、3′、4′ 和水平投影 1、2、3、

4，求得侧面投影 1″、2″、3″、4″。这些特殊点确定了椭圆投影的范围。

② 求一般点。先在正面投影上取一对重影点 5′、(6′) 和 7′、(8′)，这四个点分别为前后、左右的对称点。由此，利用积聚性便可求出 5、6 和 7、8，再根据 5′、5 和 (6′)、6 求得 5″ 和 6″，由 7′、7 和 (8′)、8 求得 7″、8″。

③ 连接。将各点的侧面投影依次光滑地连接起来，就得到截交线的侧面投影。

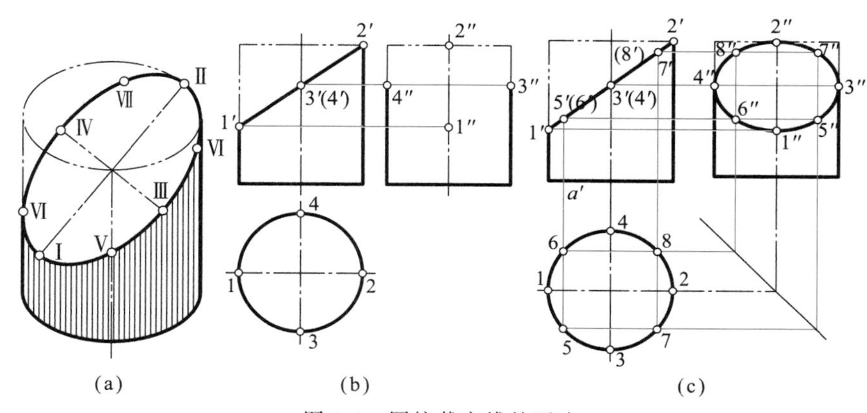

图 3-4　圆柱截交线的画法

【例 3.3】 画出开槽圆柱的三视图（见图 3-5）。

分析：开槽部分是由垂直于轴线的水平面 Q 和平行于轴线的侧平面 P 对称地截切圆柱而形成的。截平面 Q 与圆柱面的交线为圆弧，截平面 P 与圆柱体的交线为矩形。

作图：先画出完整圆柱的三视图，然后画出反映方槽形状特征的正面投影，再依次画出方槽的水平投影、侧面投影。

作图时应注意以下两点：

① 因圆柱的最前、最后转向素线在开槽部位均被切去，故侧面投影的外形轮廓线在开槽部位向内“收缩”，其 Y 坐标由俯视图确定。

② 注意区分槽底侧面投影的可见性。槽底是由两段直线、两段圆弧组成的平面图形，其侧面投影积聚成一直线，可见与不可见的分界点位于向内“收缩”的交线处。

【例 3.4】 已知圆筒开槽后的正面投影和水平投影，求作侧面投影（见图 3-6）。

本例的作法与上例相同，读者可自行分析画出。

(2) 圆锥的截交线。平面截切圆锥，由于截平面与圆锥轴线的相对位置不同，截交线有五种情况，见表 3-2。

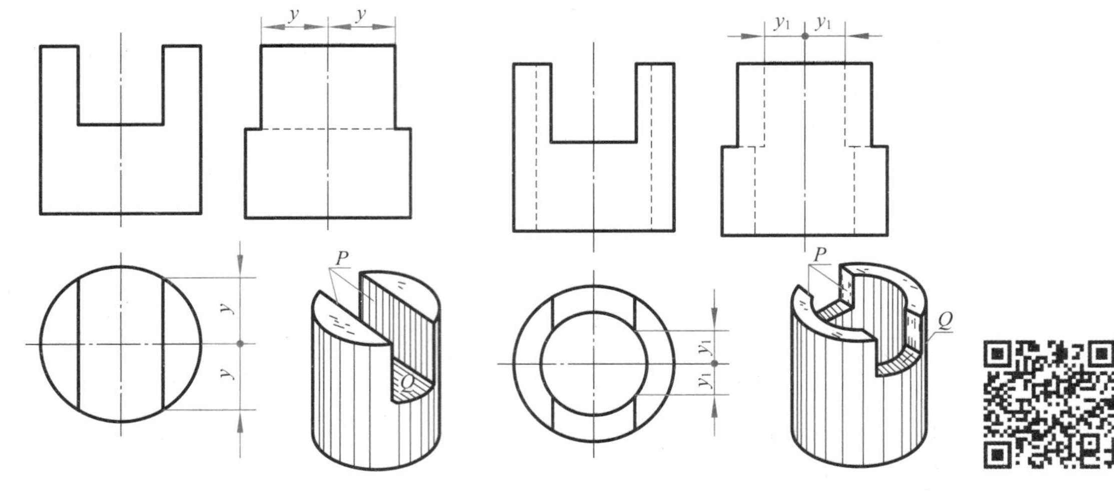

图 3-5　圆柱体开槽的画法　　　　图 3-6　圆筒开槽的画法

表 3-2　圆锥体的五种截交线

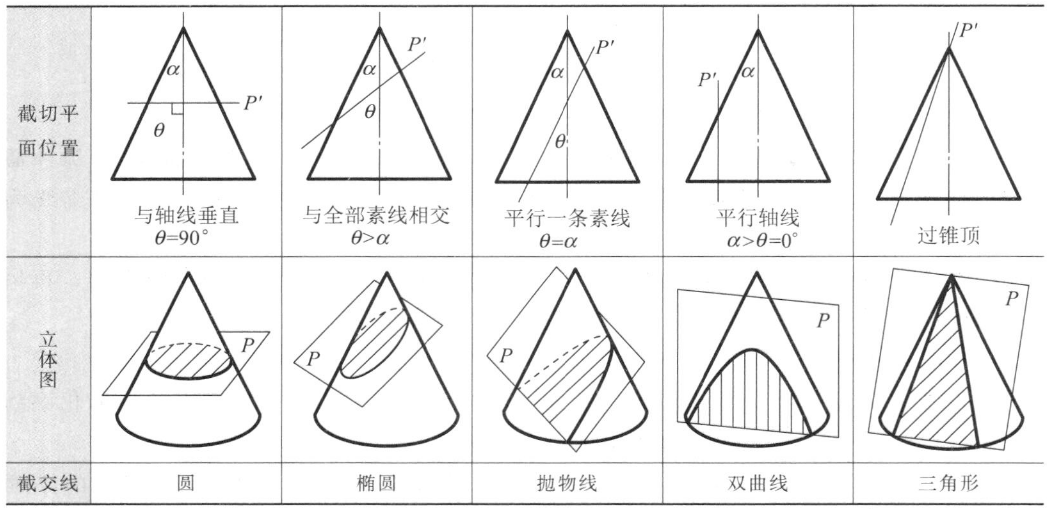

截切平面位置	与轴线垂直 $\theta=90°$	与全部素线相交 $\theta>\alpha$	平行一条素线 $\theta=\alpha$	平行轴线 $\alpha>\theta=0°$	过锥顶
立体图					
截交线	圆	椭圆	抛物线	双曲线	三角形

当圆锥截交线为圆和三角形时，其投影可直接作出；若截交线为椭圆、抛物线和双曲线时，则要利用圆锥表面取点的方法求得。

【例 3.5】 求作正平面（∥轴线）截切圆锥的截交线投影。

分析：此情况下，圆锥的截交线为一双曲线，如图 3-7(a)所示。其侧面、水平投影分别积聚为一直线，故只需作出正面投影。

作图：

① 求特殊点。从图中看出，Ⅲ为最高点，根据侧面投影 3″，可作出 3 及 3′；Ⅰ、

Ⅴ为最底点，根据水平投影 1 及 5，可作出 1′、5′及 1″、5″，如图 3-7(b)所示。

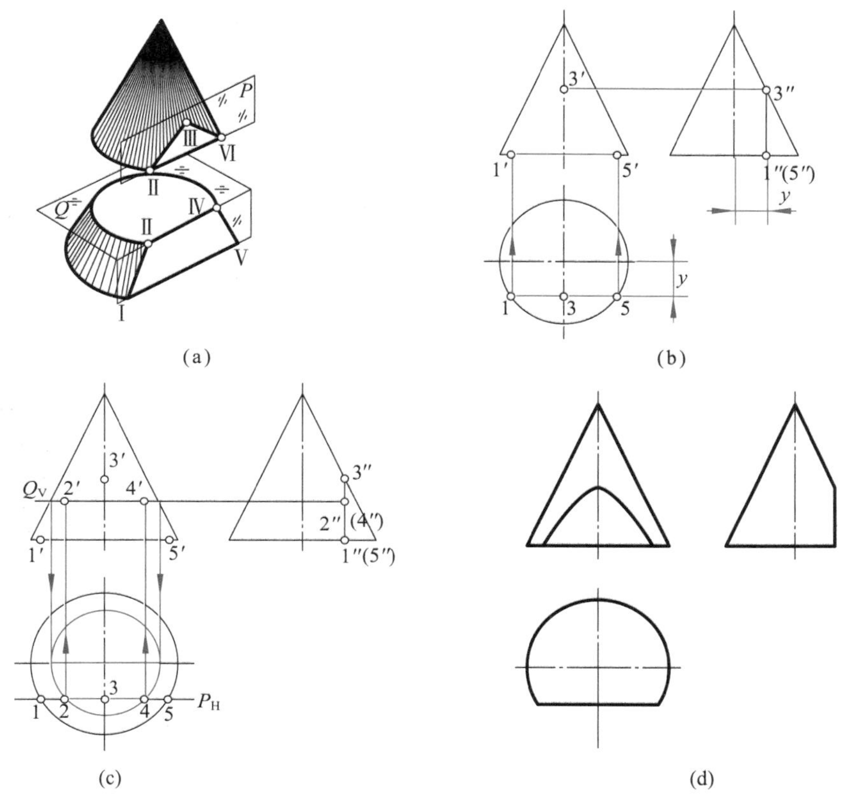

图 3-7　正平面截切圆锥时截交线的画法

② 求一般点。利用辅助面法，作一辅助圆 Q 与圆锥相交，交线是圆（称为辅助圆）；辅助圆的水平投影与截平面的水平投影相交于 2 和 4，即为所求共有点的水平投影；根据水平投影再求出其余两投影 2′4′及2″4″，如图 3-7(c)所示。

③ 连接。将各点的正面投影依次光滑地连接起来即为所求投影，如图 3-7(d)所示。

(3) 圆球的截交线。平面截切圆球时，不论相对位置如何，截交线都是圆。由于截平面对投影面的位置不同，所得截交线(圆)的投影也不同。当截平面平行于某一投影面时，截交线在该投影面上的投影为一圆(反映实形)，其余两面投影积聚为直线，其长度等于圆的直径，如图 3-8 所示。

【例 3.6】 画出半球开槽的三视图(见图 3-9)。

分析：方槽的两侧面 P 和底面 Q 与球面的交线都是圆弧，且 P、Q 面彼此相交于直线段。

作图：先画出完整半球的三视图，再根据槽宽和槽深依次画出正面、水平面和侧面投影。作图的关键在于确定交线圆弧半径 R_1 和 R_2，具体作法如图 3-9 所示。

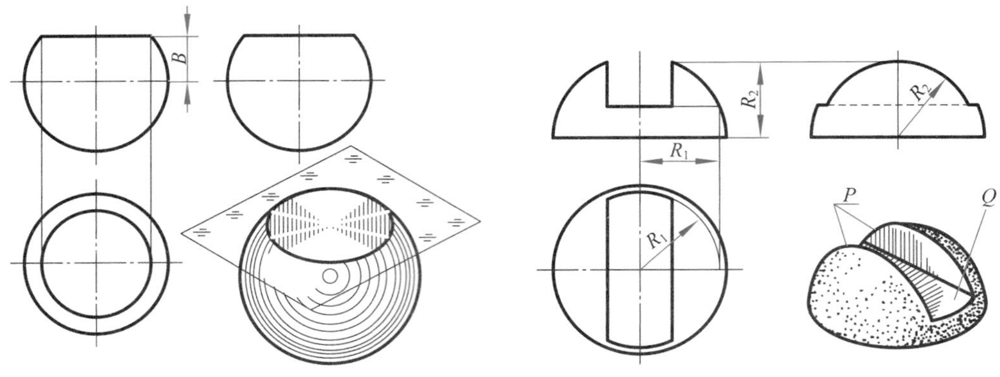

图 3-8　圆球的截交线

图 3-9　半球开槽三视图的画法

3.2 相　贯　线

相交的两立体称为相贯体，相贯体表面的交线称为相贯线。零件表面常见的相贯线大都由两个回转体相交而成。本节主要介绍圆柱、圆锥、圆球等常见回转体表面相贯线的画法。

3.2.1 相贯线的性质

（1）共有性。相贯线是相交两立体表面的共有线，也是两立体表面的分界线。

（2）封闭性。相贯线一般为封闭的空间曲线，特殊情况下为平面曲线或直线。

根据以上性质可知，求作相贯线的投影，实质就是求相交两立体表面共有点的投影集合。

3.2.2 求相贯线的方法和步骤

求相贯线的方法有表面取点法和辅助平面法。

1. *表面取点法*

当两个回转体相交时，若其中有一个是圆柱且轴线垂直于投影面时，则圆柱面在该投影面上的投影积聚为圆，而相贯线的投影也积聚在该圆上。因此，可根据已知曲面上点、线的一个投影求出另外两个投影，即用表面取点的方法求得相贯线的其余投影。

（1）不等径两圆柱正交。

【例 3.7】 以图 3-10 所示的正交两圆柱为例，介绍求相贯线的方法。

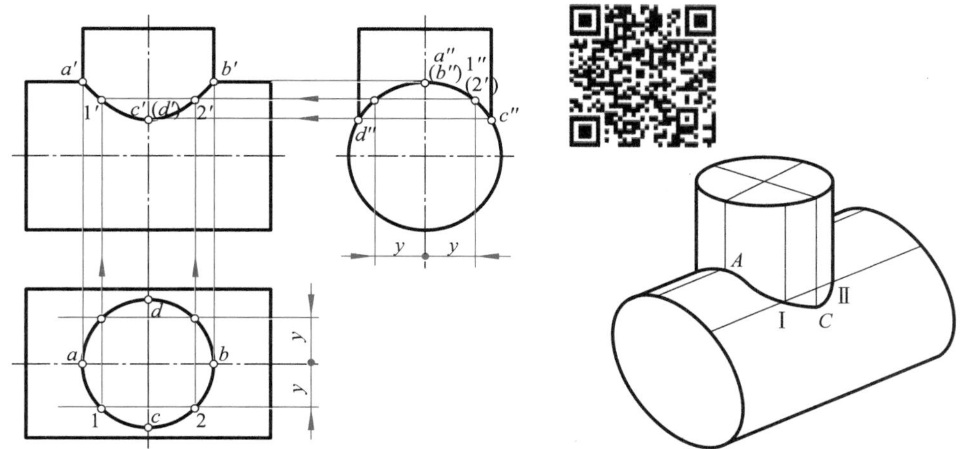

图 3-10　两圆柱正交相贯线的画法

分析：

① 形体分析。本例为不等径的两个圆柱垂直相交，相贯线为一条封闭的空间曲线，且前后、左右对称。

② 投影分析。小圆柱的轴线垂直于水平面，相贯线的水平投影为圆（与小圆柱面的积聚性投影重合），大圆柱的轴线垂直于侧面，相贯线的侧面投影为圆弧（与大圆柱面的积聚性投影重合），因此，需要求作的是两圆柱面均没有积聚性的正面投影。

作图步骤如下：

① 求特殊点。特殊点是决定相贯线的投影范围及其可见性的点，特殊点一般位于转向素线上。在本例中，转向素线上的共有点 A、B、C、D 同时又是极限点（即最高、最低、最前、最后、最左、最右点）。利用表面取点法，由水平投影 a、b、c、d 及侧面投影 a''、b''、c''、d'' 求得正面投影 a'、b'、c'、d'。

② 求一般点。在相贯线的侧面投影上任取一对重影点 1″、(2″)，然后求出其水平投影 1、2，最后求出正面投影 1′、2′。

③ 将各点光滑连接起来，即完成作图。由于相贯线前后对称，其正面投影虚实重合。

(2) 不等径的两圆柱面正交有三种形式，即两外柱面正交、外柱面与内柱面正交、两内柱面正交，如图 3-11 所示。因三种形式的相贯线具有相同的形状，所以作图方法也是相同的。

综合以上几例可以看出，当两圆柱正交且不等径时，相贯线的未知投影位于两圆柱面均没有积聚性的矩形视图上，且相贯线投影的弯曲方向趋向大的圆柱面（或大的内柱面）轴线。

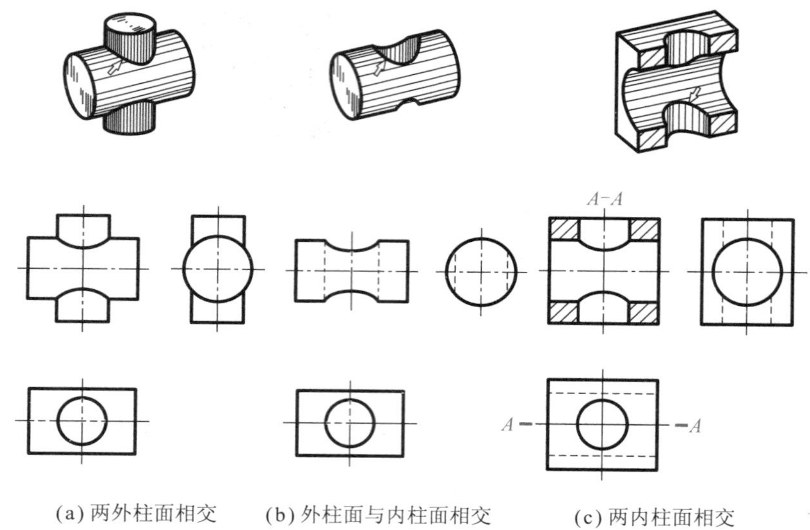

(a) 两外柱面相交　(b) 外柱面与内柱面相交　(c) 两内柱面相交

图 3-11　两圆柱面相交的三种形式

2. 辅助平面法

如图 3-12 所示，用辅助平面法求作相贯线的投影，就是在两立体的相交部分，假想用一平面 P（辅助平面）截切圆柱和圆台，辅助平面 P 与圆柱的截交线为矩形，与圆台的截交线为圆，两组截交线的交点Ⅱ、Ⅳ、Ⅵ、Ⅷ既为相贯线上的点，又是辅助平面 P、圆柱、圆锥三个面的共有点。辅助平面法就是利用三面共点的原理，求作相贯线上一系列共有点的方法。假如连续作一系列辅助水平面截切圆柱和圆台，就可求得一系列共有点，将这些点相连即为相贯线的投影。

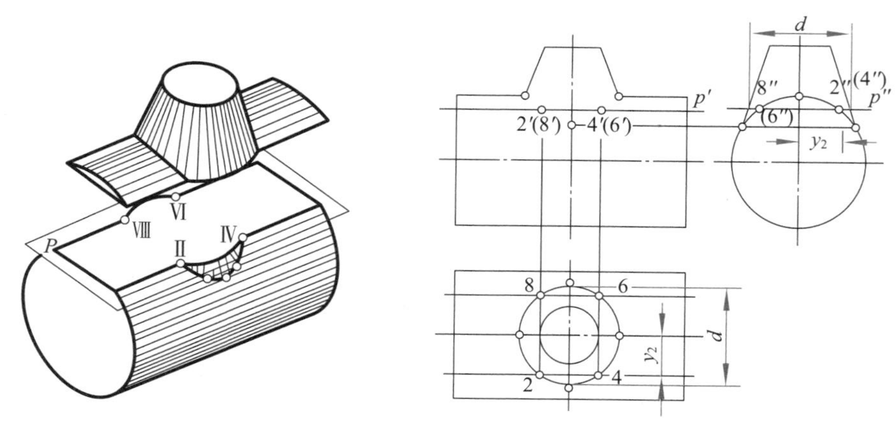

图 3-12　用辅助平面法求作相贯线的投影

为使作图简便和准确，选择辅助平面的原则是：

① 辅助平面位置应取在两回转体有共有点的范围内。

② 辅助平面与两回转体的表面交线应简单易画，一般为直线或圆。

下面以圆柱和圆台相交为例，介绍作图方法。

【例 3.8】 求作圆柱和圆台正交时的相贯线（见图 3-13）。

分析：圆柱与圆台正交，相贯线为一封闭的前后、左右对称的空间曲线。圆柱轴线垂直于侧面，相贯线的侧面投影为圆弧(与圆柱面的积聚性投影重合)。于是问题归结为已知相贯线的侧面投影，求作它的正面投影和水平投影的问题。

作图步骤如下：

① 求特殊点。圆柱与圆台的最左、最右转向素线相交于Ⅰ、Ⅴ点，它们是相贯线的最高点（也是最左、最右点），其正面投影 $1'$、$5'$，侧面投影 $1''$、($5''$) 和水平投影 1、5 均可直接求出。圆台的最前、最后转向素线与圆柱面的交点Ⅲ、Ⅶ为相贯线的最前、最后点（也是最低点），由侧面投影 $3''$、$7''$ 可求出正面投影 $3'$、($7'$) 和水平投影 3、7，如图 3-13（b）所示。

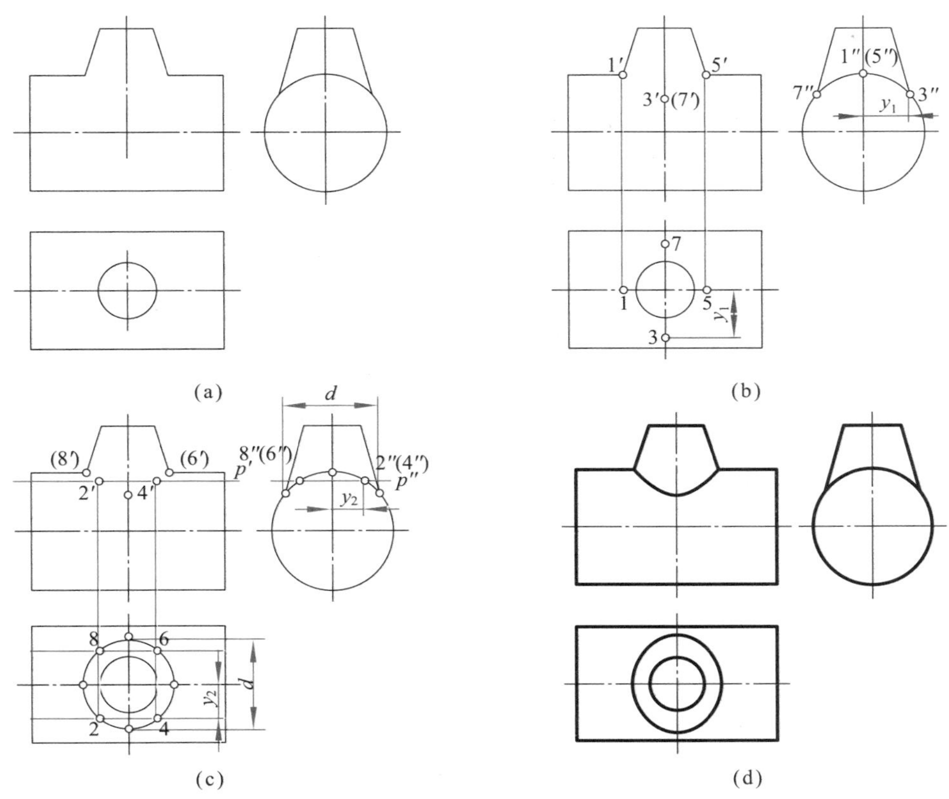

图 3-13　求作圆柱和圆台正交相贯线的投影

② 求一般点。在最高点和最底点之间作辅助平面 P（水平面）的正面投影 p' 及侧面投影 p''。辅助平面 P 与圆柱的截交线为矩形，矩形的宽"Y_2"可由侧面投影量得；辅助平面 P 与圆台的截交线为圆，其半径($d/2$)可从侧面（或正面）投影量得；由此，可得两组截交线的交点（即相贯线上的一般点）2、4、6、8 的水平投影，进而求出其正面投影 $2'$、$4'$、($6'$)、($8'$)，如图 3-13(c)所示。

③ 分别将各点的正面投影和水平投影按顺序光滑连接，即为所求。因相贯线前、后对称，故其正面投影中的不可见部分与可见部分重合，如图 3-13(d)所示。

3.2.3 相贯线的特殊情况

特殊情况下，两回转体或回转体与平面体的相贯线可能是平面曲线或直线。

1. 两个等径圆柱正交

两个等径圆柱正交，其相贯线为两个垂直相交的椭圆。当两圆柱轴线都平行于某一投影面时，相贯线在该面的投影积聚为两条相交的直线，如图 3-14 所示。

两等径圆柱孔正交，内相贯线的画法与上面的情况相同，但应画成虚线，如图 3-15所示。

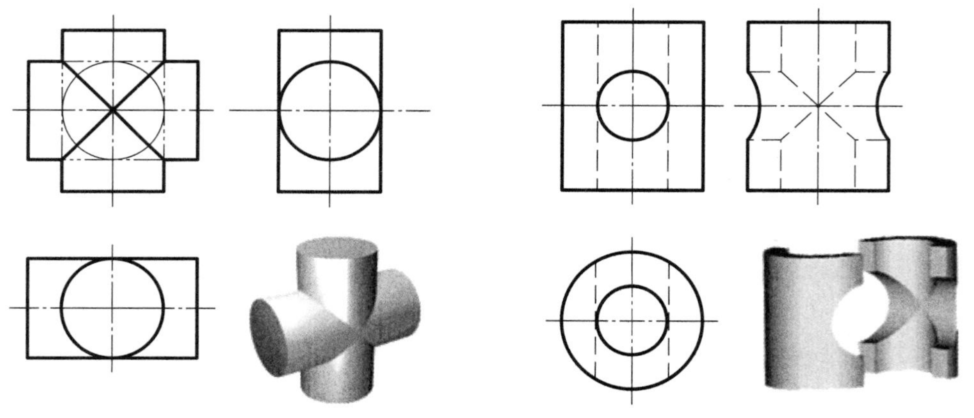

图 3-14　两等径圆柱正交　　图 3-15　两等径圆柱孔正交

2. 圆柱与四棱柱相交

图 3-16 为圆柱与四棱柱相交，其中两个棱面与圆柱轴线平行时，交线为两段平行直线；另两个棱面与圆柱轴线垂直，交线为两段圆弧。在题设情况下，相贯线的侧面投影积聚重合在圆柱侧面投影的圆弧上，水平投影积聚在矩形投影上。因此，需要求作的是正面投影。正面投影则需根据侧面、水平投影求出，具体求作方法如图 3-16 所示。

图 3-17 为圆柱体中间穿一个四棱柱孔，其相贯线的作法与图 3-16 相贯线的作法

相同。但应注意矩形孔在主、左视图中投影不可见，应画成虚线。

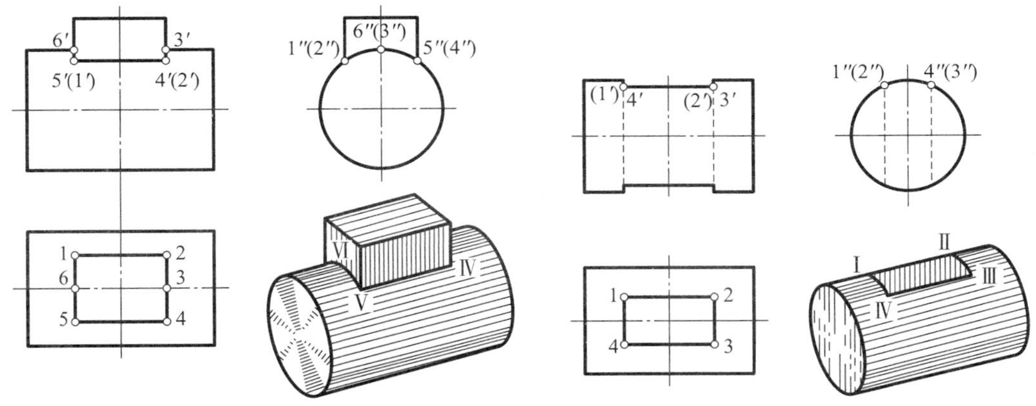

图 3-16　圆柱与四棱柱相交　　　　图 3-17　圆柱穿四棱柱孔

3. 两同轴回转体相交

两同轴回转体相交，其相贯线是垂直于轴线的圆。当轴线垂直于某投影面时，相贯线在该面的投影为圆，其他两面投影积聚成直线，如图 3-18 所示。

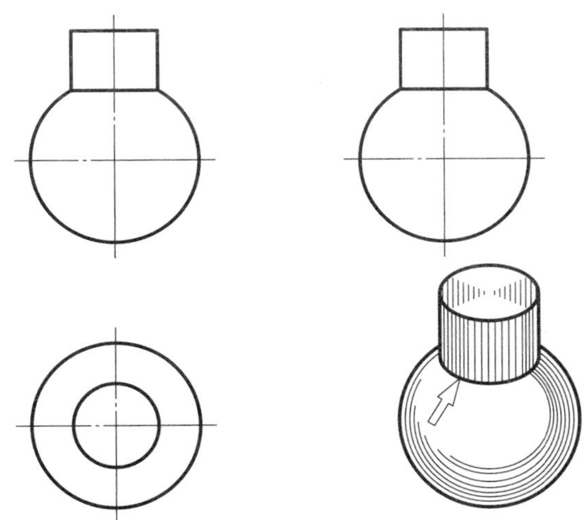

图 3-18　两同轴回转体相交

3.2.4　相贯线的简化画法及变化趋势

1. 简化画法

两圆柱体轴线正交且不等径相贯时，在对相贯线作图准确程度要求不高的情况下，可简化作图，即用圆弧近似代替曲线。其作图方法如图 3-19 所示。

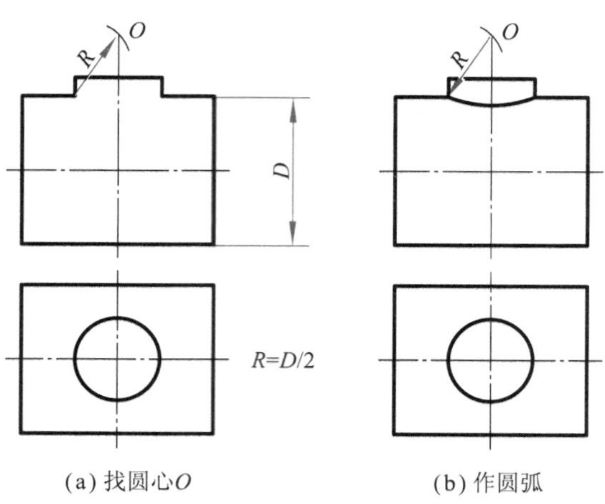

(a) 找圆心O　　(b) 作圆弧

图 3-19　相贯线的简化画法

2. 相贯线的变化趋势

当两立体相交时，它们形成的相贯线的空间形状受到两曲面立体的形状、大小以及它们的相对位置的影响而发生变化。掌握相贯线的变化趋势，对提高空间想象力和正确绘图有很大的帮助。表 3-3 是两圆柱面的直径大小相对变化时对相贯线的影响。

表 3-3　轴线垂直相交的两圆柱直径相对变化对相贯线的影响

两圆柱直径的关系	水平圆柱较大	两圆柱直径相等	水平圆柱较小
相贯线的特点	上、下两条空间曲线	两个相互垂直的椭圆	左、右两条空间曲线
投影图	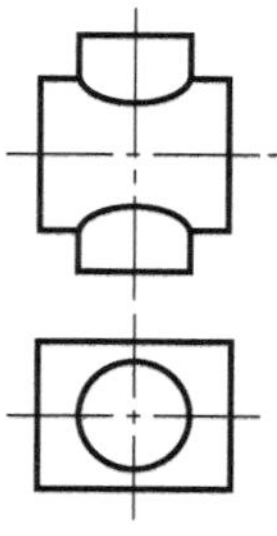	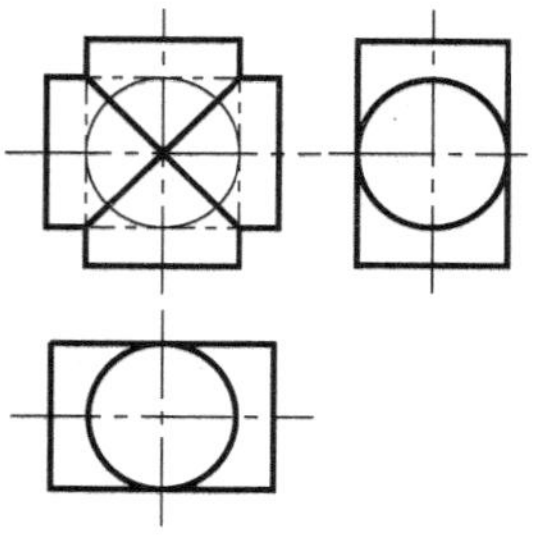	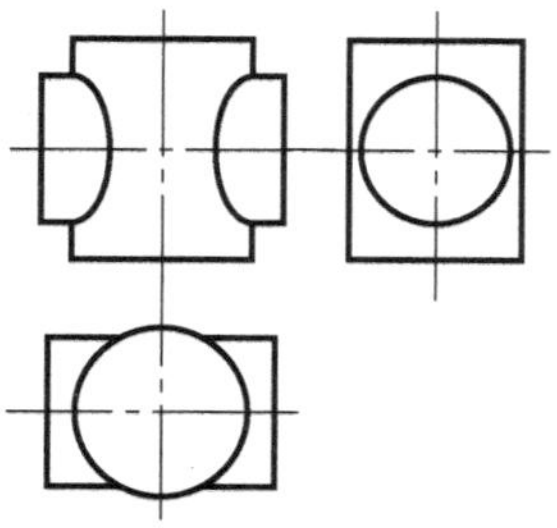

第4章

轴 测 图

教学提示

本章主要介绍轴测图基本知识；绘制正等测图及斜二测图的常用方法。

通过本章学习，学生应基本掌握绘制正等测图的常用方法，了解斜二测图的绘制方法。

轴测图是一种能反映物体三维空间形状的单面投影图。它富有立体感，但度量性差，作图复杂，因此在机械图样中只能用作辅助图样。本章简要介绍轴测图的形成及基本作图方法。

4.1 轴测图的基本知识

4.1.1 轴测图的形成

将物体连同其直角坐标系，沿不平行于任一坐标面的方向，用平行投影法将其投射在单一投影面上所得到的图形，称为轴测投影图，简称轴测图，如图 4-1 所示。

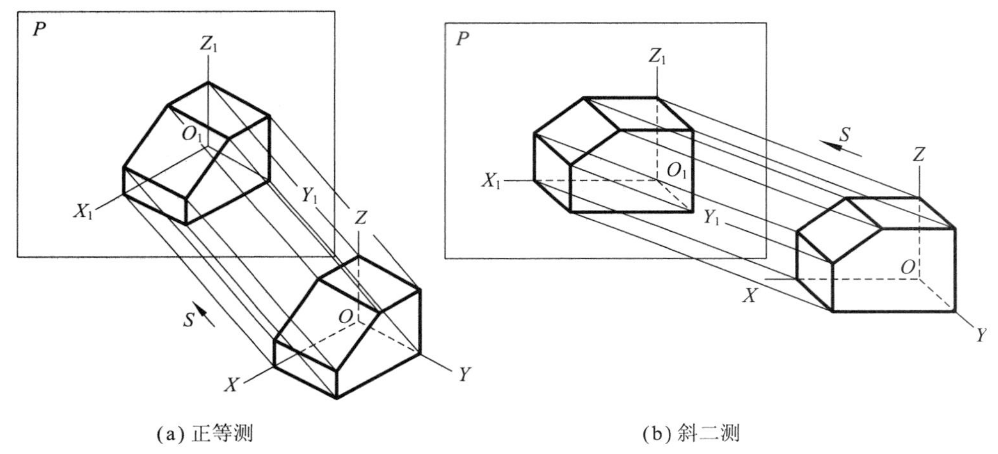

图 4-1 轴测图的形成

4.1.2 轴间角和轴向变形系数

1. 轴间角

在图 4-1 中，投影面 P 称为轴测投影面。直角坐标轴（OX、OY、OZ）在轴测投影面上的投影 O_1X_1、O_1Y_1、O_1Z_1 称为轴测轴。任意两根轴测轴之间的夹角称为轴间角，如图 4-1（a）中的$\angle X_1O_1Y_1$、$\angle Y_1O_1Z_1$、$\angle X_1O_1Z_1$。三个轴间角之和为 360°。

2. 轴向变形系数

轴测轴上的线段与空间坐标轴上的对应线段的长度之比称为轴向变形系数。通常用字母 p_1、q_1、r_1 分别表示 OX、OY、OZ 轴的轴向变形系数。即

$$p_1 = O_1X_1/OX;\ q_1 = O_1Y_1/OY;\ r_1 = O_1Z_1/OZ$$

4.1.3　轴测图的基本性质

（1）物体上相互平行的线段，其轴测投影仍相互平行。

（2）物体上平行于坐标轴的线段，其轴测投影仍平行于相应的轴测轴。

4.1.4　轴测图的分类

根据轴测投射方向对轴测投影面夹角的不同，轴测图可分为两大类：

（1）正轴测图。投射方向垂直于轴测投影面。

（2）斜轴测图。投射方向倾斜于轴测投影面。

在两类轴测图中，根据其三个轴向变形系数是否相等，又可分为正轴测图（正等测、正二测、正三测）和斜轴测图（斜等测、斜二测、斜三测）。工程上用得较多的是正等测和斜二测。

4.2　正等轴测图简介

4.2.1　正等测的形成

使确定物体的三个坐标轴与轴测投影面 P 的倾角相等，用正投影法将物体连同其坐标轴一起投射到轴测投影面上，所得到的轴测图称为正等轴测图，简称正等测，如图 4-1(a)所示。

4.2.2　正等测的轴间角和轴向变形系数

在正等测中，由于直角坐标系的三个坐标轴对投影面 P 的倾角相等，故轴间角和轴向变形系数都相等，即

$$p_1=q_1=r_1\approx 0.82 \qquad \angle X_1O_1Y_1=\angle Y_1O_1Z_1=\angle X_1O_1Z_1=120^\circ$$

实际画图时，如按 0.82 这个轴向变形系数作图，比较麻烦。为了方便作图，通常采用简化变形系数，如图 4-2(a)所示。即

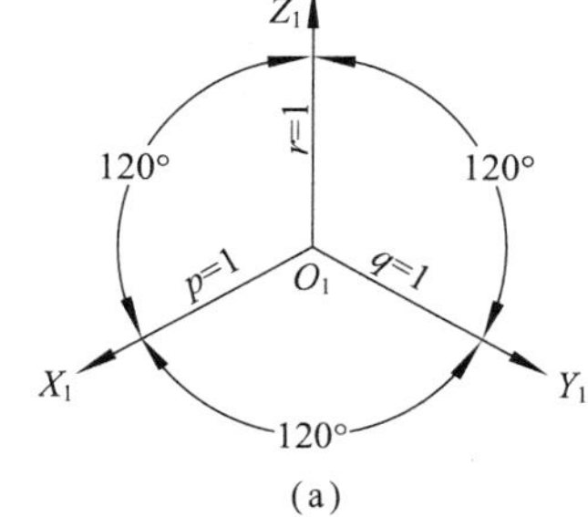

(a)

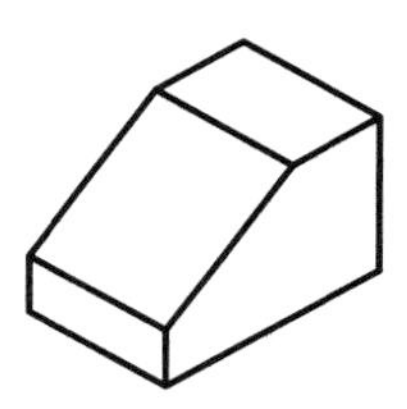
(b) 按0.82画出的正等测

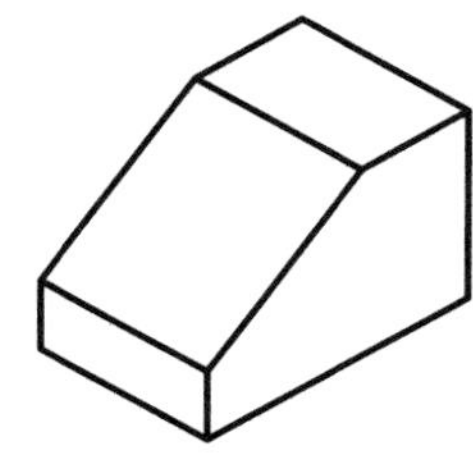
(c) 放大1.22倍画出的正等测

图 4-2　正等测的轴间角和轴向变形系数

$$p=q=r=1$$

这样画出的正等测，大约放大了1.22倍，但其形状和直观性均不变，如图4-2所示。

4.2.3 平面立体的正等测画法

绘制平面立体轴测图的基本方法有坐标法和切割法。坐标法作图时，首先定出空间直角坐标系，画出轴测轴；再根据立体表面上各点的坐标值，画出它们的轴测投影；最后依次连接各点，完成轴测图。对于切割体，则先用坐标法画出完整物体，再用切割法画出其被切割部分。

【例4.1】 根据六棱柱的两面视图，画出它的正等测(见图4-3)。

作图步骤如下：

(1) 选取坐标轴。选取时应考虑度量方便，尽量减少作图线。该六棱柱前后、左右对称，故选顶面中心为坐标原点，如图4-3(a)所示。

(2) 画轴测轴，定点的坐标。根据尺寸直接定出 A、D 和Ⅰ、Ⅱ点，如图4-3(b)所示。

(3) 作出顶面。过Ⅰ、Ⅱ点分别作 X_1 轴的平行线，量得 B、C 和 E、F 点，按顺序连接，完成顶面的正等测，如图4-3(c)所示。

(4) 作出底面。过 A、B、C、F 点作平行于 Z_1 轴的棱线，并量取高度 h，得底面各对应点；擦去多余图线，加深完成全图，如图4-3(d)所示。

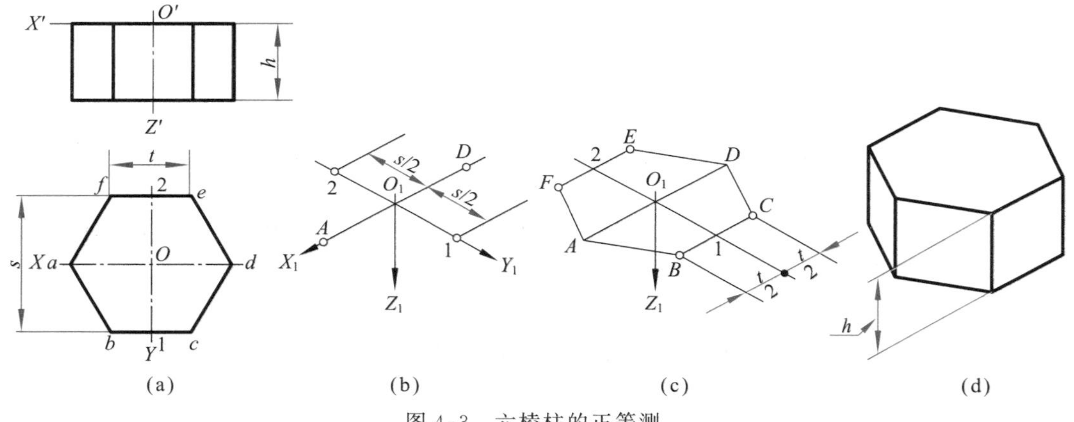

图4-3 六棱柱的正等测

【例4.2】 画带切口平面立体的正等测图，如图4-4（a）所示。

作图步骤如下：

(1) 选取坐标轴，画出长方体的正等测，如图4-4(b)所示。

(2) 根据坐标 c、b_1，切去左上角部分，如图4-4(c)所示。

(3) 根据坐标 a、b_2，切去中间缺口部分，如图4-4(d)所示。

(4) 擦去多余图线，加深完成全图，如图4-4(e)所示。

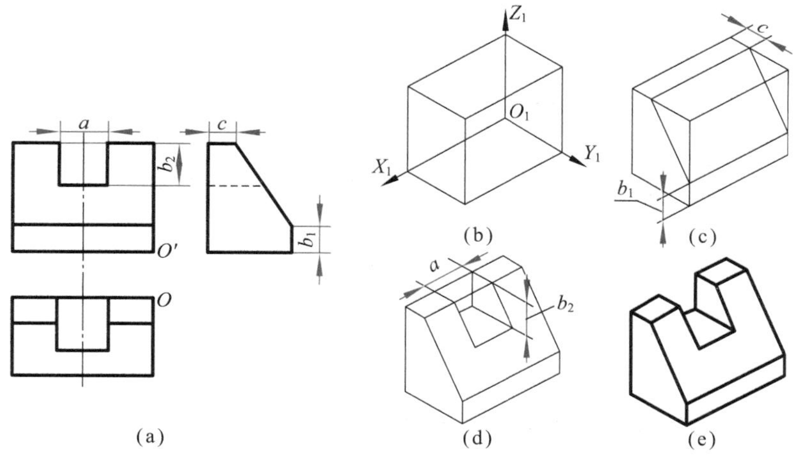

图 4-4 切口平面立体的正等测

4.2.4 回转体的正等测画法

1. 圆的正等测画法

从图 4-5 看出，平行于坐标面的圆，其正等测都是椭圆。这三个椭圆大小相同，但长短轴方向各不相同，其长、短轴与轴测轴之间有如下关系：

(1) 当圆平面平行于 XOY 坐标面（H 面）时，其椭圆长轴垂直于 O_1Z_1 轴。

(2) 当圆平面平行于 XOZ 坐标面（V 面）时，其椭圆长轴垂直于 O_1Y_1 轴。

(3) 当圆平面平行于 YOZ 坐标面（W 面）时，其椭圆长轴垂直于 O_1X_1 轴。

准确作出椭圆，需要用坐标法，但作图较麻烦，因此很少采用。为了简化作图，常采用"四心扁圆"近似代替椭圆。现以图 4-6 所示的水平圆为例，介绍其近似画法。

(1) 确定坐标轴、原点及 X、Y 轴上的切点 1、2、3、4，如图 4-6(a)所示。

(2) 画出轴测轴及长、短轴，并以 O_1 为圆心，圆的直径 d 为直径画辅助圆，交 O_1X_1、O_1Y_1 轴于 1、2、3、4 点，即得出四段圆弧的切点；交 O_1Z_1 轴于 A、B 点，连接线段 $A1$、$A4$、$B2$、$B3$，分别得交点 C、D，则 A、B、C、D 就是四段圆弧的圆心，如图 4-6(b) 所示。

(3) 分别以 A、B 为圆心，线段 $A1$、$B2$ 为半径画两段大圆弧（如图中用粗实线画出部分）；再分别以 C、D 为圆心，线段 $C1$、$D3$ 为半径画两段小圆弧，即得水平圆的正等测，如图 4-6(c) 所示。

(4) 擦去多余图线，加深其他图线完成全图，如图 4-6(d) 所示。

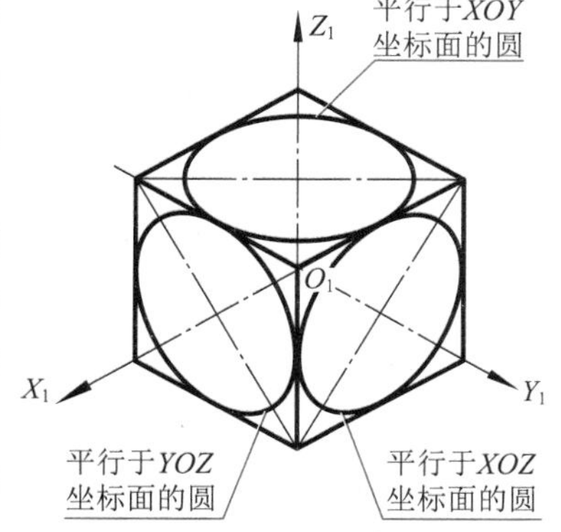

图 4-5 圆的正等测

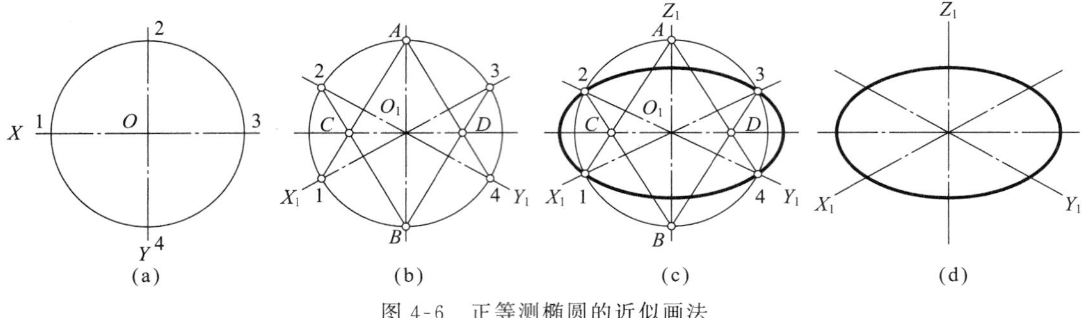

图 4-6 正等测椭圆的近似画法

2. 圆柱的正等测画法

【例 4.3】 根据圆柱的两视图，作其正等测。

图 4-7 为轴线垂直于水平面的圆柱的正等测画法。由于圆柱上、下底圆与水平面平行且大小相等，故可根据其直径 d 和高度 h 画出上、下底圆的正等测椭圆，然后画出两个椭圆的公切线，即完成作图。具体作图步骤如下：

（1）在圆柱的视图上确定坐标轴和坐标原点，如图 4-7(a)所示。

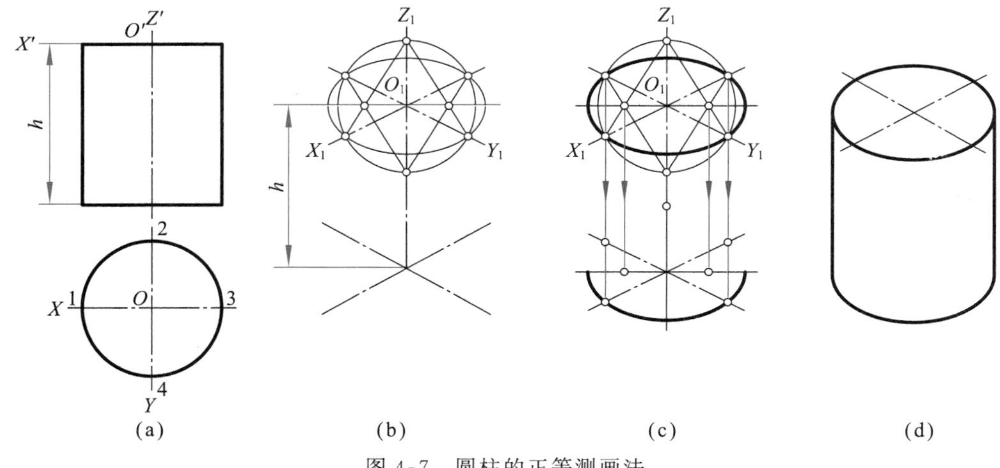

图 4-7 圆柱的正等测画法

（2）画轴测轴，定出上、下底圆中心，然后画两正等测椭圆，如图 4-7(b)所示。

（3）作出两个椭圆的公切线，如图 4-7(c)所示。

（4）擦去多余图线、加深，完成全图，如图 4-7(d)所示。

3. 圆角的正等测画法

在机件上由于结构或美观的要求，经常制出圆角，如图 4-8(a)所示的底板上，左右各有一个圆角。平行于坐标面的圆角，实质上是平行于坐标面的圆的一部分，因此其轴测图是椭圆的一部分。特别是如图所示的 1/4 圆角，其正等测图恰好是近似椭圆

的四段圆弧中的一段。

现以图 4-8(a)所示的底板为例，介绍圆角正等测的简化画法。

作图步骤如下：

(1) 画底板顶面圆角的轴测图，如图 4-8(b)所示。

(2) 用圆心切点平移法，画底面圆角的轴测图；并作两圆弧的公切线。

(3) 擦掉多余图线，将可见轮廓线加深，即完成作图，如图 4-8(c)所示。

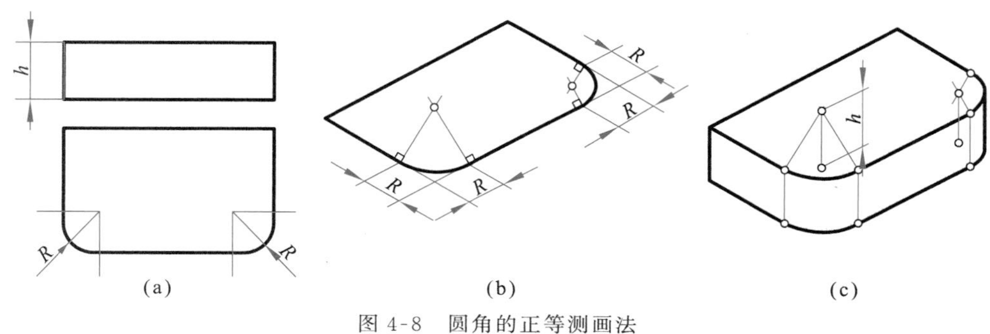

图 4-8　圆角的正等测画法

4.3　斜二测图简介

4.3.1　斜二测的形成

若使 XOZ 坐标面平行于轴测投影面 P，用斜投影法将物体连同其坐标轴一起向 P 面投射，所得到的轴测图就是斜二轴测图，简称斜二测，如图 4-1(b)所示。

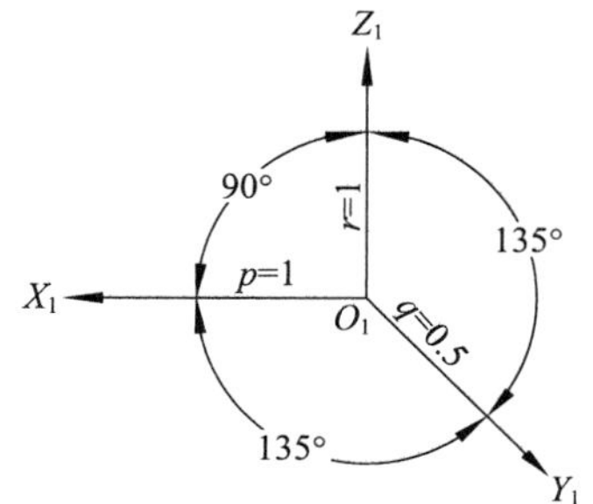

图 4-9　斜二测的轴间角和轴向变形系数

4.3.2　轴间角和轴向变形系数

在斜二测中，由于 XOZ 坐标面与轴测投影面平行，因此，OX、OZ 轴的轴向变形系数相等，即 $p_1=r_1=1$、轴间角 $\angle X_1O_1Z_1=90°$；Y 轴的轴向变形系数 $q_1=0.5$、轴间角 $\angle X_1O_1Y_1=\angle Y_1O_1Z_1=135°$，如图 4-9 所示。

斜二测的最大优点是：凡平行于 XOZ 坐标面的图形都反映实形。因此，当物体某一个方向上的形状比较复杂，特别是有较多的圆或曲线时，采用斜二测作图，比较简便易画。

4.3.3　斜二测的画法

斜二测的基本画法仍为坐标法。下面通过举例说明画斜二测的方法与步骤。

【例 4.4】　绘制圆台的斜二测。

图 4-10(a)为圆台的两视图，由图可知，该物体仅有平行于 XOZ 坐标面的圆，因此，在画斜二测时，可以先分层定出各圆所在平面的位置，然后确定各圆的圆心位置。具体作图步骤如下：

(1) 在圆台的两视图上确定坐标轴及原点，如图 4-10(a)所示。

(2) 画出轴测轴，在 Y 轴上量取 $L/2$，定出前端面的圆心 A，如图 4-10(b)所示。

(3) 画出前、后端面圆的斜二测，如图 4-10(c)所示。

(4) 作两圆的公切线，擦掉多余的图线，加深完成全图，如图 4-10(d)所示。

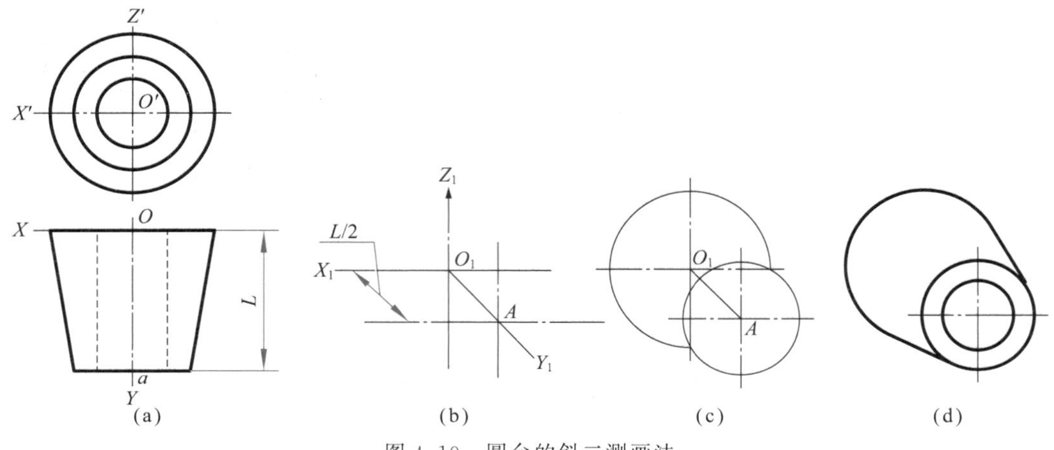

图 4-10　圆台的斜二测画法

【例 4.5】 绘制支架的斜二测。

(1) 在支架的两视图上确定坐标轴及原点，如图 4-11(a)所示。

(2) 画出轴测轴，定出前端面的位置及圆心，画出其斜二测，如图 4-11(b)所示。

(3) 画出后端面的斜二测，如图 4-11(c) 所示。

(4) 擦掉多余的图线，加深可见轮廓线，便得到支架的斜二测，如图 4-11(d) 所示。

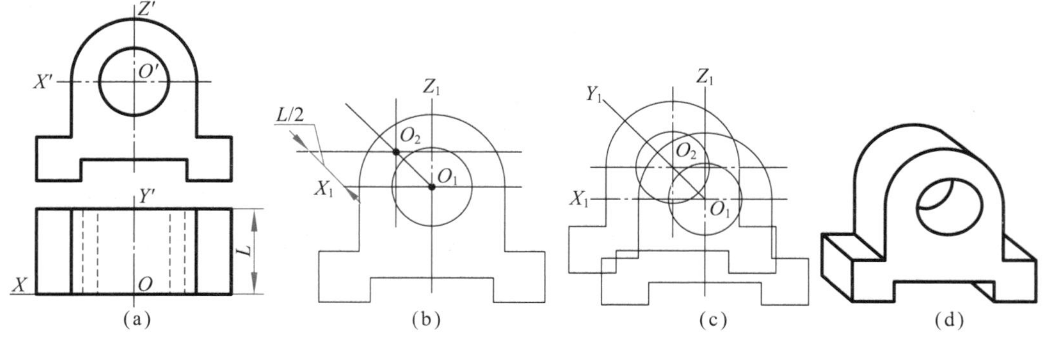

图 4-11　支架的斜二测画法

第5章

组 合 体

教学提示

本章主要介绍运用形体分析法绘制组合体视图、标注组合体尺寸以及看组合体视图的方法和空间形体设计的基本方法。

通过本章学习，学生应理解组合体形体分析法的含义，掌握组合体的组合形式、表面连接关系；掌握组合体的三视图画法及看图方法，具备初步的看图能力；熟悉组合体尺寸标注的基本要求，掌握尺寸标注的基本方法。

由若干个基本几何体按一定形式组合成的立体称为组合体。本章重点介绍组合体的三视图画法、尺寸标注和读图方法以及空间形体设计的基本方法。

5.1 组合体的形体分析

5.1.1 组合体的形体分析

组合体是由若干基本体组合而成的。在进行组合体的画图、读图和尺寸标注时，根据组合体的结构特点假想把它分解为若干个基本形体，进而分析各形体之间的组合形式、相对位置及表面连接形式的方法称为形体分析法。

如图 5-1(a)所示的轴承座左右对称，按其结构特点我们可假想把它分解为如图 5-1(b)所示的圆筒、肋板、支承板及底板四部分。支承板和肋板同在底板之上，支承板和底板后表面平齐。这样就把一个复杂的问题分解成为几个较简单的问题，便于画图、读图和标注尺寸。

形体分析法是画图、读图和尺寸标注的基本方法。

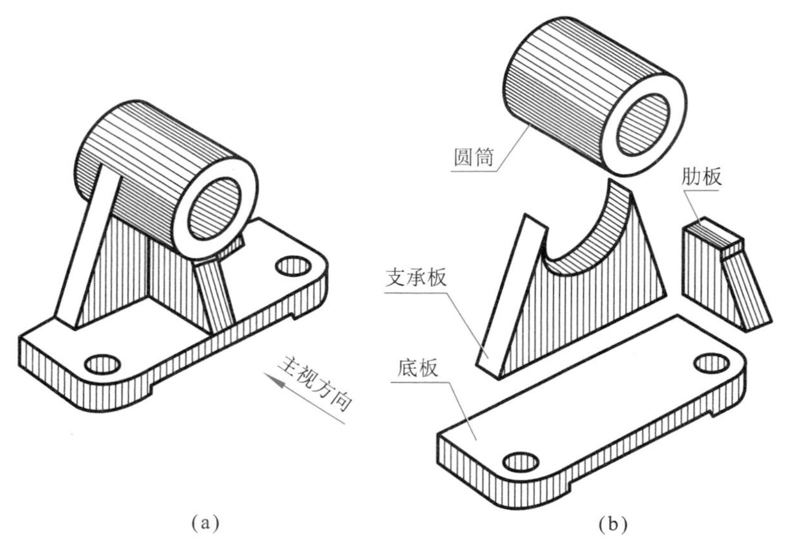

图 5-1　组合体的形体分析

5.1.2 组合体的组合形式

组合体的组合形式一般分为叠加类、切割类及综合类，如图 5-2 所示。

(1) 叠加类。由若干基本体相互叠加而形成的组合体，如图 5-2(a)所示。

(2) 切割类。由基本体经切割、挖槽、钻孔等形成的组合体，如图 5-2(b)所示。

(3) 综合类。由基本体叠加及切割而形成的组合体，如图 5-2(c)所示。

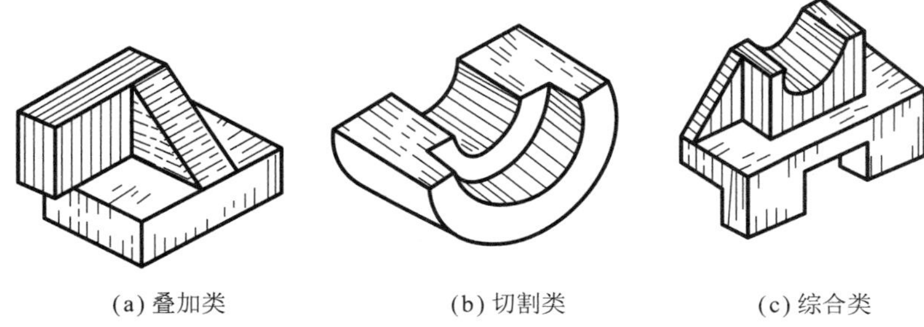

(a) 叠加类　　(b) 切割类　　(c) 综合类

图 5-2　组合体的组合形式

5.1.3　表面之间的连接形式

组合体中相邻两形体表面的连接形式一般可分为平齐、不平齐、相切和相交四种情况。搞清它们之间的关系，有利于组合体投影的正确表达。

1. 两形体表面不平齐

如图 5-3 所示，当组合体两形体表面不平齐时，中间应画分界线。

2. 两形体表面平齐

如图 5-4 所示，当组合体两形体表面平齐时，就形成了一个面，两形体之间的分界线就消失了。因此，当两形体表面平齐时，中间不画分界线。

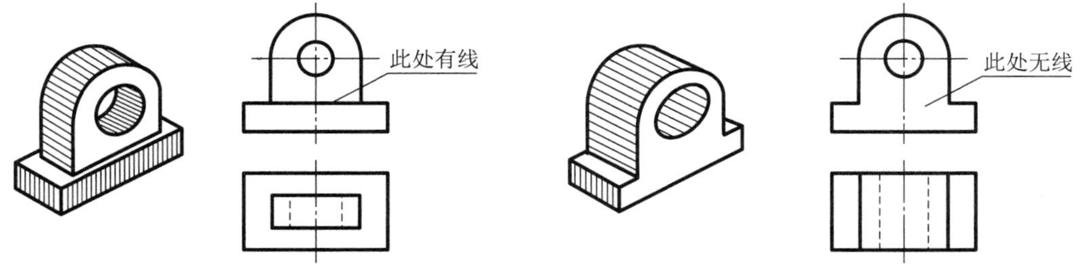

图 5-3　不平齐的画法　　图 5-4　平齐的画法

3. 两形体表面相切

如图 5-5(a)所示物体，由圆筒和耳板组成。耳板的前后两平面与圆筒表面光滑过渡，这就是相切情况。两表面相切处不画线，相邻平面（如耳板的上下表面）的投影，应画至切点对应处，如图 5-5(b)所示。

4. 两形体表面相交

如图 5-6(a)所示物体，耳板前后两平面与圆筒表面属于相交情况，相交处应画出

交线的投影。

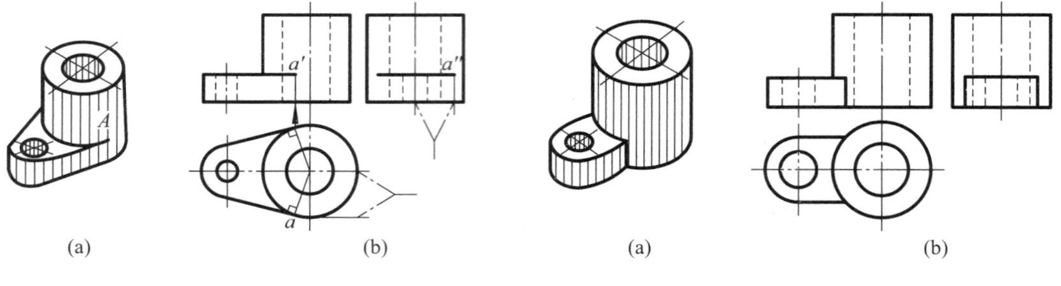

图 5-5　相切的画法　　　图 5-6　相交的画法

5.2　组合体三视图的画法

5.2.1　画组合体三视图的步骤

在画组合体三视图前，先用形体分析法把组合体分解为若干个基本形体，确定它们的组合形式，并判断相邻表面的连接形式，然后选择主视图的投射方向，最后逐个画出各形体的三视图。下面以图 5-7(a)所示组合体为例，说明三视图的画法步骤。

1. 形体分析

图 5-7(a)所示组合体可看成是在形体Ⅰ两侧挖去形体Ⅳ后与形体Ⅱ叠加，如图 5-7(b)所示。

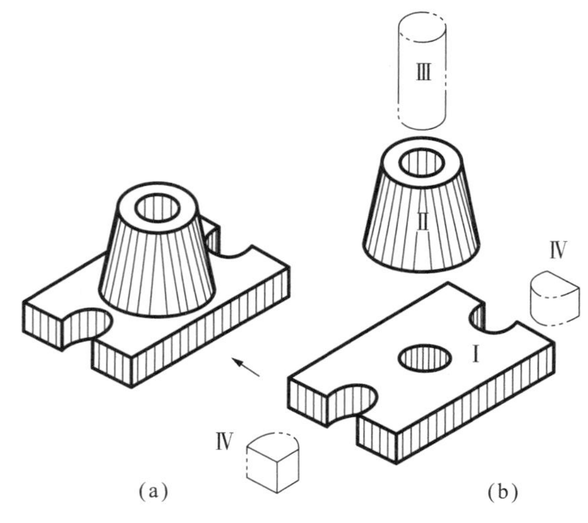

图 5-7　形体分析

2. 确定主视图

确定主视图时，要解决从哪个方向投射及怎么放置两个问题。

一般选择最能反映组合体形体特征、各形体相对位置，并能减少视图中的虚线的那个方向作为主视图的投射方向；如何放置应考虑组合体的自然安放位置，并使组合体的主要表面平行或垂直于投影面。如图 5-7 所示，该组合体按自然位置安放后，箭头所示方向作为主视图的投射方向，所得到的主视图最能反映该组合体的形体特征。

3. 选比例、定图幅

画图时应尽可能选用 1∶1 的比例，亦可根据组合体的复杂程度和大小选用其他比例。按选定比例，根据组合体的长、宽、高计算出三视图所占面积，并在视图之间留出标注尺寸的位置和适当的距离，而后选定适当的标准图幅。

4. 布图、画基准线

先固定图纸，然后根据视图的大小和位置画出基准线。一般常用较大的面、轴线和对称中心线作为基准线。

5. 逐个画出各形体的三视图

根据投影规律逐个画出各形体的三视图。画图的顺序为先实后虚，先大后小，先轮廓后细节。画每个形体时，要三个视图联系起来画，并从能反映形体特征的视图画起，再按投影规律画出其他两个视图。

6. 检查、加深

画完底稿后，应按形体逐个仔细检查。对于形体表面中的垂直面、一般位置面及形体间相邻表面处于相切、相交时，按投影规律重点校核。纠正错误后，按标准图线加深。

5.2.2 画图举例

【例 5.1】 画出图 5-1 所示组合体的三视图。

画法步骤如下：

(1) 形体分析。图 5-1 所示组合体是由底板、圆筒、支承板及肋板所组成的。底板是具有两圆角的四棱柱，在四棱柱上挖了两个圆柱孔，支承板和圆筒表面相切，肋板与圆筒表面相交，支承板和肋板叠加在底板之上。

(2) 选择主视图投射方向。选择图 5-1 中箭头所指方向作为主视图的投射方向。

(3) 布图、画基准线。具体作法如图 5-8(b)所示。

(4) 逐个画出各形体的三视图。具体作法如图 5-8(b)、(c)所示。

(5) 检查、加深。完成后的三视图如图 5-8(d)所示。

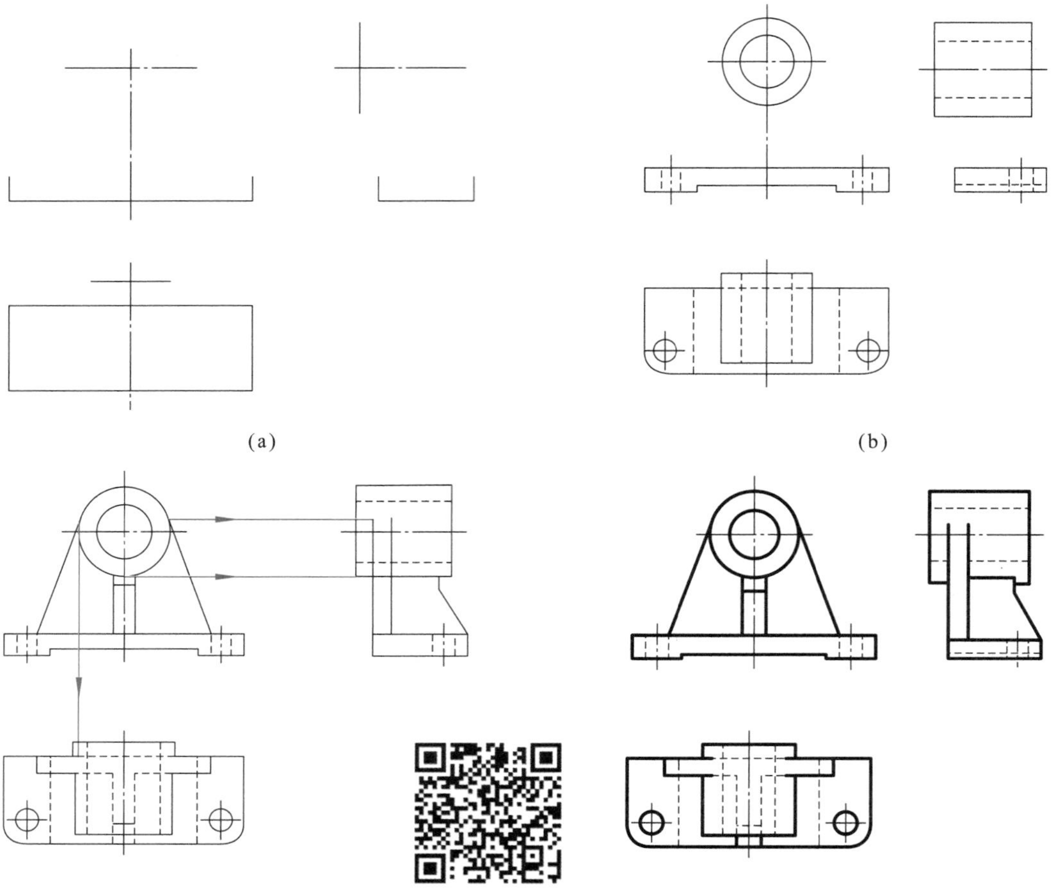

(a)　(b)

(c)　(d)

图 5-8　画组合体三视图的步骤

【例 5.2】 画出图 5-9 所示组合体的三视图。

画图步骤如下：

(1) 形体分析。该组合体可看成是一个四棱柱切去了一个三棱柱和一个四棱柱形成的，如图 5-9(a)所示。组合体的表面 P 为正垂面。

(2) 选择主视图投射方向。图 5-9(a)中箭头所示方向为主视图的投射方向。

(3) 布图、画基准线。具体作法如图 5-9(b)所示。

(4) 逐个画出各形体的三视图。先画出四棱柱的三视图，如图 5-9(b)所示；再画切去的三棱柱、四棱柱的三视图。画切去部分的投影时，应从具有积聚性的投影作起，再依次画出对应的其他投影，如图 5-9(c)、(d)所示。

(5) 检查、加深。检查时应着重检查正垂面 P 在俯、左视图的类似性投影是否正确。

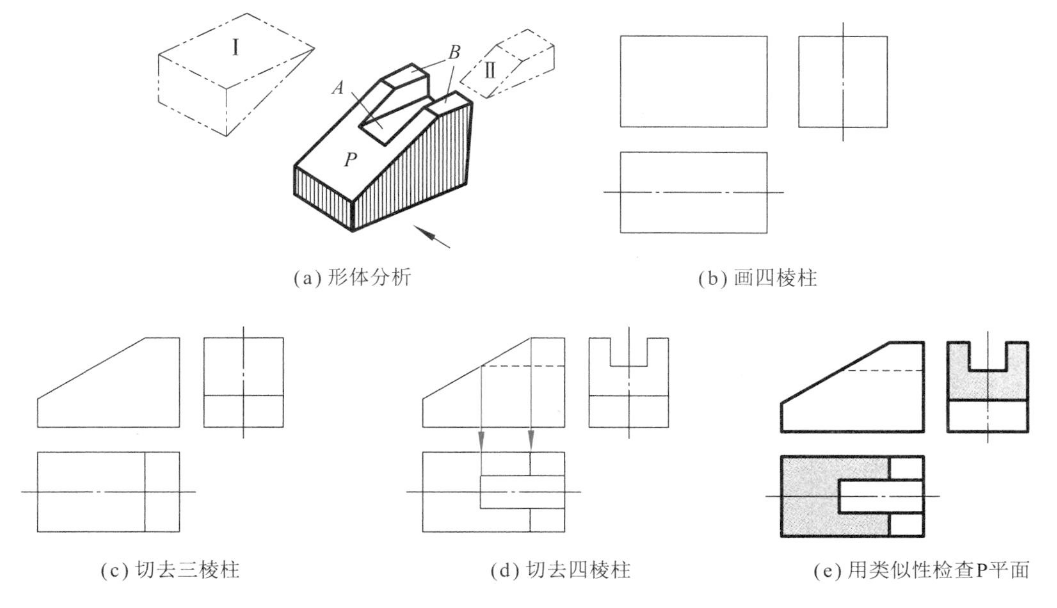

图 5-9 画组合体三视图的步骤

5.3 组合体的尺寸标注

视图只能表达组合体的形状，而各形体的大小及相对位置则需用尺寸来确定。标注组合体尺寸的基本要求是：正确、完整、清晰。

5.3.1 尺寸标注的基本要求

1. 正确

所标注尺寸应符合《机械制图》国家标准中有关尺寸标注的规定，尺寸数字准确无误。

2. 完整

所标注尺寸必须能完全确定组合体的形状和大小。不得遗漏尺寸，也不得重复标注尺寸。如图 5-10 所示。

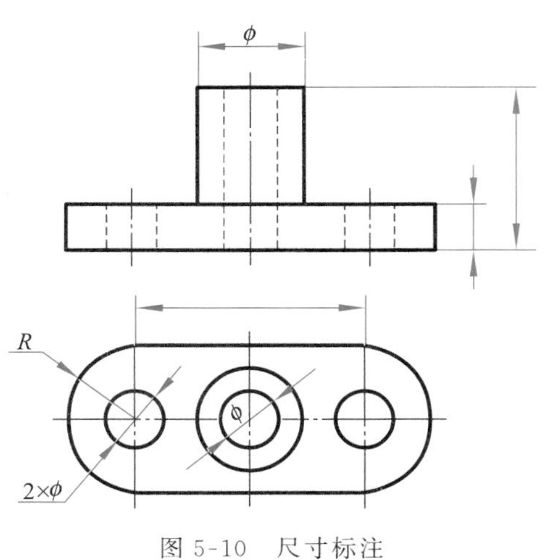

图 5-10 尺寸标注

3. 清晰

所标注尺寸必须安排到适当的位置，以便看图。为了使标注的尺寸清晰、醒目，应注意

以下几点：

（1）尺寸应尽量标注在视图外面，在不影响图形清晰度的前提下，与两个视图有关的尺寸尽可能标注在两个视图之间。

（2）组合体中各形体的尺寸，应尽可能集中标注在一两个视图上，且标注在最能反映该形体特征的视图上。

（3）圆柱体的直径尺寸最好标注在非圆视图上（底板圆角和均布小孔除外）。当其投影为虚线时，则标注在投影为圆的视图上。

（4）应避免在虚线上标注尺寸。

（5）为避免尺寸线、尺寸界线相交，大尺寸应远离图形，小尺寸靠近图形。

5.3.2 基本体的尺寸标注

组合体都是由若干个基本体组成的，因此基本体的尺寸标注是组合体尺寸标注的基础。基本体的大小由长、宽、高三个方向的尺寸来确定。

1. 平面立体的尺寸标注

棱柱、棱锥(棱台)，除了标注确定其底面形状大小的尺寸外，还要标注高度尺寸。为了便于看图，对于确定其底面形状大小的尺寸，宜标注在反映实形的视图上，如图 5-11 所示。对于正六棱柱只需选择 ϕ 或 B 标注一个尺寸即可。

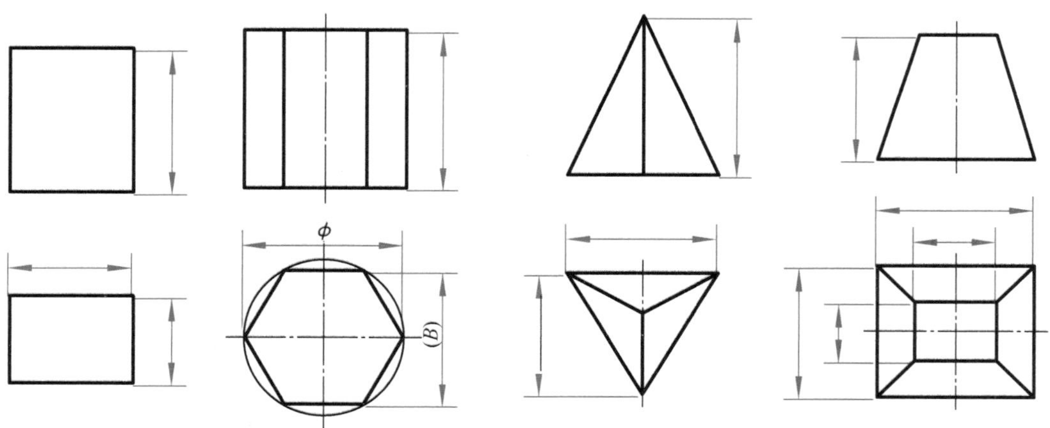

图 5-11　平面立体的尺寸标注

2. 回转体的尺寸标注

圆柱、圆锥和圆台，应标注底圆直径和高度尺寸，且直径尺寸最好标注在非圆视图上，并在直径数字前加注符号“ϕ”。标注圆球尺寸时，直径尺寸数字前加注“$S\phi$”，半圆球则加注“SR”。

当回转体的尺寸集中标注在一个非圆视图上时，一个视图就可将其形状和大小表

达清楚，如图 5-12 所示。

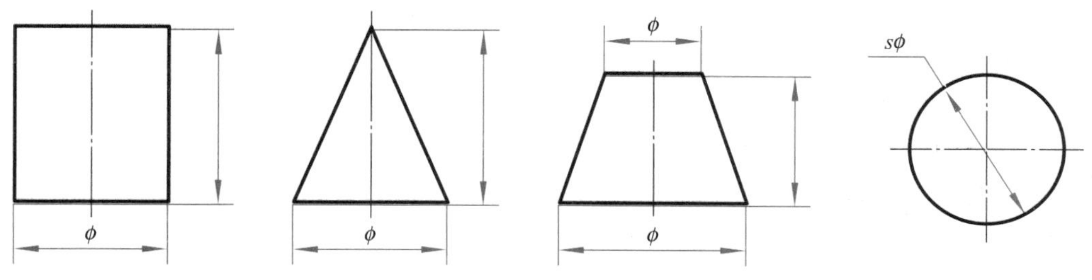

图 5-12 回转体的尺寸标注

5.3.3 尺寸基准

标注尺寸的起点称为尺寸基准。组合体具有长、宽、高三个方向的尺寸，所以必须有三个方向的尺寸基准，如图 5-13 所示。

一般选择组合体的对称平面、底平面、重要端面以及回转体轴线等作为尺寸基准。

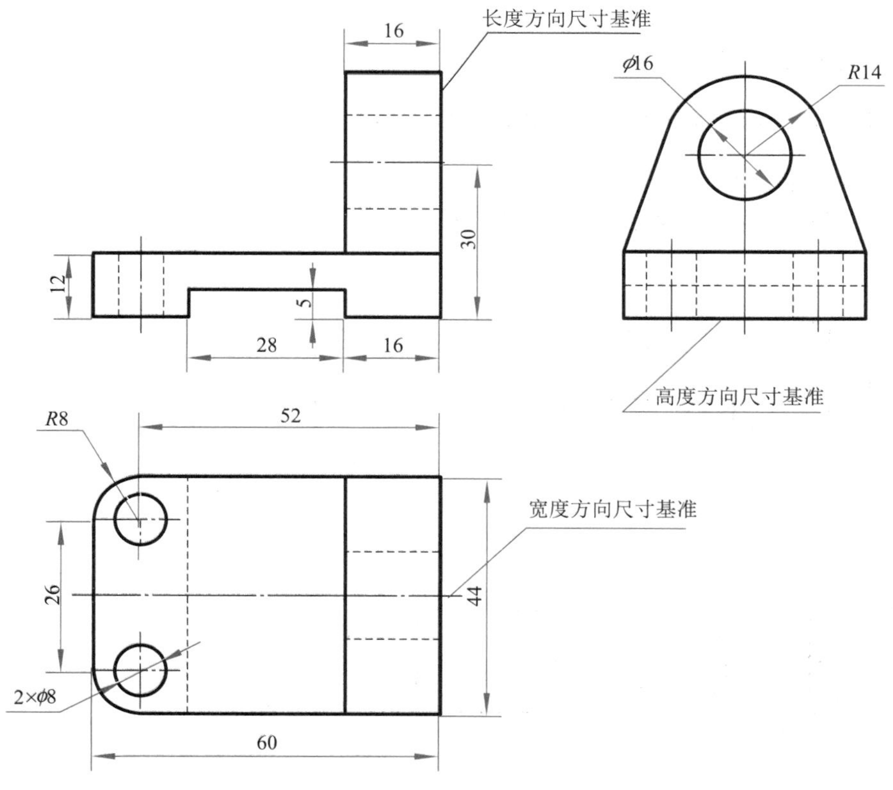

图 5-13 组合体的尺寸基准

5.3.4 尺寸的种类

根据尺寸的作用，可分为如下三类：

（1）定形尺寸。确定组合体各形体的大小和形状的尺寸称为定形尺寸。由于各形体的形状不同，定形尺寸的数量也各不相同。当两形体具有相同尺寸（如图 5-13 底板上的通孔与底板等高）或有规律分布的相同形体（如图 5-13 中底板上对称分布的 2 个 $\phi8$ 通孔等）时，可省略其中一个定形尺寸。

（2）定位尺寸。用来确定组合体各形体之间的相对位置的尺寸称为定位尺寸。定位尺寸一般和基准有关，两形体间应有三个方向的定位尺寸，若在某一方向叠加、挖切、共面、对称或同轴时即可省略一个定位尺寸。如图 5-13 中底板上的孔就省略了高度方向的定位尺寸。

（3）总体尺寸。表示组合体外形的总长、总宽和总高的尺寸称为总体尺寸。有时定形尺寸本身就是组合体的总体尺寸，故不必另标。

当组合体的一端（或两端）为回转面时，该方向的总体尺寸一般不直接标注，而是由确定回转面的定位尺寸和回转体的定形尺寸来确定，如图 5-13 中的总高尺寸是由 30＋R14 确定的。

5.3.5 带有截交线、相贯线的组合体尺寸标注

截交线、相贯线的形状主要取决于基本体的形状、大小及截平面与基本体或两相贯体之间的相对位置，因此标注这类尺寸时，只需标注出基本体的定形尺寸和截平面的定位尺寸或注出相贯体各自的定形尺寸及相互间的定位尺寸，如图 5-14 所示。

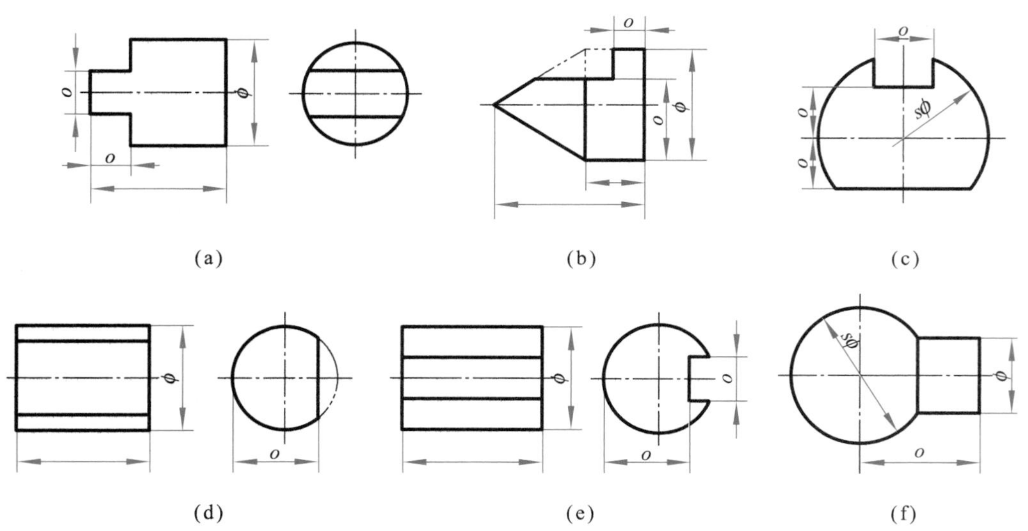

图 5-14　带有截交线、相贯线的立体的尺寸注法

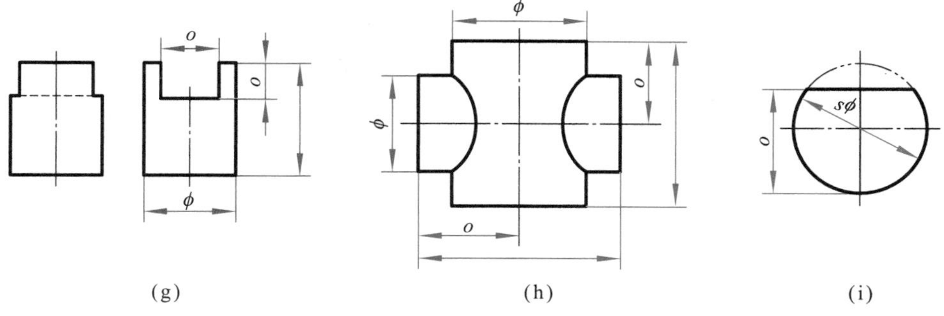

图 5-14　带有截交线、相贯线的立体的尺寸注法（续）

5.3.6　组合体尺寸标注的方法和步骤

现以轴承座为例，说明组合体标注尺寸的方法和步骤（图 5-15）。

（1）形体分析。轴承座可分解为四个简单的形体，如图 5-15(b) 所示。

（2）选尺寸基准。由轴承座的结构特点可知：长度方向左右对称，底平面为重要的安装平面。因此，选择对称平面为长度方向尺寸基准；后端面为宽度方向的基准；底平面为高度方向的基准，如图 5-15(c) 所示。

（3）标注定形尺寸。确定每一基本形体的尺寸数量，并应考虑尺寸的分布，如图 5-15(d) 所示。

（4）标注定位尺寸。以对称平面为基准，确定底板两孔之间的距离，以后端面为基准确定孔的宽度方向的位置，以底面为基准确定圆筒的高度，如图 5-15(e) 所示。

（5）调整总体尺寸。有的定形尺寸或定位尺寸与总体尺寸重合，因而不必重复标注。否则需要调整尺寸。

（6）检查修正。按组合体尺寸标注的要求仔细检查，如有重复或遗漏应进行修正。

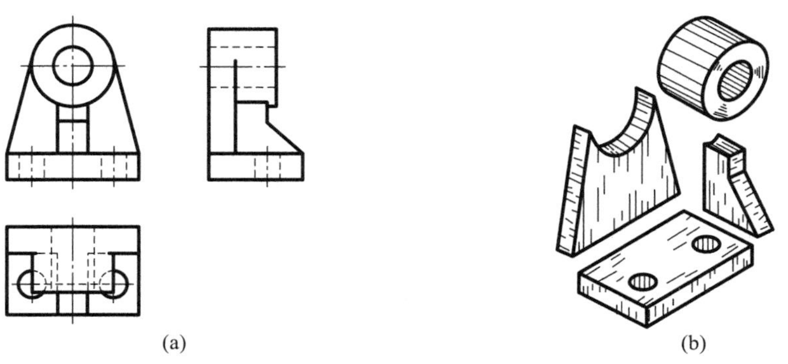

图 5-15　轴承座的尺寸标注

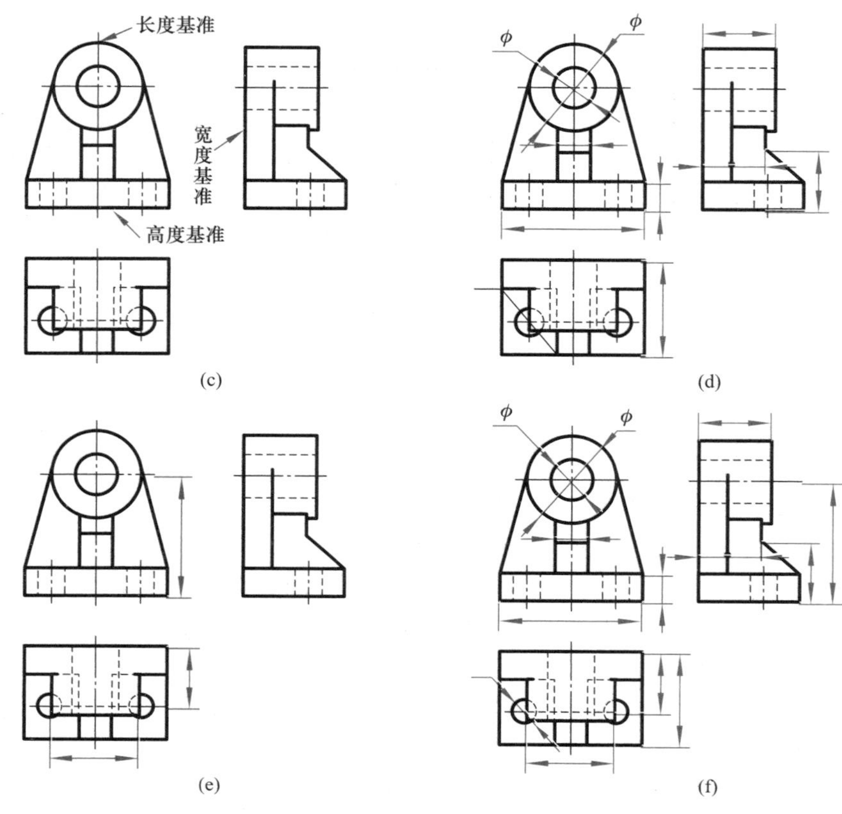

图 5-15　轴承座的尺寸标注（续）

5.3.7　常见结构的尺寸标注

图 5-16 为常见典型结构的尺寸标注示例，供标注时参考。

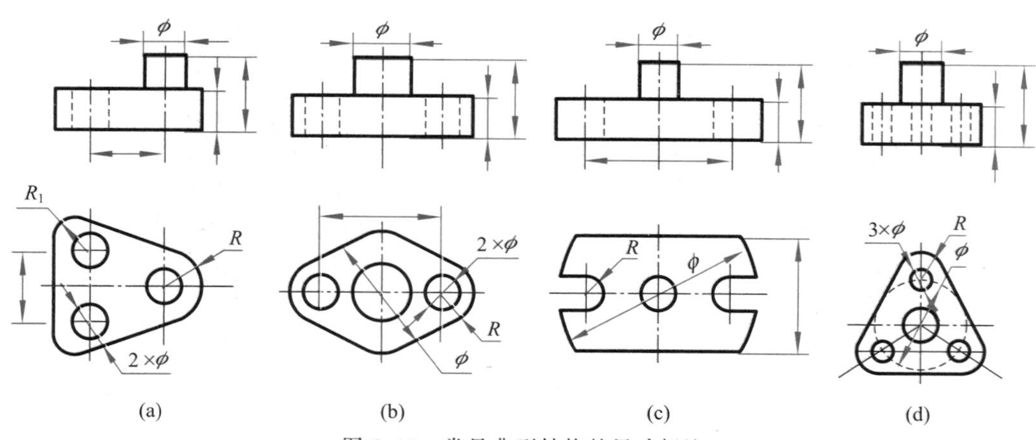

图 5-16　常见典型结构的尺寸标注

5.4 组合体的读图方法

由视图经过思维想像出空间物体的形状、结构的过程称为读图。组合体读图最基本的方法是形体分析法，线面分析法则是一种辅助的读图方法。

5.4.1 组合体读图的基本要领

1. 从特征视图入手，想像各形体形状

(1) 以形状特征视图想像各形体的形状。组合体是由若干个基本形体组合而成的，故各形体的形状特征视图不一定集中在一个视图上，所以看图时，必须学会从各个视图中找出反映各部分形状特征的线框，以此线框为基础，结合其他两面视图，想像该部分的形状。图 5-17(a) 主视图中的实线框 3′，根据投影关系找出俯、左视图中的对应线框 3 和 3″，想像形体时，应从特征线框 3′入手，结合俯、左视图 3 及 3″的宽度，便可想像出该形体的形状为四棱柱。想像形体Ⅱ时则应从特征线框 2″入手，结合 2 及 2′的长度，想像出该形体的形状。形体Ⅰ部分由读者自行分析。

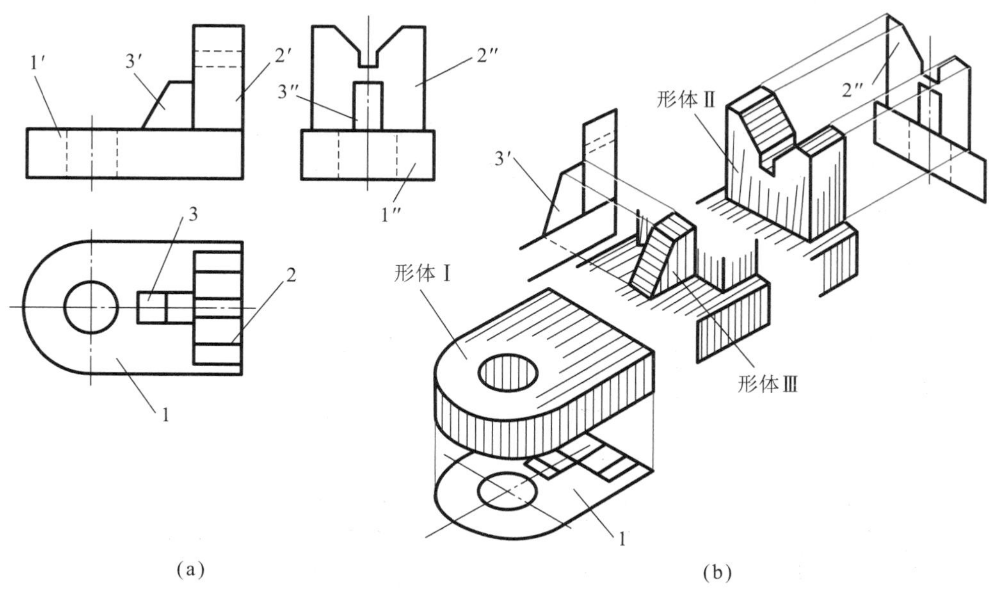

图 5-17 从形状特征视图想像立体形状

（2）以位置特征视图想像各部分的相对位置。在给定的三视图中，必有反映各形体相对位置最明显的视图，即位置特征视图。看图时，应根据位置特征视图，想像出组合体各部分的相对位置。如图5-18所示主视图中的线框Ⅰ和Ⅱ的上下、左右相对位置在主视图中已很清楚了，但形体Ⅰ与形体Ⅱ的前后关系，即哪个凸起、哪个凹下则需通过左视图来确定。左视图最能反映形体Ⅰ、Ⅱ的凹凸关系，故为位置特征视图。

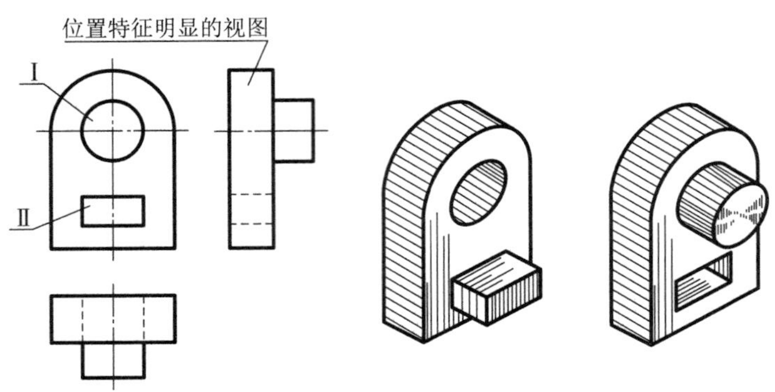

图5-18　从特征位置视图想像各部分的相对位置

通过以上分析说明：读图时要抓住特征视图，要把形状特征视图和位置特征视图结合起来看，才能正确、完整、迅速想像出该物体的形状。

2. 看图时必须几个视图结合起来看

一般情况下，一个视图是不能确定物体的形状的。所以看图时必须把几个视图结合起来看，才能想像出物体的真实形状。如图5-19(a)、(b)中俯视图都是同心圆，却是两种不同的形体，图5-19(c)、(d)同理。由此可见，在看视图过程中，切忌仅凭一个视图就臆造出物体的形状。必须把几个视图联系起来分析，这是看图的一条基本原则。

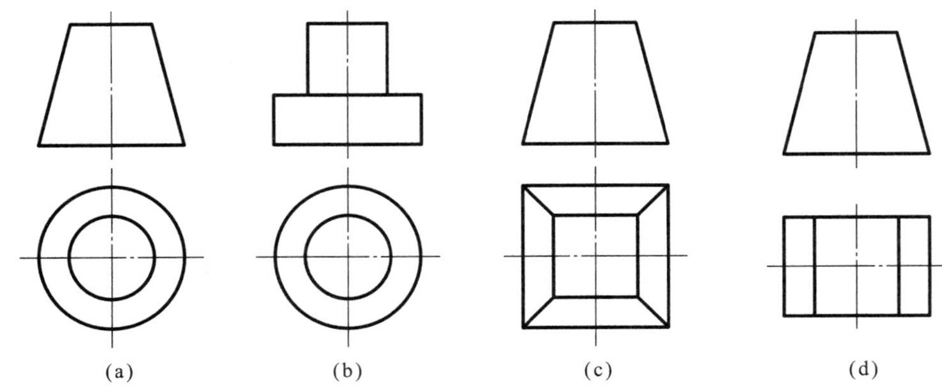

图5-19　一个视图不能确定物体的结构和形状

3. 借助视图中的线框、线段的可见性判断各结构的相对位置

当视图中的线框不能利用“三等”关系确定其确切位置时，可根据图中线框、线段的可见性判断各形体的相对位置。如图 5-20 所示，两组合体的俯视图完全相同。从主、俯视图看，可初步确定该物体有前后两层，图 5-20(a)中的 a'、b'为实线，根据主视图的投射方向，可确定前板凹下、后板凸起，而图 5-20(b)中 a'、b'为虚线，则说明前板凸起、后板凹下。

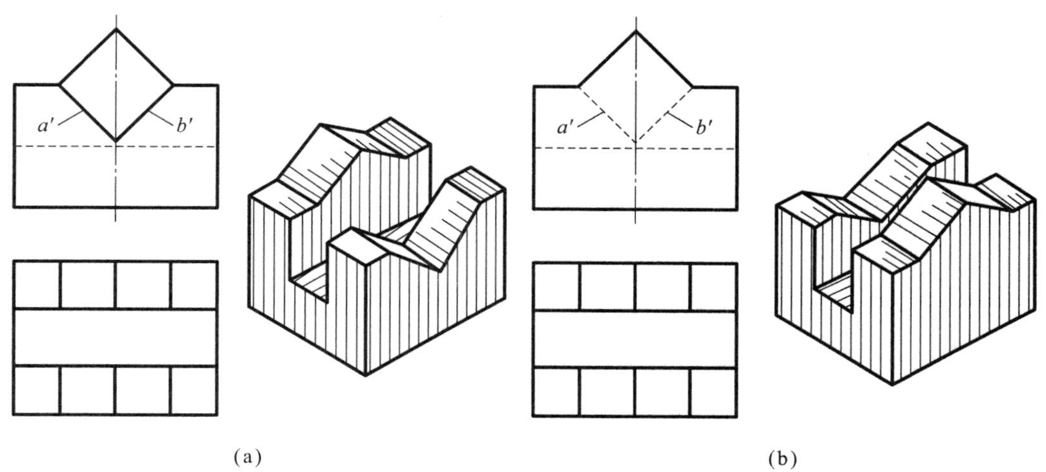

图 5-20 根据图中虚线判断凸、凹结构

4. 分析视图中点、线、线框的含义

弄清视图中点、线、线框的含义是看图的基础。

(1) 视图中的点。点在视图中可以表示一点，亦可表示一条垂直于该投影面的直线。

(2) 视图中的线。线在视图中可以表示曲面的转向轮廓素线（图 5-21 中的 d、e 线)、面与面的交线投影（图 5-21 中的 c 线）或投影面垂直面的投影（图 5-21 中 a、b 等线)，同时也可反映各形体表面之间的连接关系。

(3) 视图中的线框。视图中的一个封闭线框一般表示物体上一个表面（如平面、曲面及它们的组合面）的投影；相邻的两个封闭线框一般表示物体上相交或错开的两个表面的投影，如图 5-22 中 H 面的投影有三个线框，其中 1 和 2 相交，1 和 3 错开，2 和 3 既相交又错开；处于大封闭线框之中的小封闭线框，一般表示凸出、凹下面的投影，也可以表示通孔的投影。图 5-18 中主视图的大封闭线框内含小封闭线框，圆线框表示凸出面，而矩形框表示凹下面。

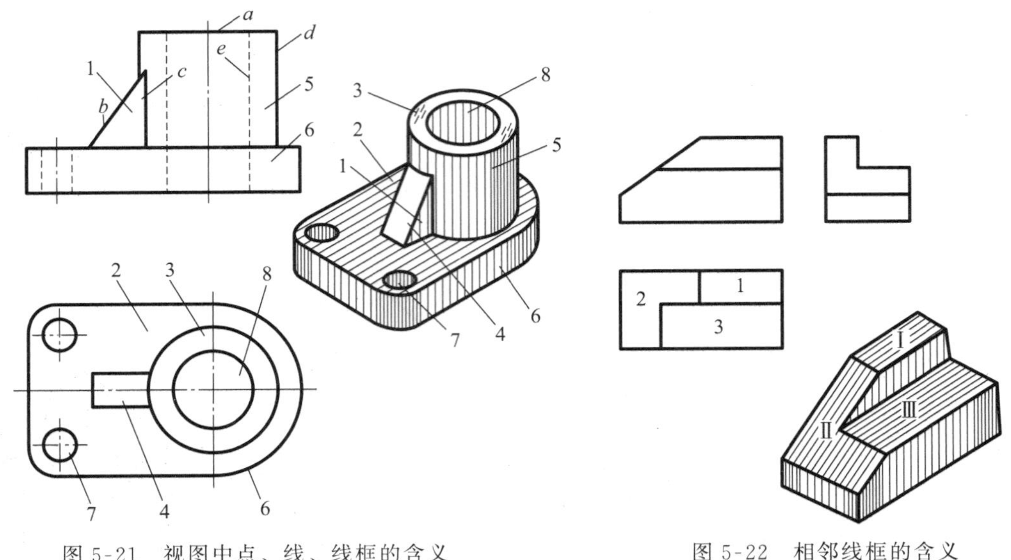

图 5-21 视图中点、线、线框的含义

图 5-22 相邻线框的含义

5.4.2 读图的构思方法

1. 形体分析法

形体分析法是读图的基本方法。它是从特征视图入手，把视图分解为若干个线框，找出各个线框的对应投影，从而逐一想出各部分的形状、相对位置及组合形式，最后综合起来想像出整体的形状。下面以图 5-23 为例，进行具体的分析。

（1）分线框、对投影。从主视图入手，按照投影规律，把视图上的线框分解为 5 个部分，如图 5-23 所示。

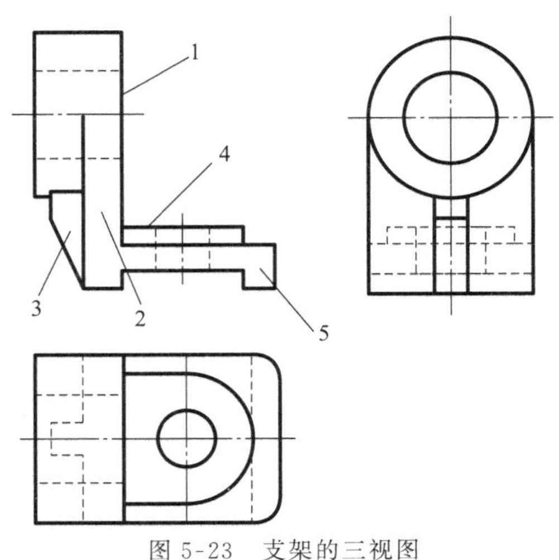

图 5-23 支架的三视图

(2) 分部分想形体。根据每一部分的视图，想像出各部分的形体，如图 5-24(a)～(d)所示。

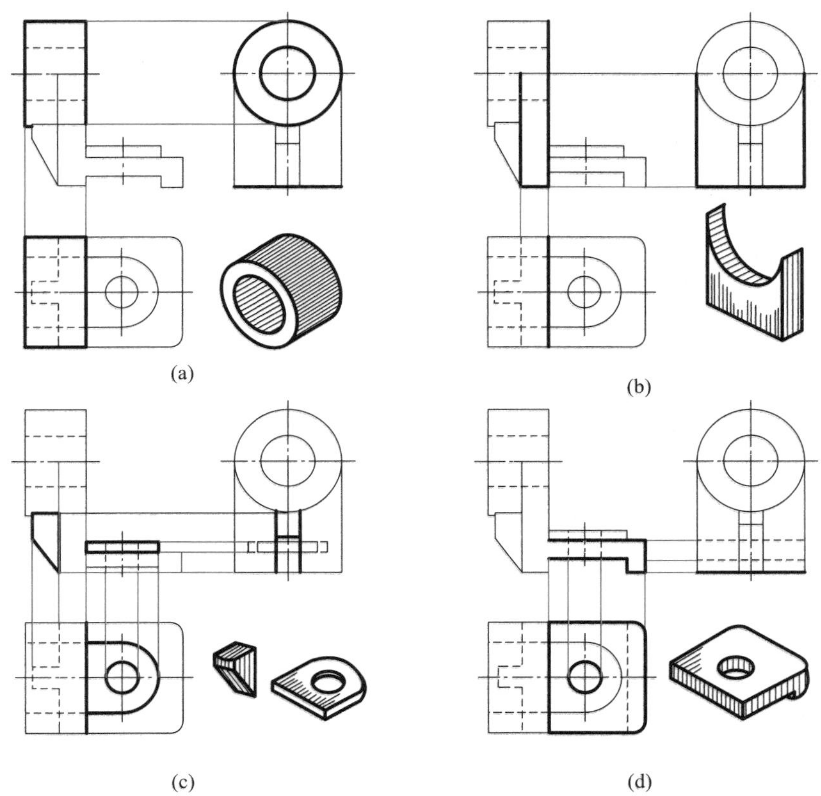

图 5-24　各形体的投影分析

(3) 综合起来想整体。综合各部分的形状，结合位置特征视图，想像出组合体的整体形状，如图 5-25 所示。

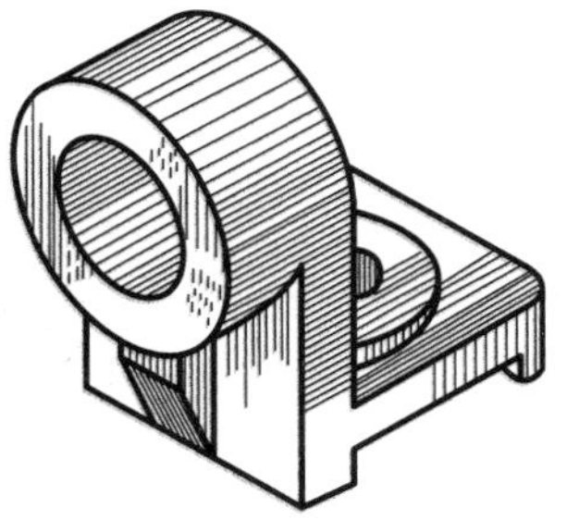
图 5-25　支架整体形状

2. 线面分析法

线面分析法读图，就是运用投影规律把物体表面分解为线、面等几何元素，判断其空间位置和形状，进而想像出物体的形状。在看切割式组合体视图时，主要运用线面分析法。

下面以图 5-26 所示的挡块为例，说明读图的步骤。

(1) 抓特征、分线面。所谓抓特征就是指看懂物体上各被切面的空间位置和几何形状。从挡块的三视图可看出其外形均是矩形缺角或缺口，可初步认定物体的原形是长方体。主视图左上角是用正垂面切出的；俯视图左边的前后缺角，说明是铅垂面切出的；左视图中的缺口是用两个正平面和一个水平面切出的。由此可知，物体都是被特殊位置平面切割，这些平面的某些投影具有积聚性，所以在视图上都较明显地反映出切口的位置特征。

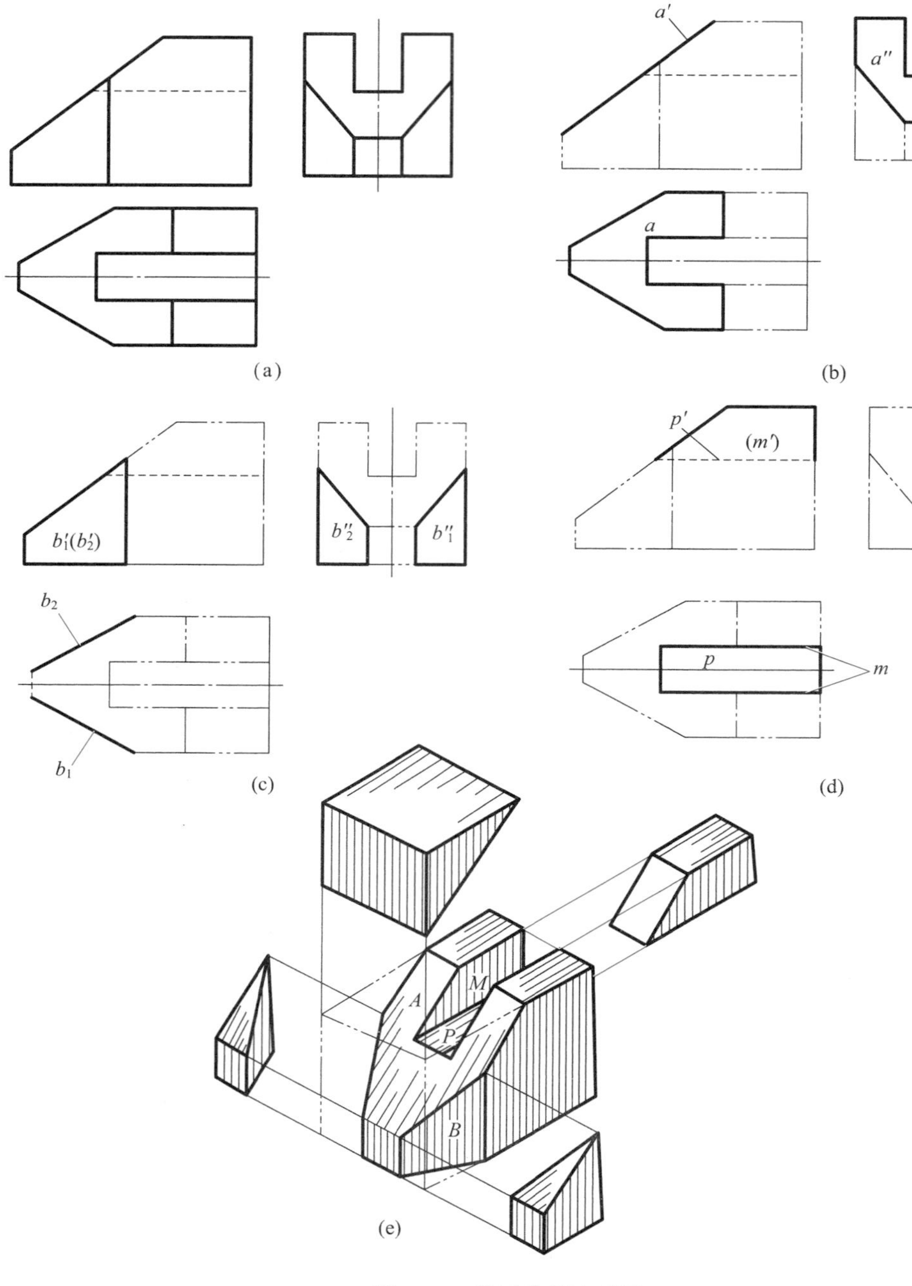

(a)

(b)

(c)

(d)

(e)

图 5-26　线面分析法看图

搞清被切面的空间位置后，再根据平面的投影特征，分清各切面的几何形状。想像时应从具有积聚性的视图出发，在相邻视图中找出对应的类似或全等的线框，从而想像出该面的几何形状。如从主视图的斜线 a' 出发，对应俯、左视图为十边形的类似线框 a 和 a''，A 面应为十边形正垂面，如图 5-26(b)所示。从俯视图的斜线 b_1、b_2 出发，对应主、左视图为梯形线框 b_1'、b_2' 和 b_1''、b_2''，平面 B_1、B_2 为梯形铅垂面，如图 5-26(c)所示。以左视图的凹形线出发，对应俯视图的矩形线框 p 和主视图的梯形线框 m'，想像槽底部是矩形水平面，槽两壁 M 为梯形正平面，如图 5-26(d)所示。

(2) 综合起来想整体。搞清楚各切面的空间位置和形状后，还应根据各几何要素的相对位置进行想像，综合整理出整体形状。如图 5-26(e)所示。

5.4.3　提高读图能力的方法

提高读图能力的方法很多，例如，画立体图、积木造型、做泥模或补画视图中的漏线、由两面视图补画第三视图、由一面或两面视图构形等。

1. 补画视图中所缺图线

补画视图中所缺图线时，是在看懂视图的基础上进行的。具体作法是先对所给视图进行分析，想像出视图所表达的形体，然后根据投影关系，补画出图中的漏线。

【例 5.3】 补画出图 5-27(a)中所缺图线。

分析：从图 5-27(a)中可以看出该物体左右对称，上下由两个长方体叠加（后表面平齐），在后边中间位置沿铅垂方向切去一个半圆柱槽，再在上边中间位置从前向后开通槽所形成。

作图：首先补出左视图中上下长方体的分界线，然后补出半圆槽的最前转向素线在左视图中的投影，即一条铅垂虚线。最后考虑方槽：方槽与半圆柱槽相贯，此部分原半圆柱的最前转向素线不存在了，而应补出两槽交线的投影，结果如图 5-27(b)所示。

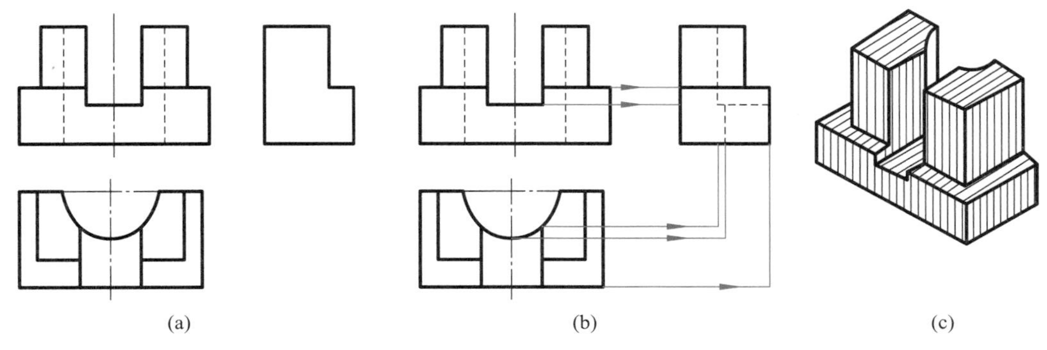

(a)　　(b)　　(c)

图 5-27　补画漏线

2. 由两视图补画第三视图

补画第三视图时，首先应根据已知两视图，看懂并想像出物体的形状，然后有序地按形体补画出第三视图。

【例 5.4】 已知物体的主、俯视图，如图 5-28(a)所示，求作左视图。

分析：由已知视图可看出此组合体分为三个部分，即矩形底板、矩形立板及拱形板。矩形立板与底板叠加后，在后面开方槽，拱形板在底板之上，立板之前，立板和拱形板共钻一圆孔。三部分在长度方向具有公共的对称中心。

作图：

① 补画底板的左视图，如图 5-28(b)所示。

② 补画立板的左视图，如图 5-28(c)所示。

③ 补画拱形板的左视图，如图 5-28(d)所示。

④ 补画底板与立板通槽的投影，如图 5-28(e)所示。

⑤ 补画拱形板与立板上钻孔的投影，如图 5-28(f)所示。

⑥ 检查，加深左视图。

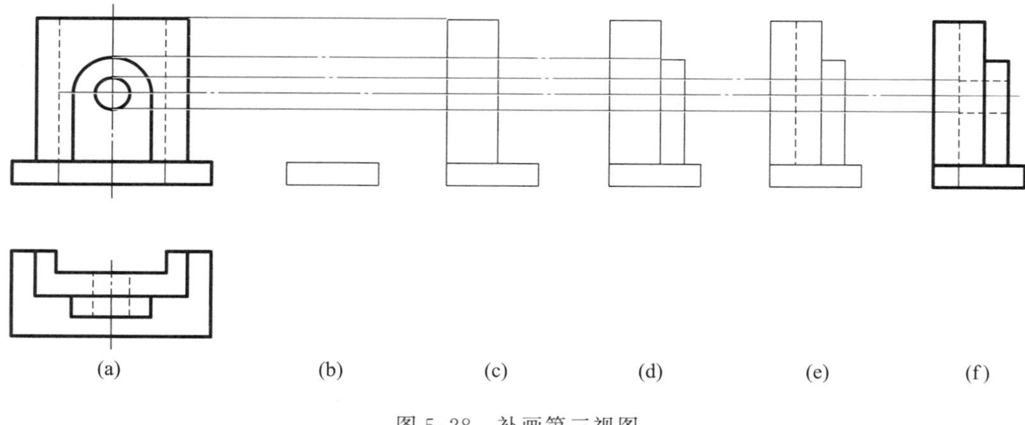

图 5-28 补画第三视图

5.5 空间形体设计

空间形体设计是根据给定的视图，分析图中线、线框的含义，进行广泛的联想，设计出各种各样符合给定视图要求的物体，并画出所需视图。这个过程实质是对图线、线框的分析和应用，是一种开拓思维、丰富想象能力的有效方法。

5.5.1 构形设计的基本原则

(1) 设计的形体必须符合已知视图的形状要求及投影规律。

(2) 设计的形体的各部分必须成为一体，不仅要符合生产实际情况，且尽可能体现工程产品或零部件的结构形状并满足其功能特点，便于加工。

(3) 形体设计应多样化，具有创新性。在给定的条件下，构成一个组合体所使用的基本体的种类、组合方式、相对位置和表面连接关系尽可能多样式、有变化，构形过程中要积极思维，大胆创造，敢于突破常规。

(4) 构形应体现稳定、平衡、运动、静止等造型艺术法则。

依据上述的设计原则，图 5-29 中点、线接触是不可取的，而图 5-30 中，四棱柱的封闭内腔用机械加工难以实现，一般不要采用。

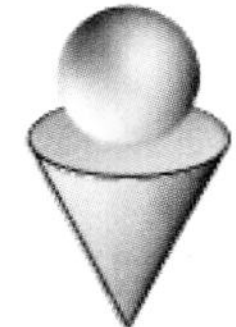

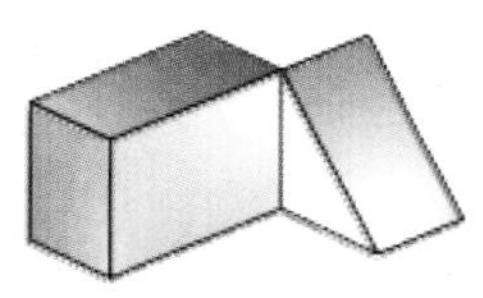

图 5-29 形体要构成一体

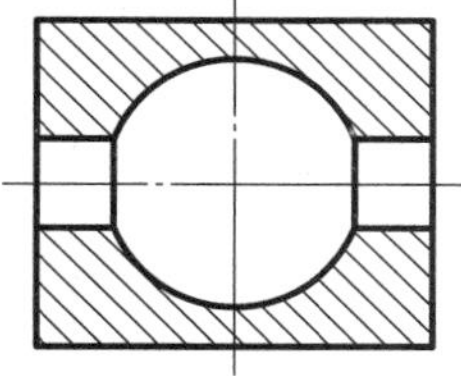

图 5-30 无法加工

5.5.2 构思方法

在进行空间形体设计时，首先要对已知视图进行分析，分析方法除用形体分析法和线面分析法外，还应根据已知视图的特点，结合形象/抽象的思维方法，对空间形体进行各种各样的设想，使所设想的形体符合已知视图，最后补出所求的视图。下面介绍构思方法、步骤。

1. 一面视图的构形

一面视图的构形是根据已知的一面视图，构想出多种物体，并补画出其他两面视图。其方法如下：

(1) 观察、分析线框的组成，弄清各线框的性质，判定相邻线框之间的关系。

(2) 推想构思，例如图 5-31 中，已给主视图为矩形线框组成，矩形线框可设计为矩形面及矩形面与圆柱相切或圆柱面，同时可根据相邻线框表示不同位置的面，可把这些面设计为凸凹、斜交等关系。

(3) 归纳整理并画出它的视图或立体图。

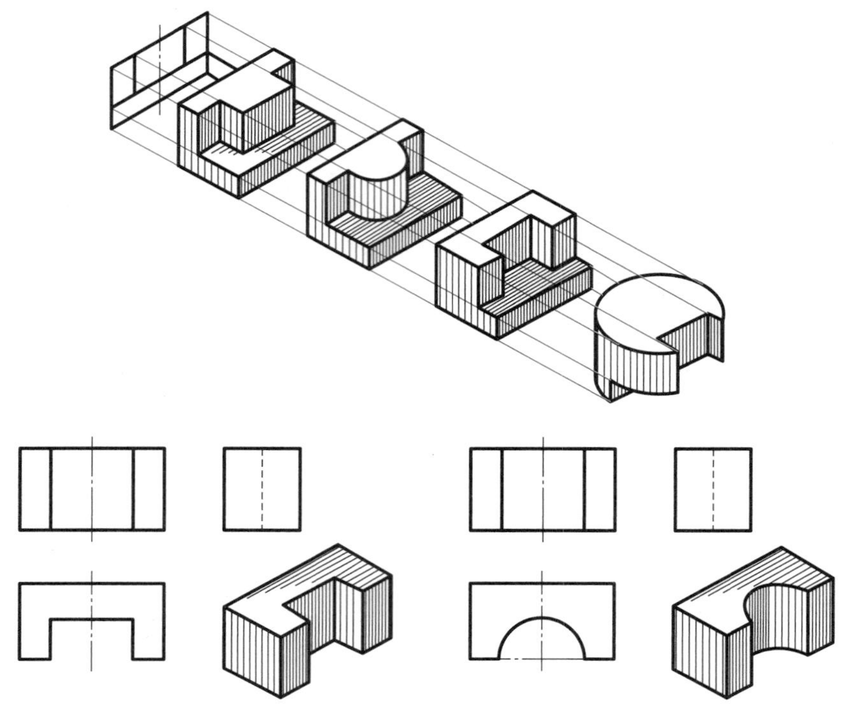

图 5-31　由一面视图构思设计各种物体的形状

2. 两面视图的构形

【例 5.5】 根据图 5-32 中的主、俯视图构思出不同的左视图。

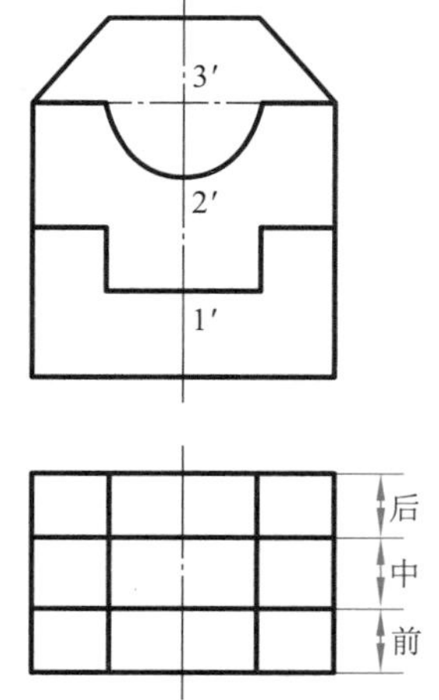

图 5-32　由两面视图设计物体形状

（1）分析视图。主视图 1′、2′、3′与俯视图无类似形线框对应，必然对应横线甲、乙、丙，即三个封闭线框均表示三个正平面，由于物体有一定的厚度，因此三个线框可视为三部分形体。但利用“长对正”的投影规律无法分清各形体之间的相对位置。

（2）构思多种形体。

① 如图 5-33(a)所示，设想形体分为前、中、后三层，线框 1′对前层，线框 2′对中层，线框 3′对后层，但这三个形体不能构成整体，各形体之间无稳定接触，故构思不能成立。

② 如图 5-33(b)所示，设想线框 1′占前、中、后三层，线框 2′占中、后两层，线框 3′为后层。这样设想三个形体既能组成整体，又符合原给定视图，设想

成立。

③ 如图 5-33(c)所示，设想线框 1′占中、后两层，线框 2′占前、中两层，线框 3′占中层，设想符合原给定视图要求，构思形体成立。

根据以上构思方法，同学们还可构思出几种不同的形体。

(a)

(b)

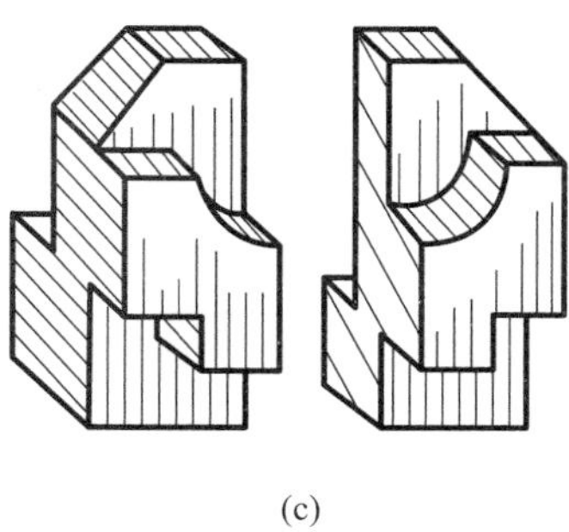
(c)

图 5-33　想象构思不同的形体

(3) 求作左视图。本例形体结构分为三层，又是柱状体，其左视图均为矩形线框组成的图形。先画出三个线框所表示的正平面的投影，然后根据凹凸形体，分别完成形体 b 和 c 对应左视图的投影，并判断其可见性，如图 5-34 所示。

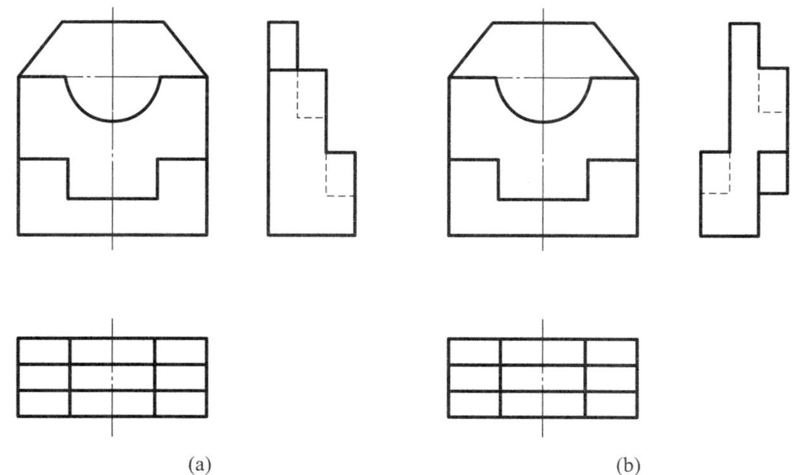
(a)　(b)

图 5-34　构思的两种形体

5.5.3　组合构形

组合构形是根据已知基本体的形状和大小，进行各种位置的组合构思，设想出各种物体的形状，并画出三视图。

【例 5.6】 根据图 5-35(a)所示三个组合形体，把这些形体进行各种位置的组合想像，使设计出的组合体既能反映基本体的形状大小，又能连成整体。

解：图 5-35(b)是根据图 5-35(a)所示的三个基本体而设计出的一个组合体的三视图。

同学们可自己再设计两种组合体。

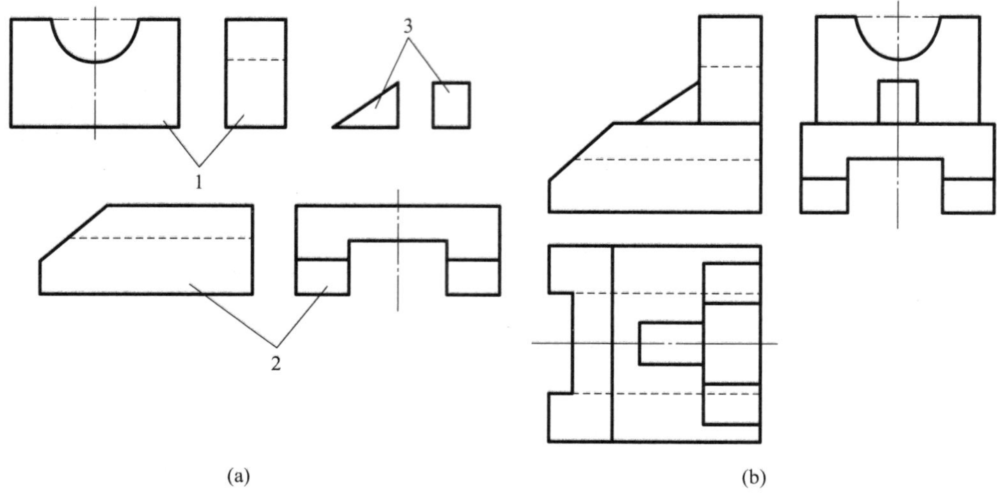

图 5-35　组合构形

第6章

机件常用的表达方法

教学提示

本章内容是本课程的重点之一，主要介绍技术制图和机械制图的国家标准中有关图样的各种表示法，以及《简化表示法》中的有关规定；并简单介绍第三角画法。

通过本章学习，掌握视图、剖视图和断面图的基本概念、画法、标注方法及适用范围。了解局部放大图和常用的简化表示法；能初步应用各种表达方法，比较完整、清晰地表达物体的内外结构形状。

在生产实际中，机件（包括零件、部件和机器）的结构形状是多种多样的，当机件较复杂时，仅用前面所学的三视图显然是不够的。为了既简便、清晰又准确、完整地表达机件的内外结构形状，国家标准中规定了绘制工程图样的一系列表达方法。本章着重介绍常用的视图、剖视图、断面图、局部放大图和简化画法等，供绘图时选用。

6.1 视　　图

视图主要用来表达机件的外部形状。在视图中一般只画机件的可见部分，必要时才画出不可见部分，参见 GB/T 17451—1998 和 GB/T 4458.1—2002。

6.1.1 基本视图

当机件的外部形状比较复杂时，除用已学过的三视图表达外，还必须视情况和需要增加视图。为了清晰地表达机件的上、下、左、右、前、后的形状，可在原有三个投影面的基础上，再增加三个投影面（左侧面、顶面和前立面），组成如图 6-1(a)所示的正六面体，这六个投影面统称为基本投影面。

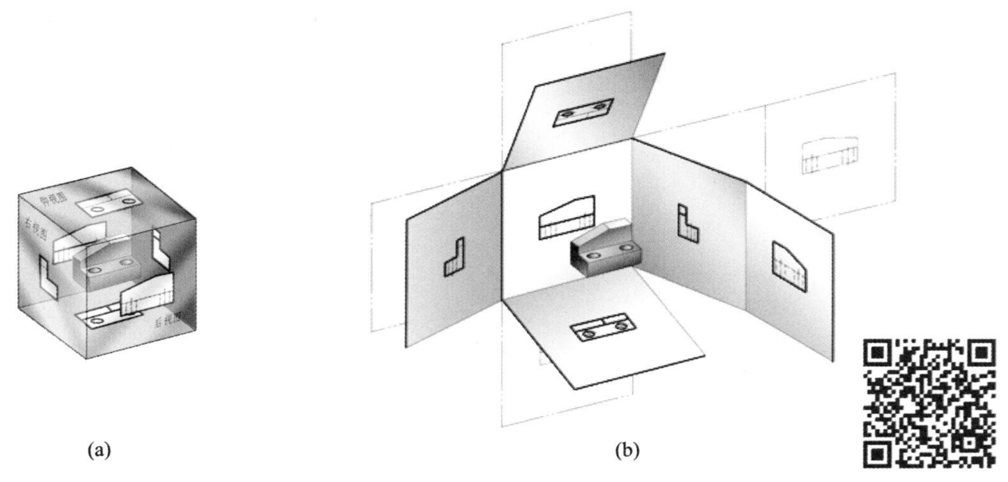

图 6-1　基本视图的形成和展开

机件向基本投影面投射所得的视图，称为基本视图。除了前面已介绍的主视图、俯视图和左视图外，还有右视图、仰视图和后视图，规定：

右视图——由右向左投射得到的视图；

仰视图——由下向上投射得到的视图；

后视图——由后向前投射得到的视图。

六个基本投影面展开的方法如图 6-1(b)所示。正立投影面保持不动，其他各个投影面按箭头所指方向，逐步展开到与正立投影面在同一个平面上。

当六个基本视图按展开后的位置（见图 6-2）配置时，一律不标注视图的名称。六个基本视图的对应关系是：

(1) 仍保持“三等”关系，即主视图、后视图、俯视图、仰视图长度相等；主视图、后视图、左视图、右视图高度相等；左视图、右视图、俯视图、仰视图宽度相等。

(2) 除后视图外，其他视图远离主视图的一边，仍表示机件的前面；主、后视图的左、右方位相反。

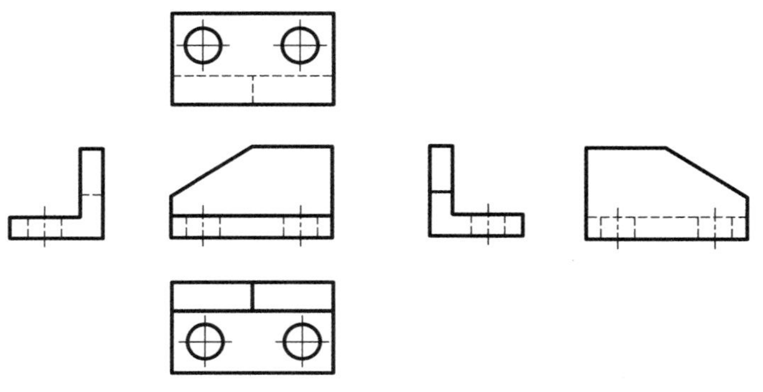

图 6-2　六个基本视图的配置

6.1.2　向视图

向视图是可以自由配置的基本视图。

在实际绘图过程中，有时难以将六个基本视图按展开后的位置配置，此时如采用向视图的形式配置，即可使问题得到解决。如图 6-3 所示，在向视图的上方标注“×”(×为大写拉丁字母，即 A，B，…，F)，在相应的视图附近用箭头指明投射方向（与基本视图的投射方向一致)，并标注相同的字母。

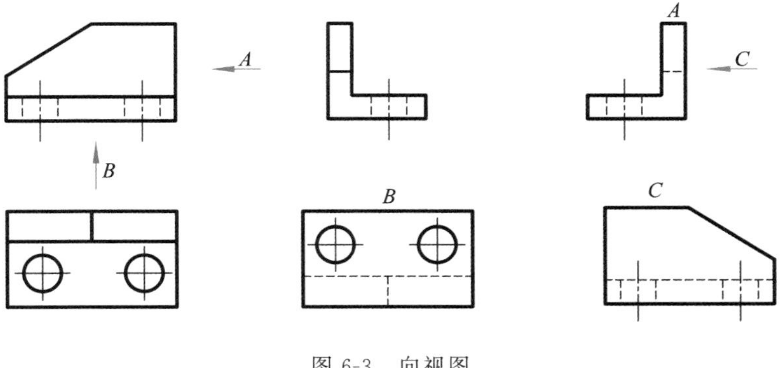

图 6-3　向视图

应当指出，不是所有的机件都必须采用六个基本视图。绘图时，应根据机件的结构特点和复杂程度，按实际需要选用必要的基本视图。一般应优先选用主、俯、左视图。

6.1.3 斜视图

当机件上的某一部分结构与基本投影面成倾斜位置时，在基本投影面上则不能反映该部分的实形，如图 6-4(a)所示。这时，可用变换投影面法选择一个与机件倾斜部分平行且垂直于 V 面的辅助投影面 P，然后向该投影面作正投影，即可得到反映该倾斜部分实形的图形。

将机件向不平行于基本投影面的平面投射所得的视图称为斜视图，如图 6-4 所示。

画斜视图时应注意以下几点：

(1) 斜视图一般只画出倾斜部分的局部形状，其断裂边界用波浪线或双折线表示。

(2) 斜视图通常按向视图的配置形式配置并标注，如图 6-4(b)中的 *A* 视图。

(3) 必要时，允许将斜视图旋转放正。此时，表示该视图名称的大写拉丁字母应靠近旋转符号的箭头端，如图 6-4(c)所示。

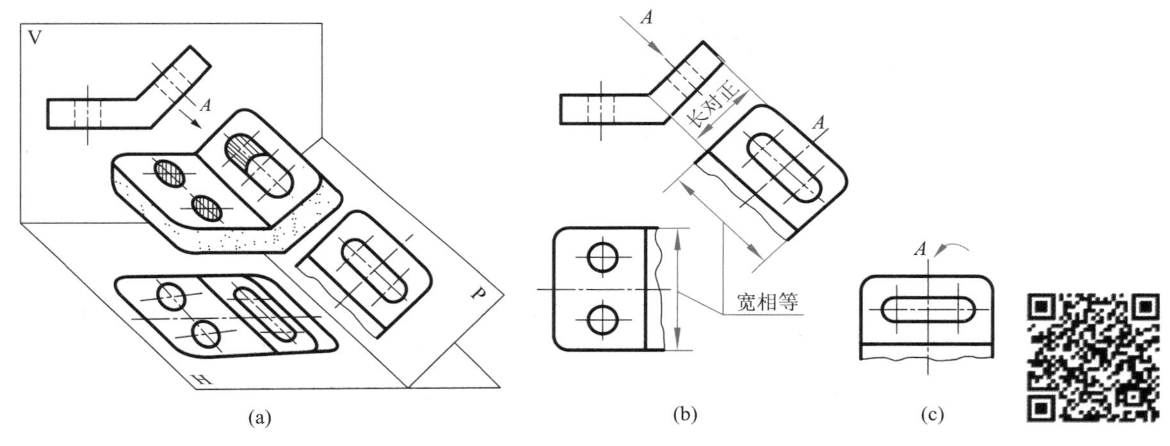

图 6-4 斜视图

6.1.4 局部视图

如果机件主要形状已在基本视图上表达清楚，仅有某一部分形状尚需表达。这时，可将机件的某一部分向基本投影面投射，所得的视图称为局部视图。

如图 6-5(a)所示机件，左、右两侧的凸台在主、俯视图中尚未表达清楚而又不需要画出完整的左、右视图，这时可用两个局部视图表示。采用局部视图可以达到减少基本视图数量的目的，重点突出、绘图简便。

画局部视图时应注意以下几点：

(1) 局部视图的断裂边界用波浪线或双折线表示，如图 6-5(b)中的左视图。当所

表示的局部结构是完整的，且外形轮廓线又是封闭的，其断裂边界线可不必画出，如图 6-5(b)中的 *A* 视图。

(2) 当局部视图按基本视图的形式配置，中间又无其他图形隔开时，则不必标注，如图 6-4(b)中的俯视图、图 6-5 中的左视图。

(3) 局部视图。也可按向视图的配置形式配置并标注，如图 6-5(b)中的 *A* 视图。

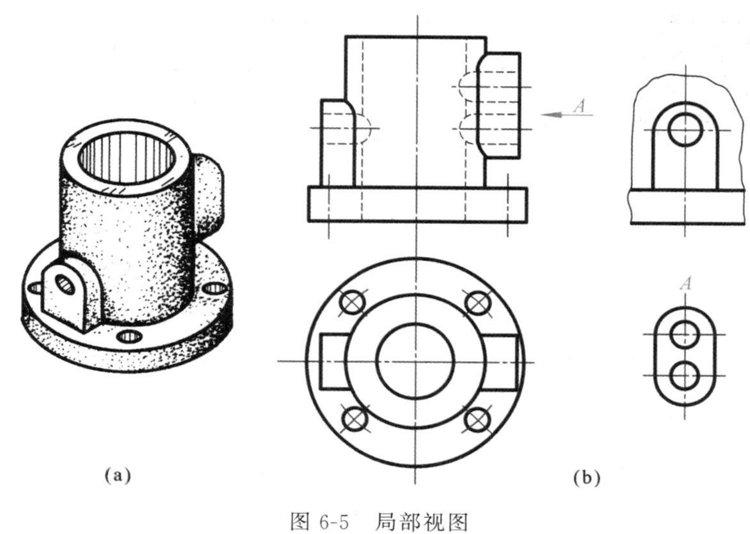

图 6-5　局部视图

6.2　剖　视　图

剖视图主要用于表达机件的内部形状。当机件的内部结构比较复杂时，视图中就会出现较多的虚线，影响图形的清晰性，给画图、看图和标注尺寸造成困难。为了清晰地表达机件的内部形状，国标（GB/T 17452－1998、GB/T 4458.6－2002）规定了剖视图的画法。

6.2.1　剖视图的基本概念

如图 6-6 所示，假想用剖切面剖开机件，将处在观察者与剖切面之间的部分移去，而将剩余部分向投影面投射，所得的图形称为剖视图，简称剖视。

对比图 6-7 中的视图与剖视图，可以看出：由于主视图采用了剖视的画法，原来不可见的结构变为可见的，视图中的虚线在剖视图中变成了实线，再加上在剖到的实体部分画上了剖面线，清楚地把机件的空、实、远、近和里、外关系反映出来，具有图形清晰、层次分明的特点。

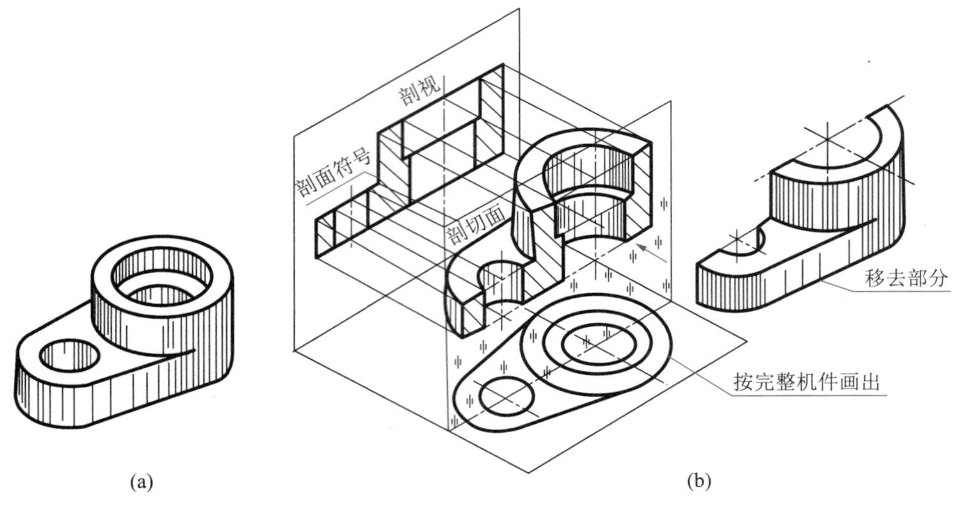

图 6-6　剖视图的形成

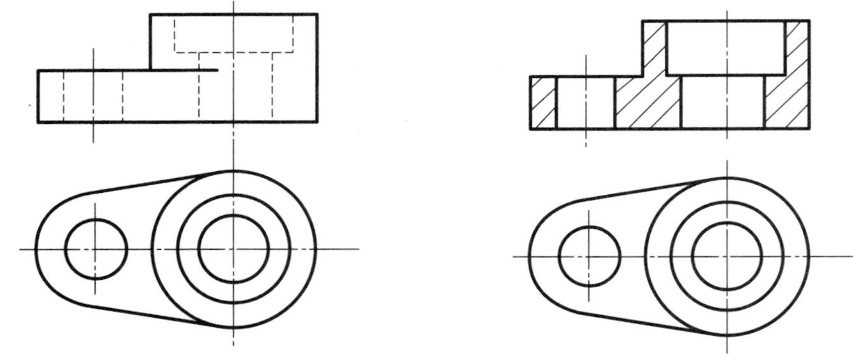

图 6-7　视图与剖视图对比

6.2.2　剖视图的画法

现以图 6-8 中的机件为例，介绍画剖视图的方法和步骤。

（1）分析视图与投影。搞清楚机件的内外结构形状。

（2）确定剖切平面的位置。为了使剖切后的内部结构能反映实形，剖切平面应平行于正面，且通过机件的前后对称面，如图 6-8（a）所示。

（3）画投影轮廓线。机件剖切后，先画出剖切面与机件接触部分（称为断面）的图形；再画出剖切面后所有可见轮廓的投影，如图 6-8（b）所示。

（4）画剖面符号。为了增强剖视图的表达效果，以明辨虚实，在剖切面与机件接触的断面上画出剖面符号，如图 6-8（c）所示。当不需要表示物体的材料类别时，剖面符号

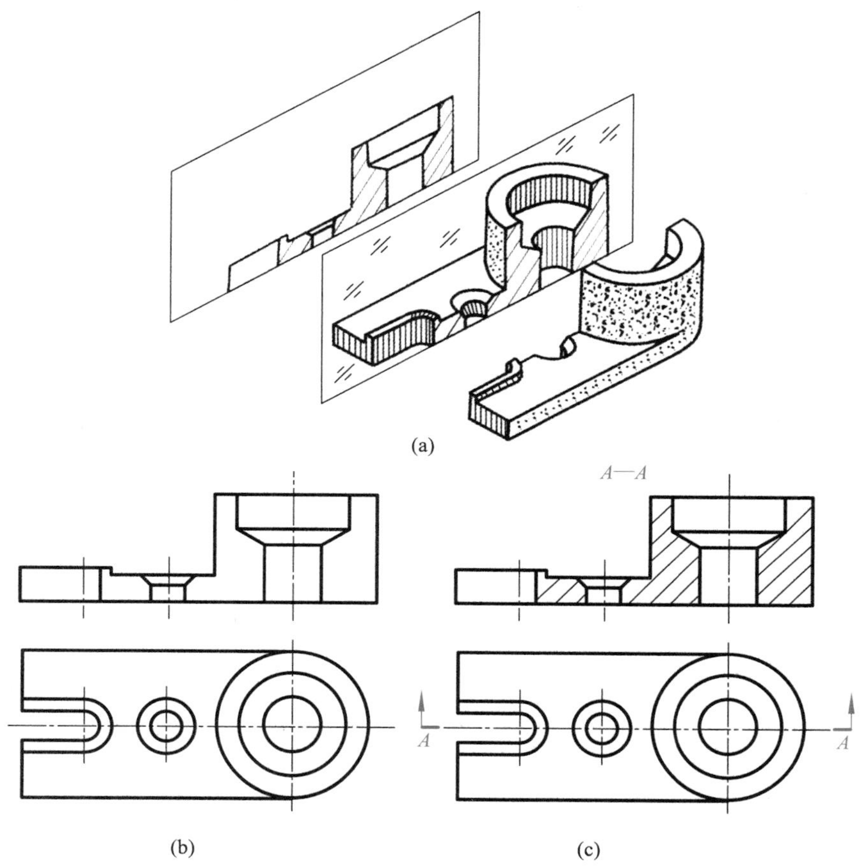

图 6-8 剖视图的画法

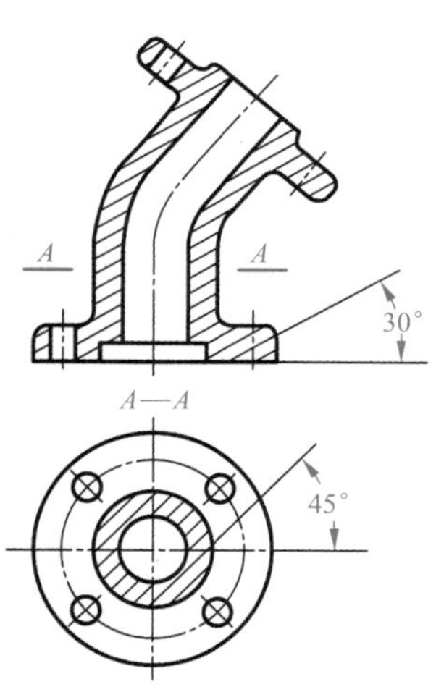

图 6-9 30°或 60°剖面线

规定用细实线画成间距相等、方向相同且与主要轮廓线或剖面区域的对称线成 45°的细实线。同一机件的各剖视图中，剖面线的方向与间距必须一致。当剖视图中的主要轮廓线与水平方向成 45°或接近 45°时，则剖面线应画成与水平方向成 30°或 60°的细实线，如图 6-9 所示，其倾斜方向仍应与其他视图上的剖面线一致。当需要用剖面符号表示物体的材料类别时，应根据 GB/T 4457－1984 中的规定绘制。对于材料的名称和代号必须在标题栏中注明。各种材料的剖面符号见表 6-1。

表 6-1　各种材料的剖面符号

材料名称		剖面符号	材料名称	剖面符号
金属材料			木质胶合板（不分层数）	
线圈绕组无件			基础周围的泥土	
电器用叠钢片			混凝土	
非金属材料			钢筋混凝土	
型砂、填砂、粉末冶金、砂轮、陶瓷刀片等			砖	
玻璃及其他透明材料			格网	
木材	纵剖面		液体	
	横剖面			

6.2.3　剖视图的标注

剖视图一般应进行标注，标注内容包括：

（1）剖切符号。剖切面位置用剖切符号表示。剖切符号用以指明剖切面的起、迄和转折位置，用粗短画线（长约 5 mm）表示，起、迄处不要与轮廓线相交，应留有少许间隙。具体标注形式如图 6-8(c)所示。

（2）投射方向。在剖切符号的两端外侧用箭头表示投射方向。

（3）剖视图名称。用大写拉丁字母在剖切符号起、迄和转折处标注；并用相同字母在剖视图的上方注明名称“$X—X$”，如图 6-8(c)中的 $A—A$。

但在下列情况时，剖视图标注的内容可相应省略：

（1）当剖视图按投影关系配置，中间又没有其他视图隔开时，箭头可以省略，见图 6-10。

（2）当单一剖切平面通过机件的对称面或基本对称面，且剖视图又按投影关系配置，中间又没有其他图形隔开时，则全部标注内容可以省略，见图 6-7。

6.2.4　画剖视图应注意的问题

（1）剖视图是一种假想画法，并不是真的将机件剖切开。因此，当机件的一个视图画成剖视图后，其他视图不受影响，仍应按完整机件画出。

（2）剖切面一般应通过机件的对称面、基本对称面，或孔、槽的轴线、中心线，并与投影面平行。

（3）剖切面后的可见轮廓线应全部画出，不得遗漏。

（4）在剖视图或其他视图中，表示机件不可见部分的细虚线，如在其他视图中已表达清楚，可以省略不画。

6.2.5　剖视图的种类

按剖切范围划分，剖视图可分为全剖视图、半剖视图和局部剖视图三种。

1. 全剖视图

用剖切面完全地剖开机件所得的剖视图称为全剖视图，简称全剖视。其标注方法同前所述。

全剖视主要用于表达外形简单、内形较复杂而又不对称的机件，如图 6-7 和图 6-8 所示。对于外形简单的回转体机件，为了便于标注尺寸，也常采用全剖视，如图 6-10 所示。

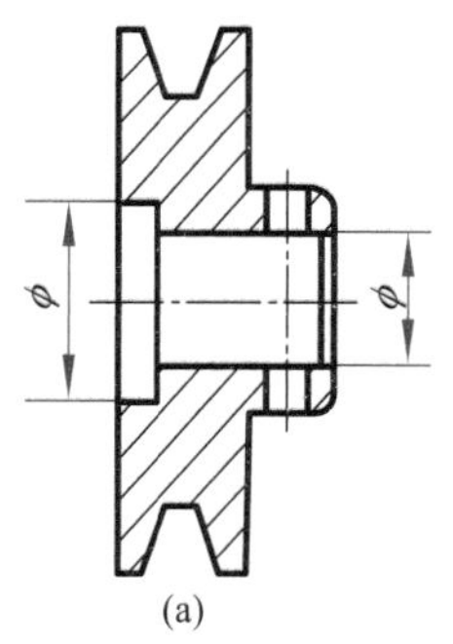

(a)

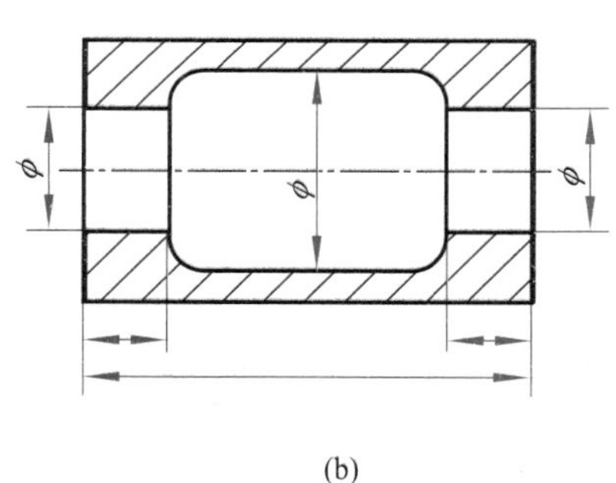

(b)

图 6-10　简单回转体机件的全剖视图

2. 半剖视图

当机件具有对称平面时，在垂直于对称平面的投影面上投射所得的图形，可以对称中心线为界，一半画成剖视图以表达内形，另一半画成视图以表达外形，这种组合的剖视图称为半剖视图，简称半剖视，如图 6-11 所示。

半剖视的标注与全剖视相同。

半剖视主要用于内、外形状都需要表达的对称机件。

画半剖视时应注意以下几点：

（1）半个视图和半个剖视图的分界线应为细点画线，不能画成粗实线。

（2）由于机件的内部形状已在半个剖视图中表达清楚，所以在半个视图中的细虚线省略不画，但孔、槽的轴线或中心线应画出。

（3）对于那些在半剖视中不易表达的部分，可以在视图中以局部剖视的方式表达，如图 6-11 的主视图中局部剖视表达的小孔。

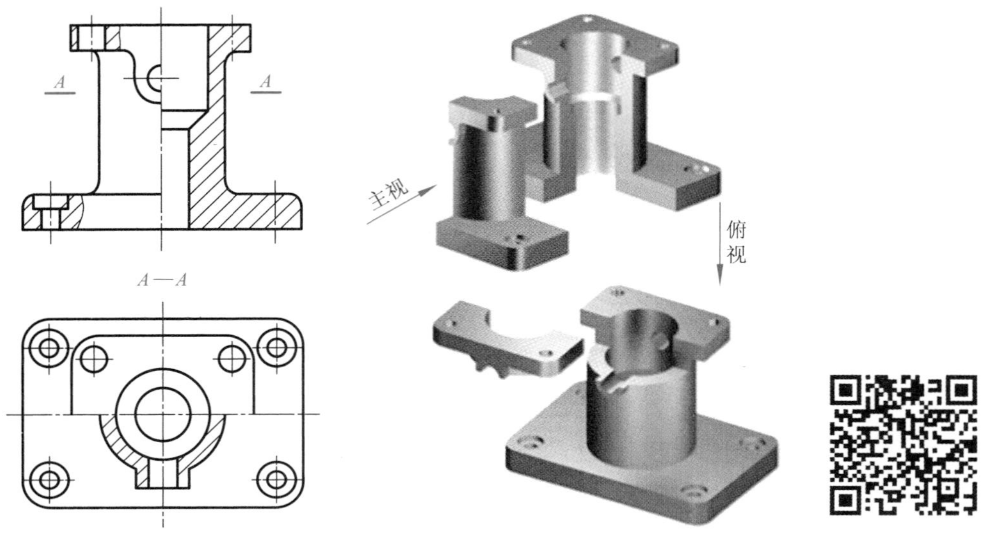

图 6-11　半剖视图的画法

3. 局部剖视图

用剖切面局部剖开机件所得的剖视图，称为局部剖视图，简称局部剖视，如图 6-12所示。

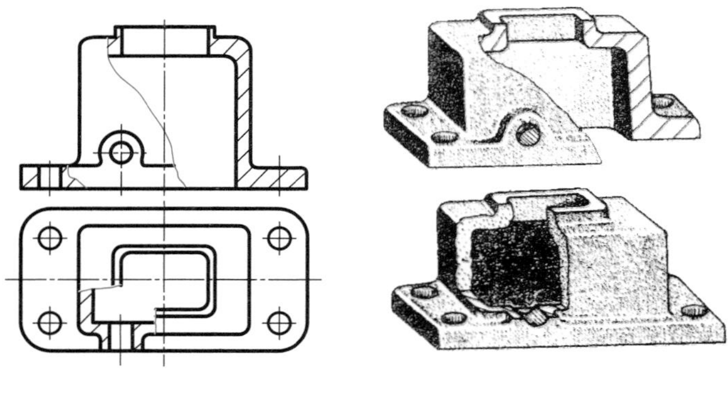

图 6-12　局部剖视图

局部剖视是一种极其灵活的表达方法，它不受图形是否对称的限制，其剖切位置和剖切范围的大小均可根据实际需要确定。局部剖视运用得当可使图形简明清晰，但在一个视图中不宜过多地采用，否则会使图形支离破碎。

局部剖视一般用于下列几种情况：

（1）不对称机件需同时表达内外形状，不必也不宜采用全剖视，如图 6-12 所示。

（2）对称机件的对称中心线与轮廓线重合，不宜采用半剖视，如图 6-13 所示。

（3）实心杆件上的孔、槽等局部结构，如图 6-14 所示。

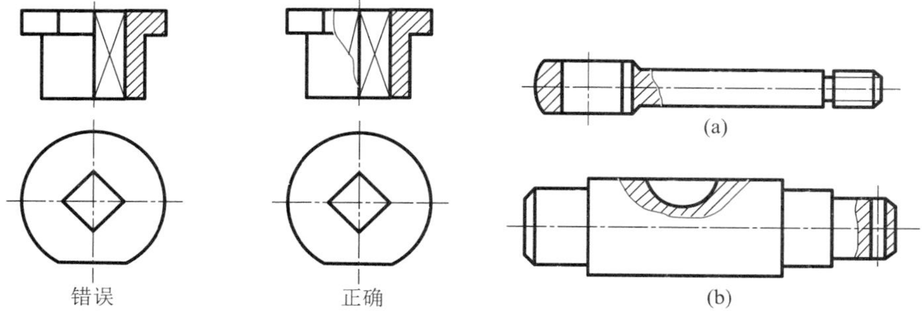

图 6-13　不宜作半剖的机件　　图 6-14　实心杆件上孔、槽的局部剖视

画局部剖视时应注意以下几点：

（1）当被剖切结构为回转体时，允许将该结构的轴线作为局部剖视与视图的分界线，如图 6-15 所示。

（2）视图与剖视图以波浪线分界。波浪线要画在机件的实体部分，不能与其他图线重合，也不应超出图形轮廓线，如图 6-16 所示。

（3）对于剖切位置明显的局部剖视可省略标注，如图 6-13～图 6-15 所示。必要时可按全剖视的标注方法标注。

画局部剖视时，在搞清机件结构形状的前提下，首先要明确从什么位置剖，由什么部位断裂，尤其要注意断裂面的投影即波浪线的正确画法，这对局部剖视至关重要。

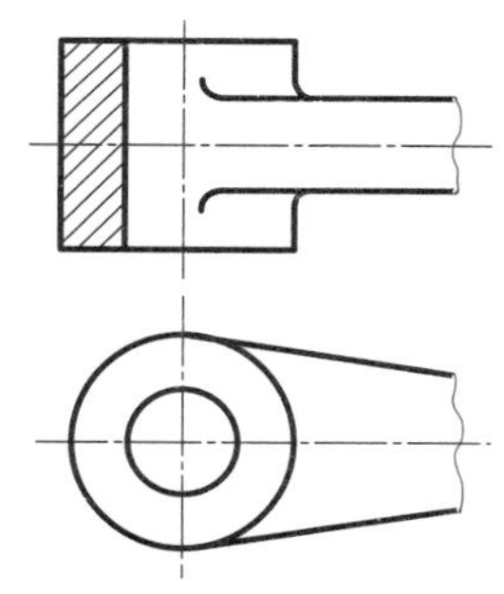

图 6-15　轴线作为分界线

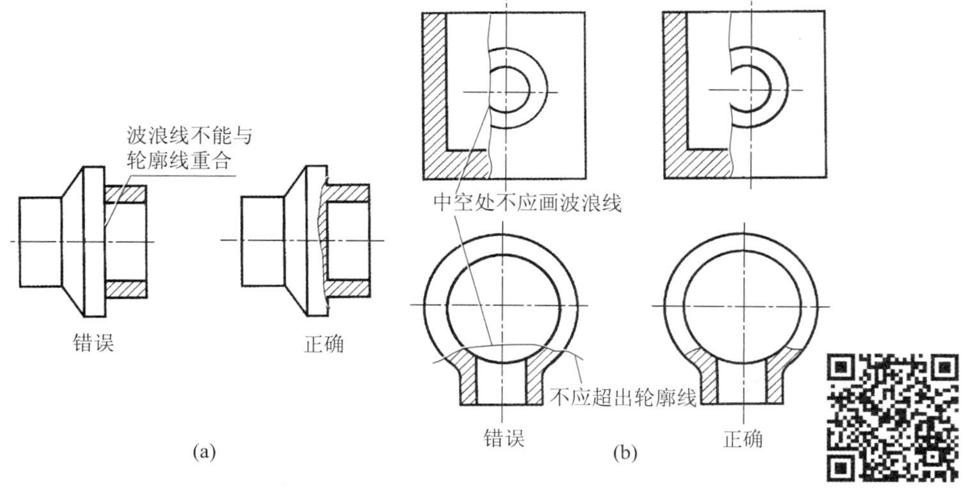

图 6-16　波浪线画法正误对比

6.2.6 剖视图的剖切方法

除了上述单一剖切面的全剖视、半剖视和局部剖视外，还可根据机件内部结构形状的差异，选用不同的剖切方法，比如用单一斜剖切面、几个平行剖切面、几个相交剖切面来获得全剖视图、半剖视图和局部剖视图。下面简要作一介绍。

1. 几个相交剖切面剖切

如图 6-17 所示机件，其内部结构不在同一平面上，但却具有公共回转轴线。此时可采用两个相交的剖切面（交线为机件轴线且垂直于 W 面）剖开机件，将被剖到的倾斜部分结构及其有关部分绕交线旋转到与正面平行后再投射，即在主视图上得到 $A—A$ 全剖视。

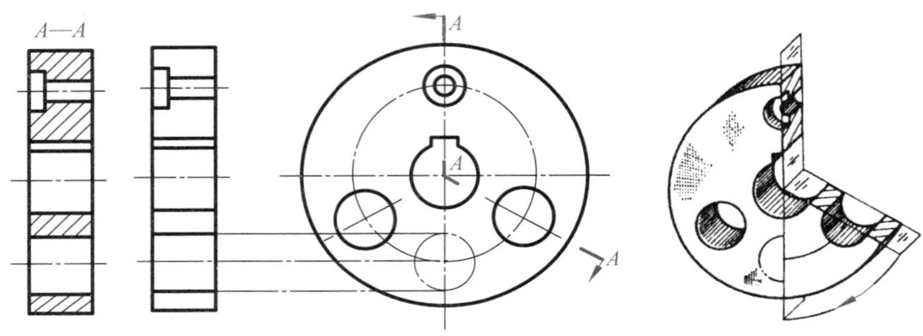

图 6-17 用两个相交剖切面剖切

用几个相交剖切面剖切适用于表达具有公共回转轴线的机件，而轴线恰好是两剖切平面的交线。

用几个相交剖切面剖切时应注意以下几点：

（1）剖切平面的交线应与机件的回转轴线重合。

（2）剖切平面后的其他结构，一般仍按原来的位置投射，如图 6-18 中的油孔。

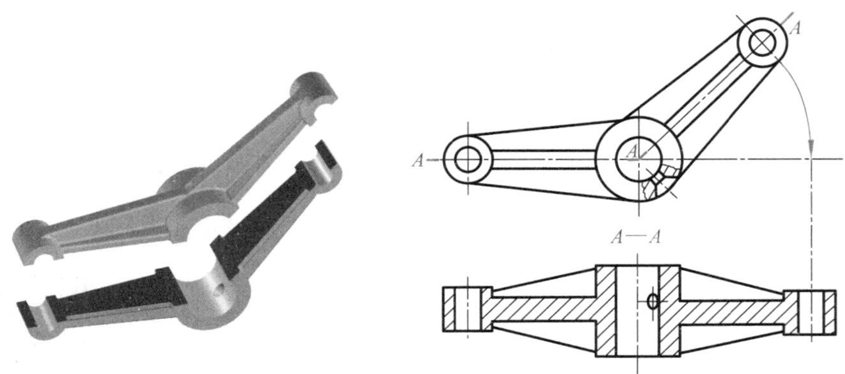

图 6-18 用两个相交剖切面剖切

(3) 此类剖视图必须标注。在剖视图的上方，用大写拉丁字母标注其名称“×—×”，在剖切平面的起、迄和转折处，画上剖切符号，并标注相同的字母，如图 6-17 所示。

若剖视图按投影关系配置，中间又没有其他图形隔开时，允许省略箭头；当两剖切符号相交处地方有限且不致引起误解时，允许省略字母，如图 6-18 所示。

2. 几个平行剖切面剖切

如图 6-19 所示机件有多个轴线不在同一平面内的孔，用一个剖切平面不能同时剖到。这时，可用几个相互平行的剖切平面（平行于正面）分别通过各孔的轴线剖开机件，然后将剖切平面后面的部分同时向正面投射，即得到图 6-19 中的 *A*—*A* 全剖视图。

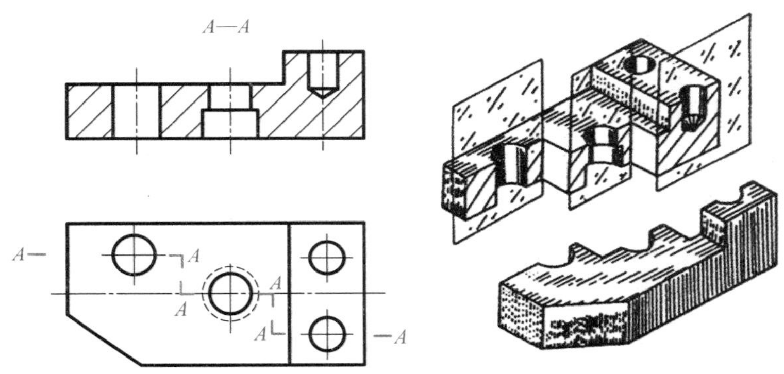

图 6-19　用几个平行剖切面剖切

此类剖视图适用于表达内部结构层次较多，且其轴线（或对称面）相互平行的机件。

用几个平行剖切面剖切时应注意以下几点：

(1) 剖切平面转折处不应与图中轮廓线重合，且剖切平面转折处的投影也不应画出，如图 6-20(a)、(c)所示。

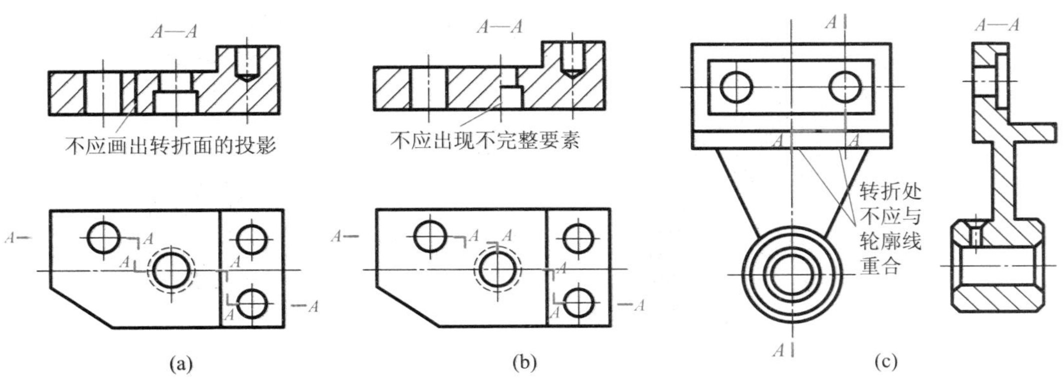

图 6-20　几个平行剖切面剖切时的错误画法

（2）在剖视图中一般不应出现不完整的结构要素，如图 6-20(b)所示。当两个要素在图形上具有公共对称线或轴线时，才允许以对称线或轴线为分界线各画一半，如图 6-21所示。

（3）此类剖视图必须标注。其标注方法与几个相交剖切面的标注方法相同，如图 6-19所示。

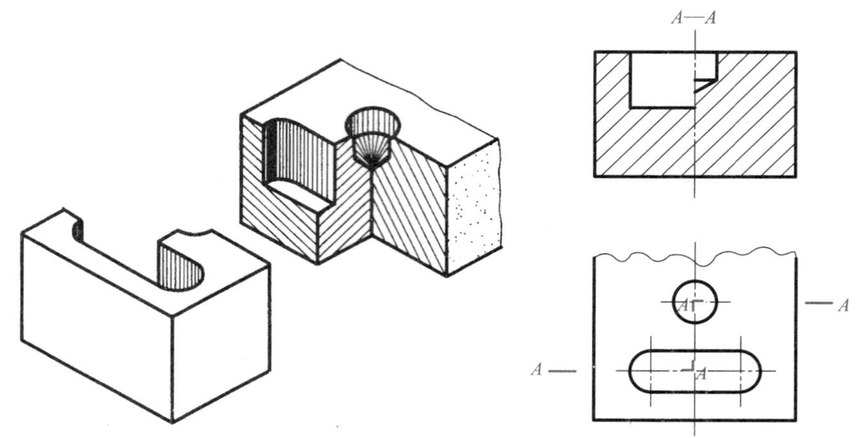

图 6-21　可以各画一半的示例

3. 单一斜剖切平面剖切

用不平行于任何基本投影面的单一斜剖切面剖开机件获得的剖视图，如图 6-22所示。

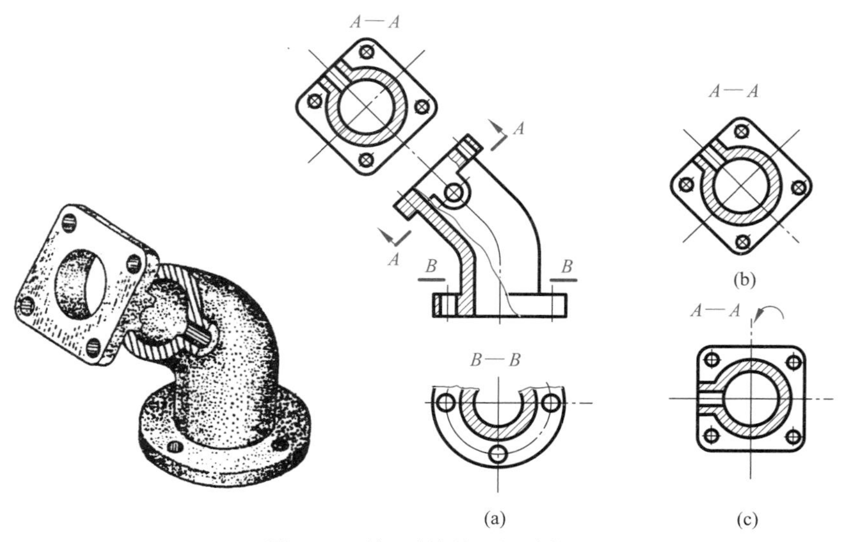

图 6-22　单一斜剖切平面剖切

此类剖视适用于表达机件倾斜部分的内部结构、形状，其投影原理与斜视图相同。

剖视图必须标注，标注方法如图 6-22(a)所示。为了便于看图，一般按投影关系配置，如图 6-22(a)所示。也可将剖视图平移到适当位置，如图 6-22(b)所示，必要时允许将图形旋转放正画出，但必须标注旋转符号，如图 6-22(c)所示。

4. 组合剖切平面剖切

用组合的剖切面（几个平行或相交的剖切面）剖开机件的方法，适用于表达内部结构较为复杂，仅采用一种剖切面不能完全表达清楚的机件。

此类剖视图标注与前面几类相同，如图 6-23 所示。

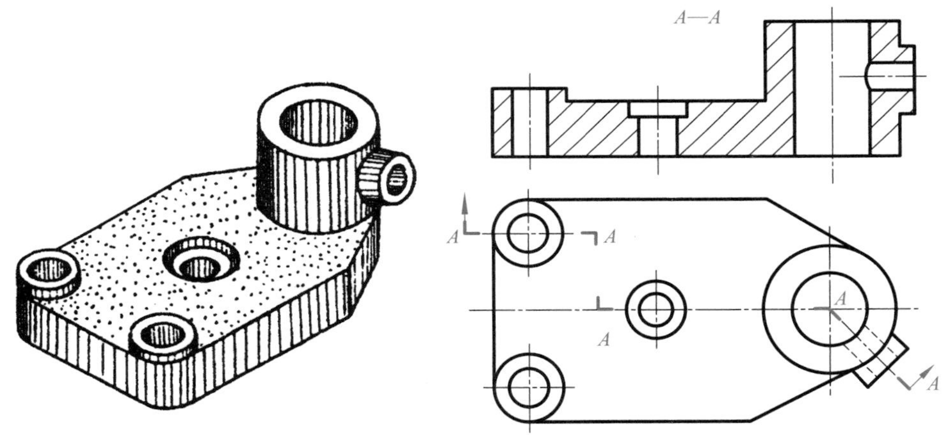

图 6-23　组合剖切面剖切

不论采用哪种剖切方法，都可以得到全剖视图、半剖视图和局部视图。绘图时应根据机件的结构特点，恰当地选用剖切方法。

6.2.7　剖视图中肋板和轮辐的规定画法

(1) 当剖切面通过机件上的肋、轮辐等结构且纵向（通过对称面或轴线）剖切时，这些结构在剖视图中不画剖面符号，而用粗实线将它与其邻接部分分开。

如图 6-24 中的左视图，当采用全剖视时，剖切平面通过肋板的纵向对称平面，在肋板的范围内不画剖面符号，肋板与其他部分的分界线均用粗实线画出。

对于 A—A 剖视图，因为剖切平面垂直于肋板和支撑板（即横向剖切），则应画出剖面符号。

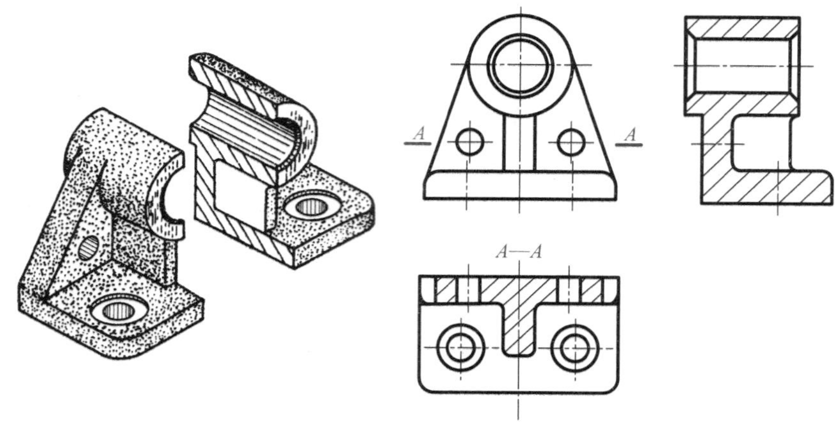

图 6-24　肋板在剖视图中的规定画法

（2）当剖切面不通过成辐射状均匀分布的肋、轮辐和孔等结构时，可假想将这些结构旋转到剖切面上，按对称形式画出；均布的孔在剖视图上只画一个，其他孔仅画出轴线，如图 6-25 和图 6-26 所示。

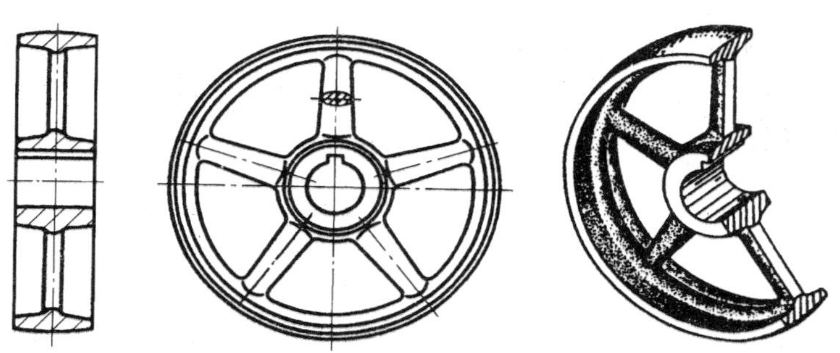

图 6-25　轮辐在剖视图中的规定画法

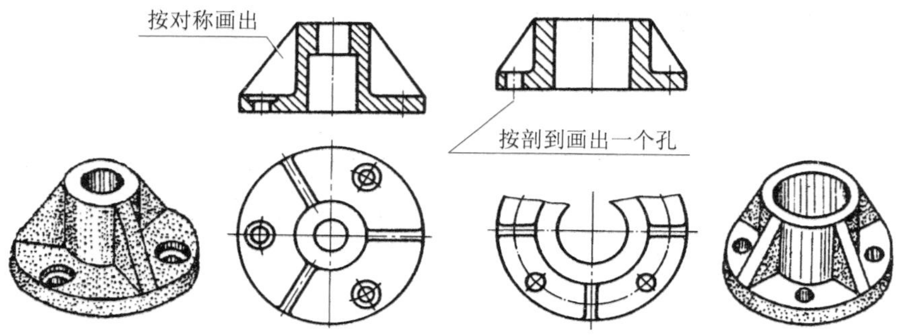

图 6-26　均布肋和孔的简化画法

6.3 断　面　图

断面图（GB/T 17452—1998、GB/T 4458.6—2002）主要用于表达机件某一局部的断面形状，例如机件上的肋板、轮辐，轴上的孔、键槽，以及杆材、型材的断面形状等。

6.3.1 断面图概念

假想用剖切面将机件的某处切断，仅画出剖切面与机件接触部分的图形，称为断面图，简称断面，如图 6-27(b)所示。

断面图与剖视图相比，有以下区别：

断面图——面（断面）的投影，如图 6-27(b)所示。

剖视图——体（断面及剩余可见轮廓）的投影，如图 6-27(c)所示。

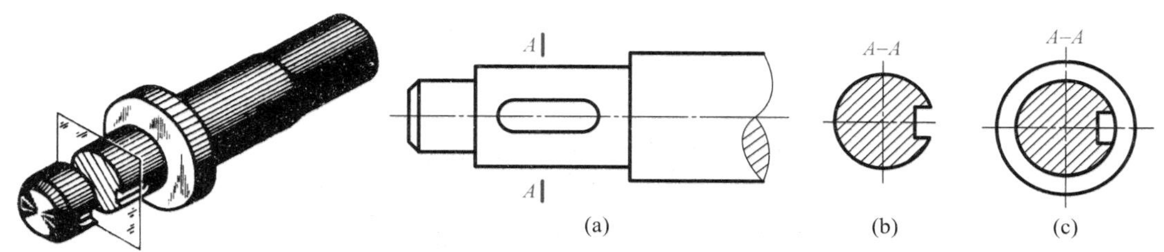

图 6-27　断面图概念

6.3.2 断面图的种类

按断面图配置位置的不同，可分为移出断面和重合断面。

1. 移出断面图

画在视图外的断面图称为移出断面图，简称移出断面，如图 6-28 所示。移出断面的轮廓线用粗实线绘制。

画移出断面时应注意以下几点：

（1）移出断面应尽量配置在剖切线的延长线上，如图 6-28(c)、(d)所示；也可配置在其他适当的位置，如图 6-28 中的 A—A、B—B 断面。

（2）当剖切平面通过回转面形成的孔或凹坑的轴线时，这些结构按剖视绘制（即封口），如图 6-28(d)所示。

（3）当断面图形对称时，也可将断面画在视图的中断处，如图 6-29 所示。

（4）由两个或多个相交平面剖切的移出断面，中间一般应断开，如图 6-30 所示。

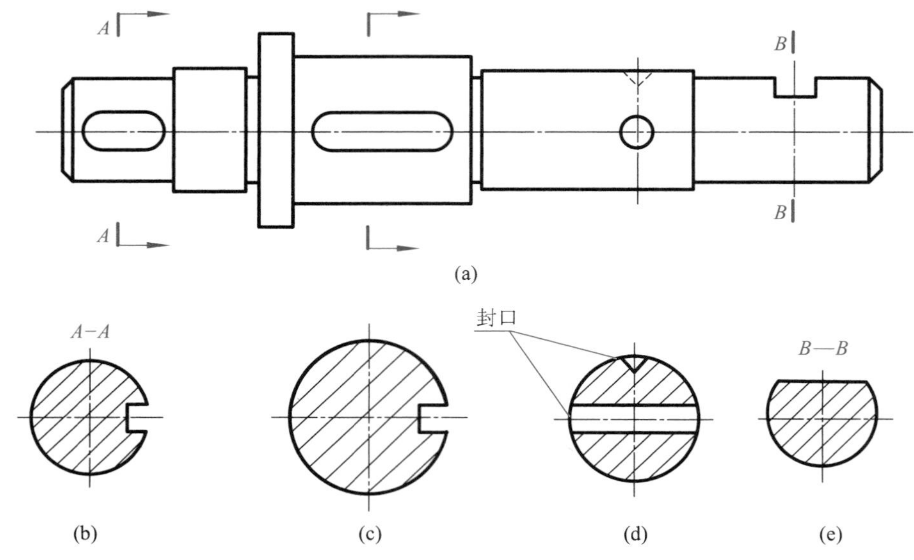

图 6-28　移出断面的配置

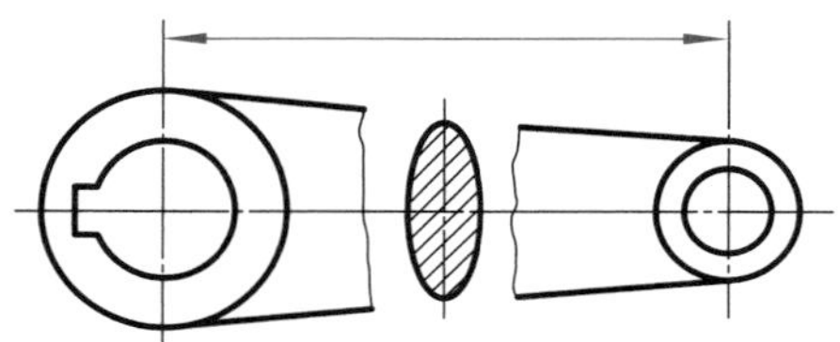

图 6-29　画在视图中断处的移出断面

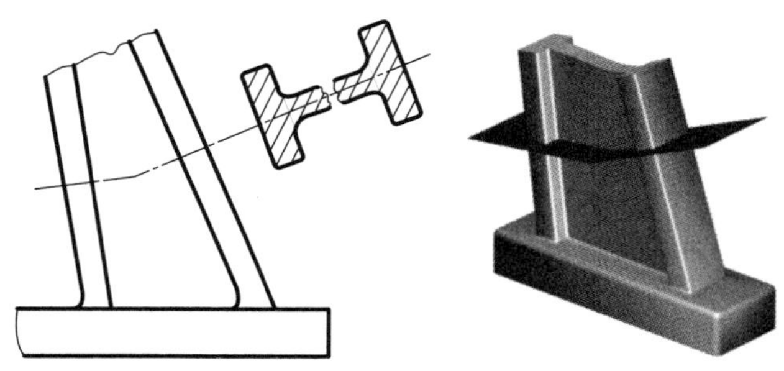

图 6-30　由两个相交平面剖切的移出断面

移出断面的标注形式及内容与剖视图相同。

根据具体情况，通常移出断面的标注可以简化或省略，具体如表 6-2 所示。

表 6-2　移出断面的标注

断面类型	剖切平面的位置		
	在剖切符号的延长线上	按投影关系配置	其他位置
对称的移出断面	省略标注	省略箭头	省略箭头
不对称的移出断面	省略字母	省略箭头	标注剖切符号、箭头、字母

2. 重合断面图

画在视图内的断面图称为重合断面图，简称重合断面。重合断面的轮廓线用细实线绘制，如图 6-31 和图 6-32 所示。

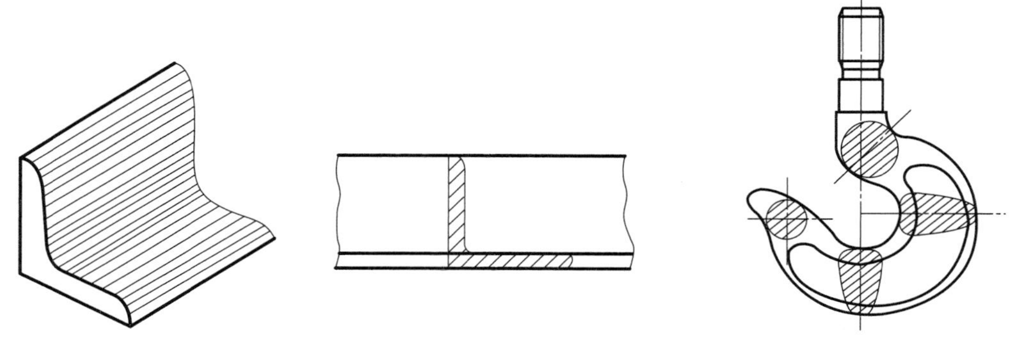

图 6-31　不对称重合断面　　　图 6-32　对称重合断面

画重合断面时应注意以下几点：

(1) 重合断面应配置在剖切线上，宜在不影响图形清晰的情况下采用。

(2) 当重合断面与视图中的轮廓线重叠时，视图的轮廓线应连续画出，不可间断，如图 6-31 所示。

不对称的重合断面可省略标注，如图 6-31 所示；对称的重合断面不必标注，如图 6-32所示。

6.4 局部放大图和简化画法

6.4.1 局部放大图

当机件上某些细小结构在视图中表达不清楚或标注尺寸有困难时，可将这些结构用大于原图形的比例单独画出，如图 6-33 所示。这种用放大比例画出机件上局部结构的图形，称为局部放大图（GB/T 4458.1—2002）。

局部放大图可根据需要画成视图、剖视图或断面图，与被放大部分的原表达方法无关。

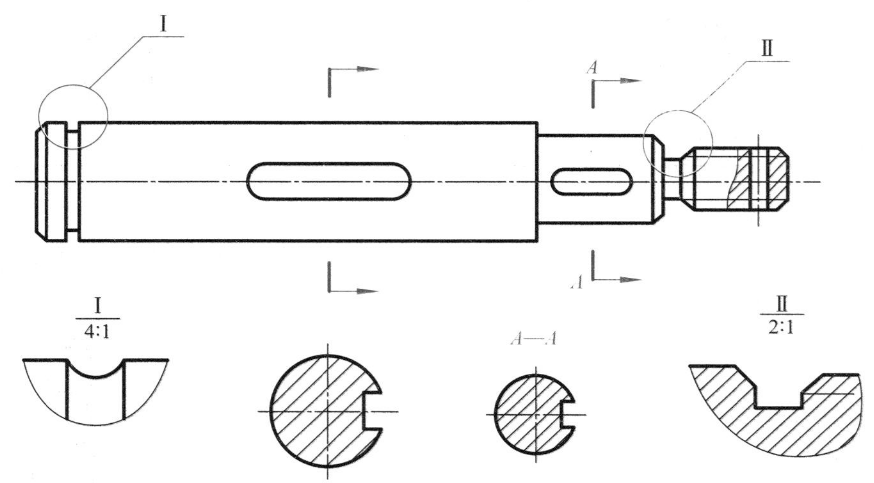

图 6-33 局部放大图

画局部放大图时应注意以下几点：

（1）局部放大图应尽量配置在被放大部位的附近，用细实线圈出被放大的部位，用波浪线画出被放大部分的范围。

（2）当机件上仅有一处被放大时，在局部放大图的上方只需注明所采用的比例。

（3）若同一机件有几处被放大的部位时，必须用罗马数字依次注明被放大的部位，并在局部放大图的上方，用分式形式标注出相应的罗马数字和所采用的比例，如图 6-33中的Ⅰ、Ⅱ处所示。

6.4.2　常用的简化画法

（1）当机件具有若干相同结构（如齿、槽、孔等），并按一定规律分布时，只需画出几个完整的结构，其余用细实线连接或用“＋”表示其中心位置，但在图中必须注明该结构的总数，如图 6-34 所示。

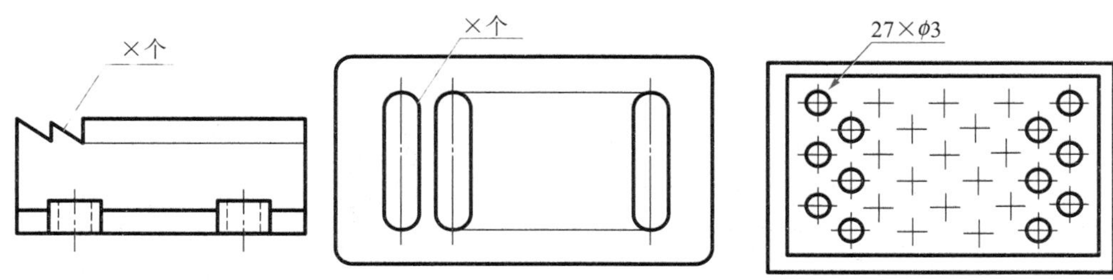

图 6-34　相同结构的简化画法

（2）较长的机件（如轴、型材、连杆等）沿长度方向形状一致，或按一定规律变化时，可假想折断后缩短绘制，但尺寸仍按实长标注，如图 6-35 所示。

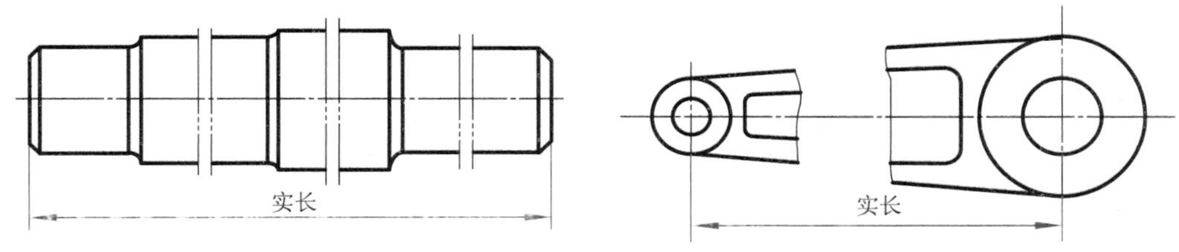

图 6-35　折断画法

（3）对于回转体上较小的孔、槽等结构，产生的表面交线允许简化，即用轮廓线代替表面交线，如图 6-36 所示。对称结构的局部视图，可按图 6-36(b)所示的方法画出。

（4）机件上斜度不大的结构，如在一个图形中已表达清楚时，其他图形可只按小端画出，如图 6-37 所示。

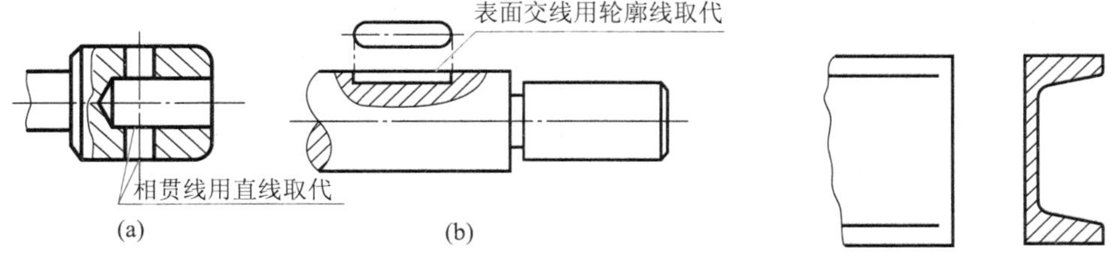

图 6-36　小结构的简化画法　　图 6-37　小斜度的简化画法

（5）与投影面倾斜角度≤30°的圆或圆弧，其投影可用圆或圆弧代替，如图 6-38 所示。

（6）在不致引起误解时，对称机件的视图可只画一半或四分之一，并在对称中心线的两端画出两条与其垂直的平行细实线，如图 6-39 所示。

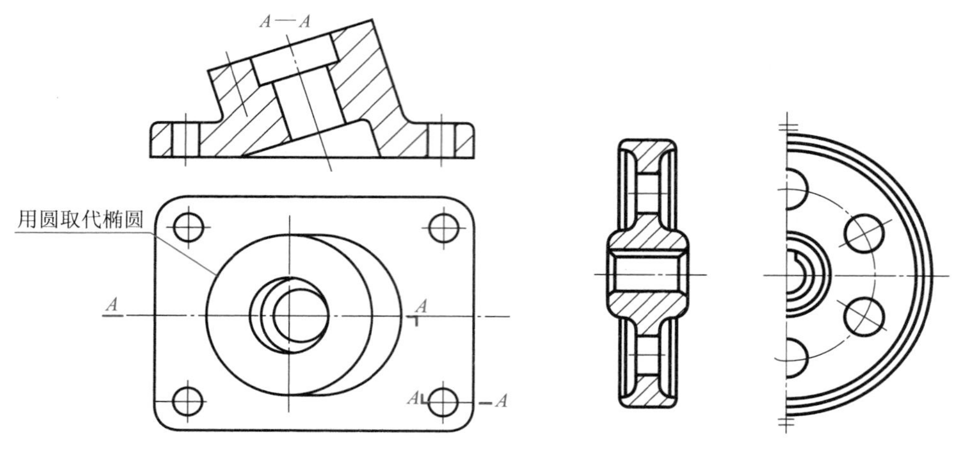

图 6-38　倾斜圆的简化画法　　　图 6-39　对称机件的简化画法

（7）圆柱形法兰和类似机件上均布的孔，可按图 6-40 所示的方法表示。

（8）当需要表示剖切平面前的结构时，可采用假想画法（细双点画线）画出其轮廓，如图 6-41 所示。

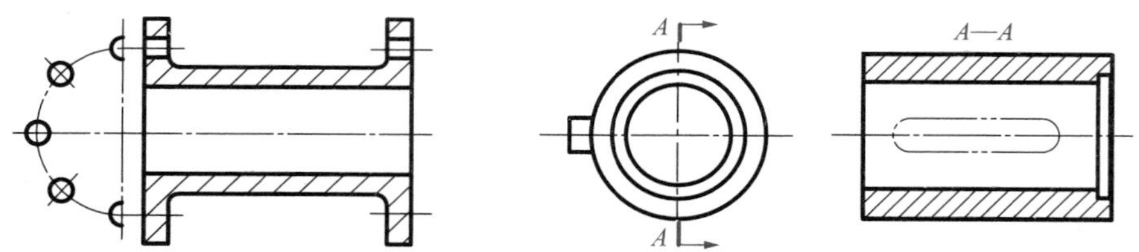

图 6-40　圆柱形法兰孔的简化画法　　　图 6-41　假想画法

（9）对于机件上的滚花部分及网状物，可在轮廓线附近示意画出网纹，并在图上或技术要求中注明这些结构的具体要求，如图 6-42 所示。

（10）当回转体上的平面在视图中不能够充分表达时，可用平面符号（两相交细实线）表示，如图 6-43 所示。

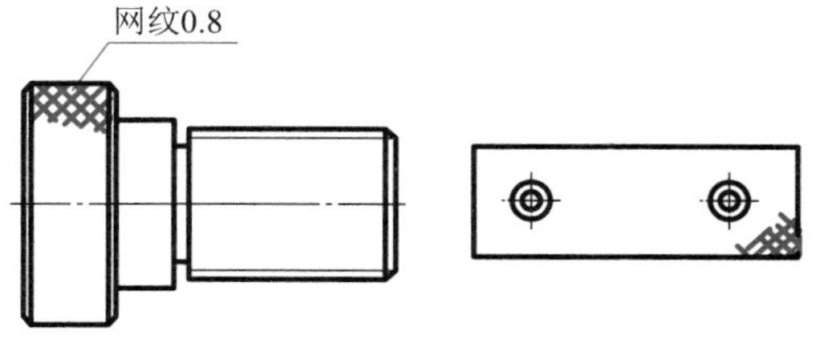

图 6-42　滚花和网状物的画法

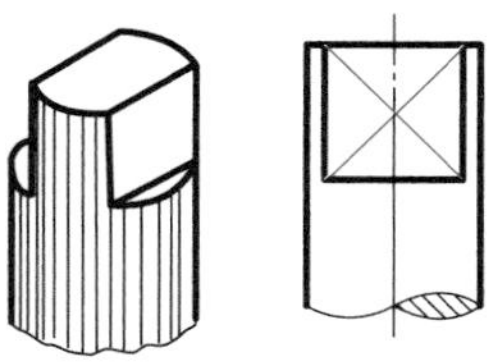

图 6-43　平面的表示法

6.5　综合应用举例

前面介绍了视图、剖视图、断面图及其他表达方法。掌握这些常用表达方法的目的是应用于画图和看图实践。下面通过实例来讨论这两个方面的实际应用。

机件的形状是多种多样的，为了能用最简便的方法达到最佳的表达效果，在选择机件的表达方案时，原则是以看图方便为前提，在完整、清晰地表达机件结构形状的前提下，力求画图简便。

实际绘图时，应在分析机件内、外结构形状的基础上，根据其结构特点和复杂程度，灵活、恰当地选用视图、剖视图、断面图等表达方法。一般可先拟定出几种表达方案，通过分析、比较，最后选择一种表达完整、清晰、简明，作图简练的最佳方案。

【例】　选择四通管的表达方案（见图 6-44）。

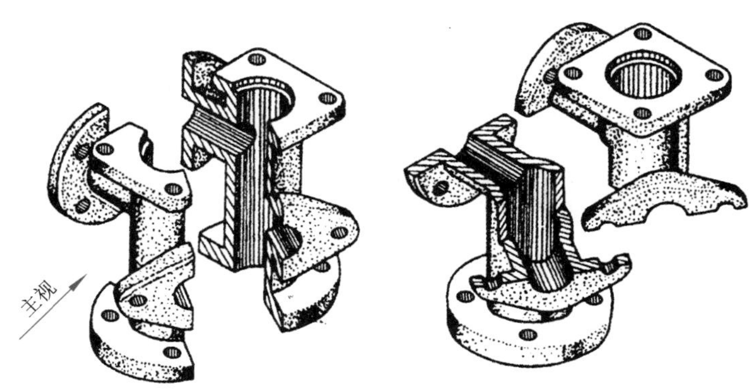

图 6-44　四通管轴测图

解：根据轴测图先进行形体分析，搞清四通管的组成情况、相对位置、内外结构形状，然后选择主视图和其他视图。

（1）形体分析。从轴测图看出，该机件主要由直立空心柱、水平空心柱、倾斜空心柱三大部分组成。直立空心柱的内形为一阶梯孔，上、下凸缘为方形和圆形，其上各有四个均布的等径小孔。水平空心柱左侧的凸缘为圆形，同样有四个均布的等径小孔。

倾斜空心柱右侧的凸缘为菱形，其上有两个对称分布的等径小孔。直立空心柱与水平、倾斜空心柱的轴线均为正交。

(2) 选择主视图。根据反映形状特征的原则，选图 6-44 中箭头方向作为主视投射方向。

(3) 选择其他视图。主视图确定之后，在选择其他视图时，可考虑几种不同的方案进行比较，从而确定一种最佳的表达方案。本例拟定了两种表达方案，试分析比较。

方案一（图 6-45）：主视图采用了两个相交剖切平面获得的 $A-A$ 全剖视，清晰地表达了机件的内部结构形状；俯视图采用了视图，重点表达了水平、倾斜空心柱的相对位置，直立空心柱上、下凸缘的形状，孔的分布；B 向局部视图表达水平空心柱凸缘上孔的分布；C 向斜视图表达倾斜空心柱凸缘的形状、孔的分布。

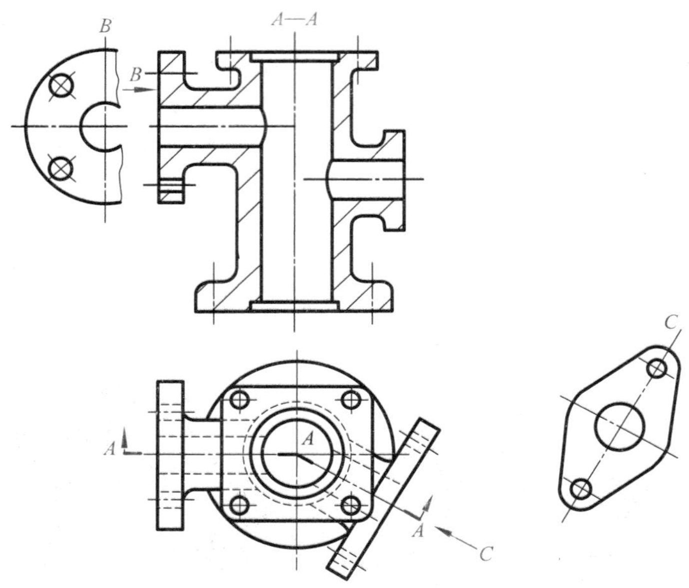

图 6-45　四通管表达方案（一）

方案二（图 6-46）：主视图的表达方法同方案一，俯视图采用了两个平行剖切平面获得的 $B—B$ 全剖视，清晰地表达了水平、倾斜空心柱的内形和相对位置，再选用 $C—C$ 剖视，D、E 视图补充了主、俯视图中未表达清楚的结构。

方案一与方案二比较：前者采用了四个图形将四通管的内、外结构形状、相对位置表达的正确、完整。但俯视图中的虚线较多，使水平、倾斜空心柱的内形表达不够清晰。方案二与方案一的主要区别在于俯视图采用了两个平行剖切平面获得的 $B—B$ 全剖视，又增加了一个 D 视图，从而使水平、倾斜空心柱的内形表达更加清晰，使直立空心柱上方凸缘的表达更为简明。

综上所述，通过分析、比较得出结论：方案二是最佳表达方案。

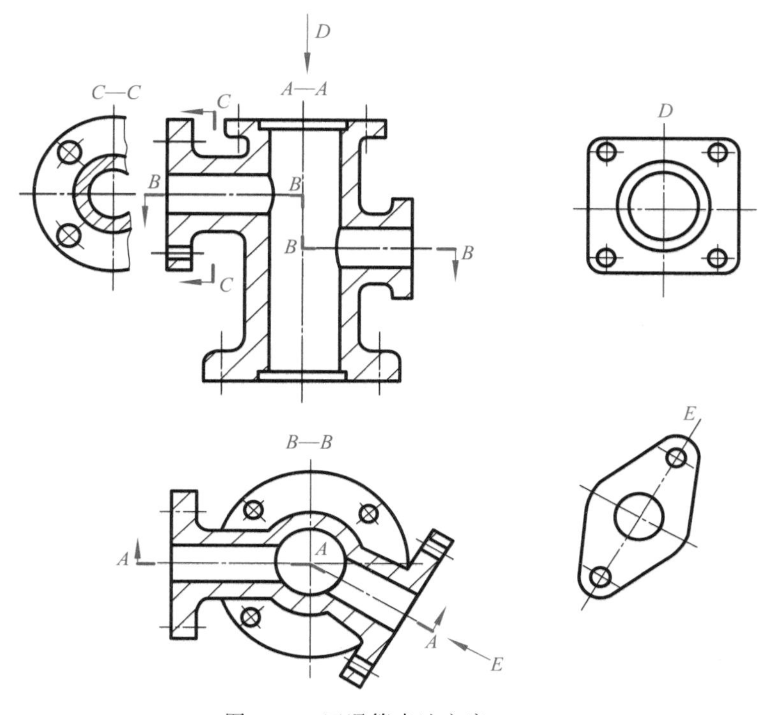

图 6-46　四通管表达方案（二）

6.6　第三角投影法简介

相互垂直的三个投影面，把空间化分为八个部分，每个部分为一个分角。规定：将在 V 面之前，H 面之上的部分称为第一分角，其余各分角的顺序和范围，如图 6-47 所示。

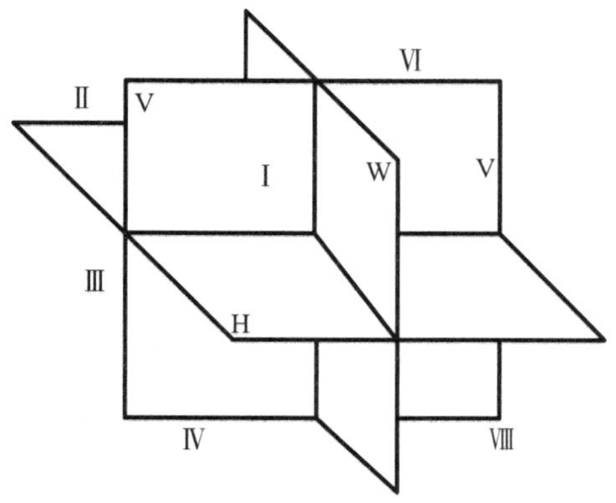

图 6-47　八个分角的划分

将机件放在第一分角内进行投射，称为第一角投影法，将机件放在第三分角内进行投射称为第三角投影法。我国采用第一角投影法，而美、英、日等国则采用第三角投影法。为了适应国际间技术交流的需要，现将第三角投影法作一简单介绍。

第一角投影法机件在 V、H、W 三体系中的放置、投射以及投影面的展开、视图配置等大家都已熟悉，如图 6-48 所示。

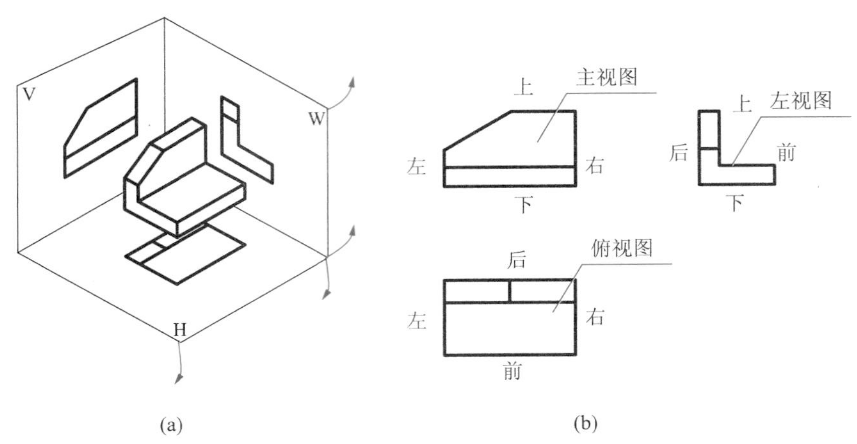

图 6-48　第一角投影法

第三角投影法机件在 V、H、W 三体系中的放置，如图 6-49(a)所示。因机件在投影面之后，所以投射时假定投影面是透明的。采用正投影法，在 V 面上所得视图称为主视图；在 H 面上所得视图称为俯视图；在 W 面上所得视图称为右视图。投影面展开的方法如图 6-49(a)所示。展开后视图的配置如图 6-49(b)所示。

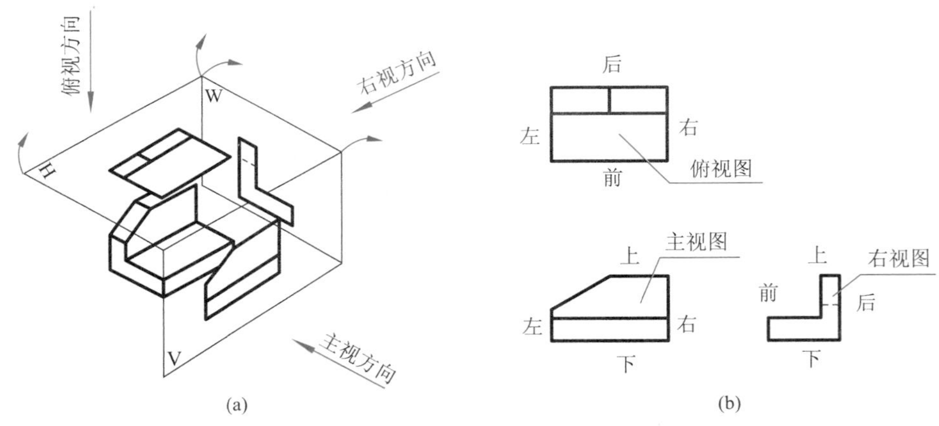

图 6-49　第三角投影法

第一角投影法与第三角投影法的共同特点是：两者都采用正投影法，因此，“三等”投影规律对两者都完全适用。

第一角投影法与第三角投影法的主要区别如下：

1. 观察者、机件、投影面的相互位置有所不同

（1）第一角投影法保持“人— 物 — 面”的相互位置关系。

（2）第三角投影法保持“人— 面 — 物”的相互位置关系。

2. 视图的配置有所不同

由于三个投影面展开摊平时的转动方向不同，故第三角投影法各视图的配置与第一角投影法视图的配置不同。

3. 在视图中反映前后关系有所不同

第三角投影法的三视图中，俯视图和右视图靠近主视图的一边是机件的前面，远离主视图的一边是机件的后面。这与第一角投影法中，俯、左视图相对于主视图的方位，恰好相反。

采用第三角画法时，必须在图样中画出第三角投影的识别符号，如图 6-50 所示。

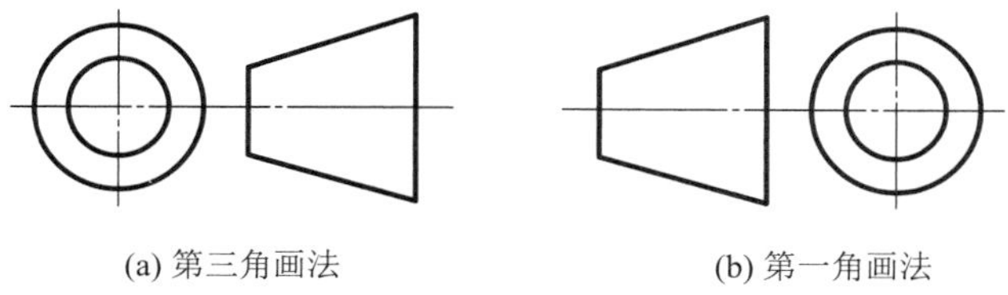

(a) 第三角画法　　(b) 第一角画法

图 6-50　第三角和第一角投影的识别符号

第7章

常用标准件和齿轮、弹簧的表示法

教学提示

本章主要介绍常用标准件和齿轮、弹簧的表示法，为学习零件图和装配图奠定基础。

通过本章学习，学生应熟悉螺纹的基本知识，掌握螺纹的规定画法和螺栓联接的简化画法；了解螺柱、螺钉联接的简化画法；熟悉直齿圆柱齿轮及其啮合画法；了解普通平键联结、销联接、滚动轴承、弹簧的表示法，基本具备查阅相关标准的能力。

在机械设备及仪器仪表中，除一般零件外，还广泛使用螺栓、螺母、螺钉、垫圈、键、销、滚动轴承等零部件。为了批量生产和使用方便，国家标准对它们的结构、尺寸、画法和技术要求等作了统一规定，实行了标准化与系列化，故称它们为标准件。

另外，常用的非标准件如齿轮和弹簧，在机器和仪器中应用非常广泛，若按其真实投影绘制非常麻烦，为此国家标准对它们规定了特殊表示法。本章主要介绍常用标准件和齿轮、弹簧的表示法及标注方法。

7.1 螺纹和螺纹紧固件表示法

螺纹是指在圆柱或圆锥表面上，沿着螺旋线所形成的具有相同剖面的连续凸起和凹槽。螺纹是零件上常见的一种结构。

螺纹分为外螺纹和内螺纹两种，成对使用。在圆柱或圆锥外表面上加工的螺纹称为外螺纹，在圆柱或圆锥内表面上加工的螺纹称为内螺纹。

螺纹的加工方法很多，常用的是在车床上车削内、外螺纹，如图 7-1(a)所示。也可用板牙和丝锥等工具加工螺纹，如图 7-1(b)、(c)所示。

(a) 车削加工

(b) 扳牙套螺纹

(c) 丝锥攻螺纹

图 7-1 螺纹的加工方法

7.1.1 螺纹的基本知识

1. 螺纹的要素

(1) 牙型。在通过螺纹轴线的剖面上，螺纹的轮廓形状称为牙型，如图 7-2 所示。常见的牙型有三角形、梯形、锯齿形等，详见表 7-1。

(2) 直径。直径有大径（d、D）、中径（d_2、D_2）和小径（d_1、D_1）之分，如图 7-2 所示。其中外螺纹大径 d 和内螺纹小径 D_1 又称为顶径。

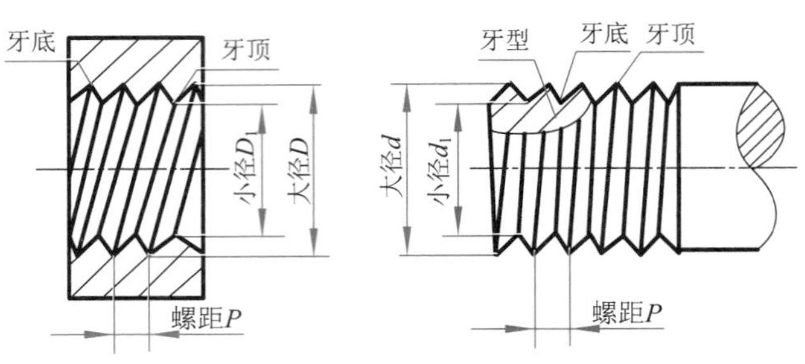

图 7-2　螺纹的直径

表 7-1　螺纹牙型的特征代号和放大图

螺纹种类及牙型符号		外形图	内外螺纹旋合后牙型放大图	功　用
联接螺纹	粗牙普通螺纹 M			是最常用的联接螺纹，细牙螺纹的螺距较粗牙为小，切深较浅，用于细小的精密零件或薄壁零件上
	细牙普通螺纹 M			
	非螺纹密封的管螺纹 G			用于水管、油管、煤气管等薄壁管子上，是一种螺纹深度较浅的特殊细牙螺纹，仅用于管子的联接
传动螺纹	梯形螺纹 Tr			作传动用，各种机床上的丝杠多采用这种螺纹
	锯齿形螺纹 B			只能传递单向动力，例如螺旋压力机的传动丝杠就采用这种螺纹

大径是指与外螺纹牙顶或内螺纹牙底相切的假想圆柱或圆锥的直径。

小径是指与外螺纹牙底或内螺纹牙顶相切的假想圆柱或圆锥的直径。

中径是指一个假想圆柱或圆锥的直径，该圆柱或圆锥的母线通过牙型上凸起和凹槽宽度相等的地方。

公称直径是指普通螺纹大径的基本尺寸，代表螺纹尺寸的直径。

(3) 线数。螺纹有单线与多线之分。沿一条螺旋线所形成的螺纹，称为单线螺纹；沿两条或两条以上螺旋线所形成的螺纹，称为多线螺纹。线数的代号用 n 表示。

(4) 螺距和导程。螺距（P）是指相邻两牙在中径线上对应两点间的轴向距离；导程（S）是指同一条螺旋线上的相邻两牙在中径线上对应两点间的轴向距离。

螺距、导程、线数之间的关系为：$P=s/n$，对于单线螺纹，$P=s$。如图 7-3 所示。

(5) 旋向。内、外螺纹旋合时的旋转方向称为旋向。螺纹的旋向有左、右之分。顺时针旋入的螺纹称为右旋螺纹；逆时针旋入的螺纹称为左旋螺纹。

旋向判断方法：将外螺纹轴线垂直放置，螺纹的可见部分是右高左低者为右旋螺纹；左高右低者为左旋螺纹，如图 7-3 所示。

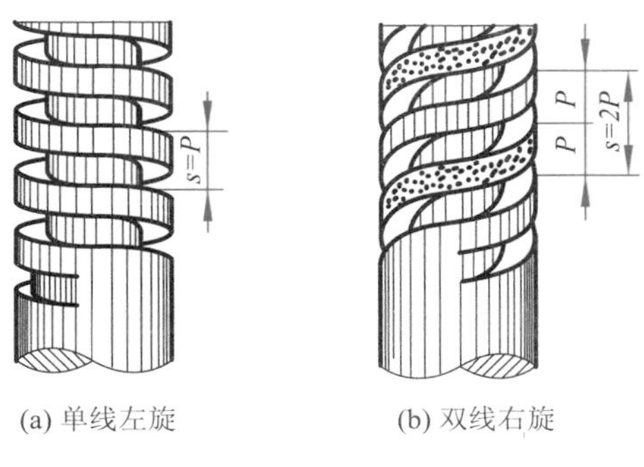

图 7-3　线数、螺距和导程

对于螺纹来说，只有牙型、直径、螺距、线数和旋向五要素都相同的内、外螺纹才能旋合在一起。

2. 螺纹的种类

在螺纹的诸多要素中，牙型、直径和螺距是决定螺纹结构规格的最基本的要素，称为螺纹三要素。凡螺纹三要素符合国标规定的称为标准螺纹；牙型不符合标准的，称为非标准螺纹；仅牙型符合标准的螺纹，称为特殊螺纹。表 7-1 所列的均为常用标准螺纹。

螺纹按用途不同，还可分为四种类型：

(1) 紧固螺纹。如粗牙普通螺纹和细牙普通螺纹。

(2) 管用螺纹。如用螺纹密封的管螺纹、非螺纹密封的管螺纹。

(3) 传动螺纹。用于传递运动和动力的螺纹，常用有梯形螺纹、锯齿形螺纹和矩形螺纹。

(4) 专用螺纹。如气瓶螺纹、灯泡螺纹、自行车螺纹等。

7.1.2 螺纹的规定画法

根据国家标准（GB/T 4459.1—1995）的规定，在图样上绘制螺纹时按规定画法作图，而不必画出真实投影。

1. 外螺纹的规定画法（图 7-4）

(1) 在投影为矩形的视图中，外螺纹的牙顶线（大径）用粗实线表示，牙底线（小径）用细实线表示（通常按牙顶线投影的 0.85 倍绘制），并画入倒角部分，如图 7-4 (a)所示。

(2) 在投影为圆的视图中，表示牙底圆的细实线只画 3/4 圈，倒角圆省略不画。

(3) 螺纹终止线用粗实线表示，剖面线必须画到粗实线处，如图 7-4 (b)所示。

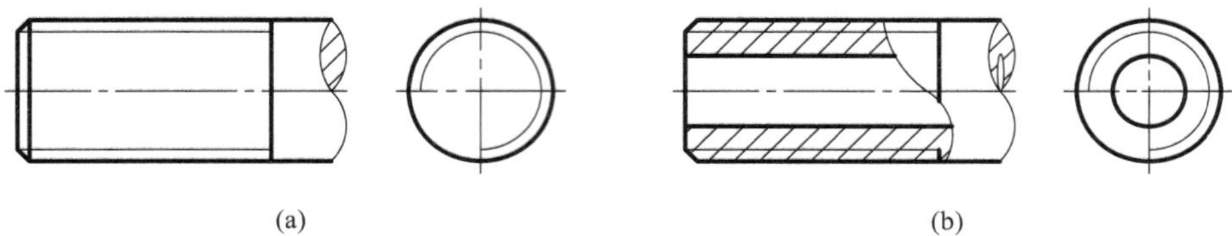

(a) (b)

图 7-4 外螺纹的规定画法

2. 内螺纹的规定画法（图 7-5）

(1) 在投影为矩形的剖视图中，内螺纹的牙顶线（小径）和螺纹终止线用粗实线表示，牙底线（大径）用细实线表示，剖面线必须画到粗实线处，如图 7-5(a)所示。

(2) 在投影为圆的视图中，表示牙底圆的细实线仍画 3/4 圈，倒角圆省略不画。

(3) 绘制不穿通的螺孔时，一般应将钻孔深度与螺纹部分的深度分别画出。

(4) 不可见螺纹的所有图线（除轴线外），均用细虚线绘制，如图 7-5(b)所示。

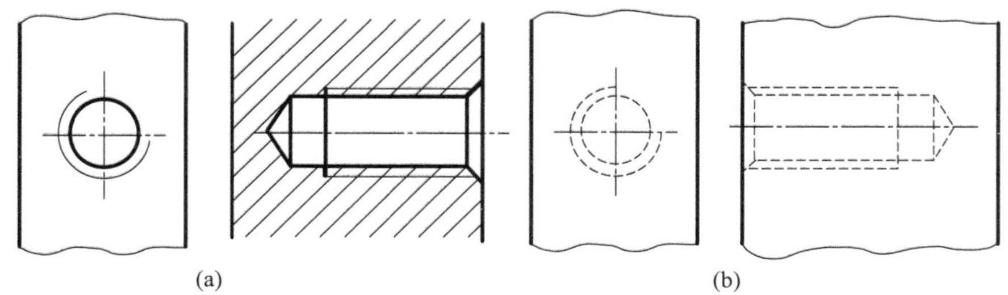

(a) (b)

图 7-5 内螺纹的规定画法

3. 内、外螺纹联接画法（图 7-6）

(1) 在剖视图中，旋合部分按外螺纹的画法绘制，其余部分仍按各自的画法绘制。

(2) 表示内、外螺纹牙顶圆投影的粗实线与牙底圆投影的细实线，应分别对齐。

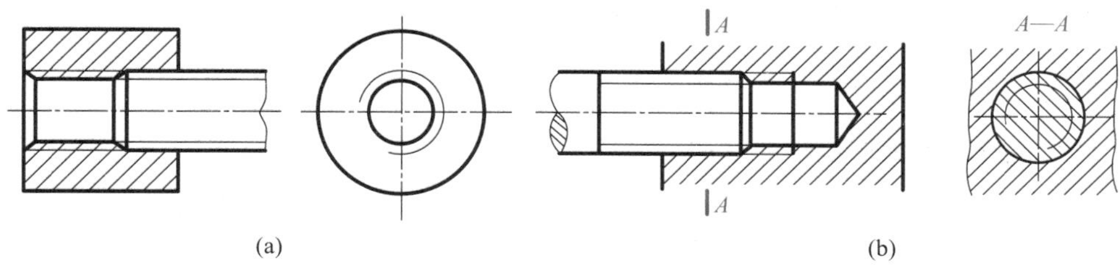

(a) (b)

图 7-6 内、外螺纹联接画法

7.1.3 螺纹的标记和标注方法

螺纹采用了规定画法后，图样上反映不出牙型、螺距、线数、旋向等要素。因此，国家标准规定标准螺纹用规定的标记标注，并注在螺纹的公称直径上。完整的螺纹标记由螺纹特征、尺寸代号、公差代号及其他所需信息组成。

1. 普通螺纹的标记

普通螺纹即三角形螺纹，特征代号为 M，具体的标记项目及格式如下：

[螺纹特征代号] [公称直径（大径）]×[螺距] [公差带代号]－[旋合长度代号]－[旋向代号]

标注时注意以下几点：

（1）普通螺纹的螺距有粗牙和细牙两种，粗牙不标注螺距；细牙螺纹必须标注螺距。

（2）左旋螺纹以“LH”表示，右旋螺纹不标注旋向。

（3）公差带代号由中径公差带和顶径公差带（对外螺纹指大径公差带、对内螺纹指小径公差带）组成。大写字母代表内螺纹，小写字母代表外螺纹。如果中径和顶径公差带相同，则只标注一个代号。表示内外螺纹旋合时，内螺纹公差带代号在前，外螺纹公差带代号在后，中间用斜线分开。

（4）旋合长度分为短（S）、中等（N）、长（L）三种。一般采用中等旋合长度，其代号 N 可省略不注。

【例 7.1】 解释“M20－5g6g－S”的含义。

表示粗牙普通外螺纹，大径为 20mm（螺距为 2.5mm），中径公差带代号为 5g，大径公差带代号为 6g，短旋合长度，右旋。

【例 7.2】 解释“M20×2－6H －LH”的含义。

表示细牙普通内螺纹，大径 20mm，螺距 2mm，中径和小径公差带代号均为 6H，中等旋合长度，左旋。

2. 梯形和锯齿形螺纹的标记

梯形螺纹特征代号用“Tr”表示，锯齿形螺纹特征代号用“B”表示。其螺纹公差带表示中径公差带。单线梯形、锯齿形螺纹的标记格式如下：

螺纹特征代号 公称直径×螺距 旋向－中径公差带代号－旋合长度代号

多线梯形、锯齿形螺纹的标记格式如下：

螺纹特征代号 公称直径×导程（P螺距） 旋向－中径公差带代号－旋合长度代号

梯形、锯齿形螺纹的旋合长度分为中等（N）、长（L）两种。一般采用中等旋合长度，其代号N可省略不注。

【例7.3】 解释“Tr40×14（P7）LH”的含义。

表示梯形双线螺纹，大径为40mm，螺距为7mm，左旋，中等旋合长度。

3. 管螺纹的标记

管螺纹按其性能分为55°非密封管螺纹和55°密封管螺纹两种。

（1）55°非密封管螺纹的标记格式：

螺纹特征代号 尺寸代号 公差等级代号－旋向代号

螺纹特征代号用G表示。尺寸代号用1/2，3/4，1，1½…表示。

对外螺纹，公差等级代号分A、B两级标记；因为内螺纹公差带只有一种，所以不加标记。

（2）55°密封管螺纹的标记：

螺纹特征代号 尺寸代号－旋向代号

螺纹特征代号：R_c表示圆锥内螺纹，R_p表示圆柱内螺纹，R_1表示与圆柱内螺纹相配合的圆锥外螺纹，R_2表示与圆锥内螺纹相配合的圆锥外螺纹。尺寸代号用1/2，3/4，1，1½…表示。

【例7.4】 解释“G3/4A”的含义。

表示55°非密封的圆柱外螺纹，尺寸代号为3/4，公差等级代号为A级，右旋。

【例7.5】 解释“R_p3/4 LH”的含义。

表示55°密封的圆柱内螺纹，尺寸代号为3/4，左旋。

需要注意的是，管螺纹的尺寸代号并非指管子的公称直径（大径），而是指该螺纹所在管子的公称通径。其尺寸值用英寸表示（1″＝25.4mm），管螺纹的大径、小径及螺距等有关尺寸可根据尺寸代号查阅附录确定。

4. 螺纹的标注方法

标准螺纹用规定的标记标注在大径的尺寸线上或大径的引出线上，如图7-7所示。

对于非标准螺纹（如矩形螺纹）应画出牙型，并注出所需要的尺寸及有关的技术要求，如图7-8所示。特殊螺纹在代号之前加注“特”，如“特M36×0.75—7H”。

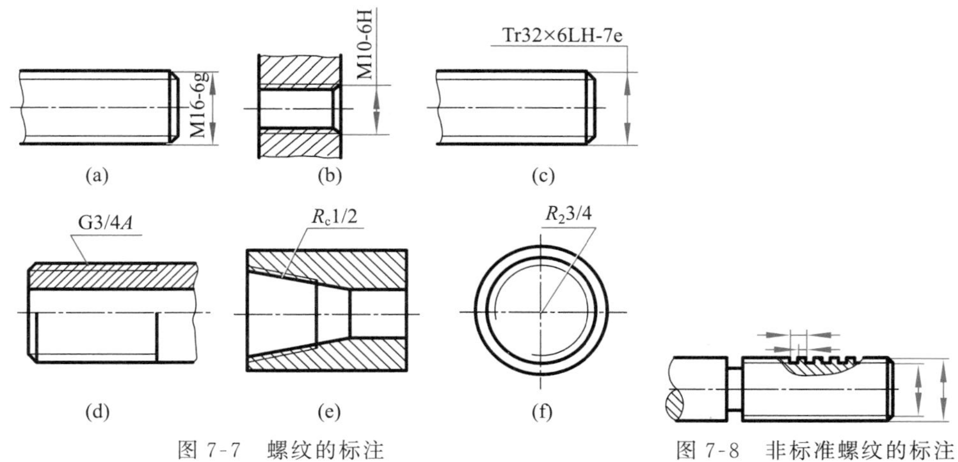

图 7-7　螺纹的标注　　　图 7-8　非标准螺纹的标注

7.1.4　螺纹紧固件表示法

螺纹紧固件就是运用一对内、外螺纹的联接作用来联接和紧固一些零部件。它的结构形式和类型很多，可根据需要在有关标准中查出其结构与尺寸。常用螺纹紧固件有螺栓、螺柱、螺钉、螺母、垫圈等，如图 7-9 所示。

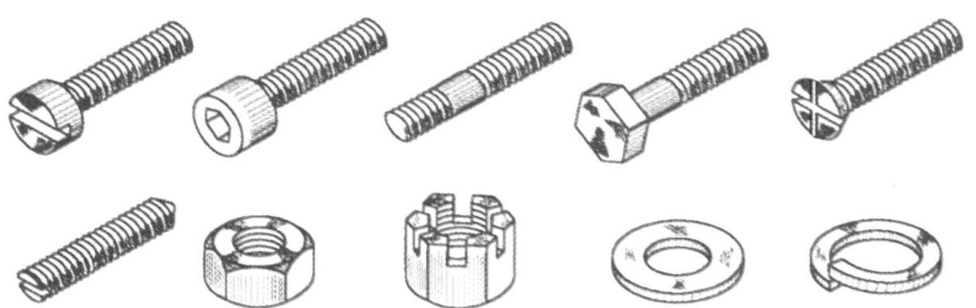

图 7-9　常用的螺纹紧固件

1. 螺纹紧固件的规定标记及画法

螺纹紧固件的结构、尺寸均已标准化，并由有关专业工厂大量生产。对符合标准的螺纹紧固件，不需要画零件图，根据规定标记，就能在相应的标准中查出有关的尺寸。常用螺纹紧固件的视图、规定标记和比例画法，如表 7-2 所示。

2. 螺纹紧固件联接画法的基本规定

螺纹紧固件的联接可分为螺栓联接、螺柱联接和螺钉联接三种。

画联接图时应符合下列基本规定：

(1) 两零件接触面处只画一条线，凡不接触的表面，不论间隙多小都必须画两条线。

(2) 在剖视图中，两相邻零件的剖面线方向应相反或间隔不同。而同一个零件在各剖视图中，剖面线的方向和间隔应相同。

表 7-2　常用螺纹紧固件的规定标记比例画法

名称及视图	规定标记及示例	比例画法
六角头螺栓 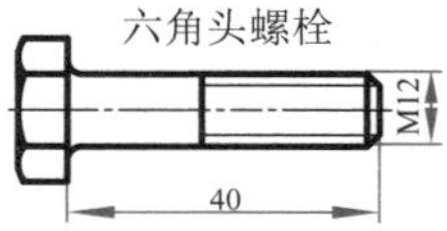	螺栓 GB/T5782 M12×40	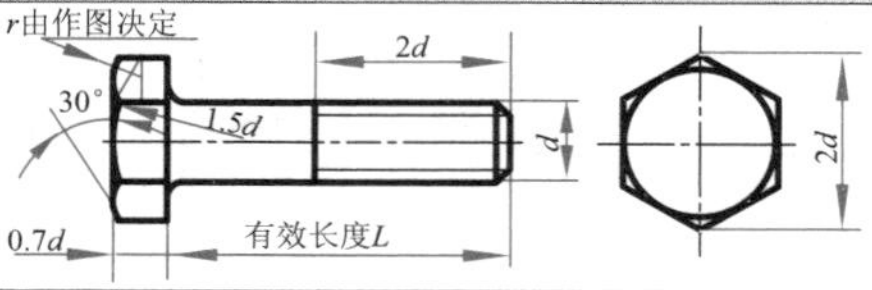
螺柱 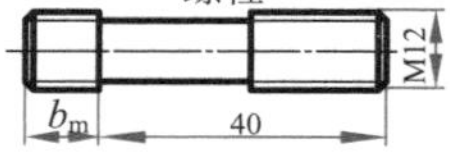	螺柱 GB/T899 M12×40	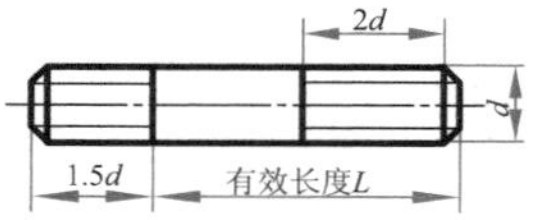
开槽盘头螺钉 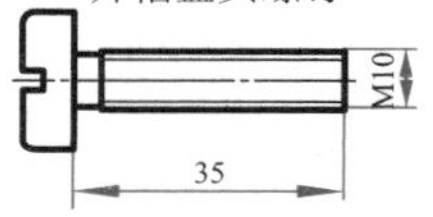	螺钉 GB/T67 M10×35	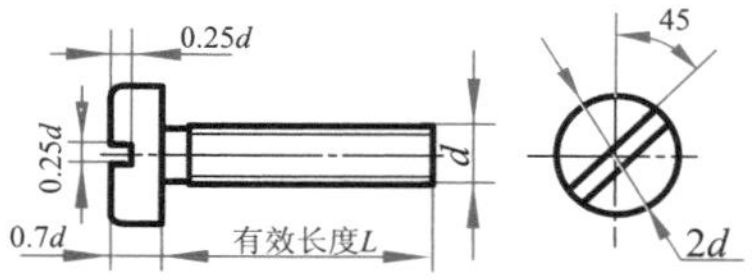
开槽沉头螺钉 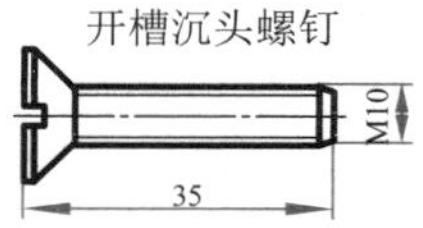	螺钉 GB/T68 M10×35	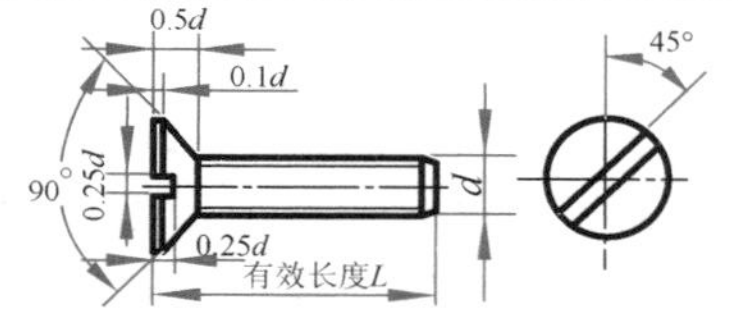
平垫圈 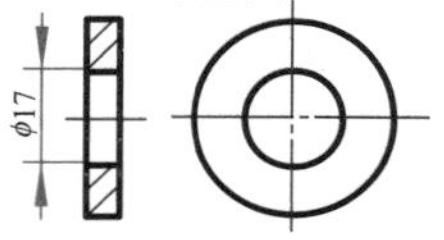	垫圈 GB/T97.1 16	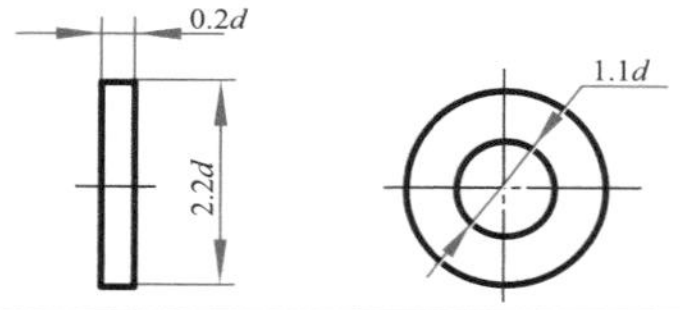
弹簧垫圈 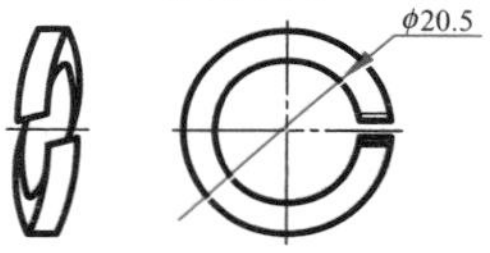	垫圈 GB/T93 20	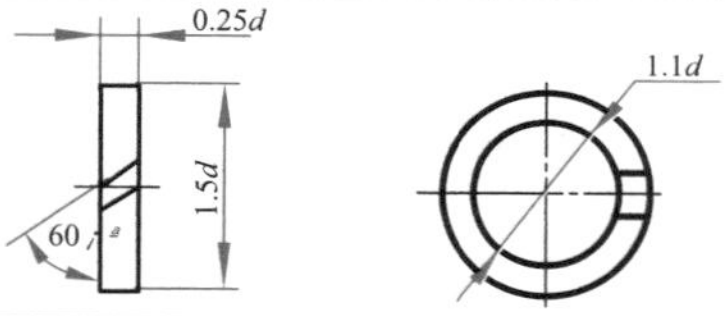
Ⅰ型六角螺母 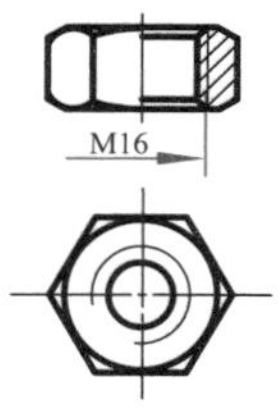	螺母 GB/T6170 M16	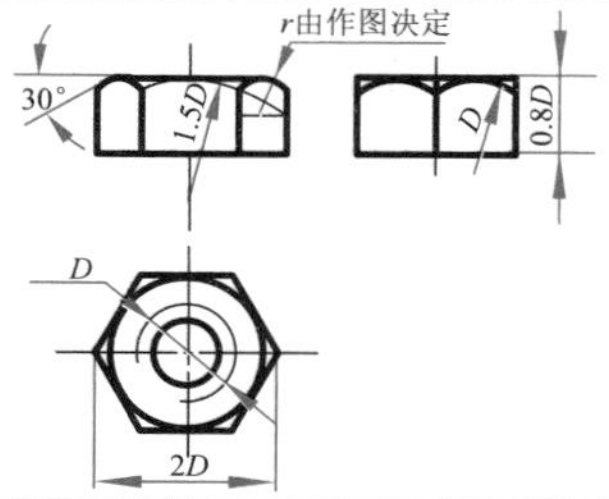

（3）剖切面通过螺栓、螺柱、螺钉、螺母、垫圈等标准件的轴线时，这些零件均按外形画出。需要时可采用局部剖视。

（4）螺纹紧固件还可采用简化画法，其倒角、六角头部曲线等均可省略不画，如图 7-10(c)所示。

联接图中螺栓、螺柱、螺钉的有效长度，分别由下式计算：

① 螺栓：$L \geqslant \delta_1 + \delta_2 + h + m + a$

② 螺柱：$L \geqslant \delta + h + m + a$

③ 螺钉：$L \geqslant \delta + b_m$

其中 δ_1、δ_2 为连接件厚度，h、m 为垫圈、螺母的厚度，a 是伸出端，大约 $0.3 \sim 0.5d$。有效长度 L 计算出后，应在相应标准的长度系列中，查出相接近的标准长度数值 L。

3. 螺栓联接

螺栓联接适用于联接两个较薄零件。联接时将螺栓杆身穿过两个较薄零件上的光孔，套上垫圈，再用螺母拧紧，使两个零件联接在一起，如图 7-10(a)所示。

为了提高画图速度，对联接件的各个尺寸，可不按相应的标准数值画出，而是采用近似比例画法，如图 7-10(b)所示或简化画法，如图 7-10(c)所示。

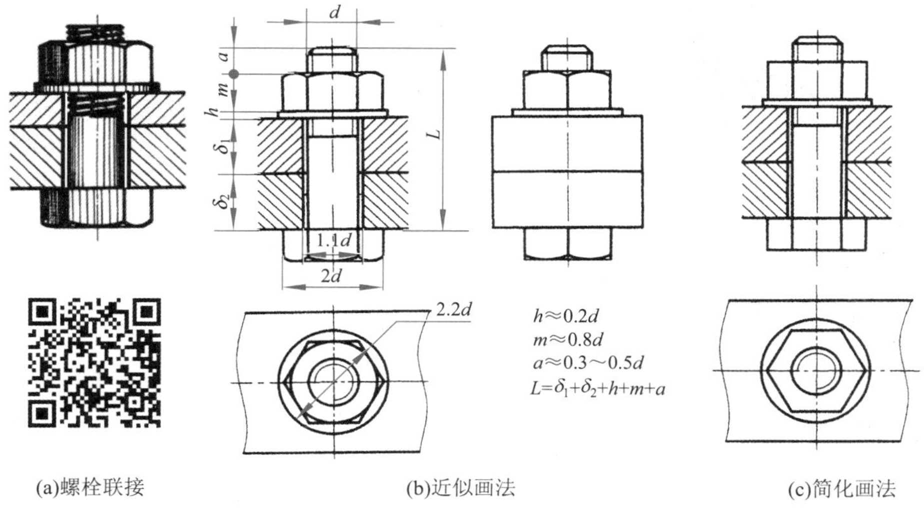

图 7-10　螺栓联接的画法

除螺栓长度 L 需计算并取标准值外，其他各部分的尺寸都与螺纹大径成一定的比例来绘制，具体可参见表 7-2。

4. 螺柱联接

双头螺柱常用于被联接件之一较厚，不便使用螺栓联接的地方。这种联接是将双头螺柱的旋入端旋入到较厚零件的螺孔中，而另一端穿过较薄零件上的通孔，放上垫圈，再拧紧螺母的一种联接方式，如图 7-11(a)所示。

采用近似比例画法画图时，旋入端的螺纹终止线应与螺孔端面平齐，旋合部分按外螺纹的画法绘制，其他部分与螺栓联接画法相同，如图 7-11(b)所示。

双头螺柱的旋入端用 b_m 表示，b_m 的长度与旋入零件的材料有关；对于钢或青铜，$b_m=d$；对于铸铁，$b_m=1.25d\sim1.5d$；对于铅合金，$b_m=2d$。

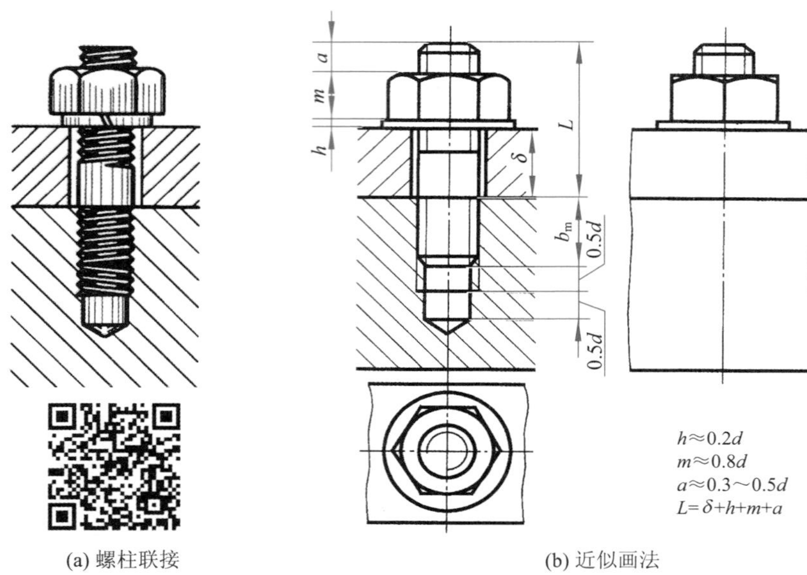

(a) 螺柱联接　　(b) 近似画法

图 7-11　螺柱联接的画法

5. 螺钉联接

螺钉联接不用螺母，这种联接是在较厚的机件上加工出螺孔，而在另一较薄被联接件上加工成通孔，用螺钉穿过通孔拧入螺孔，靠螺钉头部压紧使两个被联接零件联接在一起，从而达到联接与固定两个零件的目的。螺钉按用途可分为联接螺钉和紧定螺钉两种。

（1）联接螺钉。用来联接不经常拆卸且受力较小的零件，如图 7-12 所示。

（2）紧定螺钉。用来固定两个零件，使它们不产生相对运动，如图 7-13 所示。

画螺钉联接图时，应注意以下两点：

① 在投影为圆的视图中，螺钉头部的一字槽应按与水平线成 45°方向画出。

② 螺孔可不画出钻孔深度，仅按螺纹深度画出。

图 7-12　螺钉联接画法

在装配图中，螺栓联接和双头螺柱联接提倡采用简化画法，将螺杆端部倒角、螺母、螺栓头部因倒角而产生的截交线等均省略不画，螺孔中钻孔深度也可省略不画。

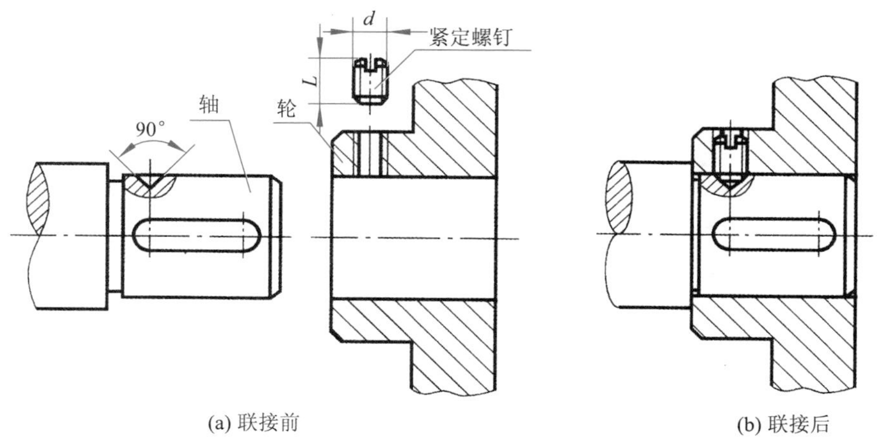

(a) 联接前　　(b) 联接后

图 7-13　紧定螺钉联接的画法

7.2　齿轮表示法

齿轮是机械传动中应用最广泛的一种传动零件，其作用是传递动力，改变转动速度和旋转方向。常用齿轮及其传动方式主要有以下三种：

（1）圆柱齿轮。用于两平行轴间的传动，如图 7-14(a)所示。

（2）圆锥齿轮。用于两相交轴间的传动，如图 7-14(b)所示。

（3）蜗轮蜗杆。用于两交叉轴间的传动，如图 7-14(c)所示。

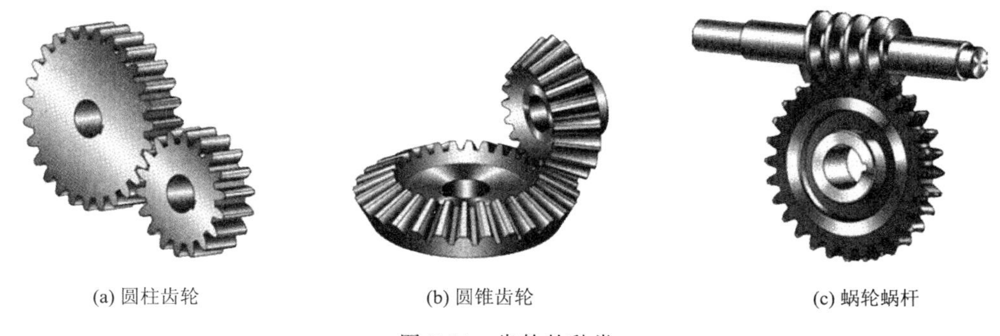

(a) 圆柱齿轮　　(b) 圆锥齿轮　　(c) 蜗轮蜗杆

图 7-14　齿轮的种类

齿轮上的齿称为轮齿，圆柱齿轮的轮齿分为直齿、斜齿和人字齿三种，如图 7-15 所示。

本节着重介绍标准直齿圆柱齿轮的尺寸关系和规定画法。

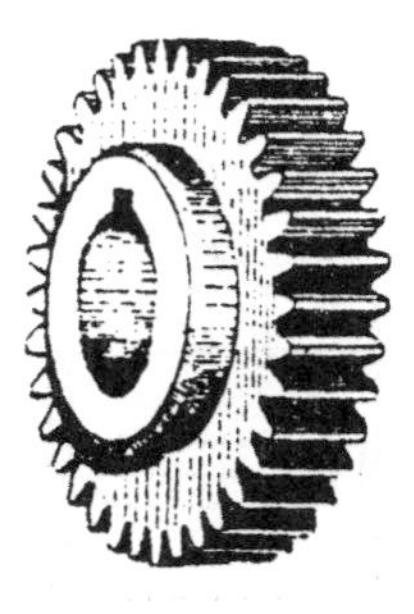

(a) 直齿齿轮

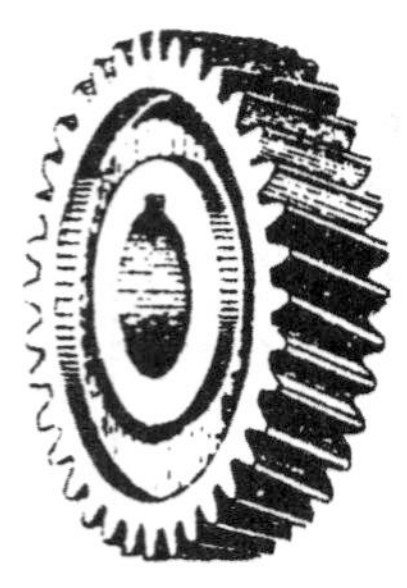

(b) 斜齿齿轮

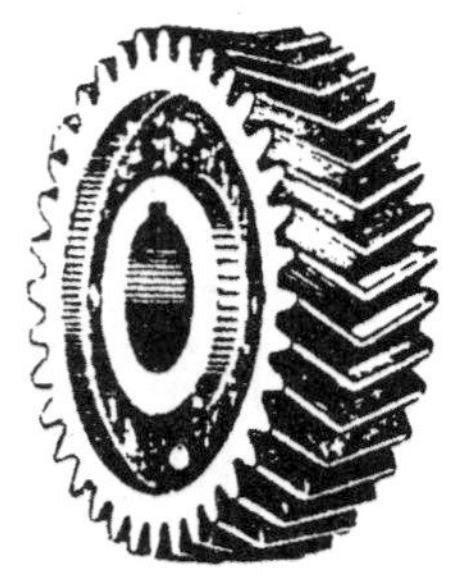

(c) 人字齿轮

图 7-15　圆柱齿轮的轮齿

7.2.1　直齿圆柱齿轮的各部分名称和尺寸关系

1. 齿轮各部分名称（图 7-16）

（1）齿顶圆（d_a）。通过轮齿顶部的圆。

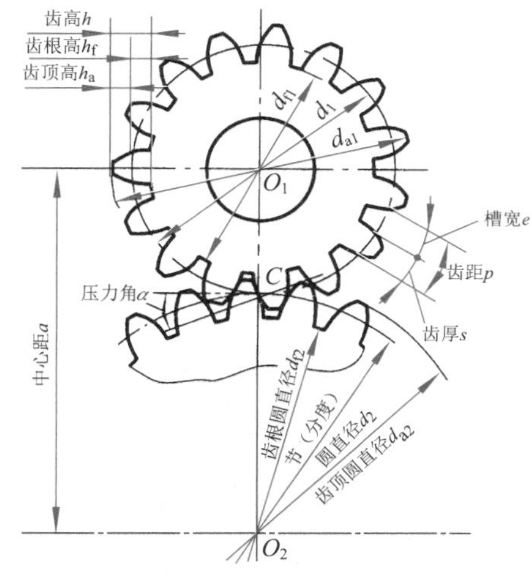

图 7-16　齿轮的各部分名称及代号

（2）齿根圆（d_f）。通过轮齿根部的圆。

（3）分度圆（d）。齿轮设计和加工时计算尺寸的基准圆。对于标准齿轮，位于齿厚和齿间相等时所在位置的圆。

（4）齿顶高（h_a）。分度圆到齿顶圆间的径向距离，如图 7-16 所示。

（5）齿根高（h_f）。分度圆到齿根圆间的径向距离。

（6）齿高（h）。齿顶圆到齿根圆间的径向距离，如图 7-16 所示。即

$$h = h_a + h_f$$

（7）齿厚（s）。分度圆周上一个轮齿的弧长。

（8）槽宽（e）。分度圆周上一个齿槽的弧长。

（9）齿距（p）。分度圆周上相邻两轮齿对应点间的弧长。对于标准齿轮，齿厚与槽宽相等。即

$$s = e = \frac{1}{2}p$$

（10）中心距(a)。两圆柱齿轮轴线间的距离。

2. 直齿圆柱齿轮的基本参数

（1）齿数（z）。一个齿轮的轮齿总数。

（2）模数（m）。齿轮上有多少齿，在分度圆周上就有多少齿距。由分度圆周长$=\pi d=zp$，得分度圆直径 $d=(p/\pi)z$。

比值（p/π）称为齿轮的模数，用符号 m 表示，尺寸单位为毫米（mm），即

$$m=p/\pi$$

由此得出

$$d=mz$$

模数是齿轮设计、制造的一个重要参数。模数愈大，轮齿各部分尺寸也随之成比例增大，因而齿轮的承载能力也增大。为了设计和制造方便，模数已经标准化，其标准数值见表 7-3。

表 7-3 标准模数系列（GB/T 1357—2008） （单位：mm）

第一系列	1，1.25，1.5，2，2.5，3，4，5，6，8，10，12，16，20，25，32，40，50
第二系列	1.75，2.25，2.75，(3.25)，3.5，(3.75)，4.5，5.5，(6.5)，7，9，(11)，14，18，22

注：优先选用第一系列模数，其次选用第二系列，括号内的数值尽可能不用。

（3）压力角（齿形角）。两啮合轮齿的齿廓在接触点 C 处的公法线（力的传递方向）与两分度圆的公切线的夹角，称为压力角，用 α 表示，如图 7-16 所示。我国标准齿轮的压力角为 20°。

只有模数和压力角都相同的齿轮，才能互相啮合。

3. 标准直齿圆柱齿轮的计算公式

齿轮的模数确定后，可计算出轮齿各部分的基本尺寸，详见表 7-4。

表 7-4 标准直齿圆柱齿轮各部分尺寸关系

基本参数：模数 m 齿数 z					
名称	代号	计算公式	名称	代号	计算公式
分度圆直径	d	$d=mz$	齿高	h	$h=h_a+h_f=2.25m$
齿顶圆直径	d_a	$d_a=d+2h_a=m(z+2)$	齿距	p	$p=\pi m$
齿根圆直径	d_f	$d_f=d-2h_f=m(z-2.5)$	齿厚	s	$s=p/2$
齿顶高	h_a	$h_a=m$	中心距	a	$a=(d_1+d_2)/2=m(z_1+z_2)/2$
齿根高	h_f	$h_f=1.25m$			

7.2.2 直齿圆柱齿轮的规定画法

1. 单个齿轮的规定画法

（1）齿顶圆与齿顶线用粗实线绘制，如图 7-17 所示。

（2）分度圆与分度线用细点画线绘制。

（3）齿根圆与齿根线用细实线绘制，也可省略不画。

（4）剖视图中，当剖切面通过齿轮轴线时，轮齿一律按不剖处理，齿根线用粗实线绘制。

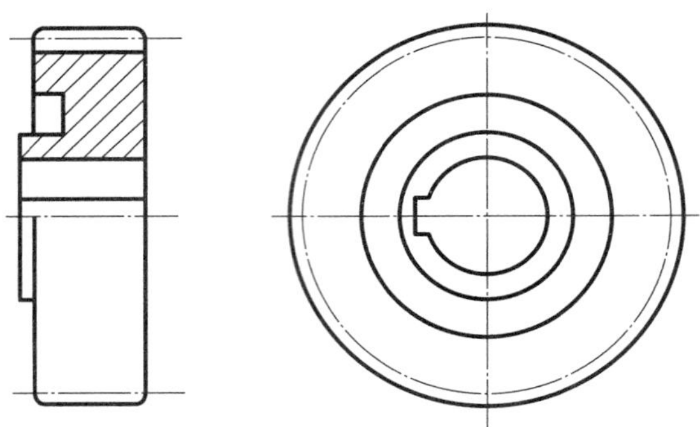

图 7-17　单个齿轮的规定画法

2. 齿轮啮合时的规定画法

两标准齿轮相互啮合时，分度圆处于相切的位置。啮合部分的画法如下：

（1）在投影为圆的视图中，两齿轮分度圆应相切，齿顶圆与齿根圆的画法有两种：

① 啮合区内的齿顶圆画粗实线，齿根圆可省略不画，如图 7-18(b)所示。

② 啮合区内的齿顶圆省略不画，此时齿根圆也省略，如图 7-18(c)所示。

（2）在投影为非圆的剖视图中，两齿轮啮合部分的分度线重合，用细点画线绘制；在啮合区内，将一个轮齿用粗实线绘制，另一个轮齿被遮挡的部分（通常为从动轮的齿顶线）用细虚线绘制（也可省略不画），其余部分仍按单个齿轮的规定画法绘制，如图 7-18(a)所示。

（3）若不作剖视，啮合区内的齿顶线或齿根线均不必画出，此时分度线用粗实线绘制，如图 7-18(d)所示。

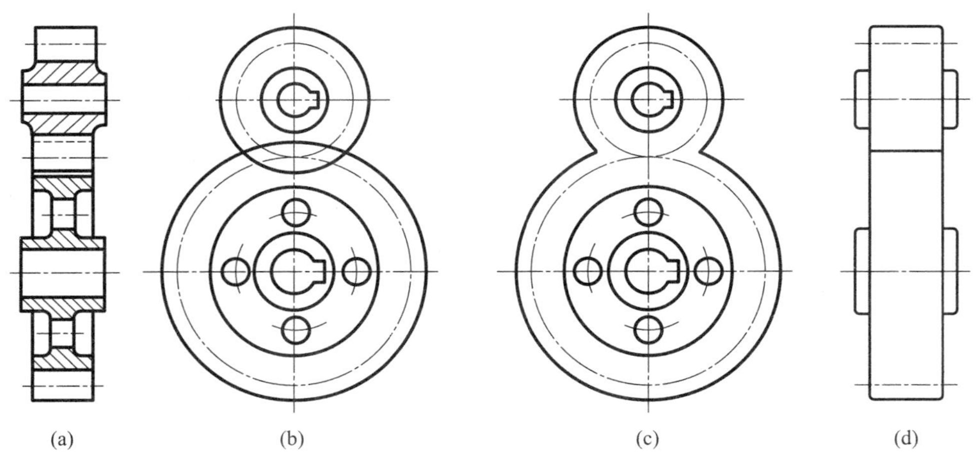

图 7-18　齿轮啮合时的规定画法

画齿轮啮合图时，应注意齿顶与齿根之间有 0.25m 的间隙，如图 7-19 所示。

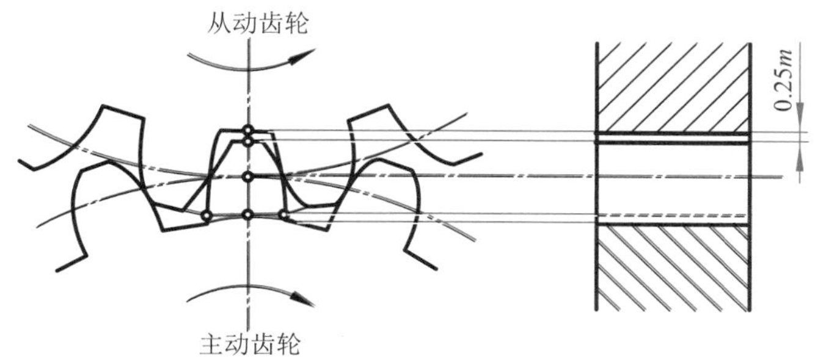

图 7-19　啮合区的画法

7.2.3　齿轮零件图

图 7-20 是直齿圆柱齿轮的零件图。画齿轮零件图，不仅要表示出齿轮的形状、尺寸和技术要求，而且要表示出制造齿轮所需要的基本参数。

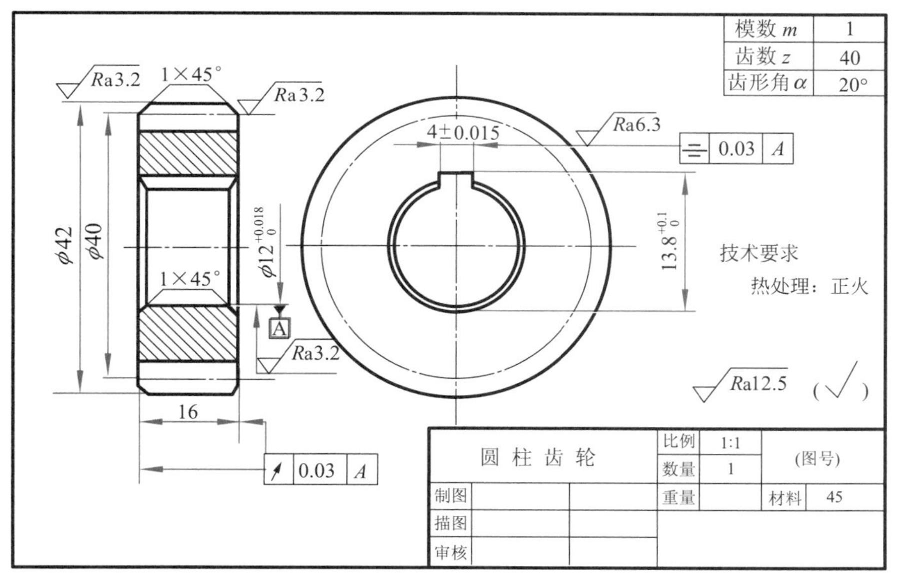

图 7-20　齿轮零件图

7.3　键　与　销

键和销都是标准件，对于它们的结构、形式和尺寸，国家标准都有规定，使用时可查阅有关标准。本节主要介绍键联结和销的画法。

7.3.1 键联结

为了使齿轮、带轮等零件和轴一起转动，通常在轮孔和轴上分别加工出键槽，用键将轮和轴联结起来进行转动，如图 7-21 所示。

键联结有多种型式，常用的有普通平键（A 型）、半圆键（B 型）、钩头楔键（C 型），如图 7-22 所示。其中普通平键应用最为广泛。

选择普通平键时，根据轴径 d 从标准中查取键的公称尺寸（$b \times h$），然后按轮毂宽度 B 选定键长 L 的标准值。键和键槽的型式和尺寸，参见附录。

键的标记格式为：标准编号　名称　型式　键宽×键高×键长

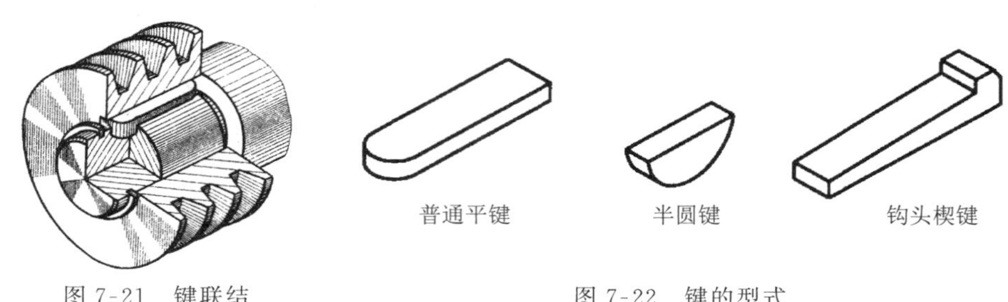

图 7-21　键联结　　图 7-22　键的型式

【例 7.6】 键宽 b=16 mm，键高 h=10 mm，键长 L=100 mm，A 型圆头普通平键，其标记为：

GB/T 1096—2003　键　16×10×100（A 型普通平键省略 A）

轴上键槽和轮毂上键槽的画法及尺寸注法，如图 7-23 所示。

图 7-24 为普通平键联结轴和轮时的装配画法。

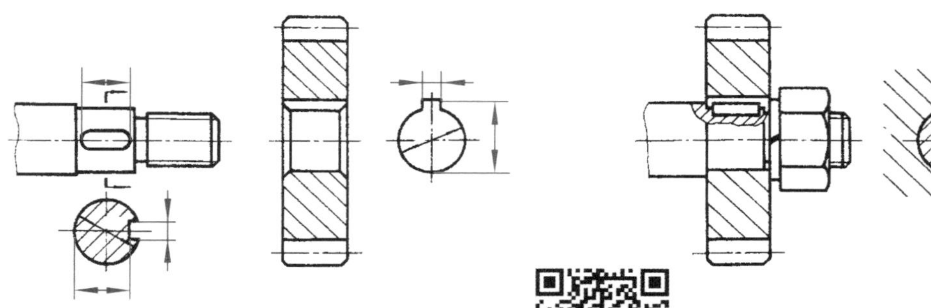

图 7-23　轴、轮上键槽的画法及尺寸注法　　图 7-24　普通平键联结画法

画普通平键联结图时应注意以下几点：

(1) 普通平键的侧面是工作面，在画装配图时，键与键槽的侧面，应画成一条线；键的底面与轴上键槽的底面接触，也应画成一条线。

(2) 键的顶面是非工作面，与轮毂上键槽的顶面不接触，应画成两条线。

(3) 剖切平面沿键的纵向剖切时，键按不剖画出；横向剖切时则要画剖面线。

7.3.2 销

销在机器中主要用于零件间的联接或定位。常用的有圆柱销、圆锥销和开口销等三种，如图 7-25 所示。

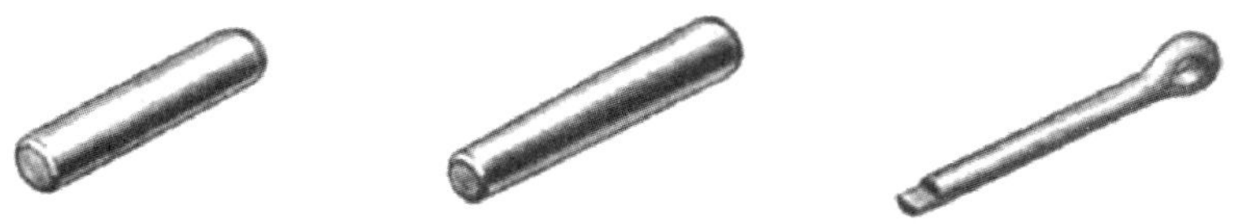

图 7-25　圆柱销、圆锥销和开口销

其规格、尺寸可以从有关标准中查得。销的标记格式为

名称 标准编号 型式 公称直径×长度

【例 7.7】 公称直径 $d=10$ mm，长度 $L=50$ mm，A 型圆柱销，标记为

销　GB/T　119.1—2000　A10×50

注意：圆锥销公称直径是指小端直径。

销的画法如图 7-26 所示。

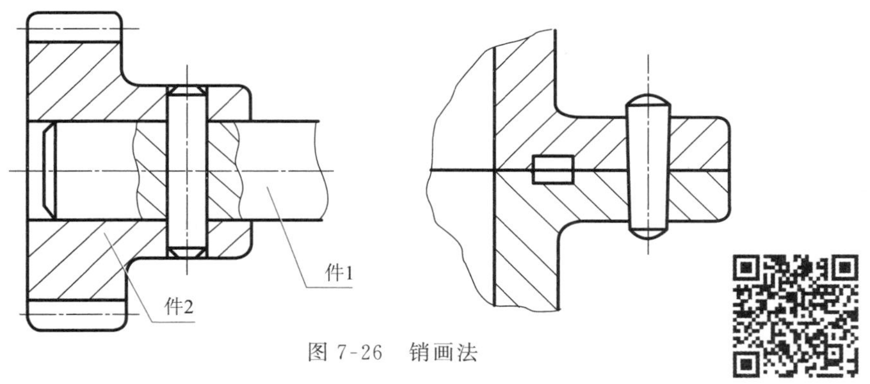

图 7-26　销画法

7.4　滚动轴承表示法

滚动轴承是支承轴并承受轴上载荷的标准部件。由于它具有摩擦阻力小、结构紧凑等优点，因此应用非常广泛。滚动轴承的种类很多，但它们的结构大致相似，一般由内圈、外圈、滚动体和保持架组成，如图 7-27 所示。

7.4.1 滚动轴承的分类和代号

1. 滚动轴承的分类

滚动轴承按受力方向可分为三类：

（1）向心轴承。主要承受径向力，见图 7-27(a)。

（2）向心推力轴承。同时承受径向力与轴向力，见图 7-27(b)。

（3）推力轴承。只能承受轴向力，见图 7-27(c)。

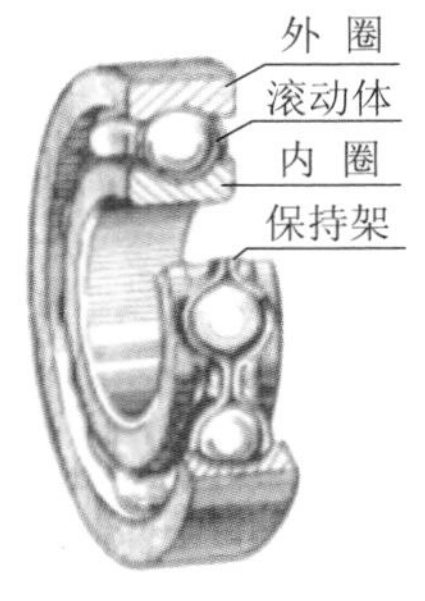

(a) 向心轴承

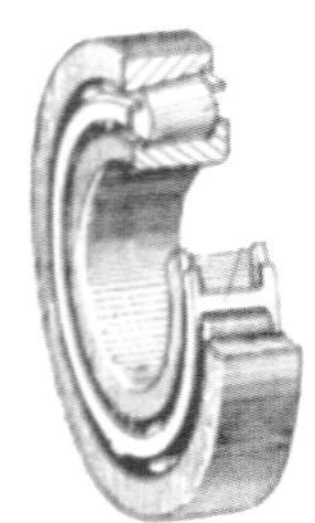
(b) 向心推力轴承

(c) 推力轴承

图 7-27　滚动轴承的类型与结构

2. 滚动轴承的代号

为了使用方便，国家标准规定了滚动轴承的代号，并打印在轴承的端面上，以便识别。在图样上必须按规定注出所用轴承的代号。

轴承代号主要由基本代号组成。基本代号包括轴承类型代号、尺寸系列代号、内径代号三部分。

（1）轴承类型代号。滚动轴承类型代号用数字或字母表示。

（2）尺寸系列代号。尺寸系列代号包括滚动轴承的宽（高）度系列代号和直径系列代号两部分，用两位阿拉伯数字表示。它的主要作用是区别内径相同而宽度和外径不同的滚动轴承。

（3）内径代号。内径代号表示滚动轴承的公称直径，一般用两位阿拉伯数字表示。代号数字为 00、01、02、03 时，分别表示滚动轴承内径 $d=10$mm、12mm、15mm、17mm；代号数字为 04—96 时，代号数字乘以 5，即为滚动轴承内径；滚动轴承内径为 1～9mm 时，用公称内径毫米数直接表示；公称内径为 22mm、28mm、32mm、500mm 或大于 500mm 时，用公称内径毫米数直接表示，但与尺寸系列代号之间用“/”分开。

滚动轴承基本代号的具体规定及含义可查阅相关的国家标准。

滚动轴承基本代号示例：

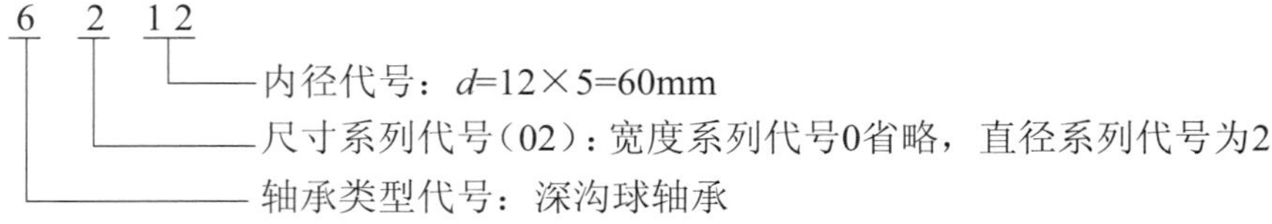

7.4.2　滚动轴承表示法

滚动轴承为标准部件，按国家标准规定，只需在装配图中采用规定画法或简化画

法。常用滚动轴承的型式及画法见表 7-5。

表 7-5　常用滚动轴承的形式与规定画法和特征画法

代　号	结　构	规定画法	特征画法	应　用
深沟球轴承 (GB/T 276－1994) 60000 型				用于承受 径向载荷
推力球轴承 (GB/T301－1995) 51000 型				用于承受 轴向载荷
圆锥滚子轴承 (GB/T 297－1994) 30000 型				同时承受径向 和轴向载荷

在装配图中需要详细地表示滚动轴承主要结构时，可采用规定画法；在装配图中只需简单地表达滚动轴承的主要结构时，可采用简化画法。

画滚动轴承时，先根据轴承代号由国家标准查出滚动轴承外径的 D、内径 d 及宽度 B 等尺寸，然后按规定画法或简化画法（通用画法、特征画法）画出。

7.5　弹簧表示法

弹簧属于常用的非标准件，在机械工程中应用非常广泛，主要用于减震、加紧、复位和调节等方面。弹簧种类繁多，常见的有螺旋弹簧、板弹簧和涡卷弹簧等，如图 7-28所示。

本节重点介绍圆柱螺旋压缩弹簧的有关知识及规定画法。

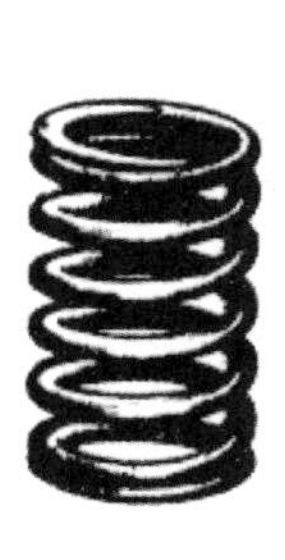
(a) 压缩弹簧

(b) 拉伸弹簧

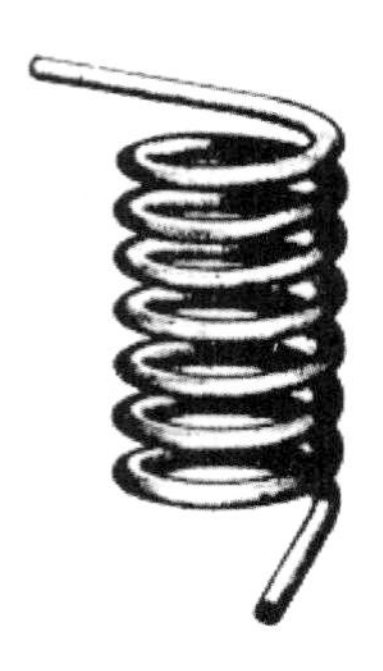
(c) 扭转弹簧

(d) 涡卷弹簧

图 7-28　常见的弹簧类型

7.5.1　圆柱螺旋压缩弹簧的各部分名称及尺寸关系

（1）簧丝内径 d——弹簧丝的直径，如图 7-29 所示。

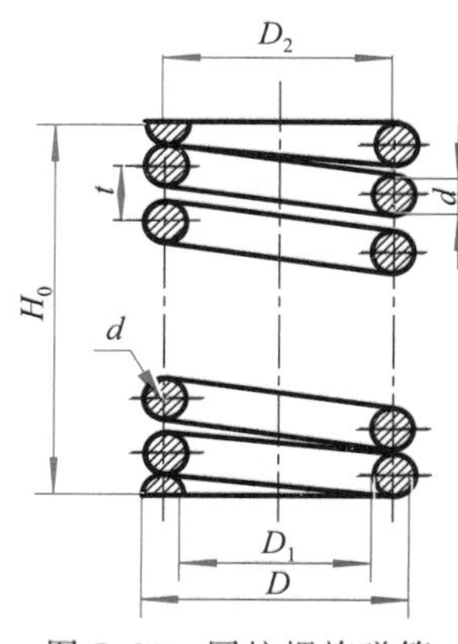

图 7-29　圆柱螺旋弹簧各部分名称

（2）弹簧外径 D——弹簧最大直径。

（3）弹簧内径 D_1——弹簧最小直径。

（4）弹簧中径 D_2——弹簧的平均直径。且 $D_2=(D_1+D)/2=D_1+d=D-d$。

（5）节距 t—除两端支承圈外，弹簧上相邻两圈对应两点之间的轴向距离，如图 7-29 所示。

（6）有效圈数 n——弹簧能保持相同节距的圈数。

支撑圈数 n_z——为使弹簧工作平稳，将弹簧两端压紧磨平的圈数。支撑圈仅起支撑作用，常见的有 1.5 圈、2 圈和 2.5 圈，以 2.5 圈的居多。

弹簧总圈数 n_1——弹簧的有效圈数与支撑圈数之和：

$$n_1=n+n_z$$

（7）自由高度 H_0——弹簧未受载荷时的高度：

$$H_0=nt+(n_z-0.5)d$$

（8）展开长度 L——制造弹簧所需簧丝的长度：

$$L\approx n_1\sqrt{(\pi D_2)^2+t^2}$$

7.5.2　圆柱螺旋压缩弹簧的规定画法

圆柱螺旋弹簧的画法有视图、剖视图、示意图画法，如图 7-30 所示。

圆柱螺旋弹簧的规定画法：

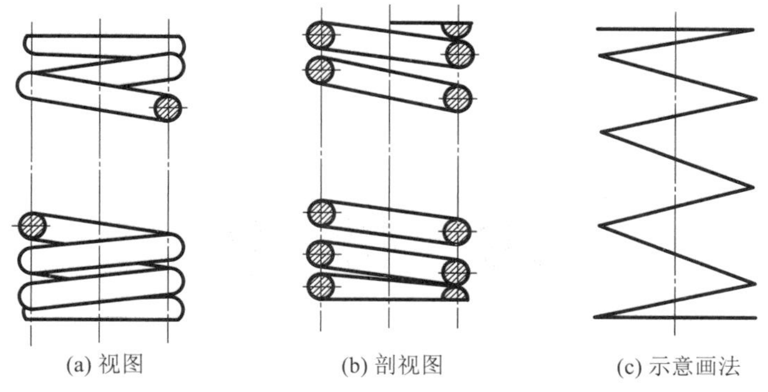

(a) 视图　　(b) 剖视图　　(c) 示意画法

图 7-30　螺旋弹簧的画法

（1）在平行于弹簧轴线的投影面的视图中，各圈的外形轮廓线画成直线。

（2）有效圈数在 4 圈以上的螺旋弹簧，可以只画出其两端的 1～2 圈（支承圈除外），中间可以省略。圆柱螺旋中间部分省略后，允许适当缩短图形长度。

（3）螺旋压缩弹簧，无论支撑圈的圈数多少，均按 2.5 圈绘制。

（4）螺旋弹簧均可画成右旋，但左旋弹簧无论画成左旋或右旋，都要加注“LH”。

7.5.3　装配图中弹簧的画法

（1）被弹簧挡住部分的结构一般不画，可见部分应从弹簧的外径或中径画起，如图 7-31(a)所示。

（2）螺旋弹簧被剖切时，允许只画簧丝断面，且当簧丝直径小于或等于 2mm 时，其断面可涂黑表示，如图 7-31(b)所示。

（3）当簧丝直径小于或等于 2mm 时，也允许采用示意画法，如图 7-31(c)所示。

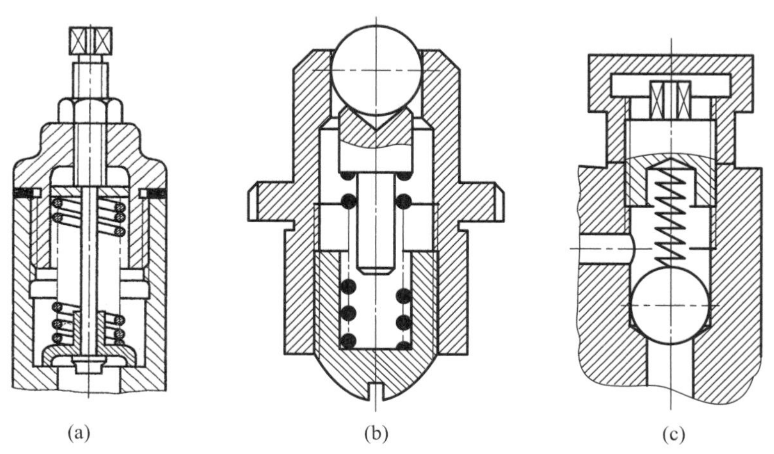

(a)　　(b)　　(c)

图 7-31　弹簧在装配图中的画法

第8章

零 件 图

教学提示

本章主要介绍有关零件图的基本知识。

通过本章学习，掌握典型零件的表达方法和识读零件图的基本方法；了解尺寸基准的概念和零件图尺寸标注的基本要求，初步掌握零件图中的尺寸注法；了解表面粗糙度、极限与配合的概念,会查表并识读零件图中的技术要求；了解零件上常见的工艺结构。

表达单个零件的结构形状、大小及技术要求等信息的图样称为零件图。本章主要介绍绘制和阅读零件图的基本方法，以及设计和制造零件时的一些工艺知识。

8.1 零件图的作用和内容

任何机器或部件都是由若干个相互联系的零件装配而成的。制造机器时，先根据零件图加工出全部零件，再按装配图装配成机器或部件，因此零件图是制造和检验零件的依据，也是生产中重要的技术文件之一。

图 8-1 是轴的零件图，从中可以看出，一张完整的零件图应包括以下内容：

(1) 一组视图。根据零件的结构特点，选择适当的表达方法，正确、完整、清晰地表达零件的内、外结构形状。

(2) 一组尺寸。正确、完整、清晰、合理地标注出制造和检验零件所需的全部尺寸。

(3) 技术要求。用规定的符号、数字或文字说明制造、检验时应达到的各项技术指标，如表面粗糙度、尺寸公差、几何公差、材料及热处理等。

(4) 标题栏。填写零件的名称、材料、绘图比例、图号、日期以及必要的签名等。

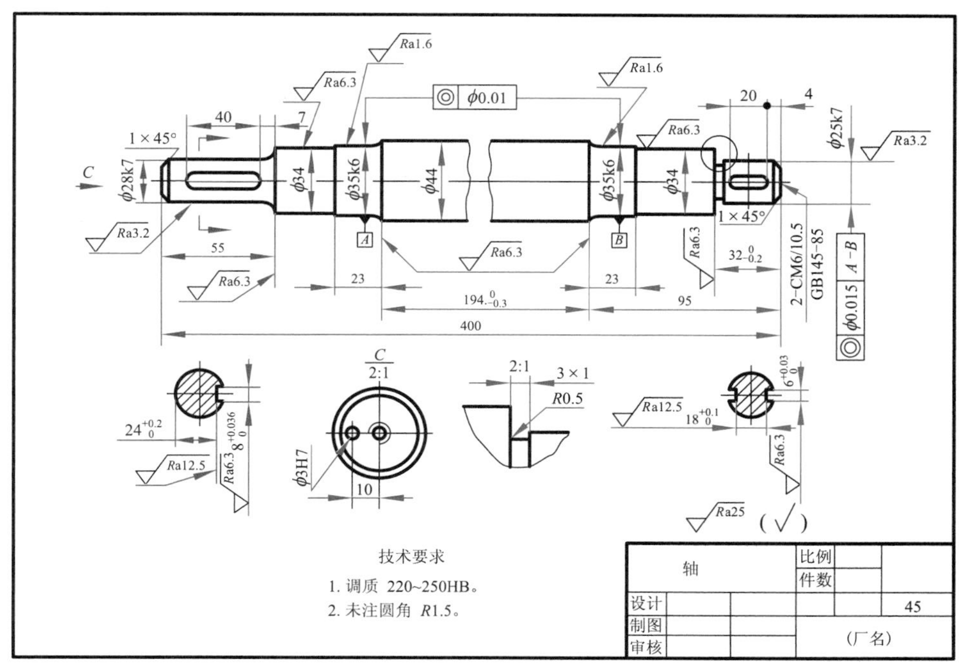

图 8-1 轴的零件图

8.2 零件图的视图选择

零件图的视图选择，就是用适当的视图、剖视、断面等表达方法将零件的内、外结构形状正确、完整、清晰地表达出来，并符合生产要求和便于看图。为了达到这个要求，就要根据零件的结构特点，合理地选择主视图和其他视图。

主视图是一组视图中最主要的视图，主视图选择的好坏，直接影响到画图和看图是否方便。因此，在表达零件时，应该首先确定主视图，然后再确定其他视图。

8.2.1 主视图的选择

选择主视图时，应主要考虑以下两点：

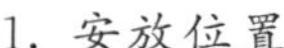

1. 安放位置

安放位置通常是指零件的加工位置（即零件加工时的装夹位置）或工作位置（零件在机器或部件中工作时的位置）。

主视图所表达的零件位置，最好和该零件在加工时的位置一致，这样便于看图加工和测量尺寸；但是有些零件加工比较复杂，需要在各种不同的机床上加工，而加工时的装夹位置又各不相同，这时主视图就应该按零件在机器或部件中的工作位置来考虑。

2. 主视图的投射方向

零件的安放位置确定后，还需确定主视图的投射方向。应选择能够充分反映零件形状特征和各部分之间相对位置关系的方向，作为主视图的投射方向。

8.2.2 其他视图的选择

一般情况下，仅有一个主视图是不能把零件的结构形状表达完整的，因此还需要其他视图补充。选择其他视图的原则是：配合主视图，有针对性地选择适当数量的其他视图，在正确、完整、清晰地表达零件结构形状的前提下，尽量减少视图的数量。

其他视图的选择，可按以下步骤进行：

(1) 应首先分析该零件还有哪些结构形状没有表达完整，再考虑选择必要的基本视图和其他视图。

(2) 根据零件的内部结构，选择适当的剖视和断面。

(3) 对尚未表达清晰的局部或细小结构，采用局部视图或局部放大图来表达。

(4) 对所选择的表达方案进行优化，考虑是否可以简化、省略或取舍一些视图，对总体方案作进一步修改，以达到重点突出、互相配合、互相补充之目的。

8.2.3 典型零件的图例及表达方法

一般机械零件按结构特点大致可分为轴套类、轮盘类、叉架类和箱体类。

下面结合典型例子介绍这几类零件的视图选择及表达方法。

1. 轴套类零件

(1) 形体及结构分析。这类零件主要有轴、套筒和衬套等，通常是由若干段直径不同的圆柱体组成。轴套类零件上常见的结构有键槽、孔、倒角、螺纹以及退刀槽、越程槽等。

(2) 主视图的选择。轴套类零件主要在车床、磨床上加工，加工时其轴线必须水平放置。为了加工时看图方便，主视图应将轴线按水平位置放置，如图 8-1 所示。

(3) 其他视图的选择。对于键槽、孔、退刀槽等结构，在主视图上未表达清楚，可用断面、局部放大图等方法确切表达其形状和标注尺寸。图 8-1 中轴的其他视图，恰当地选择了 C 视图，两个移出断面，一个局部放大图，分别表达左右两端中心孔和销孔的位置、键槽的深度以及越程槽的结构。

轴套类零件一般采用一个基本视图和若干断面、局部放大图等来表达。

2. 盘盖类零件

(1) 形体及结构分析。这类零件主要有齿轮、皮带轮、手轮、法兰盘和端盖（见图 8-2）等，一般形状多为扁平的盘状结构。盘盖类零件上常有沿圆周分布的孔、槽、肋、轮辐等结构。

(2) 主视图的选择。盘盖类零件也主要在车床上加工，因此，主视图仍将轴线按水平位置放置，一般采用全剖视。图 8-3 端盖的主视图投射方向选择 A 向，其轴线按水平位置放置画出的。

(3) 其他视图的选择。盘盖类零件上的孔、槽、肋、轮辐等结构的分布状况，一般采用左视图（或右视图）来表示，如图 8-3 所示。

此外，对于两个基本视图尚未表达清晰的局部或细小结构，可采用局部视图或局部放大图来补充表达。

3. 叉架类零件

(1) 形体及结构分析。叉架类零件主要包括拨叉、连杆、支架等。例如图 8-4 所示的踏脚座，从轴测图中看出该零件由支撑轴的轴孔、固定在其他零件上的安装板，以及起加强、连接作用的连接部分等组成。

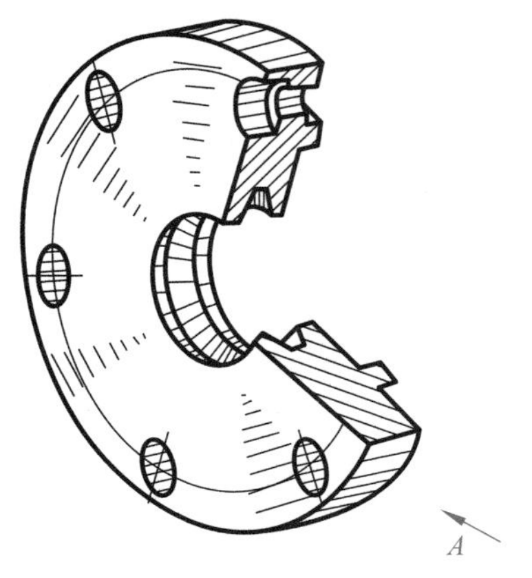

图 8-2 端盖轴测图

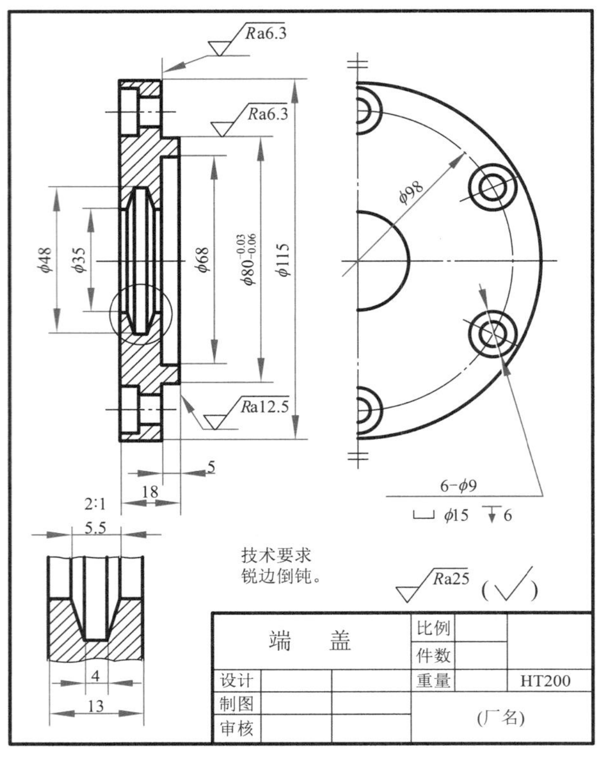

图 8-3 端盖零件图

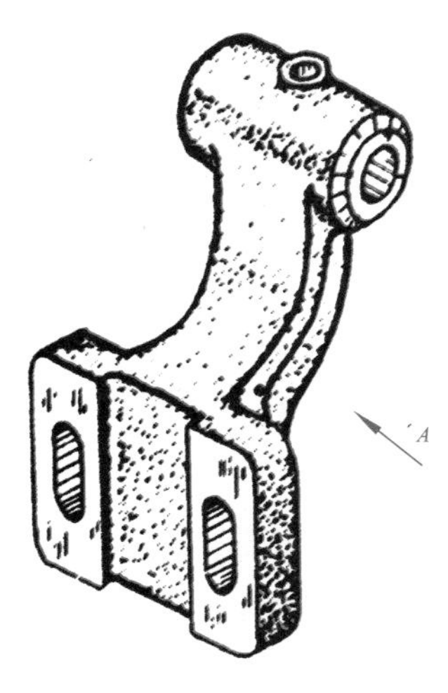

图 8-4 踏脚座轴测图

（2）主视图的选择。踏脚座在加工时其加工工序较多，故在选择主视图时，按工作位置放置。考虑到踏脚座的形状及结构特征，选择 A 向作为主视图的投射方向，这样将各组成部分的外形特征及其相对位置，都表达得比较清楚，如图 8-5 所示。

（3）其他视图的选择。主视图仅表达了踏脚座的主要形状，但有些结构还尚未表达清楚，如前后对称、孔、槽贯通情况；安装板形状及安装孔的位置；以及连接结构的断面形状等。因此还要选择其他视图将其表达完整。

在图 8-5 中，除主视图外，还采用了局部剖视的俯视图表达前后对称，孔、槽贯通情况；A 局部视图则表达安装板的形状及安装孔的位置。移出断面表达连接结构的断面形状。

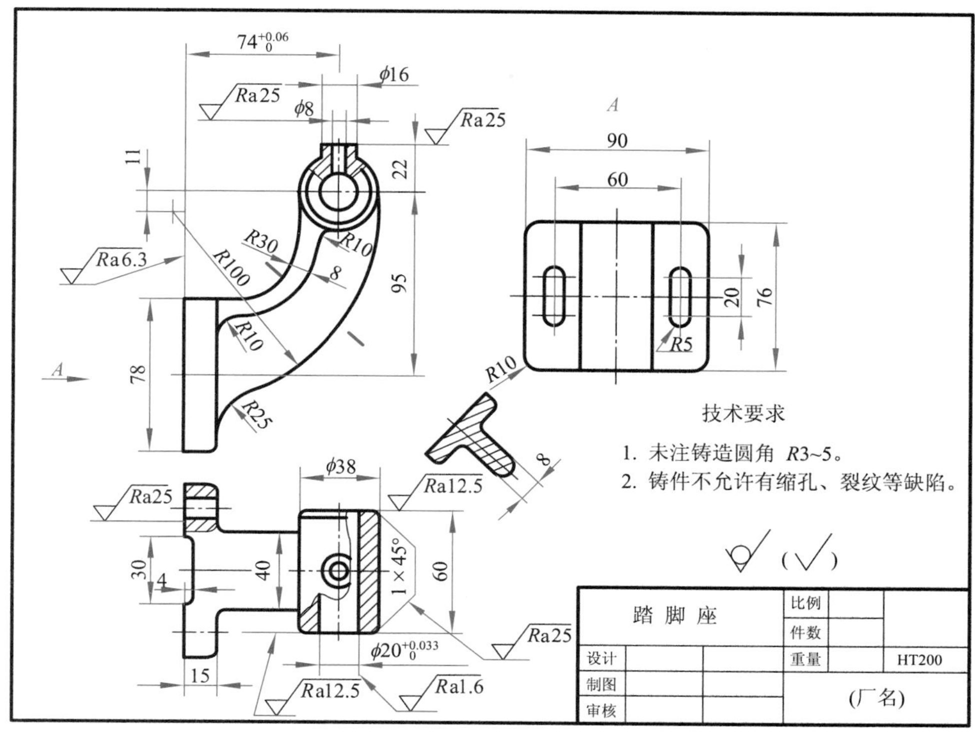

图 8-5 踏脚座零件图

4. 箱体类零件

(1) 形体及结构分析。箱体类零件在机器或部件中用于容纳、支承和固定其他零件。这类零件主要有泵体、阀体、箱体、机座等，在四类典型零件中该类零件的结构最为复杂，毛坯几乎都是铸件。图 8-6 是泵体的零件图，从中可以看出，该零件由底板、拱形空腔以及两侧的凸缘等组成。

(2) 主视图的选择。箱体类零件加工工序较复杂，加工位置多变，故在选择主视图时，一般按工作位置放置，而其投射方向则以能充分反映出零件的形状特征为选取原则。如图 8-6 泵体的主视图就是按工作位置并考虑形状特征，从正前方投射，采用局部剖视画出的。这样，该零件的主要形状特征和内部结构都已基本表达清楚。

(3) 其他视图的选择。除主视图外，还采用了两个相交剖切面剖得的 $A—A$ 全剖视图，表达拱形空腔以及孔的深度、油孔的位置；B 视图则表达了底板的形状及两安装孔的位置。

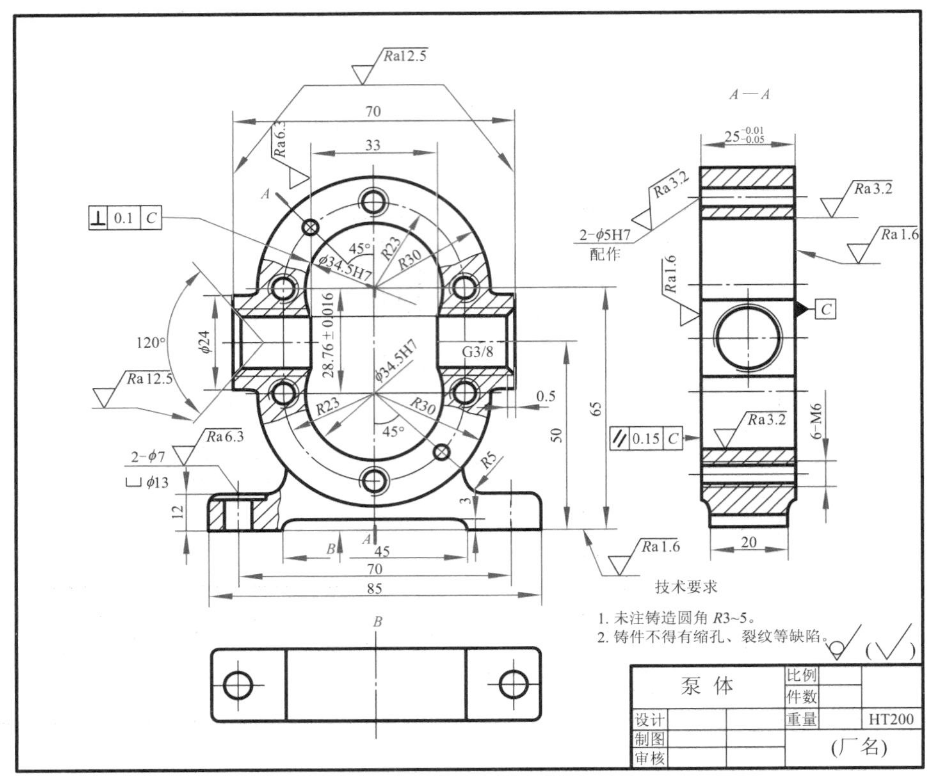

图 8-6　泵件零件图

8.3　零件图的尺寸标注

8.3.1　零件图尺寸标注的要求

在零件图中，除用一组图形表达零件的结构形状外，还要标注出制造、检验零件所需的全部尺寸。标注零件尺寸是一项很细致的工作，要认真负责，因为图样上尺寸遗漏、注错、不清晰、不合理都将给制造带来困难，甚至影响产品的质量。所以，标注尺寸要求做到：正确、完整、清晰、合理。前三项要求在前面章节中已作过介绍，本节着重介绍尺寸标注的合理问题及注意事项。

所谓合理，就是指所注尺寸一要满足设计要求，以保证产品的质量性能；二要满足工艺要求，以便于加工、制造和检验。

要使尺寸标注的合理，必须在掌握一定的专业知识和生产实践的基础上才能达到。

因此，这里仅介绍一些合理标注尺寸的初步知识。

8.3.2　尺寸基准的选择

尺寸基准是指标注尺寸的起点。零件长、宽、高方向的尺寸都应有基准。当一个方向上尺寸基准有几个时，其中之一是主要基准，其余皆为辅助基准。尺寸基准按其作用分为两类：

1. 设计基准

用以确定零件在部件中的位置的基准称为设计基准。

图 8-7 是齿轮油泵的轴测图（部分零件），为使齿轮在泵体中准确定位，选择端面 C、对称中心面 D 和轴线 A 分别作为泵体长、宽、高三个方向的设计基准；选择端面 E 和轴线 A 分别作为传动齿轮轴的长度和径向的设计基准。如泵体的尺寸 28.76 ± 0.02、$25_{-0.05}^{-0.01}$；传动齿轮轴的尺寸 $25_{-0.04}^{-0.02}$、$\phi 16h6$ 等都是以设计基准为起点标注的。

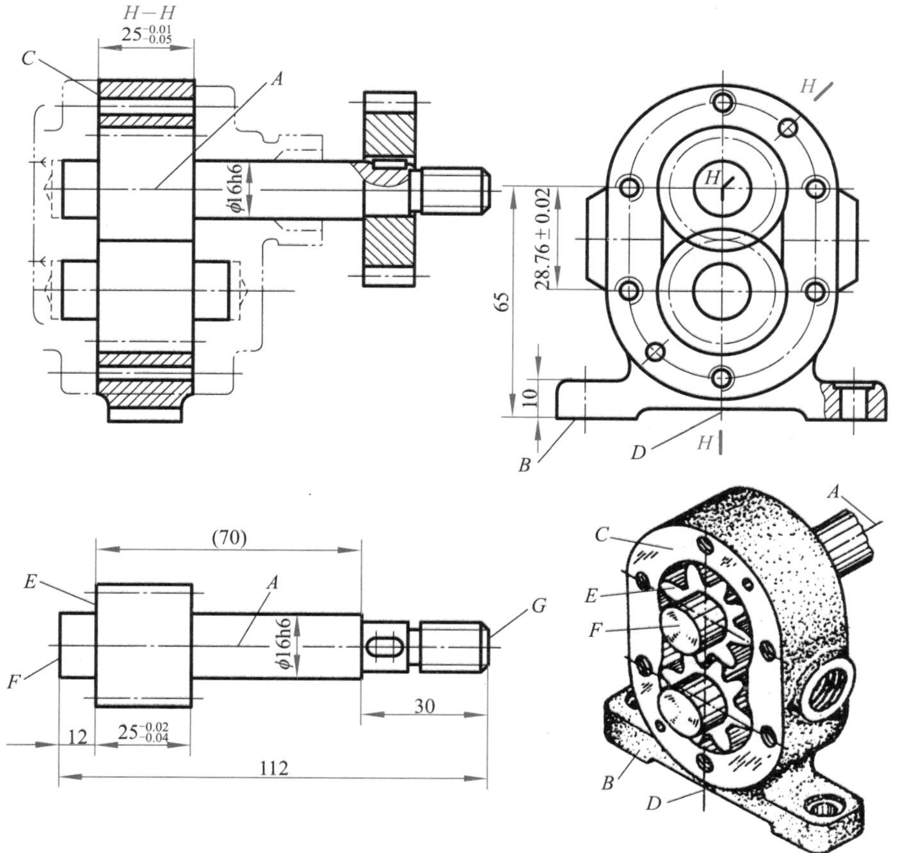

图 8-7　泵体零件的尺寸基准

2. 工艺基准

用以确定零件在加工或测量时的基准称为工艺基准。

如图 8-7 所示，泵体的安装面 B 是装夹定位面，传动齿轮轴的左右端面 F 和 G 为测量长度有关尺寸用，它们都是工艺基准。泵体尺寸 10 及传动齿轮轴尺寸 30 都是以工艺基准为起点标注的。

在选择尺寸基准时应注意以下两点：

(1) 为了保证设计要求，又便于加工测量，选择尺寸基准时尽可能使设计基准和工艺基准重合。

如选择 C、D 作为泵体长、宽方向的尺寸基准，就能使设计基准和工艺基准重合。当两者不能统一时，应以保证设计要求为主。如泵体的高度方向，设计基准是 A，工艺基准是 B，为保证中心距 28.76±0.02 的要求，就应选择 A 作为主要尺寸基准，选择 B 作为辅助尺寸基准。

当然，有时还需要视具体结构具体分析，对一些尺寸作适当调整才比较合理。例如，为保证右侧齿轮轴向的准确位置，如从设计基准 E 标注轴肩端面的定位尺寸 70，就不符合阶梯轴的加工工序，测量尺寸也不方便，所以，应从工艺要求考虑对尺寸作出调整，选择端面 F、G 作为长度方向的辅助基准，标注尺寸 12 和 30 就合理了。

(2) 某方向的主要尺寸基准和辅助尺寸基准之间一定要有联系尺寸。

通常零件某个方向上尺寸基准有几个，其中之一是主要基准（即决定零件主要尺寸的基准），其余的为辅助基准（便于加工和测量而选的基准）。应选择零件的对称中心面、重要端面或接触面、主要回转面的轴线作为主要尺寸基准，主要基准和辅助基准之间一定要有联系尺寸。如泵体高度方向的 65，传动齿轮轴长度方向的 12、112 都是联系尺寸。

8.3.3 尺寸的配置形式

由于零件的设计要求、结构特点、加工方法不同，尺寸基准的选择也不相同，这就使得零件图上的尺寸配置形式不尽相同。主要的尺寸形式如下。

(1) 坐标式。同一方向的一组尺寸都从同一基准标注，如图 8-8(a)所示。这种尺寸配置的优点是易于保证各端面至基准面的尺寸精度。

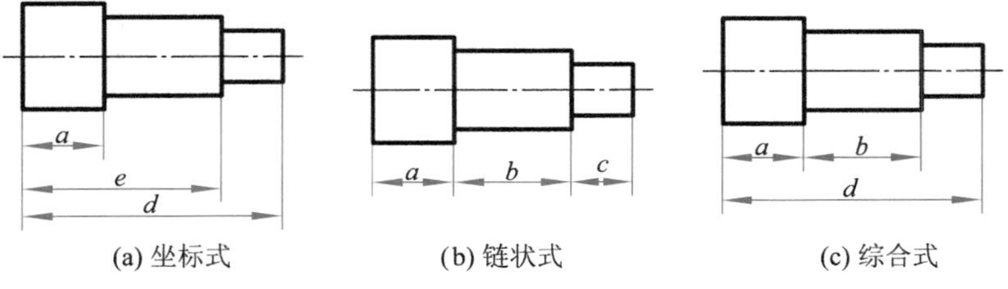

(a) 坐标式　(b) 链状式　(c) 综合式

图 8-8　尺寸配置形式

（2）链状式。同一方向上的一组尺寸逐段相接标出，前一个尺寸的终止处即为后一个尺寸的基准，如图 8-8(b)所示。这种尺寸配置的优点是易于保证各段的长度尺寸精度。

（3）综合式。同一方向的一组尺寸是坐标式和链状式的综合，如图 8-8(c)所示。这种尺寸配置的形式具有上述两种形式的优点，是应用最多的一种形式。

8.3.4　合理标注尺寸的基本原则

1. 重要尺寸必须从设计基准直接注出

重要尺寸是指影响产品性能、工作精度和配合的尺寸。重要尺寸应从设计基准直接注出，以避免加工误差的积累，保证尺寸的精度。如图 8-9 所示的轴承座，为了保证安装时轴承孔中心高度的精度，尺寸 a 应从设计基准（底平面）直接注出，以便在加工时得到保证。同理，为了保证安装时，轴承座上两个 $\phi6$ 的孔与机座上的两个孔能准确配合，两个 $\phi6$ 孔的定位尺寸 L 也应从设计基准(左右对称平面)直接注出，如图 8-9(a)所示。图 8-9(b)则为错误标注方式。

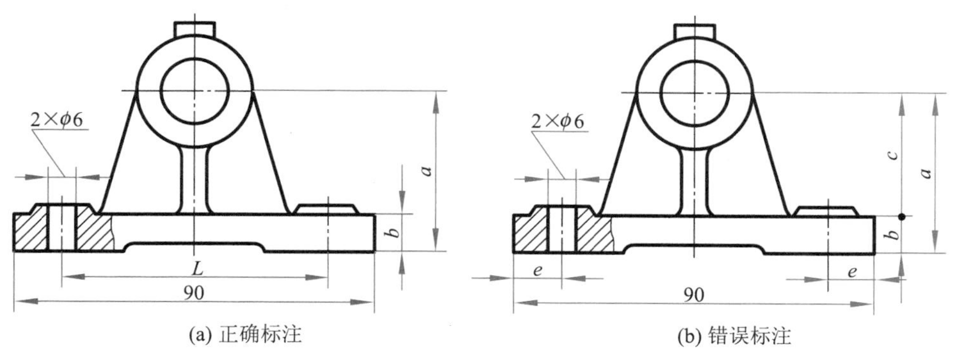

图 8-9　重要尺寸直接注出

2. 避免注成封闭的尺寸链

如图 8-10(a)所示，若将小轴的总长和各段长度都注上尺寸，这样就形成了一环接一环而又首尾相接的尺寸标注形式，称为封闭的尺寸链。由于小轴各段尺寸误差的积累，很难同时保证上述四个尺寸的精度。因此，零件图上的尺寸不允许注成封闭的尺寸链形式。一般是将其中不重要的一段尺寸空出不注，如图 8-10(b)所示。

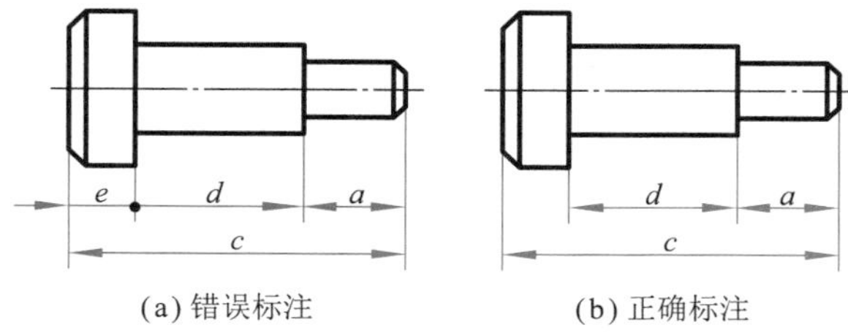

图 8-10　避免注成封闭的尺寸链

3. 标注尺寸要便于加工和测量

如图 8-11 所示的阶梯轴，在考虑长度方向的尺寸标注时，先要考虑这根轴各部分外圆的加工顺序，按照加工过程把尺寸一一注出，这样便于加工和测量。图中 ϕ35 的轴颈长度尺寸 17 是单独标注的，这是由于这段轴颈将与轴承装在一起，其长度与轴承宽度有关，所以要这样标注。

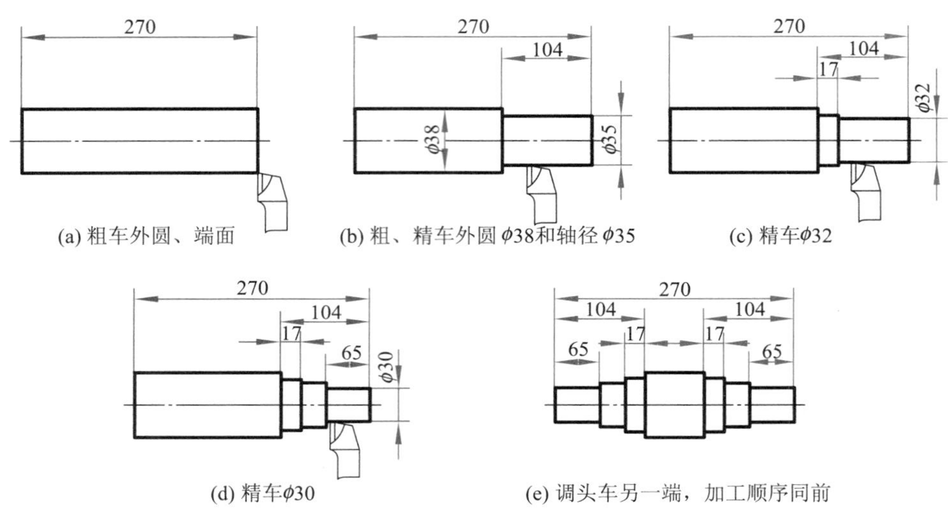

图 8-11 轴的加工顺序

阶梯孔的尺寸注法和阶梯轴的标注方法相似，主要也是考虑它的加工顺序和测量的方便。图 8-12(a)的标注方法是正确的，而图 8-12(b)的标法就不恰当了。

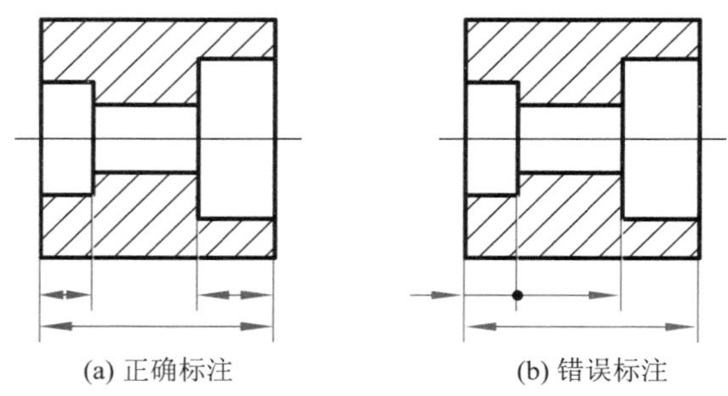

图 8-12 阶梯孔的尺寸注法

要标注图 8-13(a)所示零件的有关尺寸，如按图 8-13(b)的形式标注尺寸就不便于测量，而按图 8-13(c)的形式标注就便于测量，较为合理。

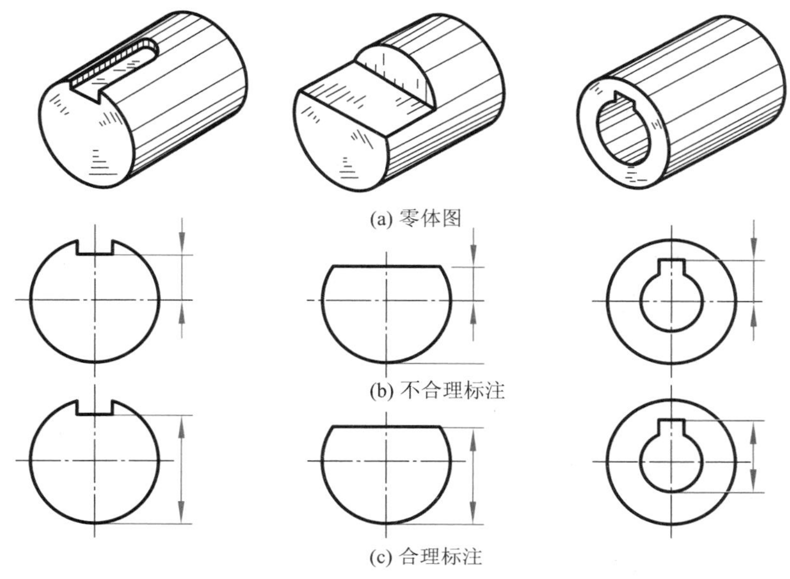
(a) 零体图

(b) 不合理标注

(c) 合理标注

图 8-13　标注尺寸要便于测量

4. 按不同的加工方法标注尺寸

零件的内部、外部尺寸和用不同方法加工的有关尺寸应分类集中标注，如图 8-14 所示。

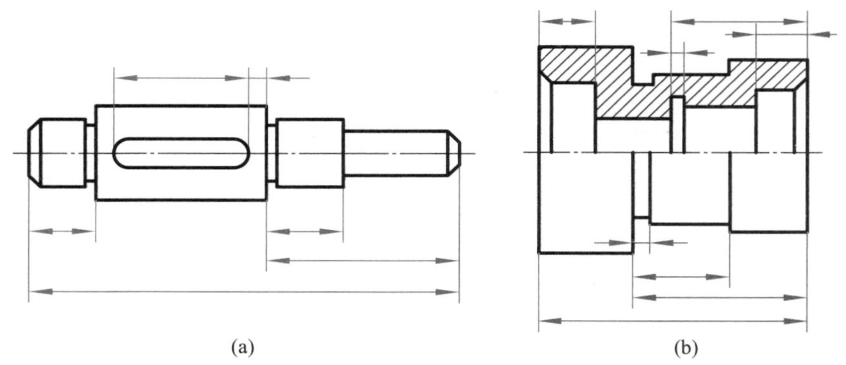
(a)　　(b)

图 8-14　尺寸集中标注

5. 常见孔的尺寸标注

零件上常见孔的尺寸标注方法见表 8-1。

表 8-1　常见孔的尺寸标注方法

类型		旁注法		普通注法
光孔	一般孔	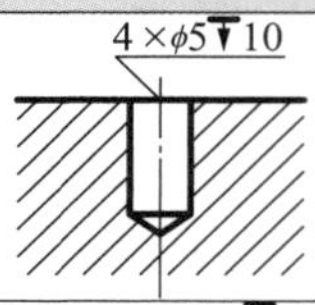 4×φ5↧10	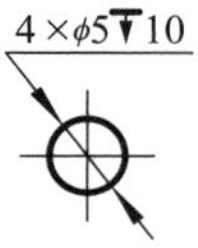 4×φ5↧10	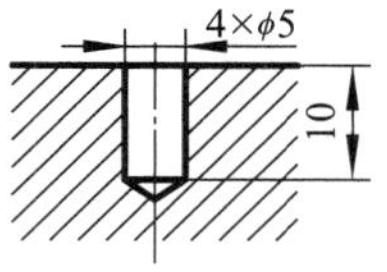 4×φ5 10
	精加工孔	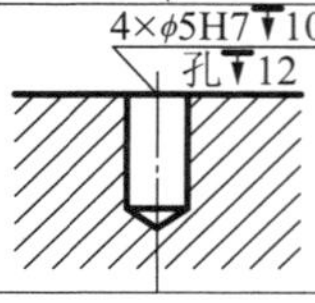 4×φ5H7↧10 孔↧12	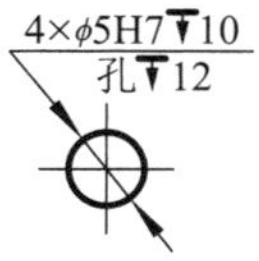 4×φ5H7↧10 孔↧12	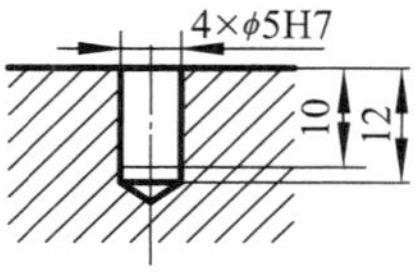 4×φ5H7 10 12
	锥孔	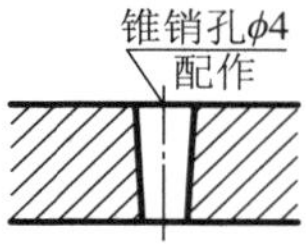 锥销孔φ4 配作	 锥销孔φ4 配作	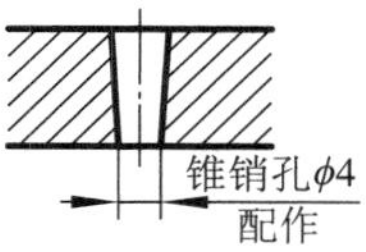 锥销孔φ4 配作
螺孔	通孔	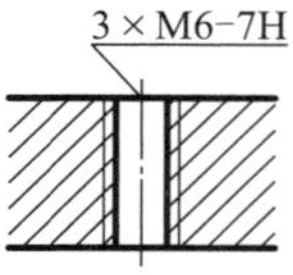 3×M6-7H	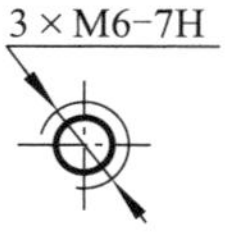 3×M6-7H	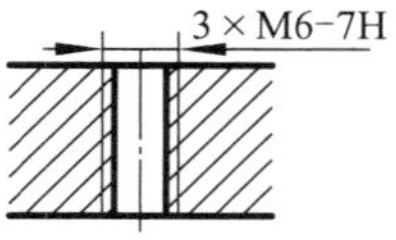 3×M6-7H
	不通孔	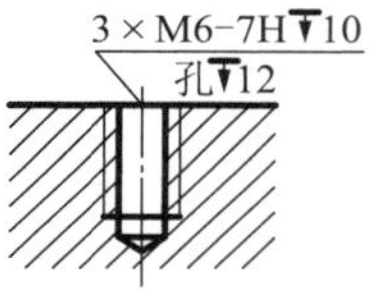 3×M6-7H↧10 孔↧12	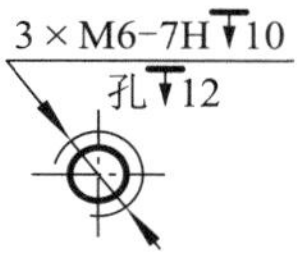 3×M6-7H↧10 孔↧12	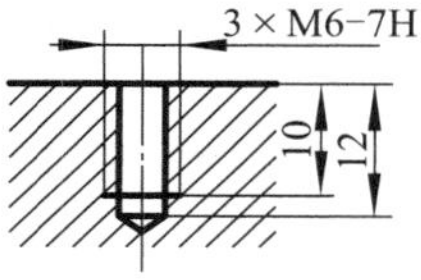 3×M6-7H 10 12
沉孔	锥形沉孔	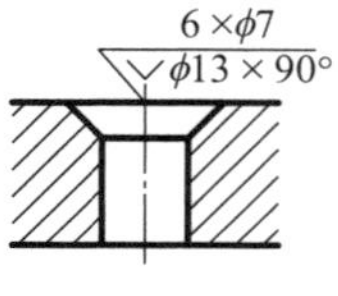 6×φ7 ⌵φ13×90°	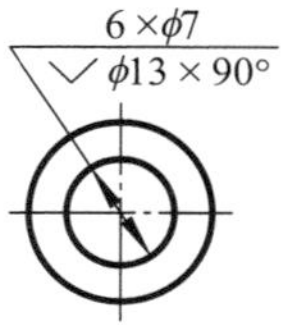 6×φ7 ⌵φ13×90°	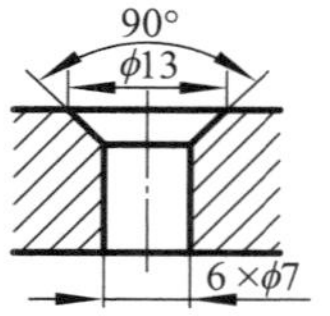 90° φ13 6×φ7
	柱形沉孔	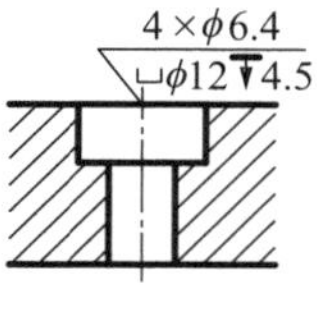 4×φ6.4 ⌴φ12↧4.5	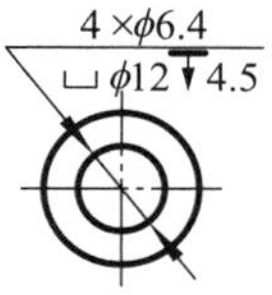 4×φ6.4 ⌴φ12↧4.5	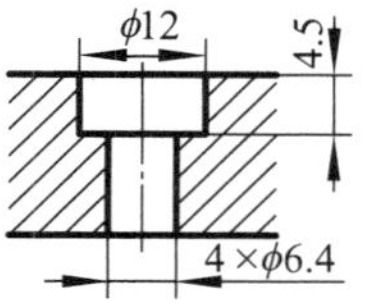 φ12 4.5 4×φ6.4
	锪平沉孔	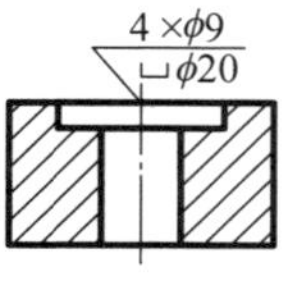 4×φ9 ⌴φ20	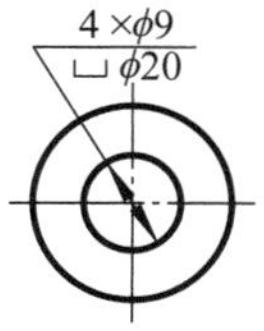 4×φ9 ⌴φ20	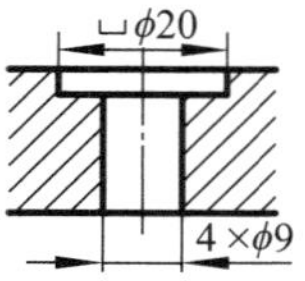 ⌴φ20 4×φ9

8.4 零件图的技术要求

零件图中除了图形和尺寸之外，还需要注写技术要求，说明制造和检验零件应达到的质量要求。技术要求的内容包括表面粗糙度、尺寸公差、几何公差、材料及其热处理、表面处理等。本节简要介绍表面粗糙度、极限与配合、几何公差等内容的标注、识读方法。

8.4.1 表面结构的表示法

表面结构是表面粗糙度、表面波纹度、表面缺陷、表面纹理和表面几何形状的总称。表面结构的各项要求在图样上的表示法，在GB/T 131—2006中均有具体规定。这里仅简要介绍常用的表面粗糙度表示法。

1. 表面粗糙度概念

经过机械加工后的零件表面，看起来似乎很光滑，但在放大镜或显微镜下观察，真实的表面都是有峰有谷、凹凸不平的，如图8-15所示。

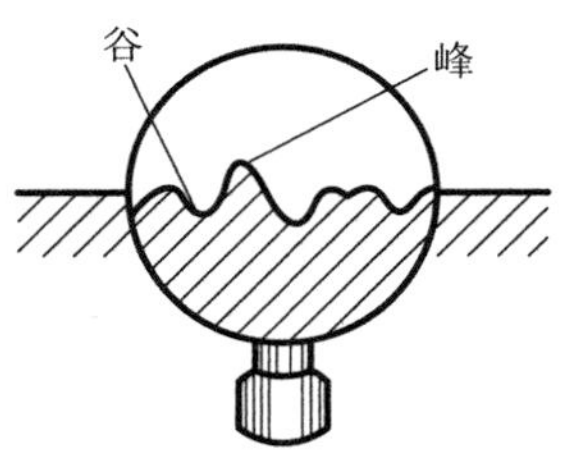

图8-15 零件的真实表面

表面粗糙度是指零件的加工表面上具有的较小间距与峰谷所组成的微观几何形状特性。

表面粗糙度是评定零件表面质量的重要指标之一。它对零件的耐磨性、抗腐蚀性、抗疲劳强度、配合性能和外观等都有影响。零件表面粗糙度要求越高，则表面质量越高，其加工成本也越高。因此，在满足使用要求的前提下，应合理地选择表面粗糙度的数值，以降低成本。

2. 表面粗糙度的评定参数

国家标准规定的表面粗糙度评定参数有：轮廓算术平均偏差Ra、轮廓最大高度Rz。

轮廓算术平均偏差Ra是指在一个取样长度L_r内，轮廓偏距y绝对值的算术平均值；轮廓最大高度Rz是指在一个取样长度内，最大轮廓峰高和最大轮廓谷深之间的高度，如图8-16所示。

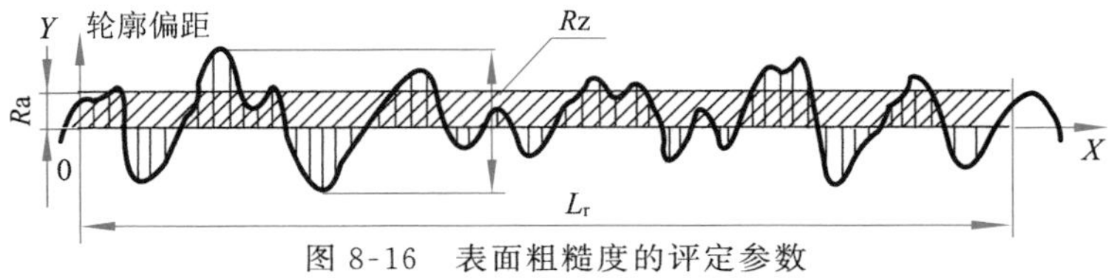

图8-16 表面粗糙度的评定参数

国家标准规定的Ra系列值（单位：μm）：0.012、0.025、0.05、0.1、0.2、0.4、0.8、1.6、3.2、6.3、12.5、25、50、100

3. 表面粗糙度的符号意义及画法

在图样上，表面粗糙度一般采用代号的形式标注。其代号由符号和参数组成。表面粗糙度的符号及意义如表 8-2 所示，*R*a 代号的意义见表 8-3。

表 8-2　表面粗糙度符号及意义（摘自 GB/T 131—2006）

符　号	意义及说明
	基本图形符号，对表面结构有要求的图形符号，简称基本符号。没有补充说明时不能单独使用
	扩展图形符号，基本符号上加一短横线，表示指定表面是用去除材料的方法获得。例如：车、铣、钻、磨、剪切、抛光、腐蚀、电火花加工、气割等
	扩展图形符号，基本符号上加一小圆，表示表面是用不去除材料的方法获得。例如：铸、锻、冲压变形、热轧、冷轧、粉末冶金等，或者是用于保持原供应状况的表面（包括保持上道工序的状况）
	完整图形符号，当要求标注表面结构特征的补充信息时，在允许任何工艺图形符号的长边上加一横线。在文本中用文字 APA 表示
	完整图形符号，当要求标注表面结构特征的补充信息时，在去除材料图形符号的长边上加一横线。在文本中用文字 MRR 表示
	完整图形符号，当要求标注表面结构特征的补充信息时，在不去除材料图形符号的长边上加一横线。在文本中用文字 NMR 表示

表 8-3　*R*a 的代号及意义（摘自 GB/T 131—2006）

代　号	意　义	代　号	意　义
*R*a3.2	任何方法获得的表面粗糙度，*R*a 的上限值为 3.2μm，在文本中表示为 APA：*R*a 3.2	*R*a3.2	用去除材料方法获得的表面粗糙度，*R*a 的上限值为 3.2μm，在文本中表示为 MRR：*R*a3.2
*R*a3.2	用不去除材料方法获得的表面粗糙度，*R*a 的上限值为 3.2 μm，在文本中表示为 NMR：*R*a3.2	*R*a3.2 *R*a1 1.6	用去除材料方法获得的表面粗糙度，*R*a 的上限值为 3.2μm，*R*a 的下限值为 1.6μm，在文本中表示为 MRR：*R*a3.2；*R*a1 1.6

（1）表面粗糙度数值及其有关的规定在符号中注写位置：

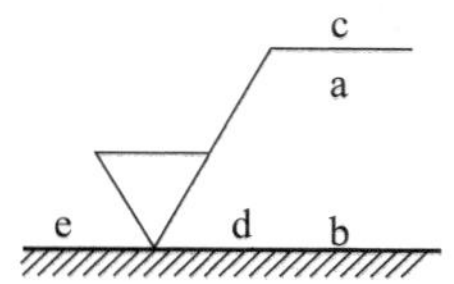

a：注写表面结构的单一要求。

a、b：标注两个或多个表面结构要求。

c：注写加工方法。

d：注写表面纹理和方向。

e：注写加工余量(mm)。

（2）图形符号画法和附加标注的尺寸（见表 8-4）。

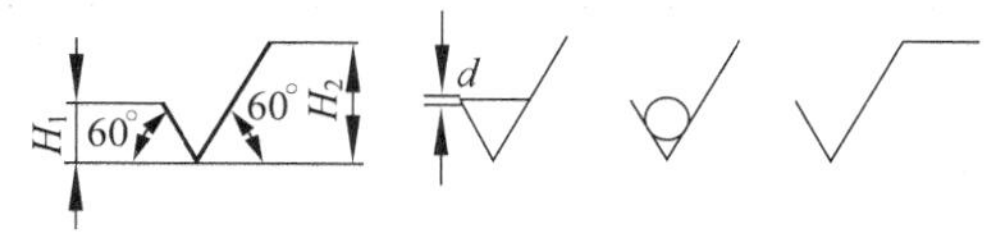

表 8-4 图形符号和附加标注的尺寸 单位：mm

数字和字母高度 h	2.5	3.5	5	7	10	14	20
符号线宽 d' 字母线宽 d	0.25	0.35	0.5	0.7	1	1.4	2
高度 H_1	3.5	5	7	10	14	20	28
高度 H_2（最小值）	7.5	10.5	15	21	30	42	60

注：H_2 取决于标注内容。

4. 在图样中的标注

在图样中，表面结构要求(表面粗糙度)对每一表面一般只标注一次，并尽可能注在相应的尺寸及其公差的同一视图上。除非另有说明，所标注的表面结构要求是对完工零件表面的要求。具体标注方法可参考表 8-5 中的标注图例。

表 8-5 表面粗糙度标注图例

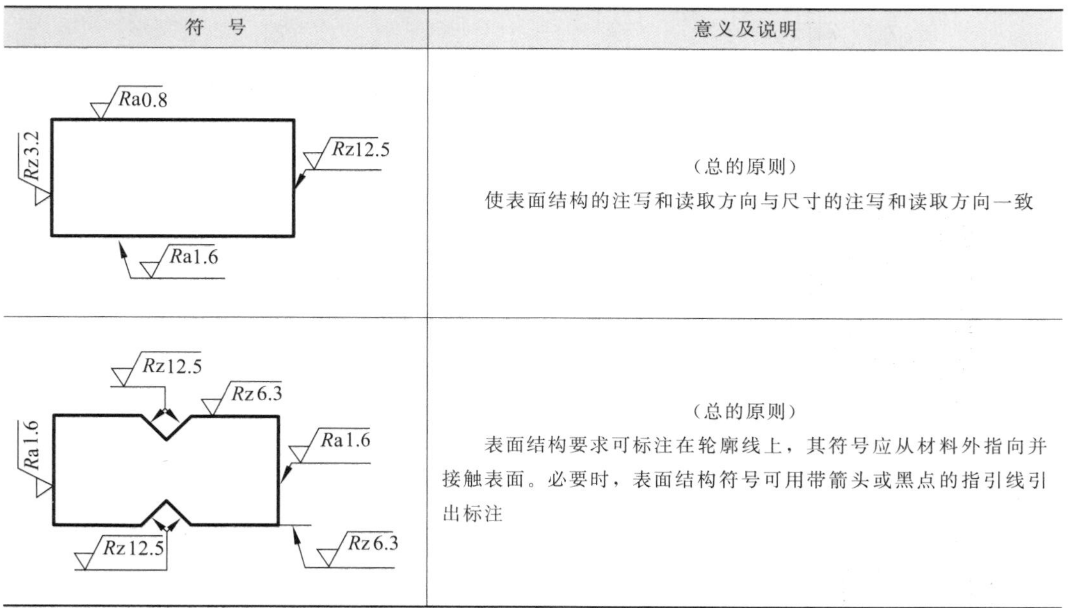

符 号	意义及说明
Ra0.8 Rz3.2 Rz12.5 Ra1.6	（总的原则） 使表面结构的注写和读取方向与尺寸的注写和读取方向一致
Rz12.5 Rz6.3 Ra1.6 Ra1.6 Rz12.5 Rz6.3	（总的原则） 表面结构要求可标注在轮廓线上，其符号应从材料外指向并接触表面。必要时，表面结构符号可用带箭头或黑点的指引线引出标注

续表

符　号	意义及说明
Rz6.3 Rz1.6 Ra 3.2 (√)	（有相同表面结构要求的简化注法） 如果零件的多数（包括全部）表面有相同的表面结构要求，则其表面结构要求可统一标注在图样的标题栏附近。此时（除全部表面有相同要求的情况外），表面结构要求的符号后面应有： ① 在圆括号内给出无任何其他标注的基本符号 ② 在圆括号内给出不同的表面结构要求 不同的表面结构要求应直接标注在图形中
Rz6.3 Rz1.6 Ra 3.2 (Rz1.6 Rz6.3)	
z y z = URz1.6 LRa0.8 y = Ra3.2	（多个表面有共同要求的注法） 当多个表面具有相同的表面结构要求或图纸空间有限时，可以采用简化注法。用带字母的完整符号，以等式的形式，在图形或标题栏的附近，对有相同表面结构要求的表面进行简化标注
√ = Ra3.2 √ = Ra3.2 √ = Ra3.2	（多个表面有共同要求的注法） 用左图的表面结构符号，以等式的形式给出多个表面共同的表面结构要求
Fe/Ep·Cr25b Ra 0.8 Rz1.6 ø50h7	由几种不同的工艺方法获得的同一表面，当需要明确每种工艺方法的表面结构要求时的标注方法
Ra1.6 R2 Ra6.3 Rz12.5 ø10	表面结构和尺寸可以一起标注在延长线上或分别标注在轮廓线和尺寸界线上

8.4.2 极限与配合

1. 零件的互换性

在现代化机械生产中，要求制造出来的同一批零件，不经挑选或修配，任取一个就能顺利地装到机器上去，并满足使用要求，零件的这种性能称为互换性。零件具有互换性，便于装配和维修，也有利于组织生产协作，提高生产率。

2. 公差的基本术语

在零件的加工过程中，由于受机床精度、刀具磨损、工人技术、测量条件等诸多因素的影响，不可能把零件的尺寸加工得绝对准确。为了保证零件具有互换性，必须对零件的尺寸规定一个允许的变动量，这个变动量称为尺寸公差，简称公差。

下面以图 8-17 为例介绍公差的基本术语。

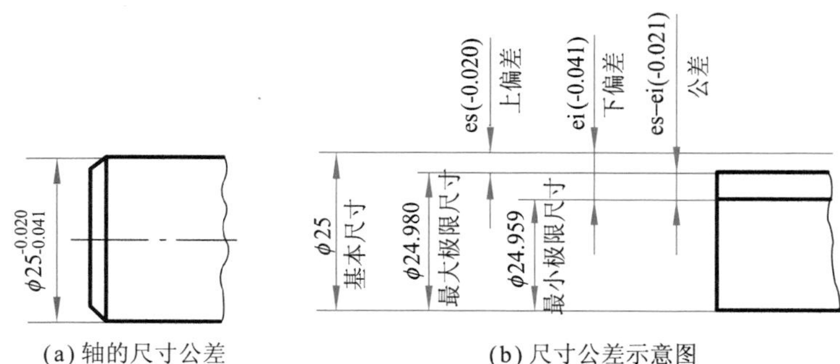

(a) 轴的尺寸公差　(b) 尺寸公差示意图

图 8-17 公差的基本术语

(1) 基本尺寸。设计时给定的尺寸（25）。

(2) 实际尺寸。零件加工后实际量得的尺寸。

(3) 极限尺寸。零件加工中允许尺寸变化的两个界限值。分别是：

最大极限尺寸——允许尺寸变化的最大界限值（24.980）。

最小极限尺寸——允许尺寸变化的最小界限值（24.959）。

(4) 尺寸偏差（简称偏差）。某一尺寸（实际尺寸、极限尺寸等）减其基本尺寸所得的代数差。偏差有：

上偏差＝最大极限尺寸－基本尺寸＝ 24.980 － 25＝－0.020

下偏差＝最小极限尺寸－基本尺寸＝ 24.959 － 25＝ －0.041

上、下偏差统称为极限偏差。其偏差值可以为正值、负值或零。

国标规定：孔的上、下偏差用大写字母“ES”和“EI”表示；轴的上、下偏差用小写字母“es”和“ei”表示。

(5) 尺寸公差（简称公差）。允许尺寸的变动量。

公差＝最大极限尺寸－最小极限尺寸＝24.980 － 24.959＝0.021 或

公差＝上偏差－下偏差＝ －0.020 － （－0.041） ＝ 0.021

因为最大极限尺寸总是大于最小极限尺寸，所以公差一定为正值。

（6）公差带和零线。为了便于分析，常把基本尺寸、偏差及公差之间的关系，按放大比例画成简图，称为公差带图，如图8-18所示。在公差带图中，代表上、下偏差的两条直线所限定的一个区域称为公差带；确定上、下偏差的基准直线，称为零偏差线（简称零线）。通常零线表示基本尺寸。

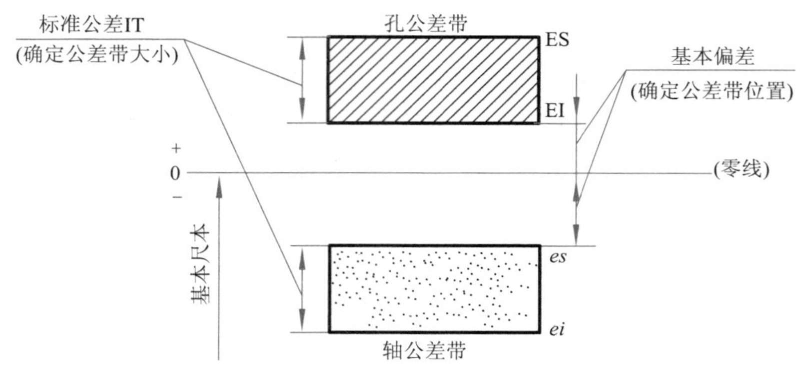

图 8-18　公差带图

3. 标准公差与基本偏差

从图8-18可看出，公差带由“公差带大小”和“公差带位置”两个要素组成。标准公差确定公差带的大小，基本偏差确定公差带的位置。

（1）标准公差。标准公差是国标所规定的，用以确定公差带大小的任一公差。标准公差分为20个等级，即IT01、IT0、IT1、IT2…IT18。其中IT01公差值最小，尺寸精度最高；从IT01到IT18，数字越大，公差值越大，尺寸精度越低。

在一般机器的配合尺寸中，孔用IT6～IT12级；轴用IT5～IT12级。标准公差数值由基本尺寸和公差等级来确定，详见书后附录。

（2）基本偏差。为了确定公差带相对零线的位置，将上、下偏差中的某一偏差规定为基本偏差，一般指靠近零线的那个偏差。当公差带位于零线上方时，其基本偏差为下偏差；当公差带位于零线下方时，其基本偏差为上偏差。

图8-19所示为基本偏差系列示意图，国家标准分别对孔和轴规定了28个基本偏差，代号用拉丁字母表示，大写字母表示孔，小写字母表示轴。

基本偏差系列中A～H（a～h）用于间隙配合；J～ZC（j～zc）用于过渡配合和过盈配合。

由于基本偏差仅表示了公差带位置，因此，另一端是开口的，应由相应的标准公差确定。

孔、轴的公差带代号由基本偏差代号和标准公差等级代号组成。

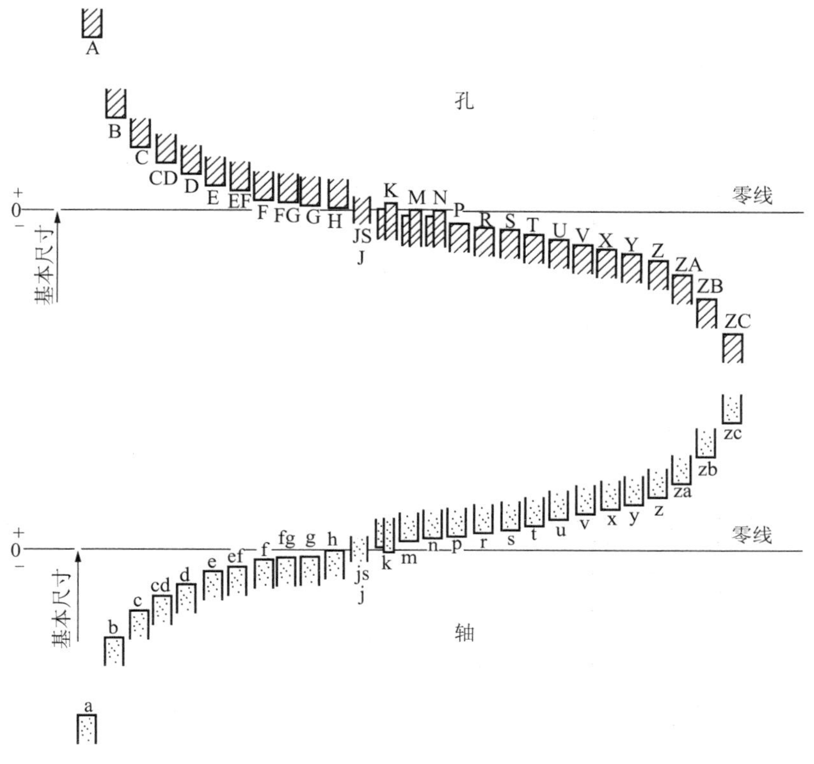

图 8-19 基本偏差系列示意图

例如：

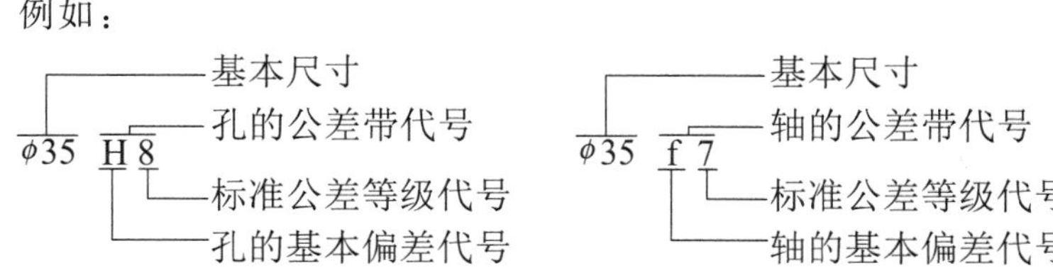

4. 配合的种类

基本尺寸相同且相互结合的孔和轴的公差带之间的关系，称为配合。

孔、轴配合，是机器中常见的形式，由于使用要求不同，孔和轴的配合有松有紧，国家标准将配合分为三大类：

(1) 间隙配合。孔与轴装配时，具有间隙（包括最小间隙等于零）的配合。此时，孔的公差带完全在轴的公差带上方，如图 8-20 所示。

(2) 过盈配合。孔与轴装配时，具有过盈（包括最小过盈等于零）的配合。此时，孔的公差带完全在轴的公差带下方，如图 8-21 所示。

(3) 过渡配合。孔与轴装配时，可能有间隙也可能有过盈的配合。此时，孔的公差带与轴的公差带相互交叠，如图 8-22 所示。

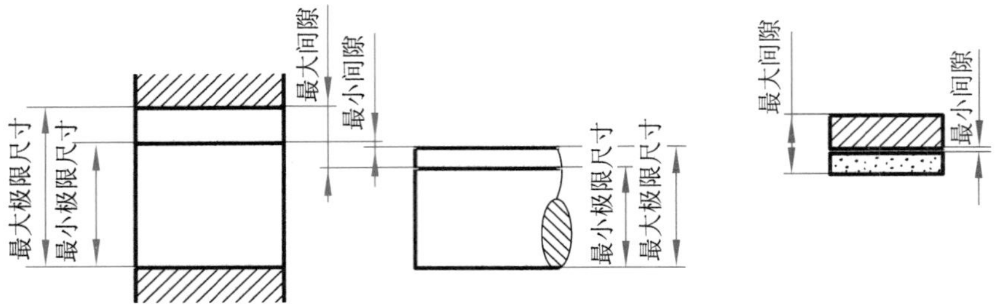

(a) 公差示意图　　(b) 公差带图

图 8-20　间隙配合

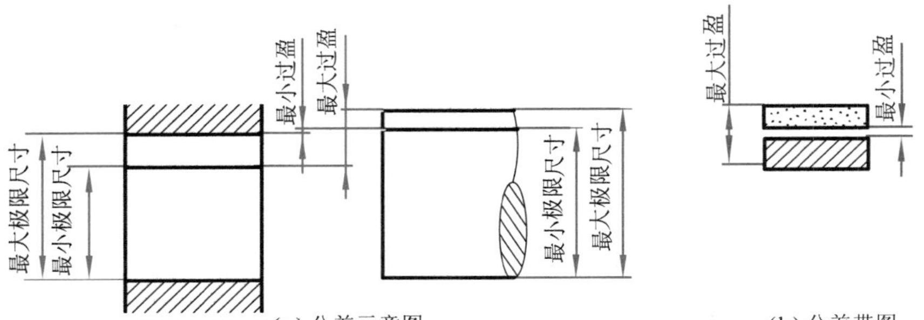

(a) 公差示意图　　(b) 公差带图

图 8-21　过盈配合

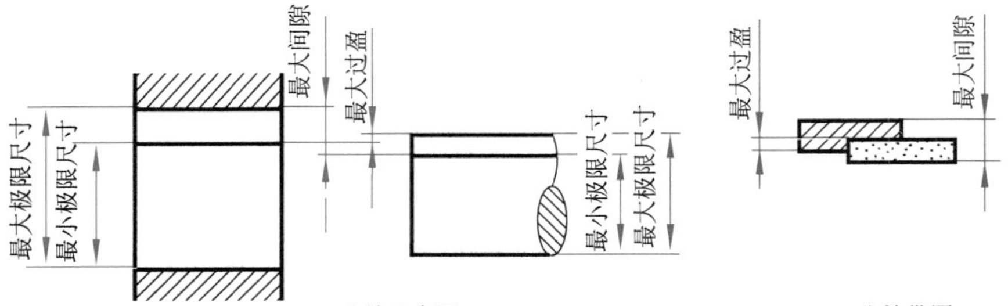

(a) 公差示意图　　(b) 公差带图

图 8-22　过渡配合

5. **配合的基准制**

为了设计与加工的方便，在加工制造相互配合的零件时，采取其中一个零件作为基准件，使其基本偏差不变，通过改变另一零件的基本偏差以达到不同的配合性质的要求。国家标准规定了两种配合基准制。

(1) **基孔制**。孔的基本偏差保持一定，通过改变轴的基本偏差来达到各种不同松

紧程度的配合，这种配合的制度，称为基孔制，如图 8-23 所示。

基孔制中的孔称为基准孔，基本偏差代号规定为 H。基准孔的下偏差为零，上偏差为正值。

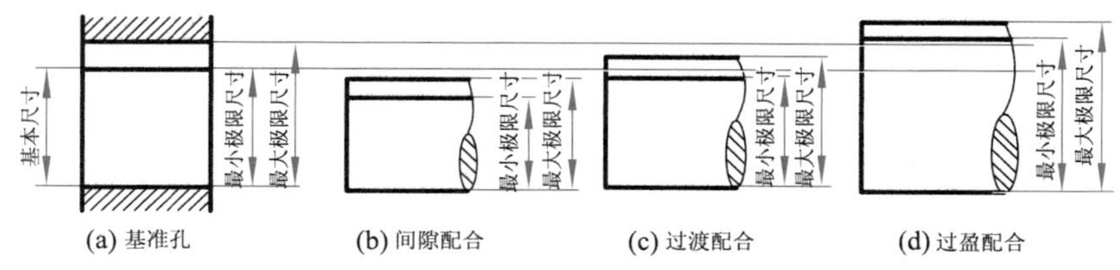

图 8-23　基孔制

(2) **基轴制**。轴的基本偏差保持一定，通过改变孔的基本偏差来达到各种不同松紧程度的配合，这种配合的制度，称为基轴制，如图 8-24 所示。

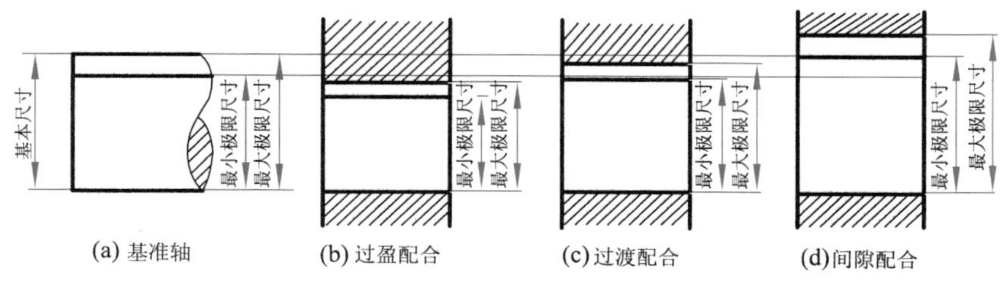

图 8-24　基轴制

基轴制中的轴称为基准轴，基本偏差代号规定 h。基准轴的上偏差为零，下偏差为负值。

采用基孔还是基轴制，应根据实际情况而定。由于加工轴较孔要容易些，因此应优先采用基孔制。但在有些情况下，则需要采用基轴制。例如滚动轴承外圈与孔的配合、一根轴上要装上不同配合的零件时，采用基轴制较为合理。

(3) 优先配合和常用配合。根据机械工业各类产品生产和使用需要，考虑到刀具、量具规格的统一，国家标准规定了优先、常用配合（见表 8-6、表 8-7），供设计时选用。为了便于查阅，本书在附录中分别列出了优先配合中孔、轴的极限偏差表。

6. 公差与配合的标注及查表

(1) 在装配图中的标注。在装配图中的配合代号由两个相互结合的孔和轴的公差带代号组成，用分数形式表示，分子为孔的公差带代号，分母为轴的公差带代号，在分数形式前注写基本尺寸数值，标注形式如图 8-25 所示。

表 8-6 基本尺寸至 500mm 基孔制优先、常用配合

基准孔	轴																				
	a	b	c	d	e	f	g	h	js	k	m	n	p	r	s	t	u	v	x	y	z
	间隙配合								过渡配合			过盈配合									
H6						$\frac{H6}{f5}$	$\frac{H6}{g5}$	$\frac{H6}{h5}$	$\frac{H6}{js5}$	$\frac{H6}{k5}$	$\frac{H6}{m5}$	$\frac{H6}{n5}$	$\frac{H6}{p5}$	$\frac{H6}{r5}$	$\frac{H6}{s5}$	$\frac{H6}{t5}$					
H7						$\frac{H7}{f6}$	$\frac{H7}{g6}$▼	$\frac{H7}{h6}$▼	$\frac{H7}{js6}$	$\frac{H7}{k6}$▼	$\frac{H7}{m6}$	$\frac{H7}{n6}$▼	$\frac{H7}{p6}$▼	$\frac{H7}{r6}$	$\frac{H7}{s6}$▼	$\frac{H7}{t6}$	$\frac{H7}{u6}$▼	$\frac{H7}{v6}$	$\frac{H7}{x6}$	$\frac{H7}{y6}$	$\frac{H7}{z6}$
H8					$\frac{H8}{e7}$	$\frac{H8}{f7}$▼	$\frac{H8}{g7}$	$\frac{H8}{h7}$▼	$\frac{H8}{js7}$	$\frac{H8}{k7}$	$\frac{H8}{m7}$	$\frac{H8}{n7}$	$\frac{H8}{p7}$	$\frac{H8}{r7}$	$\frac{H8}{s7}$	$\frac{H8}{t7}$	$\frac{H8}{u7}$				
				$\frac{H8}{d8}$	$\frac{H8}{e8}$	$\frac{H8}{f8}$		$\frac{H8}{h8}$													
H9			$\frac{H9}{c9}$	$\frac{H9}{d9}$▼	$\frac{H9}{e9}$	$\frac{H9}{f9}$		$\frac{H9}{h9}$▼													
H10			$\frac{H10}{c10}$	$\frac{H10}{d10}$				$\frac{H10}{h10}$													
H11	$\frac{H11}{a11}$	$\frac{H11}{b11}$	$\frac{H11}{c11}$▼	$\frac{H11}{d11}$				$\frac{H11}{h11}$▼													
H12		$\frac{H12}{b12}$						$\frac{H12}{h12}$													

注：1. 标注▼的配合为优先配合。

2. $\frac{H6}{n5}$、$\frac{H7}{p6}$在基本尺寸≤3mm 和$\frac{H8}{r7}$在≤100mm 时，为过渡配合。

表 8-7 基本尺寸至 500mm 基轴制优先、常用配合

基准轴	孔																			
	A	B	C	D	E	F	G	H	Js	K	M	N	P	R	S	T	U	V	X	Y
	间隙配合								过渡配合			过盈配合								
h5						$\frac{F6}{h5}$	$\frac{G6}{h5}$	$\frac{H6}{h5}$	$\frac{Js5}{h5}$	$\frac{K6}{h5}$	$\frac{M6}{h5}$	$\frac{N6}{h5}$	$\frac{P6}{h5}$	$\frac{R6}{h5}$	$\frac{S6}{h5}$	$\frac{T6}{h5}$				
h6						$\frac{F7}{h6}$	$\frac{G7}{h6}$▼	$\frac{H7}{h6}$▼	$\frac{Js7}{h6}$	$\frac{K7}{h6}$▼	$\frac{M7}{h6}$	$\frac{N7}{h6}$▼	$\frac{P7}{h6}$▼	$\frac{R7}{h6}$	$\frac{S7}{h6}$▼	$\frac{T7}{h6}$	$\frac{U7}{h6}$▼			
h7					$\frac{E8}{h7}$	$\frac{F7}{h7}$▼		$\frac{H8}{h7}$▼	$\frac{Js8}{h7}$	$\frac{K8}{h7}$	$\frac{M8}{h7}$	$\frac{N8}{h7}$								
h8				$\frac{D8}{h8}$	$\frac{E8}{h8}$	$\frac{F8}{h8}$		$\frac{H8}{h8}$												
h9				$\frac{D9}{h9}$▼	$\frac{E9}{h9}$	$\frac{F9}{h9}$		$\frac{H9}{h9}$▼												
h10				$\frac{D10}{h10}$				$\frac{H10}{h10}$												
h11	$\frac{A11}{h11}$	$\frac{B11}{h11}$	$\frac{C11}{h11}$▼	$\frac{D11}{h11}$				$\frac{H11}{h11}$▼												
h12		$\frac{B12}{h12}$						$\frac{H12}{h12}$												

注：标注▼的配合为优先配合。

（2）在零件图中的标注。在零件图上标注公差，只要把装配图分式中的分子部分移到孔的基本尺寸之后，将分母部分移到轴的基本尺寸之后即可。当上、下偏差数值

相同时，按图 8-26 形式标注。

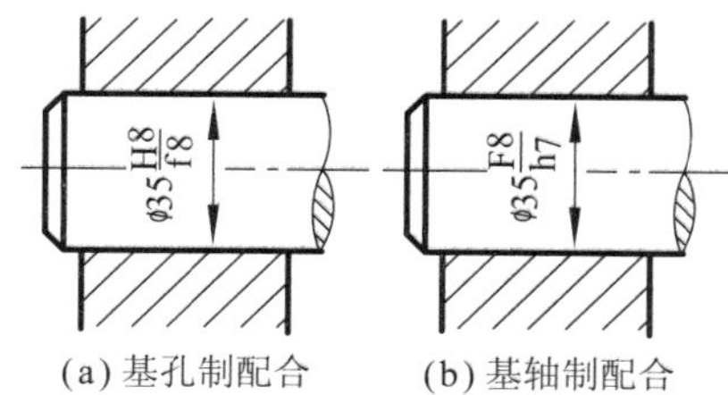

图 8-25 在装配图中的标注

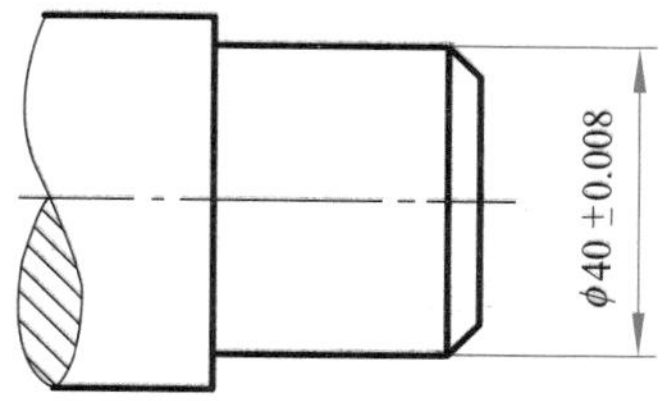

图 8-26 对称偏差的标注

在零件图上标注公差有三种形式（见图 8-27）：

① 标注公差带代号，见图 8-27(a)。

② 标注极限偏差数值，见图 8-27(b)。

③ 同时标注公差带代号和极限偏差数值，见图 8-27（c）。

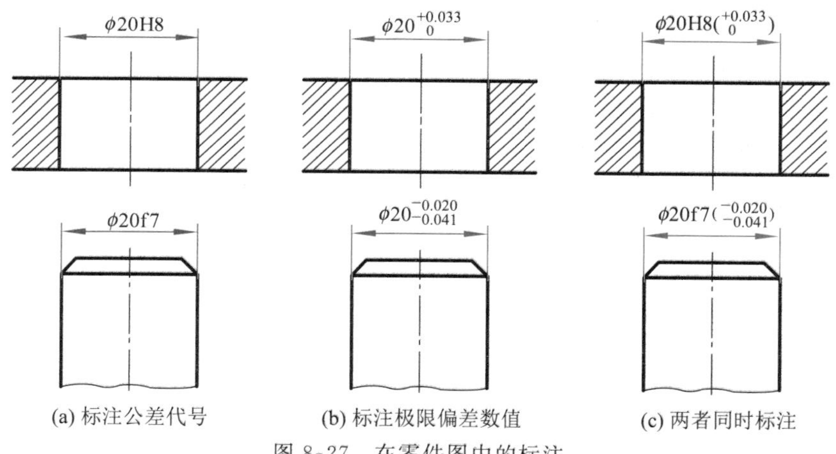

图 8-27 在零件图中的标注

（3）查表举例。确定 $\phi28H8/f7$ 中孔和轴的极限偏差数值。

查表 8-6 知道：$\phi28H8/f7$ 是基孔制的优先间隙配合。

由附表“优先配合中孔的极限偏差”，查得 $\phi28H8/f7$ 基准孔的上偏差为 $+33\mu m$，下偏差为 0，换算成毫米后，可写为 $\phi28(^{+0.033}_{0})$。

由附录“优先配合中轴的极限偏差”，查得 $\phi28H8/f7$ 配合轴的上偏差为 $-20\mu m$，下偏差为 $-41\mu m$，换算成毫米后，可写为 $\phi28(^{-0.020}_{-0.041})$。

8.4.3 几何公差

1. 几何公差概念

由于受各种因素的影响，加工后的零件表面不仅会产生前面所介绍的表面微观不平整和尺寸误差，有些还会产生几何误差。如图 8-28（b）所示的小轴，实际加工后的形状是轴线变弯了，这种形状上的不准确，属于形状误差。图 8-28（c）所示零件两侧的孔，实际加工后的孔轴线发生偏斜，没有在相互平行的一个水平位置，这将影响到零件的同轴装配，属于位置误差。此外还有方向误差、跳动误差等统称几何误差。

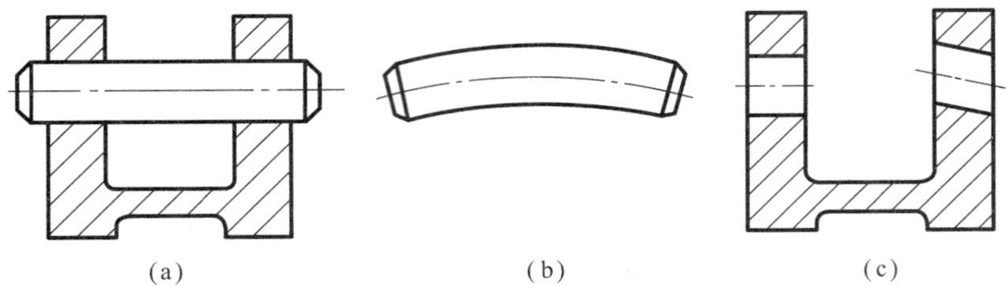

图 8-28　几何公差概念

几何误差对零件的使用性能、互换性都有很大的影响。因此，对于精度要求较高的零件不但要标出尺寸公差，而且还要标出几何公差来控制其几何误差。

2. 几何公差的分类、名称及符号

按国家标准 GB/T 1182—2008 规定，零件的几何公差分形状公差、方向公差、位置公差和跳动公差四种类型。其名称及符号如表 8-8 所示。

表 8-8　几何公差的分类、名称及符号（摘自 GB/T 1182—2008）

公差类型	几何特征	符　号	有无基准
形状公差	直线度	—	无
	平面度	▱	无
	圆度	○	无
	圆柱度	⌭	无
	线轮廓度	⌒	无
	面轮廓度	⌓	无
方向公差	平行度	//	有
	垂直度	⊥	有
	倾斜度	∠	有
	线轮廓度	⌒	有
	面轮廓度	⌓	有
位置公差	位置度	⌖	有或无
	同心度（用于中心点）	◎	有
	同轴度（用于轴线）	◎	有
	对称度	⌯	有
	线轮廓度	⌒	有
	面轮廓度	⌓	有
跳动公差	圆跳动	↗	有
	全跳动	⌰	有

3. 几何公差在图样中的标注

国家标准规定用公差框格标注几何公差，公差框格包括几何特征符号、公差值及基准字母，从左至右依次填写，并用带箭头的指引线连接被测要素和公差框格。

(1) 公差框格及基准代号画法。几何公差框格用细实线画出，按内容不同分为两格或多格（两格为形状公差），框格高度是图中尺寸数字高度（h）的 2 倍，如图 8-29（a）所示。基准代号画法如图 8-29（b）所示，基准字母与图中尺寸数字等高，写在基准方框内，并用一个涂黑的或空白三角形相连于基准要素。

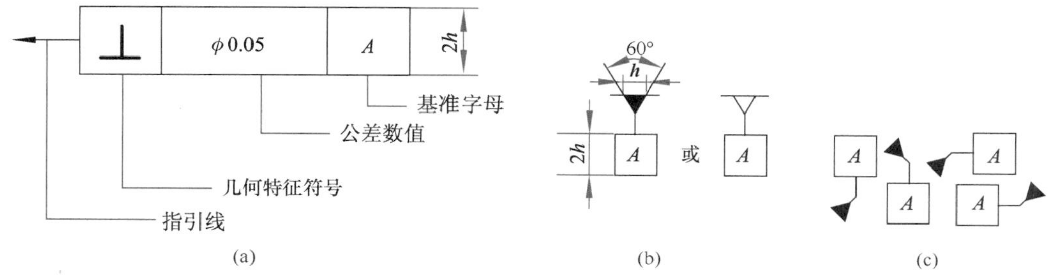

图 8-29 几何公差框格及基准代号画法

GB/T 1182—2008 规定：涂黑三角形及中轴线可任意变换位置，方框和字母只允许水平位置不允许歪斜；方框外边的连线也只允许在水平或铅垂两个方向画出，如图 8-29（c）所示。

(2) 被测要素的标注方法。被测要素是指给出了几何公差的要素。标注时，用带箭头的指引线将被测要素与框格的一端相连，指引线的箭头应指向公差带的宽度方向或直径，如图 8-30 所示。

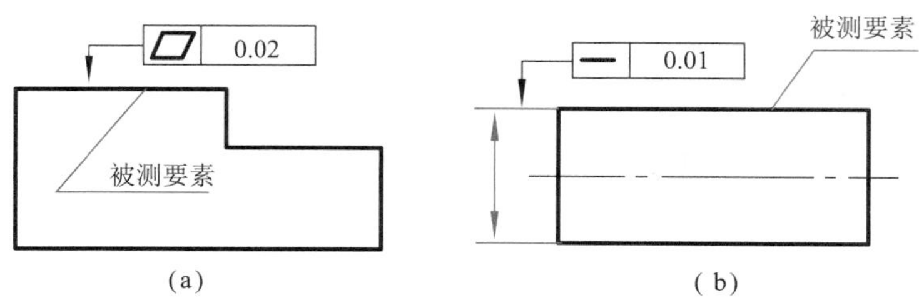

图 8-30 当被测要素为线或表面时的标注

① 当被测要素为线或表面时，指引线的箭头应指在该要素的轮廓线或其延长线上，并应明显地与尺寸线错开，如图 8-30 所示。

② 当被测要素为轴线或中心平面时，指引线的箭头应与该要素的尺寸线对齐，如图 8-31 所示。当指引线的箭头与尺寸线的箭头重叠时，指引线上的箭头可代替尺寸线上的箭头，如图 8-31（b）所示。

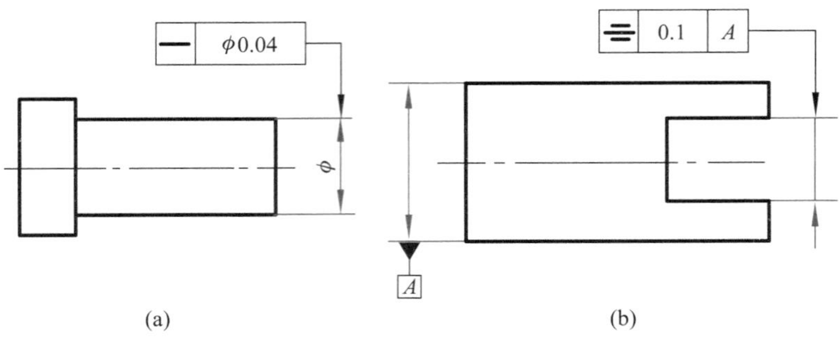

图 8-31　被测要素为轴线或中心平面时的标注

（3）基准要素的标注方法。基准要素是指确定被测要素方向和位置的点、线、面，用基准代号标注，如图 8-32所示。

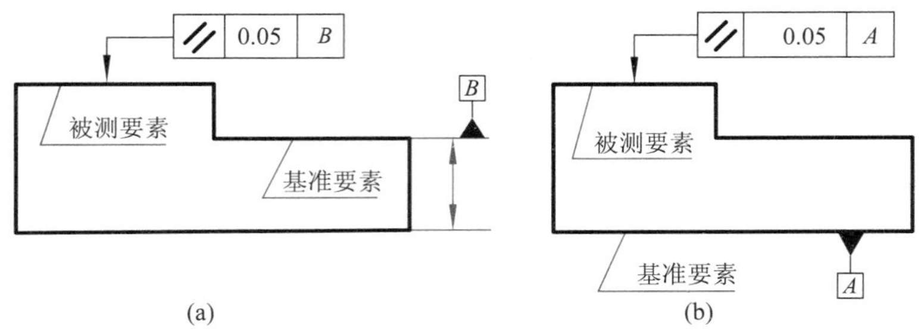

图 8-32　当基准要素为线或表面时的标注

① 当基准要素为线或表面时，基准三角形应放置在该要素的轮廓线或其延长线上，并应明显地与尺寸线错开，如图 8-32（a）所示。

② 当基准要素为轴线或中心平面时，基准三角形应放置在该尺寸线的延长线上，并要与尺寸线对齐，如图 8-33 所示。

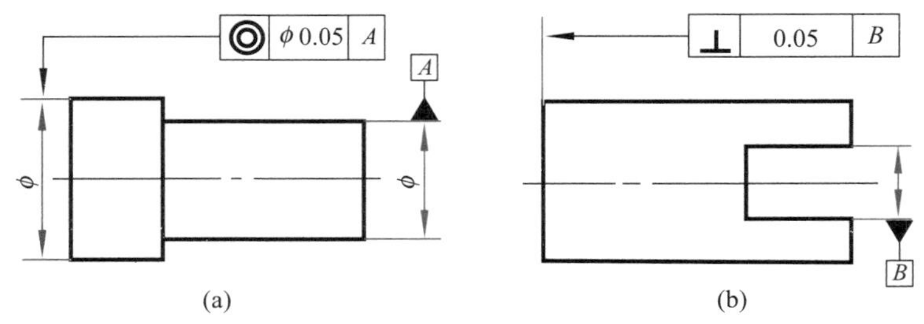

图 8-33　基准要素为轴线或中心平面时的标注

（4）几何公差标注示例。图 8-34 中各项几何公差标注的含义如下：

① ⌭ 0.005 为形状公差框格，表示 φ16f7 圆柱面的圆柱度公差为 0.005mm。

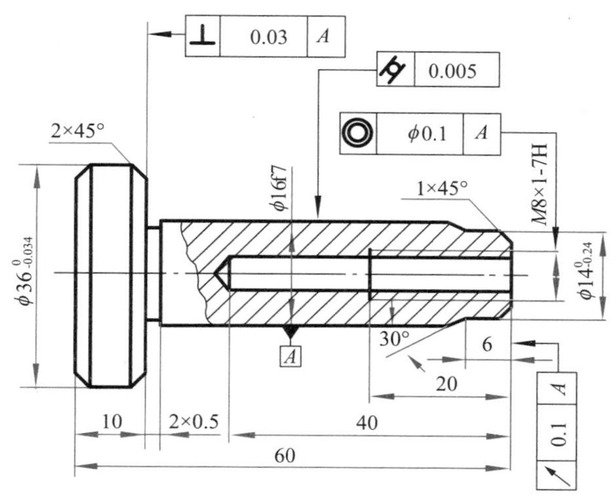

图 8-34　几何公差标注示例

② [◎|φ0.1|A] 为位置公差框格，表示 $M8\times1-7H$ 的螺孔轴线与基准 A 的同轴度公差为 0.1mm。

③ [↗|0.1|A] 为跳动公差框格，表示右端面对基准 A 的圆跳动公差为 0.1mm。

④ [⊥|0.03|A] 为方向公差框格，表示 $\phi36$ 圆柱的右端面对基准 A 的垂直度公差为 0.03mm。

8.5　零件上常见的工艺结构

零件的结构形状主要取决于它在机器中的作用。但是，也有一些结构是为了便于装配，方便加工及测量而设计的，零件上的这类结构称为工艺结构。下面介绍一些常见的工艺结构。

8.5.1　铸造工艺结构

把溶化的金属液体浇注到与零件毛坯形状相同的型腔内，经冷却凝固便成铸件。形状结构较复杂的零件毛坯多为铸件。

1. 起模斜度

在铸造零件毛坯时，为了便于铸造时起模，沿起模方向将模型的内外表面做出斜度，这种斜度称为起模斜度，通常为 1∶20（≈3°），如图 8-35 所示。

起模斜度在零件图中一般不必画出，也不需标注，必要时可注写在技术要求中。

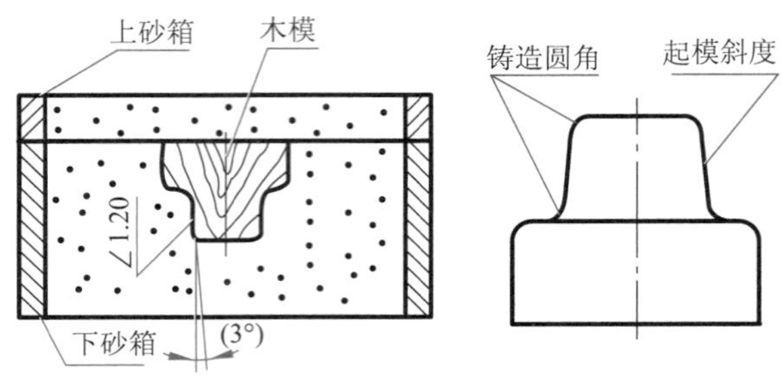

图 8-35　起模斜度和铸造圆角

2. 铸造圆角和过渡线

为了便于造型时取出木模，防止浇注时铁水冲坏砂型，避免冷却时产生裂纹，铸件两表面相交处应做出圆角，如图 8-35 所示。铸造圆角半径一般为 3～5mm，可在技术要求中统一说明。

由于零件上铸件圆角、起模斜度的存在，表面相交时产生的交线就不十分明显，这种不明显的交线称为过渡线。

过渡线的画法与相贯线的画法基本相同，用细实线绘制。由于存在圆角，交线的两端不再与零件的轮廓线接触，应留有少量的间隙。图 8-36 所示为两圆柱面相交的过渡线画法。

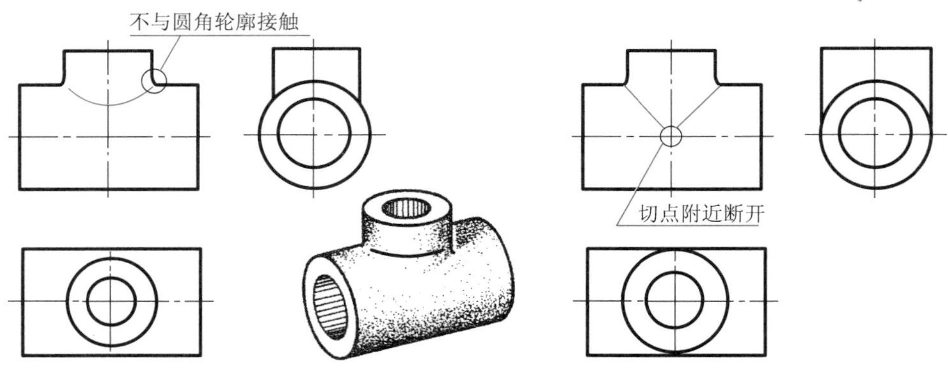

图 8-36　过渡线的画法

在画平面与平面或平面与曲面的过渡线时，应该在转角处断开，并加画过渡圆弧，其弯向与铸造圆角的弯向一致，如图 8-37 所示。

3. 铸件壁厚

为了保证铸件质量，防止产生缩孔和裂纹，见图 8-38（a)，铸件各部分壁厚应保持大致相等或逐渐变化，避免突然改变壁厚引起的局部肥大现象，如图 8-38(b)～(d)所示。

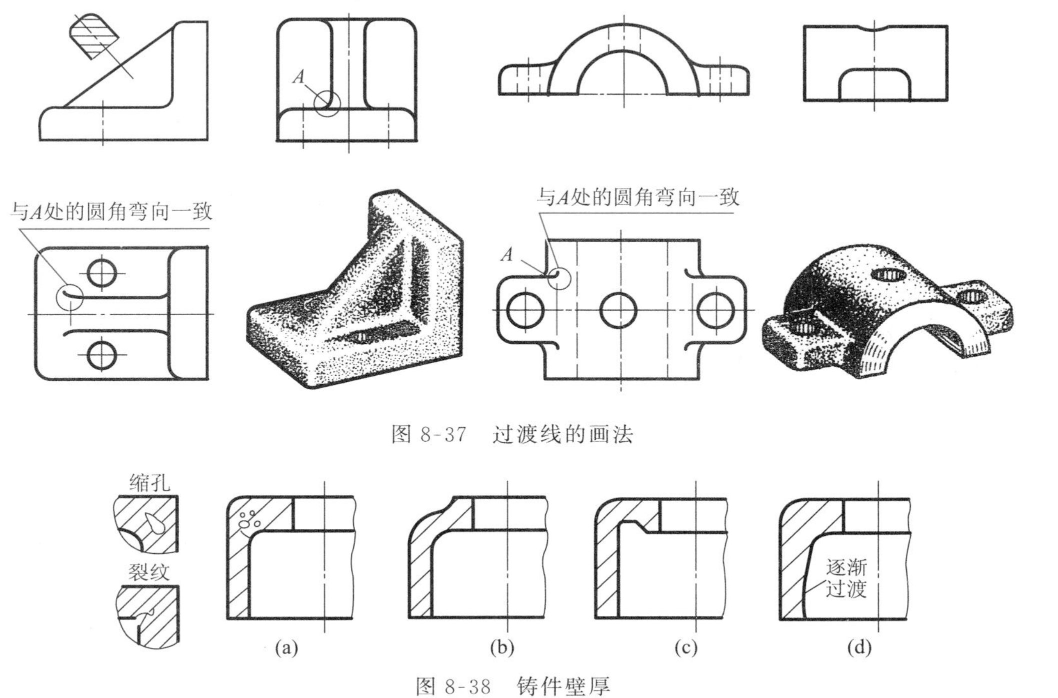

图 8-37 过渡线的画法

图 8-38 铸件壁厚

8.5.2 机械加工工艺结构

1. 倒角和倒圆

为了便于装配和操作安全，在轴或孔的端部一般都加工成倒角。倒角一般为 45°，也可为 30°或 60°。倒角为 45°时，用 C×（“×”表示锥台高度尺寸）表示；倒角不是 45°时，要分开标注。为了避免因应力集中产生裂纹，在轴肩处往往加工成圆角过渡的形式，称为倒圆。倒角和倒圆的画法及尺寸标注如图 8-39 所示。

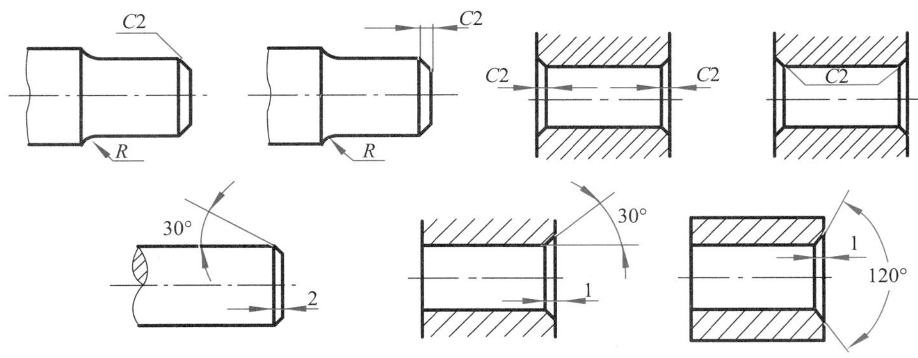

图 8-39 倒角和倒圆的画法与标注

2. 退刀槽和砂轮越程

在车制内、外螺纹时，为了便于退出刀具，加工出完整牙型的螺纹，常在被加工部位的末端预先加工出退刀槽，如图 8-40(a)所示。

在磨削阶梯轴或阶梯孔时，为了便于砂轮越过加工面，常在被加工的轴或孔的末端预先加工出砂轮越程槽，如图 8-40(b)所示。

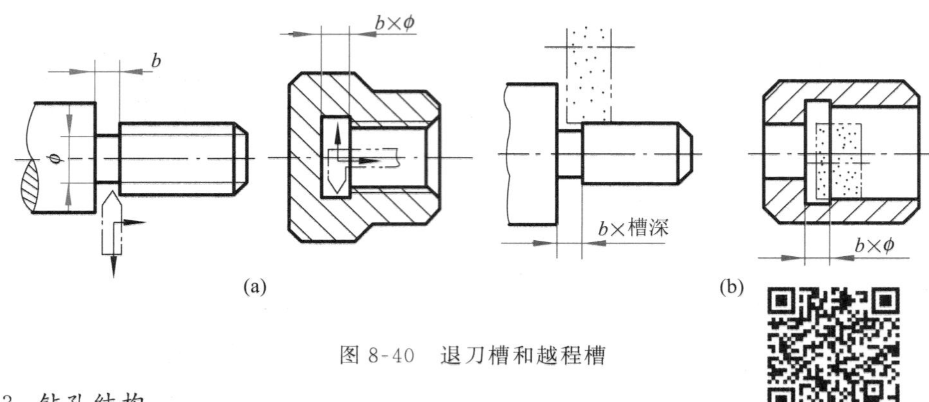

图 8-40　退刀槽和越程槽

3. 钻孔结构

零件上常见的孔有盲孔和通孔，多数是由钻头加工而成。因为钻头的底部有一个120°的锥角，所以用钻头钻出的盲孔底部有 120°的锥坑，因此，钻孔深度应是圆柱部分的深度，不包括锥坑，其画法及尺寸标注如图 8-41(a)所示。

在加工阶梯孔时，过渡处也存在锥角为 120°的圆台，其画法及尺寸标注如图 8-41(b)所示。

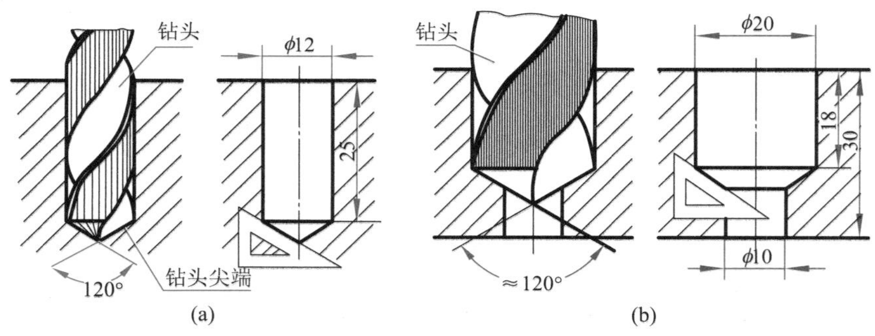

图 8-41　钻孔端面

钻孔时，钻头应与被钻的端面垂直，如图 8-42 所示。如遇斜面、曲面时，应预先加工出凸台或凹坑，以保证钻孔准确，避免钻头歪斜受力不匀而弯曲折断。

4. 凸台和凹坑

为了保证两零件接触良好，应合理地减少接触面积。因此，在零件接触面上应设计出凸台和凹坑结构，如图 8-43 所示。

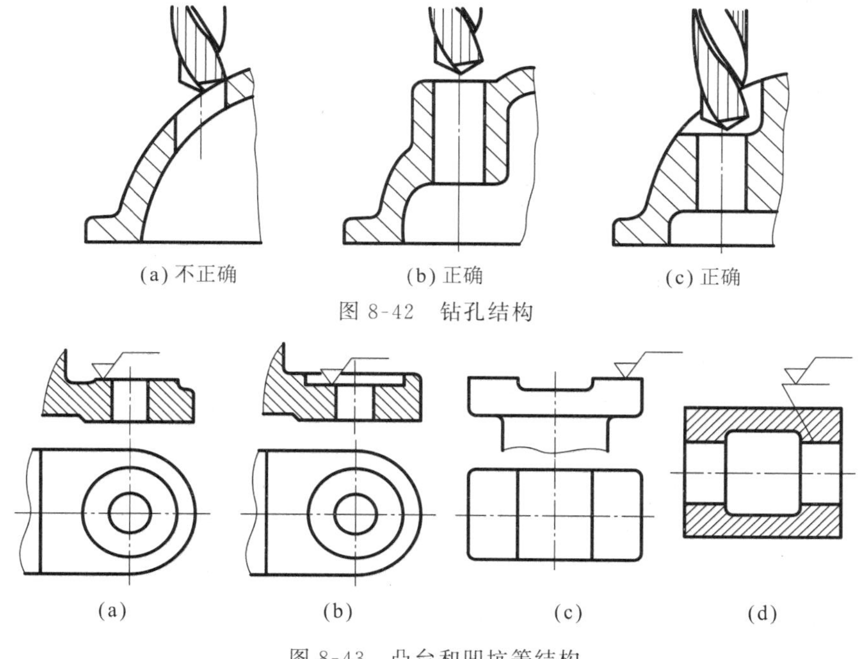

图 8-42　钻孔结构

图 8-43　凸台和凹坑等结构

8.6　读零件图

在设计、生产、安装、维修机器设备以及进行技术交流时，经常要阅读零件图。因此，从事工程技术的人员必须掌握正确的读图方法，具备一定的读图能力。下面以图 8-44 右端盖为例，介绍读零件图的一般方法和步骤：

1. 概括了解

右端盖是齿轮油泵上用于支承齿轮轴及密封泵体的零件。从标题栏得知，零件的名称为右端盖，材料为铸铁（HT200），绘图比例为 1∶1。

2. 分析视图

右端盖采用了两个基本视图。主视图采用 $A-A$ 全剖视，其剖切位置从左视图可以找到，重点表达了两齿轮轴轴孔和螺钉沉孔，以及定位销孔的内部结构。两个 ϕ16H7 轴孔是用以支承齿轮轴的。在左视图上可以看出右端盖的形状特征，六个螺钉沉孔和两个销孔的分布情况。综合主、左两个视图，按形体分析法，想像出右端盖的整体形状。

3. 分析尺寸

右端盖的长度主要基准为右端面，以此来定不通孔深度 11 及板厚 9、32 等尺寸；

ϕ20H7 孔的深度，以左端面为辅助基准确定。高度方向以主动齿轮的轴线（下部轴孔 ϕ16H7 轴线）为主要基准，以此来确定两齿轮的中心距（28.76±0.016），它是该零件的重要定位尺寸。宽度方向以对称面为基准。

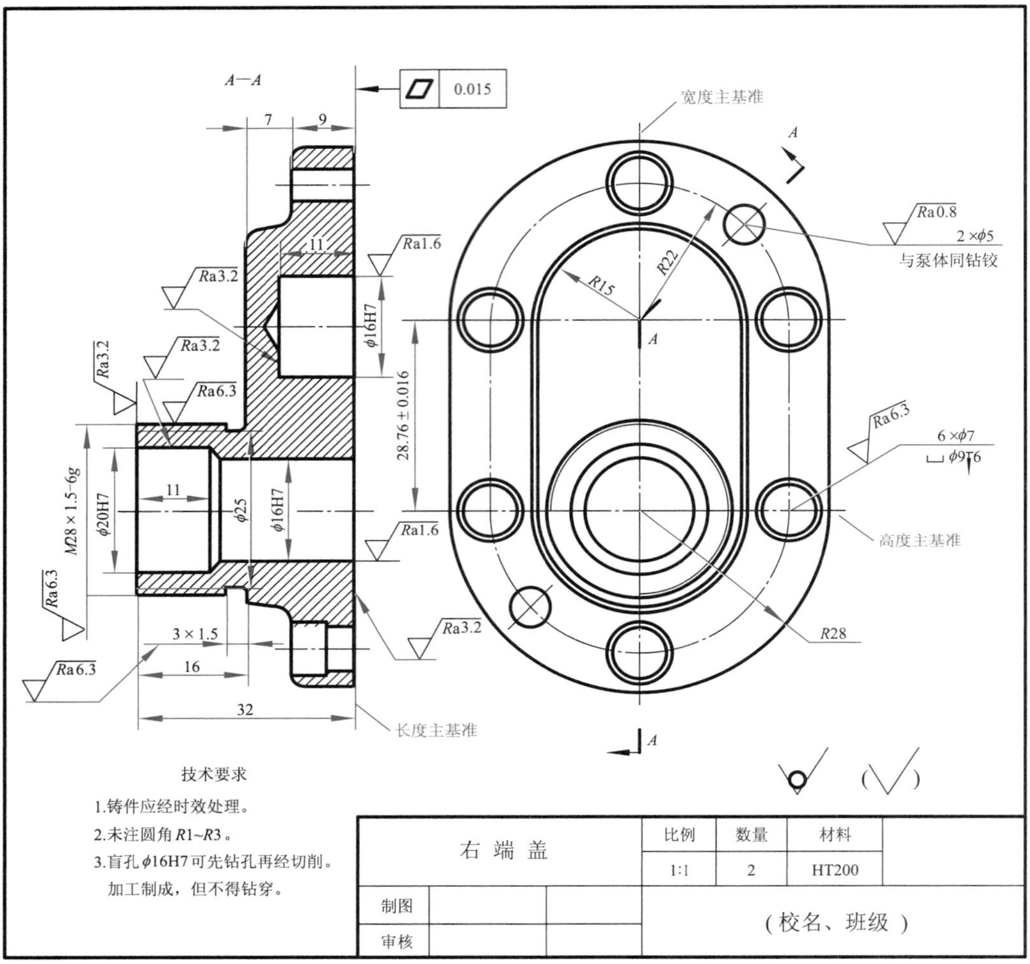

技术要求

1.铸件应经时效处理。

2.未注圆角 $R1\sim R3$。

3.盲孔 ϕ16H7 可先钻孔再经切削。加工制成，但不得钻穿。

右端盖		比例	数量	材料
		1:1	2	HT200
制图		（校名、班级）		
审核				

图 8-44　右端盖零件图

4. 了解技术要求

右端盖的两轴孔 ϕ16H7 为间隙配合，表面粗糙度 Ra 的数值为 1.6；右端面与泵体接触面 Ra 的数值为 3.2；两个定位销孔与泵体同钻绞，Ra 的数值为 0.8；其余加工面 Ra 的数值为 6.3。关于铸造圆角、不通孔的加工方法、时效处理等，用文字说明。

最后根据上述各项分析，综合起来进行思考、想象，对于右端盖就有了全面的了解。

第9章

装 配 图

教学提示

本章主要介绍有关装配图的基本知识。

通过本章学习，基本掌握装配图的表达方法、尺寸标注方法和阅读装配图的方法；初步具备由装配图拆画零件图的能力。

机器或部件都是由若干个零件按一定装配关系和技术要求装配起来的。表达机器或部件的工作原理、零件之间的装配与连接关系、主要零件的结构形状和技术要求的图样称为装配图。图 9-1 所示是滑动轴承的装配轴测图，图 9-2 所示是滑动轴承的装配图。

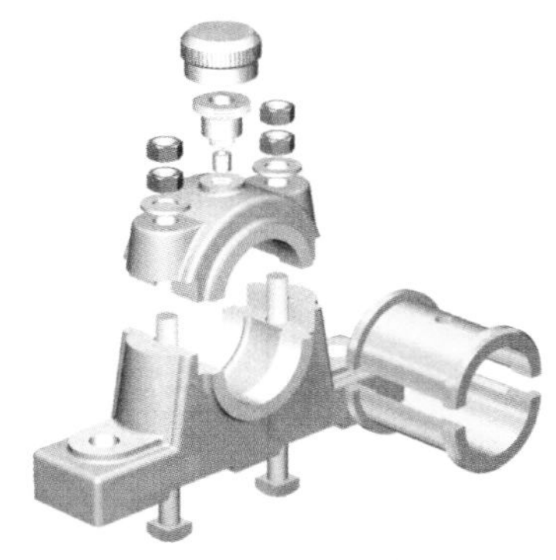

图 9-1　滑动轴承装配轴测图

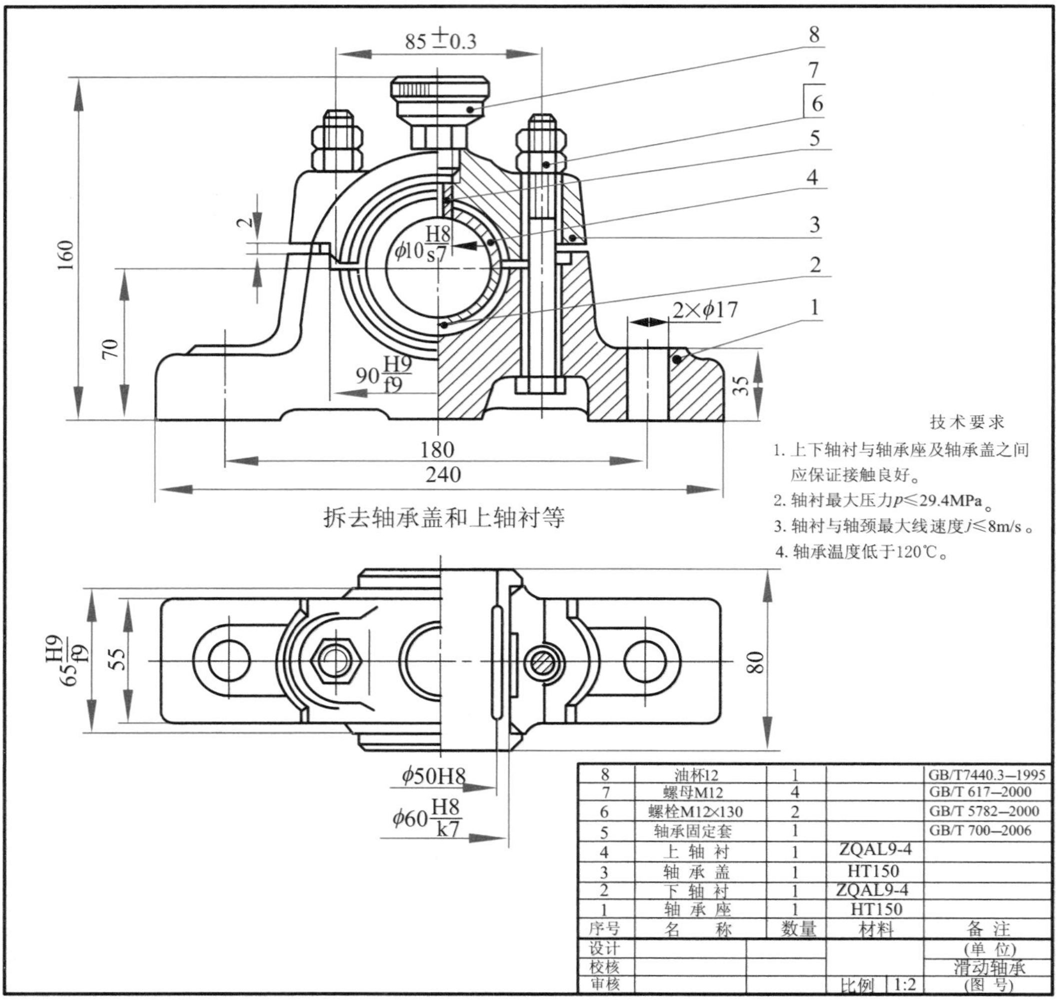

拆去轴承盖和上轴衬等

技术要求

1. 上下轴衬与轴承座及轴承盖之间应保证接触良好。
2. 轴衬最大压力$p\leqslant 29.4$MPa。
3. 轴衬与轴颈最大线速度$j\leqslant 8$m/s。
4. 轴承温度低于120℃。

序号	名　称	数量	材料	备　注
8	油杯12	1		GB/T7440.3—1995
7	螺母M12	4		GB/T 617—2000
6	螺栓M12×130	2		GB/T 5782—2000
5	轴承固定套	1		GB/T 700—2006
4	上 轴 衬	1	ZQAL9-4	
3	轴 承 盖	1	HT150	
2	下 轴 衬	1	ZQAL9-4	
1	轴 承 座	1	HT150	

设计				(单 位)
校核				滑动轴承
审核			比例 1:2	(图 号)

图 9-2　滑动轴承装配图

9.1 装配图的作用和内容

1. 装配图的作用

在产品设计时，首先要画出装配图，然后根据装配图进行零件设计并画出零件图；在产品制造中，装配图是制定工艺规程、指导装配和检验的依据；在使用和维修时，则需通过装配图了解机器的构造、性能和工作原理。因此，装配图在产品设计及生产使用的整个过程中起着非常重要的作用。

2. 装配图的内容

从图 9-2 中可以看出，一张完整的装配图应包括以下内容：

(1) 一组图形。用来表达机器或部件的工作原理、零件之间的装配关系和主要零件的结构形状等。

(2) 必要的尺寸。在装配图中只标注机器或部件的性能、规格、外形尺寸以及装配、检验、安装等方面必需的尺寸。

(3) 技术要求。用文字或符号说明机器或部件在装配、调试、安装和使用等方面的要求。

(4) 零件的编号及明细栏。为了便于看图，装配图中必须对每个零件进行编号，并在标题栏上方绘制明细栏，说明零件的序号、名称、材料、数量等内容。

(5) 标题栏。装配图标题栏包括机器或部件的名称、图号、比例、负责人签名等内容。

9.2 装配图的表达方法

零件图的各种表达方法在装配图中同样适用，但由于所表达的侧重点不同，根据表达内容的需要，装配图还制定了一些规定画法和特殊表达方法。

9.2.1 规定画法

(1) 两零件的接触面或配合面，规定只画一条线；而非接触面或非配合面，即使间隙再小，也要画两条线，如图 9-3 所示。

(2) 同一零件在不同的视图中，剖面线的方向和间隔应保持一致；相邻零件的剖面线方向应相反或方向一致，间隔不等；当剖面宽度≤2mm 时，允许剖面线用涂黑代替，如图 9-3 所示。

(3) 对于标准件及实心杆件（如轴、手柄、球等），当剖切平面通过其轴线纵向剖切时，这些零件均按不剖绘制。如图 9-4 主视图中的螺母、垫圈、齿轮轴、销等；当剖切平面垂直轴线剖切时，则应按剖开绘制，如图 9-4 左视图中的齿轮轴、销、螺钉剖面。若实心杆件本身的局部结构需要表达时，则可采用局部剖视，如图 9-4 中齿轮啮合部分。

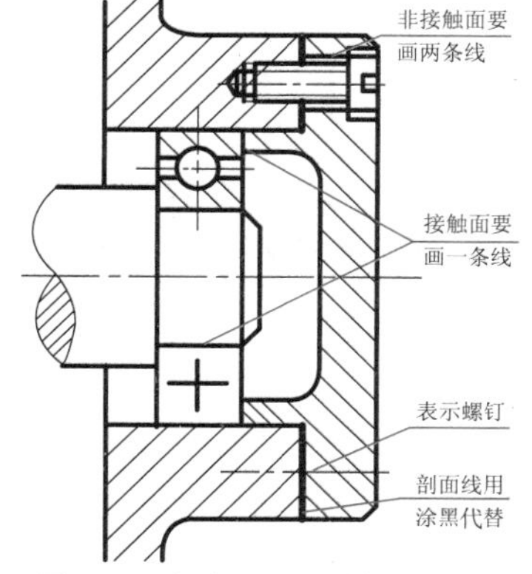

图 9-3 规定画法和简化画法

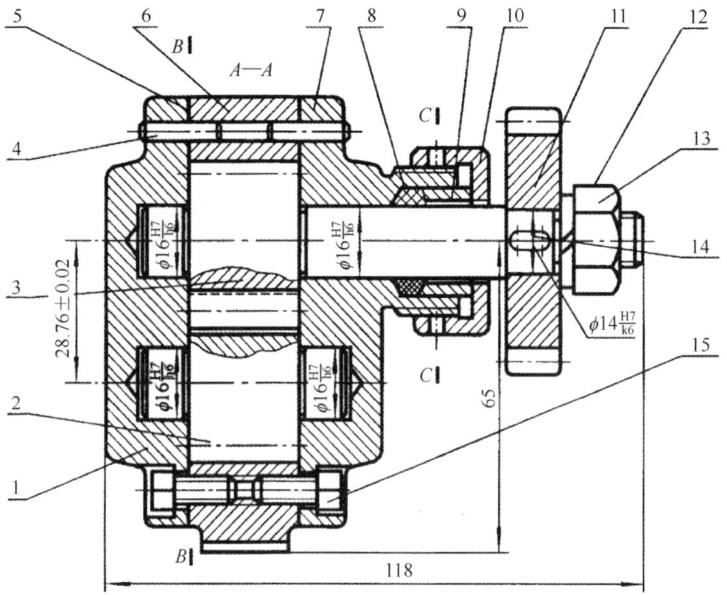

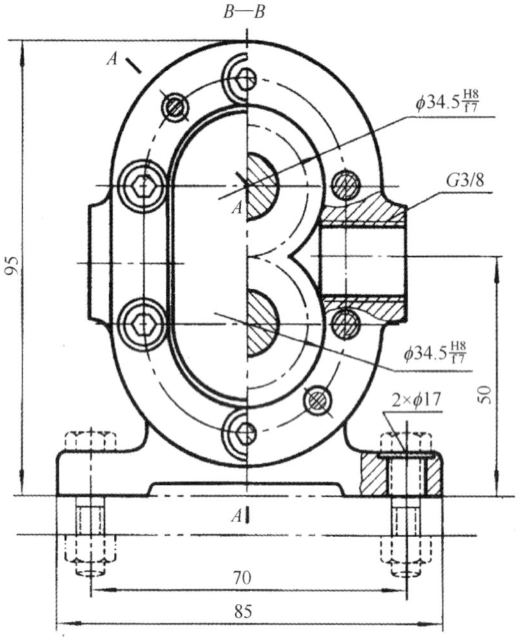

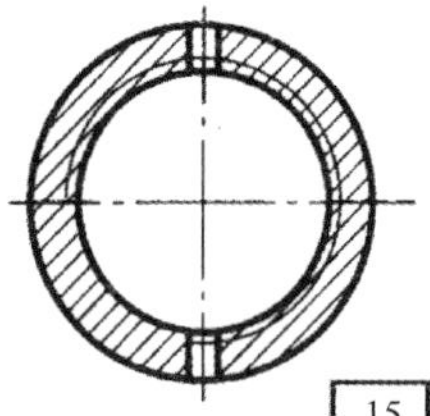

技术要求

1.装配后用手转动传动齿轮轴，应能灵活旋转。

2.两轮齿的啮合面应占全齿长的3/4以上。

序号	名称	件数	材料	备注
15	螺钉M6×16	12	35	GB70–85
14	键5×10	1	45	GB1096–79
13	螺母M12×1.5	1	35	GB6171–86
12	垫圈12	1	65Mn	GB859–76
11	齿轮	1	45	m=2.5, z=20
10	压紧螺母	1	35	
9	轴套	1	QSn6–6–3	
8	密封圈	1	橡胶	
7	右端盖	1	HT200	
6	泵体	1	HT200	
5	垫片	2	纸板	δ=1
4	销A5×18	4	45	GB119–86
3	传动齿轮轴	1	45	m=3, z=9
2	齿轮轴	1	45	m=3, z=9
1	左端盖	1	HT200	

齿轮泵		比例		
		件数		
设计		重量		共1张 第1张
制图		（厂名）		
审核				

图9-4 齿轮油泵的装配图

9.2.2 特殊表达方法

1. 沿结合面剖切和拆卸画法

为了清楚地表达装配体的内部结构或被遮挡部分的结构形状，在装配图中可以假想沿两零件的结合面剖切（图 9-4 中 B—B 剖视图为沿泵盖与泵体结合面剖切的），此时与剖切面重合的结合面不画剖面线；其他被剖切到的零件的截断面则要画剖面线，如图 9-4 左视图中的齿轮轴、销、螺钉等。

另外，对于在视图中已表达清楚的零件，也可以假想将某个或某几个零件拆去不画，这种画法称为拆卸画法。如图 9-2 所示滑动轴承装配图中，俯视图右半部分就是拆去轴承盖和上轴衬等零件后绘制的，采用拆卸画法时，为了便于看图，应在所画视图上方加注“拆去××”。

2. 假想画法

在装配图中，为了表示与该装配体相关联但又不属于该装配体的零（部）件，可用细双点画线画出其轮廓，如图 9-4 中左视图。对于运动零件的极限位置也可用细双点画线画出其轮廓，如图9-5所示手柄的另一极限位置。

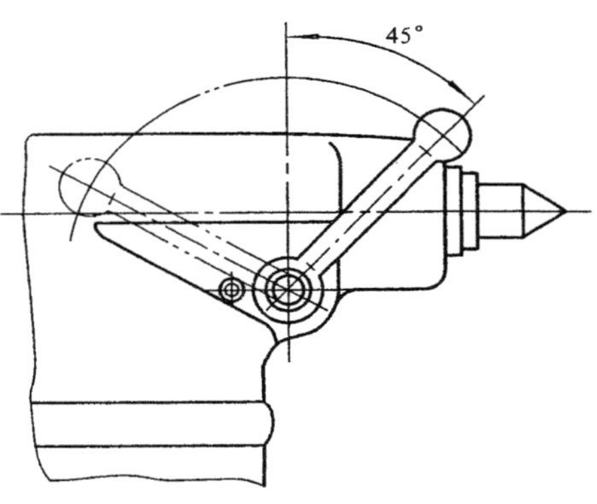

图 9-5 运动零件极限位置画法

3. 夸大画法

在画装配图时，对于薄片零件、细簧丝、微小间隙等，当无法按其实际尺寸画出时，可不按比例适当夸大画出。

4. 单独表达某个零件

在装配图中，当某个零件的结构尚未表达清楚而又对读装配图有影响时，可另外单独画出该零件的某一视图。如图 9-4 中零件 10 的 C—C 断面图，用以补充表达该螺母的外形及两小孔的位置。

5. 简化画法

(1) 对于装配图中的若干相同的零件组，允许仅详细地画出一组，其余用细点画线表示出中心位置即可，如图 9-3 中的螺钉画法。

(2) 在装配图中，零件较小的工艺结构，如小圆角、倒角、退刀槽等允许省略不画。

(3) 在装配图中，对于标准件（如滚动轴承、螺栓、螺母等）可采用简化画法和示意画法，如图 9-3 中滚动轴承的画法。

9.3　装配图的尺寸标注、技术要求及零件编号

9.3.1　装配图的尺寸标注

由于装配图与零件图的表达重点不同，因此在标注装配图的尺寸时，只需标注出必要的几类尺寸。

1. 性能（规格）尺寸

性能（规格）尺寸是指表示机器或部件性能、规格及特征的尺寸，在设计时就已经确定，通常作为了解和选用产品的依据。如图 9-4 中的出油口孔径 $G3/8$。

2. 装配尺寸

(1) 配合尺寸。表示两零件间配合关系和配合性质的尺寸。如图 9-4 中的 ϕ16H7/h6、ϕ34.5H8/f7 等。

(2) 重要的相对位置尺寸。如图 9-4 中两齿轮的中心距 28.76±0.02。

3. 外形尺寸

表示机器或部件外形轮廓的总长、总宽、总高的尺寸。根据外形尺寸，可考虑机器或部件在包装、运输、安装时所占的空间。如图 9-4 中的尺寸 118、95、85。

4. 安装尺寸

机器或部件安装时所需要的尺寸。如图 9-4 中泵体底座安装孔直径 ϕ17 和两孔中心距 70。

5. 其他重要尺寸

在设计中经计算而确定的但又未包括在上述几类尺寸中的重要尺寸。如主要零件的重要尺寸、运动零件的极限位置尺寸等。

以上五类尺寸不是在所有的装配图上都必须标注，而是根据机器或部件的具体情况，进行分析，合理标注。

9.3.2　装配图的技术要求

装配图的技术要求，主要包括装配、调试、检验、使用时应达到的技术性能及质量要求等内容。一般用文字写在明细栏上方或图样的空白处。

9.3.3　装配图的零件序号和明细栏

为了便于看图、管理图样，装配图中必须对每种零件进行编号，并根据零件编号绘制相应的明细栏。零件序号编写形式如图 9-6 所示。

(1) 装配图中所有零件，应按顺序编写序号；同一种零件只编一个序号，一般只

注一次。

(2) 零件序号应标注在视图周围，沿水平或垂直方向，按顺时针或逆时针方向排列整齐。

(3) 序号的字号应比图中所注尺寸数字大一号。

(4) 一组紧固件或装配关系明显的零件组，可以采用公共的指引线。

(5) 零件序号应填写在指引线一端的横线上或圆圈内(用细实线画出)，指引线的另一端应从所指零件的可见轮廓内引出，并在末端画一圆点。如所指部分内不便画圆点(很薄的零件或涂黑的剖面)时，可在指引线的一端画箭头指向该部分的轮廓。

(6) 指引线尽可能均匀分布且彼此不相交。当通过有剖面线的区域时，要尽量不与剖面线平行 ，必要时可画成折线，但只允许折一次。

(7) 零件的明细栏应画在标题栏上方，当标题栏上方位置不够时，可在标题栏左边继续列表。明细栏的内容如图 9-4 所示。

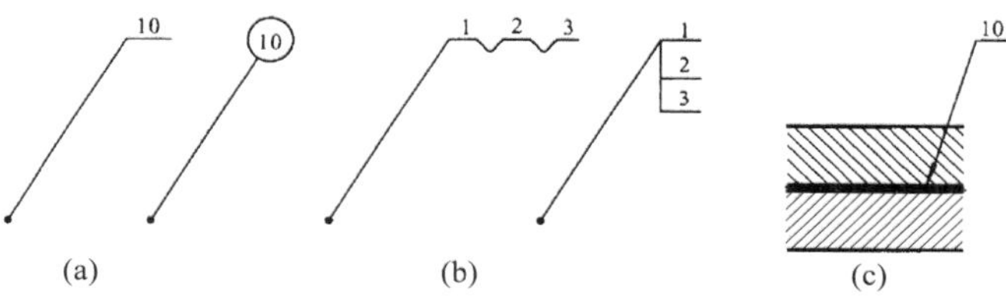

图 9-6 零件序号编写形式

9.4 装配结构简介

在设计和绘制装配图时，应考虑机器或部件上常见装配结构的合理性，以保证性能要求及零件加工和拆装的方便。下面介绍几种常见的装配结构。

9.4.1 接触面与配合面的结构

为了避免装配时不同的表面相互发生干涉，两零件在同一方向上只能有一对接触面，如图 9-7 所示，这样既保证了零件之间的良好接触，又降低了加工要求。若要求

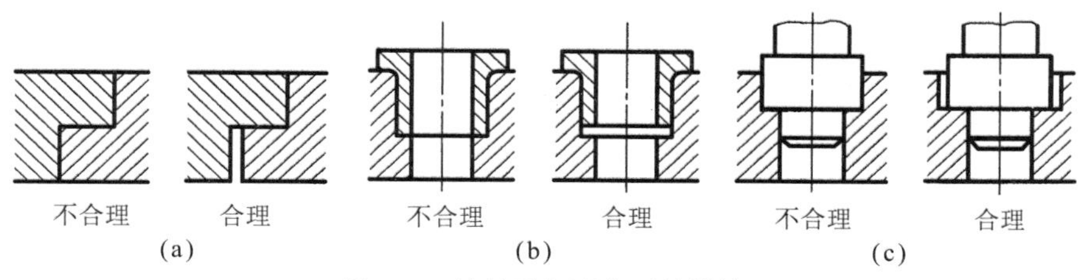

图 9-7 接触面与配合面的结构

两对平行平面同时接触，会造成加工困难，实际上达不到要求，在使用上也没有必要。

9.4.2 相邻两零件转角处的结构

轴与孔配合且轴肩与端面相互接触时，孔应制倒角或轴的根部应加工出退刀槽，如图 9-8(a)所示，以保证端面接触良好；图 9-8(b)所示结构则不合理。

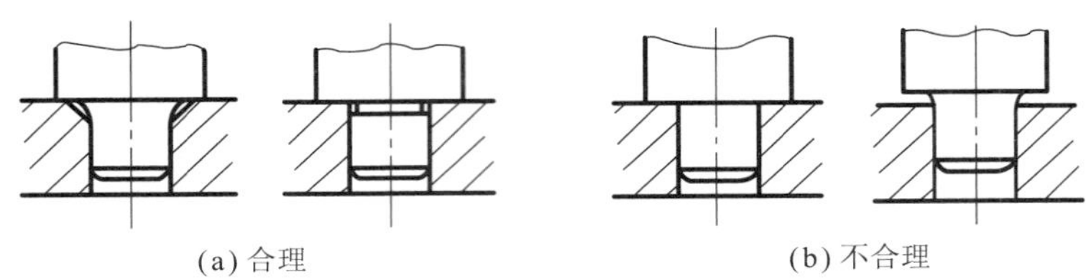

(a) 合理　　(b) 不合理

图 9-8　接触面转角处的结构

9.4.3 紧固件联接结构

采用紧固件联接时，要保证装配的可能和方便，预留够安装的空间，如图 9-9 所示。

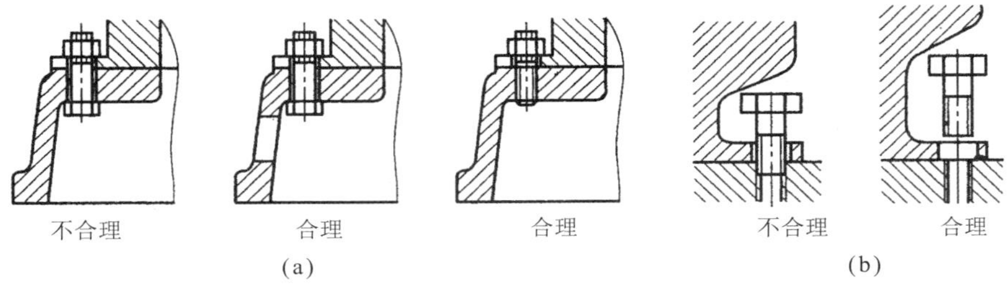

不合理　合理　合理　不合理　合理

(a)　(b)

图 9-9　紧固件联接结构

9.4.4 螺纹防松装置

机器运转时由于受到振动、冲击或温度变化，螺纹联接因此而松动，甚至造成事故。为了防止松动，常采用图 9-10 所示的螺纹防松装置。

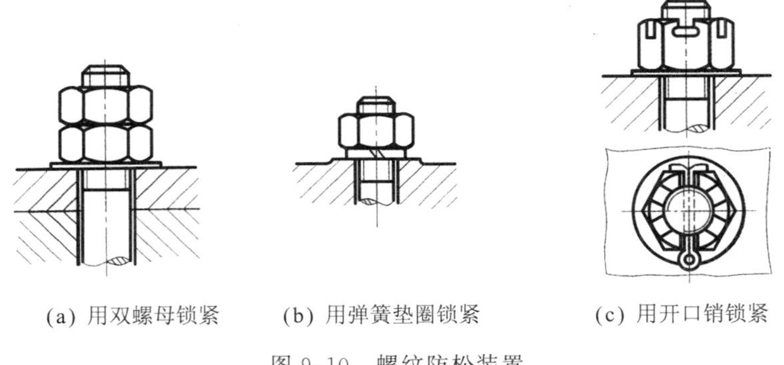

(a) 用双螺母锁紧　(b) 用弹簧垫圈锁紧　(c) 用开口销锁紧

图 9-10　螺纹防松装置

9.4.5 密封防漏装置

在机器或部件中，为了防止外部灰尘、杂质的侵入以及内部液体、气体的外溢，需要采用密封防漏装置。图 9-11 是两种典型的防漏装置，分别采用垫片或压盖把填料压紧密封防漏。

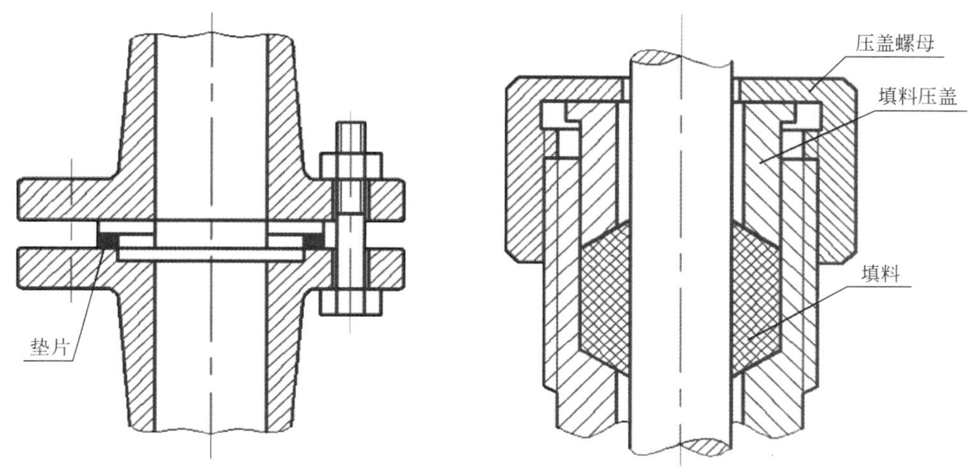

图 9-11 典型的密封装置

9.5 读装配图和拆画零件图

在设计、装配、使用、维修以及进行技术交流时，必需看懂装配图才能进行。因此，熟练地阅读装配图和正确地拆画零件图，是每个工程技术人员必须具备的基本技能之一。

9.5.1 读装配图的要求

（1）了解装配体的名称、用途和工作原理。

（2）搞清各零件的相对位置、装配关系及机器或部件的拆装顺序。

（3）搞清主要零件的结构形状和在该装配体中的作用。

9.5.2 读装配图的方法和步骤

下面以图 9-12 所示机用虎钳为例，说明读装配图的方法和步骤。

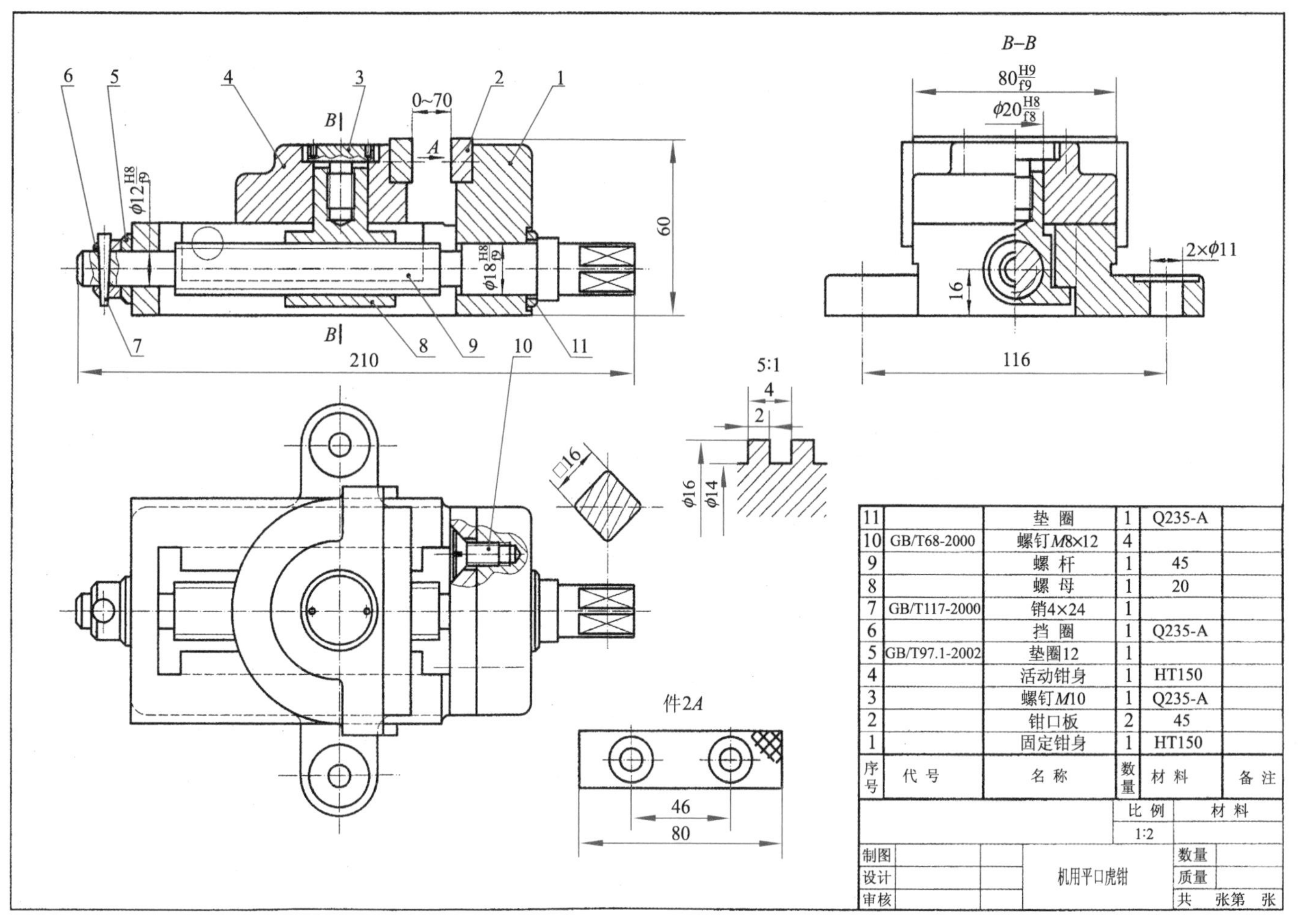

序号	代号	名称	数量	材料	备注
11		垫圈	1	Q235-A	
10	GB/T68-2000	螺钉M8×12	4		
9		螺杆	1	45	
8		螺母	1	20	
7	GB/T117-2000	销4×24	1		
6		挡圈	1	Q235-A	
5	GB/T97.1-2002	垫圈12	1		
4		活动钳身	1	HT150	
3		螺钉M10	1	Q235-A	
2		钳口板	2	45	
1		固定钳身	1	HT150	

机用平口虎钳	比例	材料
	1:2	
制图	数量	
设计	质量	
审核	共 张第 张	

图9-12 机用虎钳装配图

1. 概况了解

首先看标题栏了解装配体的名称；按图上序号对照明细栏，了解组成该装配体各零件的名称、材料、数量；通过浏览全图结合产品说明书等有关技术资料，对装配体的结构、工作原理有个概况了解。

由图 9-12 可知，该装配体为机用虎钳，由 11 种共 15 个零件组成，用来实现夹持零件的功能。

2. 深入分析

(1) 分析图形。通过阅读了解装配图的表达方案，分析各视图所采用的表达方法及表达重点和意图。

从图中可以看出机用虎钳采用了三个基本视图、一个 A 视图、一个局部放大图和一个移出断面图。

主视图采用了单一面的全剖视，通过虎钳的装配干线（螺杆 9 的轴线）剖切后画出的。主要表达了螺杆 9、螺母 8 和固定钳身 1 等装配干线上各零件间的相互位置、装配连接关系，反映了虎钳的工作原理。

俯视图主要表达了虎钳的外形、底板安装孔和螺钉 10 的分布情况；局部剖视图则表达了钳口板 2 和固定钳身 1 的连接情况。

左视图用了 $B-B$ 半剖视，从另一个方向反映出固定钳身 1、活动钳身 4、螺母 8、螺杆 9、螺钉 3 之间的装配关系。

局部放大图、移出断面则表达了螺杆的牙型及右端的结构形状。

A 向视图表达了钳口板的形状和装配尺寸。

(2) 分析工作原理和装配关系。对照视图仔细分析工作原理和装配关系是读装配图的重要环节。首先分析零件的装配情况，弄清各零件间的装配关系、连接方式、配合要求及定位、密封等问题，进而分析运动件与非运动件的相对运动关系，搞清装配体的工作原理。

机用虎钳用两个螺栓固定在工作台上。工件装在两钳口板之间，靠螺杆带动螺母来实现活动钳身的左右移动，进而夹紧、松开零件。

由于螺母装在活动钳身的孔中，螺杆的左右端支承在固定钳身的两侧孔中，靠挡圈 6 和销 7 轴向定位，这样就使得螺杆只能转动不能轴向移动。所以，当转动螺杆时，螺母就带动活动钳身沿固定钳身的导轨面作轴向移动；活动钳身 4 则利用圆螺钉 3 和螺母连接在一起；活动钳身的底面与固定钳身的上表面接触；钳口板 2 是用沉头螺钉固定在钳身上。

(3) 分析零件。分析零件就是深入了解零件的结构形状和作用以及与相邻零件间的装配关系。在读图时，要做到正确区分不同的零件，首先根据零件的序号在明细栏中找到其名称，了解该零件的规格、数量、材料，确定零件在装配图中的位置，再根据剖面线及投影关系，分析该零件的结构形状，了解其作用。

例如主视图中的序号 8，在明细栏中就可详细了解该零件的情况。根据它在主视图的投影范围，利用投影关系及剖面线的方向找到左视图中对应的部分。有了这两个视图，不难看出螺母 8 是由等长不等宽的两个四棱柱与一个圆柱体叠加组成，且横向与纵向分别制有螺孔。

利用同样方法，可逐个分析虎钳中的主要零件，搞清其结构、形状及作用和装配关系。

3. 分析尺寸

通过分析尺寸，进一步了解装配体的规格、外形大小及零件间的装配要求和安装方法等内容。图 9-12 中所注尺寸“0～70”及 80（钳口板宽）为装配体的规格尺寸；210、60 是外形尺寸；固定钳身中心孔 ϕ11 及中心距 116 是安装尺寸。另外还有三个配合尺寸，分别是 ϕ20 H8/f8、ϕ12 H8/f9、ϕ18 H8/f9 均为基孔制的间隙配合。

4. 归纳总结

通过以上分析，对机用虎钳的工作原理、装配关系、连接方式等有了较全面的认识。此外还应分析其拆装顺序。机用虎钳装配顺序是：先将两块钳口板用沉头螺钉固定在钳身上；再将活动钳身放在固定钳身上，将螺母从固定钳身下装入活动钳身的孔内，旋上圆螺钉。垫圈 11 套在螺杆 9 上，将螺杆从右端穿入固定钳身的轴孔，并旋入螺母 8 再穿过左端轴孔，套上垫圈 5 和挡圈 6，插入圆锥销 7 加以固定连接，最后检查调整，拧紧螺钉。拆卸顺序与装配顺序相反。机用虎钳的立体图如图 9-13 所示。

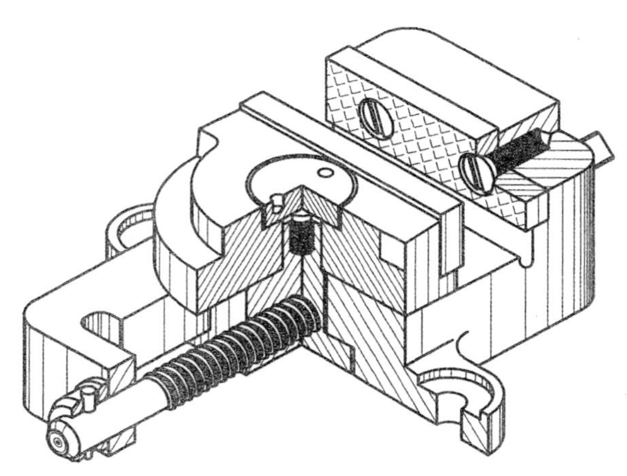

图 9-13　机用虎钳立体图

9.5.3　由装配图拆画零件图

在设计过程中，画好装配图后还须根据它画出零件图，通常称为拆图。拆图的实质是继续设计零件的过程，下面以固定钳身为例，介绍具体的拆图方法及步骤。

1. 零件分类

对于标准件及外购件，一般不拆画零件图；常用件及一般件，应先拆画主要零件，然后根据装配关系，逐一拆画有关的其他零件，以保证各零件的结构形状合理、尺寸协调一致。

2. 分离并想像零件

在全面理解和看懂装配图的基础上，将要拆画零件的轮廓逐步从装配图中分离出来，并补全被其他零件遮挡的图线，想像和构思清楚该零件的结构形状。最后得出的固定钳身形状如图 9-14所示。

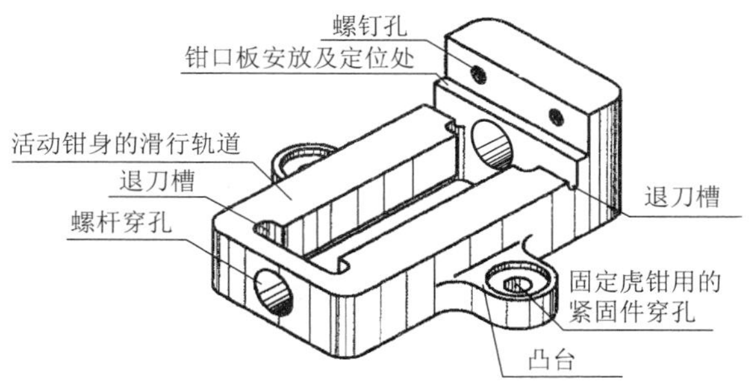

图 9-14 固定钳身轴测图

3. 确定零件的表达方案

由于装配图的视图选择是从装配体的整体考虑的，拆图时则应根据零件本身的结构、形状特点，选择适当的表达方法，不可简单照抄装配图，应重新确定表达方案。固定钳身的主视图应按工作位置原则选择，具体可参照零件图的画图方法和步骤。

4. 标注零件的尺寸

装配图上注出的尺寸都是重要尺寸，一般直接标注到零件图上。其余未注明的尺寸应从装配图中按比例量取（圆整为整数），并注意与相关零件的尺寸协调。

5. 确定技术要求

零件的表面粗糙度、尺寸公差、几何公差等，要根据该件在装配体中的功用以及该件与其他零件的相互关系，并查阅有关手册或参考同类产品图样比较确定。

此外，在拆图过程中还应注意以下几个问题：

（1）在装配图中并不一定把每个零件的结构、形状都能表达清楚。因此，在拆图时还需根据零件的作用和装配关系，对其加以补充完善；要补画出装配图上被省略的工艺结构（如圆角、倒角、退刀槽等）。

（2）对于标准结构要素应按规定画出，如螺钉的沉头孔、键槽等结构。

（3）零件中标准结构的尺寸、与标准件直接配合的零件结构（如与滚动轴承外圈配合的孔）尺寸应从有关标准中查出后标注标准数字；需要计算的尺寸（如齿轮齿顶圆直径、中心距等）应依据模数、齿数计算出来并标注。

图 9-15 是固定钳身的零件图。其他零件的形状读者可自行分析后，画出其零件图。

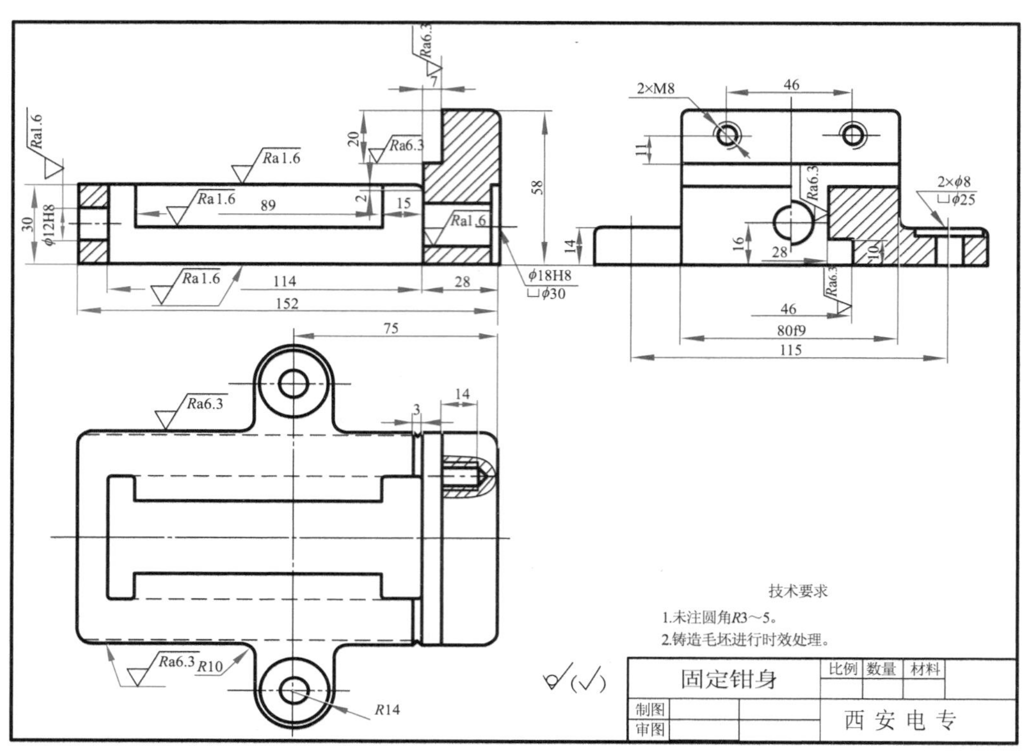

图 9-15　固定钳身零件图

第10章

零部件测绘

教学提示

本章主要介绍零部件测绘的基本方法和步骤，以及测绘工具的使用和测绘工作中的注意事项。

通过本章学习，学生应掌握简单零部件的测绘方法，能绘制出基本符合生产要求的零件图和装配图。

对实际的机器或部件进行分析、拆卸、测量，并绘制出装配图和零件图的过程称为零部件测绘。测绘对技术改造、产品仿制和引进先进技术都具有十分重要的意义，是工程技术人员必须掌握的基本技能之一，也是制图课程中很重要的实践教学环节。现以齿轮油泵为例，说明零部件测绘的方法和步骤。

10.1 测绘前的准备工作

10.1.1 了解和分析零部件

进行零部件测绘时，首先要制定测绘计划，准备测绘工具和用品。同时还要收集准备有关的技术资料，如国家标准、图册、手册和产品说明书等。通过阅读资料，对测绘对象进行认真分析，了解其使用情况、工作原理、结构特点、零件间的装配关系以及拆装顺序。为测绘工作做好充分的准备。

图 10-1 所示为齿轮泵的轴测分解图，可以看出此部件由标准件、常用件和一般零件三大类 17 种共 31 个零件组成。

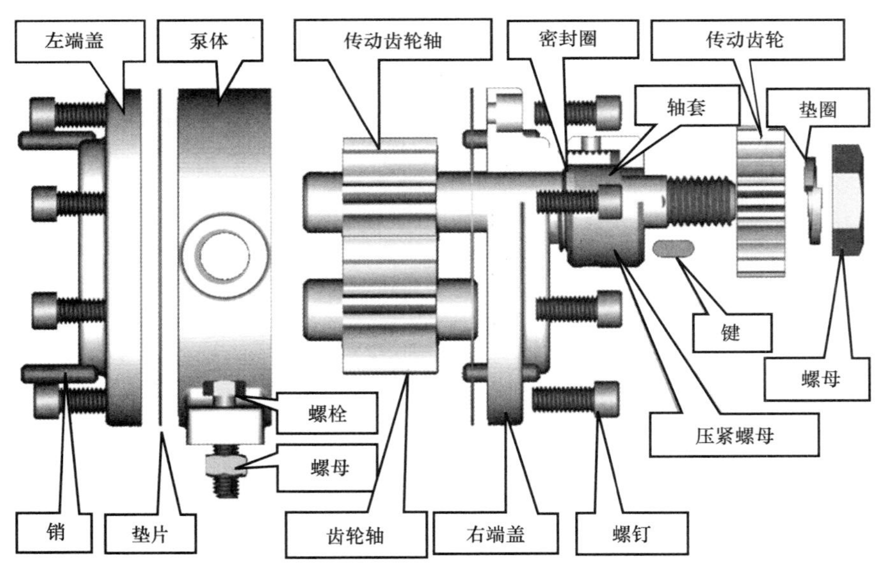

图 10-1　齿轮泵轴测分解图

齿轮油泵是机床润滑系统的供油泵，其主要零件有泵体、泵盖、齿轮轴、压紧螺母等。

齿轮油泵的工作原理，如图 10-2 所示。在泵体内腔装有一对相互啮合的圆柱齿轮，通过键连接使主动齿轮轴转动，从而带动从动齿轮轴。当两个齿轮转动时，啮合区内右边空间

的压力下降而产生局部真空，油池内的油在大气压力作用下进入吸油口。随着齿轮转动，齿隙中的油不断地沿箭头方向被带至出油口并压出，送往各润滑管路中。

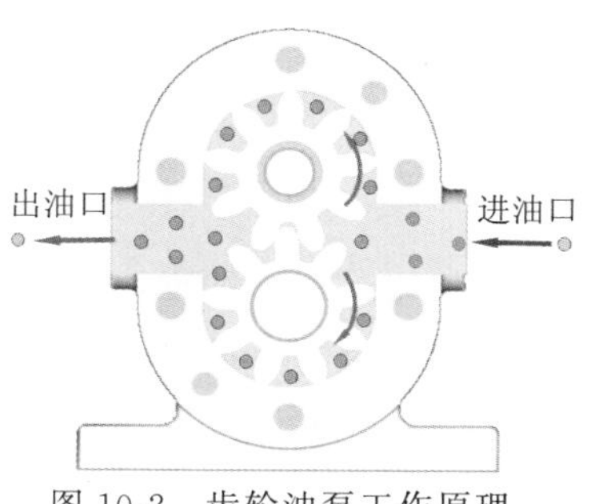

图 10-2　齿轮油泵工作原理

10.1.2　拆卸零部件

拆卸前要准备必要的拆卸工具和量具，如扳手、榔头、铜棒、钢尺、卡尺等；充分研究拆装的顺序和拆卸方法，并注意以下几个问题：

（1）对重要的装配尺寸，如零件间的相对位置、极限尺寸、装配间隙等要预先测量。

（2）对于不可拆卸的有关零件（如焊接或过盈配合的零件）及拆卸后严重影响机器质量的有关零件应尽可能不拆卸；并尽可能保证配合零件间的配合精度不变。

（3）重要零件应选择适当的拆卸工具，小心拆卸，不可损伤。

（4）拆下的零件不要乱放，分类编上号码，妥善保存，以防丢失。

（5）在拆卸过程中进一步了解零件的装配关系、零件的形状和作用等，以补充拆卸前所不易了解的内容。

（6）对零件数量多、构造复杂的零部件，应先画出装配示意图。

10.1.3　画装配示意图

装配示意图是用国标规定的机构运动简图符号和简单的线条，画出零件大致轮廓的图样。它主要记录零件间相对位置、工作原理和装配关系，以便根据它重新装配拆散的零部件；另外，在根据零件草图画装配图时，又可按照装配示意图有序的进行绘图。

装配示意图需对各零件编写序号或写出名称，图 10-3 所示为齿轮油泵装配示意图。

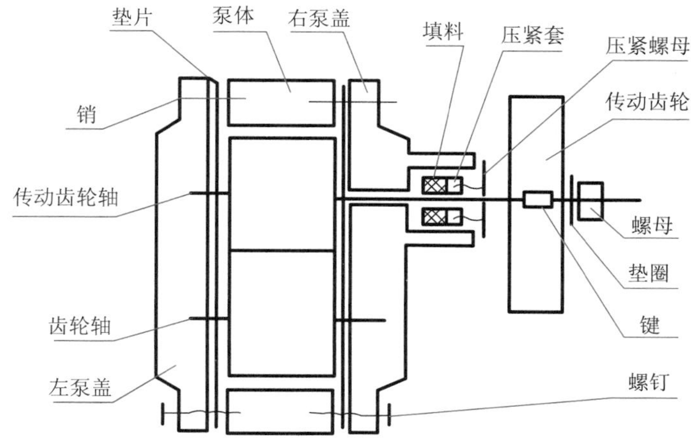

图 10-3　齿轮油泵装配示意图

10.2　画零件草图

对部件中的实际零件进行测量、绘图和确定技术要求的过程，称为零件测绘。由于零件测绘通常在生产现场进行，受条件的限制，一般先目测、徒手，按大致比例绘制出零件草图的图形，然后集中测量尺寸，这样可提高工作效率。最后由零件草图整理成零件工作图。

测绘时，首先应对部件中的所有零件进行分类，一般分为标准件、常用件、一般零件、外购件和密封件等。如齿轮油泵部件中的零件可分为以下几类。

一般零件：泵体、泵盖、传动齿轮轴、齿轮轴、轴套、压紧螺母等。这是零件测绘的重点，其中涉及轴套、轮盘和箱体三大类典型零件，均应画出零件草图和零件工作图。

标准件：螺钉、键、销、垫圈、螺母等，不必画零件草图，只需确定它们的规格、尺寸，然后列表写出名称、标记和数量。

常用件：传动齿轮，需测量确定它的尺寸、参数等，画出零件工作图。

10.2.1　零件测绘的方法和步骤

1. 了解零件

首先应了解零件的名称、用途、材料以及它在机器或部件中的位置和作用，然后对该零件进行结构分析和制造工艺的大致分析。

2. 视图选择

根据零件的结构特点，按照零件视图选择的原则，先确定主视图。考虑绘制装配图方便，主要零件的主视图尽量与装配图中的位置一致，如齿轮泵体的主视图选择，应按工作位置（即装配位置）来考虑。对于泵盖、齿轮轴等零件的主视图，则应以加工位置来考虑。之后再选择必要的其他视图，采用适当的表达方法，将该零件内外结构形状正确、完整、清晰地表达出来。

3. 绘制零件草图

零件草图是绘制零件图的重要依据，必须具备零件图的全部内容，作图切忌潦草。要求做到：图形正确、表达清晰、尺寸完整、技术要求齐全，并有图框和标题栏。

下面以齿轮轴为例，介绍草图的绘制方法和作图步骤：

(1) 确定位置，画基准线和中心线，如图 10-4(a)所示。

(2) 目测比例，用细线画内外结构形状，剖面线最后统一画，如图 10-4(b)、(c)所示。

(3) 选好基准，保证尺寸标注的合理性；先画所有尺寸线和尺寸界线，箭头最后统一画。

(4) 按规定线型徒手将图线加深；量取和注写所有尺寸数值，如图 10-4(d)所示。

(5) 标注技术要求的内容、填写标题栏，完成草图绘制，如图 10-4(e)所示。

可依照上述零件草图的绘制方法，依次完成油泵体中其他零件草图的绘制工作。

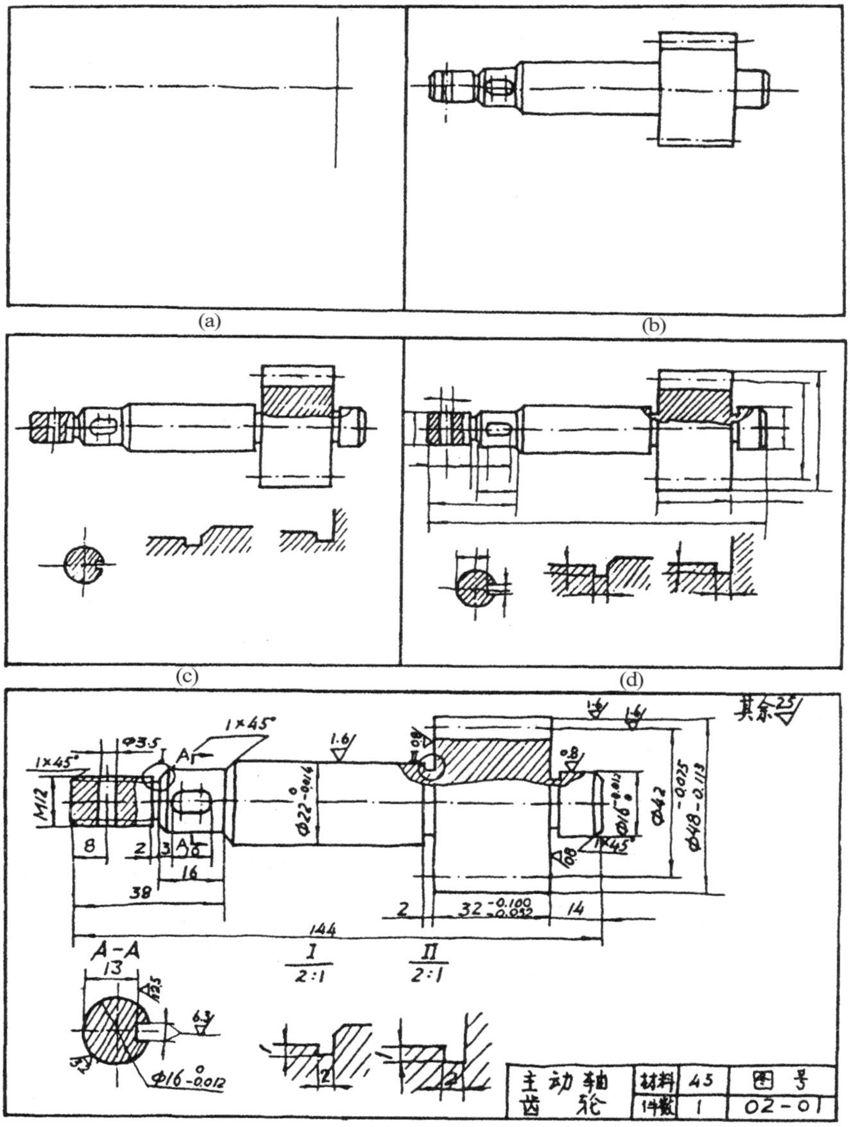

(a)　(b)

(c)　(d)

(e)

图 10-4　零件草图作图步骤

10.2.2 零件测绘的注意事项

零件测绘是一项比较复杂的工作，要认真对待每个环节，测绘中应注意以下几点：

(1) 在制造过程中产生的缺陷（如铸造的缩孔、裂纹，以及应对称的结构不对称等）和使用过程中造成的磨损、变形等，画草图时应予以纠正。

(2) 零件上的工艺结构如倒角、圆角、退刀槽等应全部画出，不得遗漏。

(3) 对于零件上的标准结构要素（如螺纹、键槽等）的尺寸经测量后，应再查阅手册，核对调整使尺寸符合标准系列。

(4) 零件上的非配合尺寸或不重要的尺寸，如测得有小数时，可圆整成整数。

(5) 对于配合尺寸，一般只需测得其基本尺寸，其配合性质及公差值，应根据零件的使用要求并经查表后确定。

(6) 标注尺寸时，注意零件之间的联接和配合关系，如基本尺寸相同的，应在两张零件草图上标注相同的尺寸数字，且注意两个零件所选的尺寸基准应相适应。

10.2.3 常用的测量工具及测量方法

测量零件尺寸是零件测绘过程中的重要环节，应集中进行，这样可以提高效率，避免错误和遗漏。常用的测量工具有钢尺、内卡钳、外卡钳、游标卡尺、圆角规和螺纹规等，其测量方法如表 10-1 所示。

表 10-1 常用测量工具及测量方法

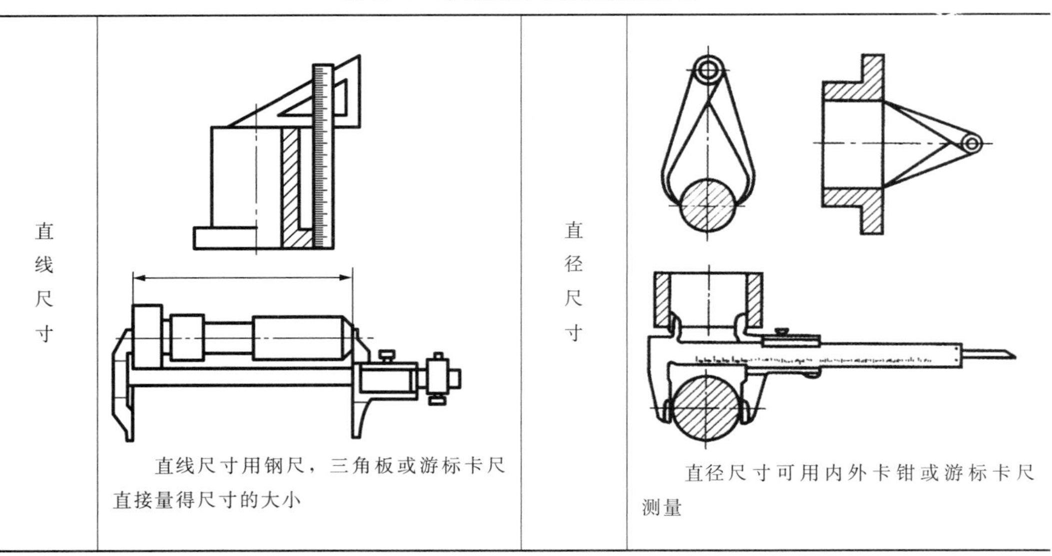

直线尺寸	直线尺寸用钢尺，三角板或游标卡尺直接量得尺寸的大小	直径尺寸	直径尺寸可用内外卡钳或游标卡尺测量

续表

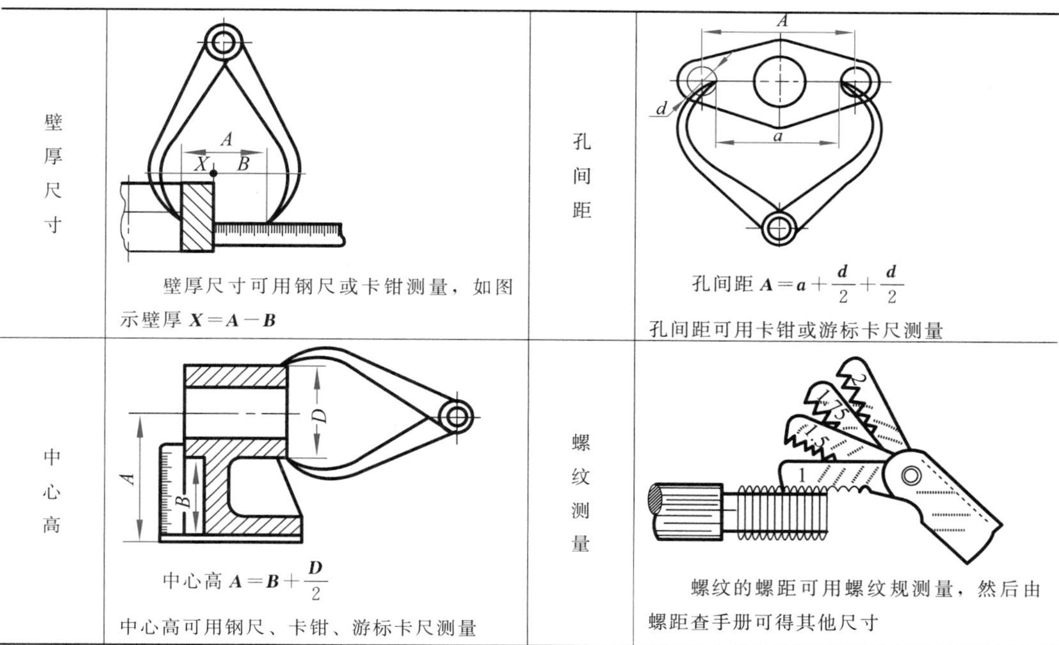

壁厚尺寸	壁厚尺寸可用钢尺或卡钳测量，如图示壁厚 $\boldsymbol{X}=\boldsymbol{A}-\boldsymbol{B}$	孔间距	孔间距 $\boldsymbol{A}=\boldsymbol{a}+\frac{\boldsymbol{d}}{2}+\frac{\boldsymbol{d}}{2}$ 孔间距可用卡钳或游标卡尺测量
中心高	中心高 $\boldsymbol{A}=\boldsymbol{B}+\frac{\boldsymbol{D}}{2}$ 中心高可用钢尺、卡钳、游标卡尺测量	螺纹测量	螺纹的螺距可用螺纹规测量，然后由螺距查手册可得其他尺寸

10.2.4　技术要求的确定

技术要求的内容可根据实物并参考同类产品的图样，用类比法来确定。

1. 表面粗糙度的确定

表面粗糙度可使用粗糙度样块来比较，确定的一般原则是：工作表面应比非工作表面光滑；摩擦表面应比非摩擦表面光滑；间隙配合越小，表面应越光滑；对于过盈配合，载荷越大，表面应越光滑；有密封、耐腐蚀要求的表面应较光滑。

在测绘设计中还可根据具体情况，参考表 10-2 来确定零件表面的 *R*a 数值。

表 10-2　*R*a 数值的应用举例

*R*a 数值/μm	应用举例
100，50，25	粗车、粗刨、粗镗、钻孔及切断等粗加工的表面，砂型铸造表面
12.5	螺栓穿孔、铆钉孔、支架、箱体等零件中不与其他零件接触的表面
6.3	箱体、支架、盖子等，不形成配合关系的接触表面，齿轮的非工作表面，平键槽的侧面
3.2	IT9—IT11 的配合表面、销钉孔、滑动轴承孔、精度不高的齿轮工作表面
1.6	IT6—IT8 的配合表面、滚动轴承座孔、蜗轮、套筒、齿轮的配合工作面、一般机床导轨工作表面
0.8，0.4	保持稳定可靠配合性质的配合表面、高精度的齿轮工作面、传动丝杆的工作面
0.2，0.05，0.025	精密仪器等

2．选择公差带与配合

选择公差带与配合时，既要满足零件的使用要求，又要兼顾加工制造的工艺性和经济性。因此，选择公差等级的原则是：在保证使用要求的前提下选用较低的等级。配合类别的选择取决于零件在装配体中的功能要求，测绘时，可以参照表 10-3 选用。

表 10-3　优先配合特性及应用举例

基孔制	基轴制	优先配合特性及应用举例
$\frac{H11}{c11}$	$\frac{C11}{h11}$	间隙非常大，用于很松、转动很慢的动配合。用于要求大公差与大间隙的外露组件、要求装配方便的很松配合
$\frac{H9}{d9}$	$\frac{D9}{h9}$	间隙很大的自由转动配合。用于精度非主要要求时，或有大的温度变动、高转速或大的轴颈压力时
$\frac{H8}{f7}$	$\frac{F8}{h7}$	间隙不大的转动配合。用于中等转速与中等轴颈压力的精确转动，也用于装配较易的中等定位配合
$\frac{H7}{g6}$	$\frac{G7}{h6}$	间隙很小的滑动配合。用于不希望自由转动，但可自由移动和滑动并精密定位时，也可用于要求明确的定位配合
$\frac{H7}{h6}$ $\frac{H8}{h7}$ $\frac{H9}{h9}$ $\frac{H11}{h11}$	$\frac{H7}{h6}$ $\frac{H8}{h7}$ $\frac{H9}{h9}$ $\frac{H11}{h11}$	均为间隙定位配合。零件可自由装拆，而工作时一般相对静止不动。在最大实体条件下的间隙为零，在最小实体条件下的间隙由公差等级决定
$\frac{H7}{k6}$	$\frac{K7}{h6}$	过渡配合，用于精密定位
$\frac{H7}{n6}$	$\frac{N7}{h6}$	过渡配合，允许有较大过盈的更精密定位
$\frac{H7}{p6}$	$\frac{P7}{h6}$	过盈定位配合，即小过盈配合。用于定位精度特别重要时，能以最好的定位精度达到部件的刚性及对中性要求，而对内孔承受压力无特殊要求，不依靠配合的紧固性传递摩擦负荷
$\frac{H7}{s6}$	$\frac{S7}{h6}$	中等压入配合。适用于一般钢件，或用于薄壁件的冷缩配合，用于铸铁件可得到最紧的配合
$\frac{H7}{u6}$	$\frac{U7}{h6}$	压入配合。适用于可以承受大压入力的零件或不宜承受大压入力的冷缩配合

10.3　画 装 配 图

10.3.1　画装配图的方法和步骤

1．确定表达方案

（1）主视图的选择。一般按零部件的工作位置考虑主视图，选择投射方向时，应突出表达工作原理、零件间主要的装配关系以及主要零件的结构特征。机器或部件一般是

由一些主要和次要装配干线组成，通常过主要装配干线的轴线将零部件剖开，画出剖视图作为部件的主视图。如图 10-5 所示，传动齿轮轴的轴线即为齿轮油泵的主要装配干线，也是主视图画图的主要基准线。选择 *A* 方向作为主视图投射方向，围绕装配干线将所有零件剖开，把装配关系表达清楚；同时还可以用局部剖视反映齿轮的啮合情况。

（2）其他视图的选择。主视图选定之后，再进一步分析还有哪些内容尚未表达清楚，宜选用什么视图予以补充，使表达方案趋于完善。如齿轮油泵的左视图，利用对称性可采用半剖视，既能表达齿轮泵的工作原理，又兼顾反映泵盖的外形和装配形式以及泵体底部的两个安装孔的位置。

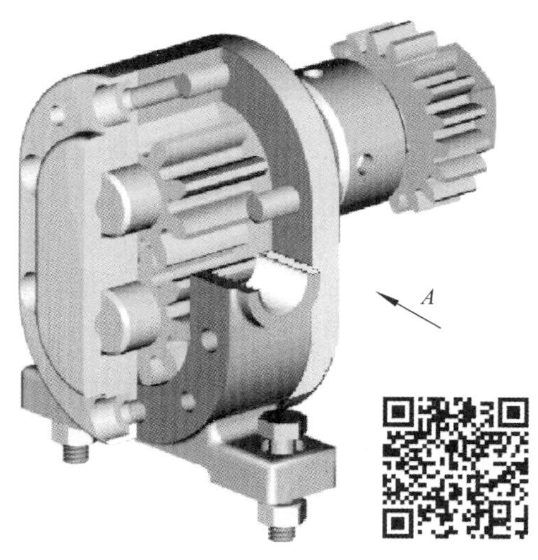

图 10-5　齿轮油泵轴测剖切图

2. 选择适当的比例和图幅

表达方案确定好后，根据零部件的大小和复杂程度，确定比例和图幅，并考虑标题栏、明细栏、零件序号、尺寸标注和技术要求等内容的布置。

3. 画图步骤（见图 10-6）

（1）合理布图。根据表达方案，合理布置各视图，留出标注尺寸、零件序号的适当位置，画出各个视图的主要基准线，如图 10-6（a）所示。

（2）画底稿。一般先从主视图画起，从主要零件入手，由主到次；从装配干线出发，由内向外逐层画出。例如，先画出泵体，如图 10-6(b)所示。然后画出一对啮合的齿轮轴，再依此画出次要零件的结构和细节，如泵盖、传动齿轮、轴套及密封装置等，如图 10-6(c)、(d)所示。

（3）检查、加深。装配图关系复杂，认真校对后按规定线型进行加深，并添画剖面线。

（4）装配图标注。标注装配图的必要尺寸（配合尺寸、公差带等）、编写零件序号。

（5）完成装配图。填写标题栏、明细表和技术要求等内容。装配图的文字性技术要求注写在明细表的上方或左方，主要包括：对装配体的性能和质量要求，如润滑、密封、噪声等；实验条件和方法的规定；外观质量的要求以及装配要求的说明等。

完成后的齿轮泵装配图，如第 9 章图 9-4 所示。

10.3.2　画装配图的注意事项

（1）分析清楚各零件定位基准面（线）和作图基准线；正确确定各零件间的相对位置。

（2）抓住装配干线，从内向外（或从外向内）、由主到次，逐个画出零件。作图时

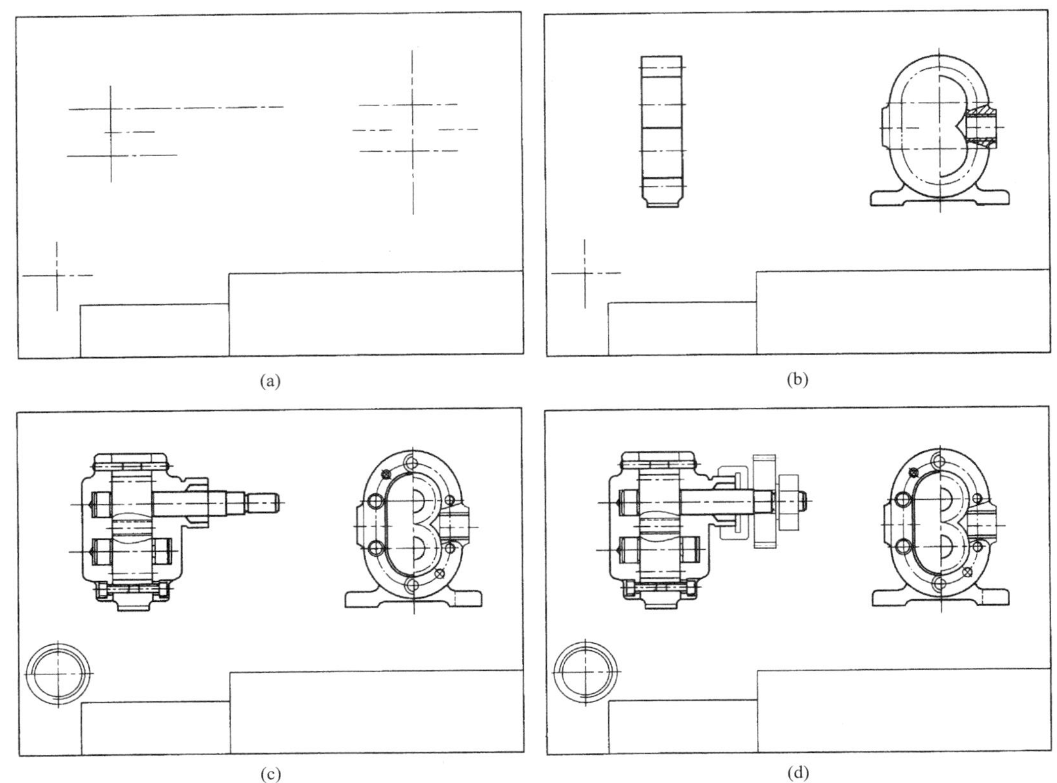

图 10-6　装配图绘制步骤

几个视图应配合着画，以保证投影对应、准确，提高画图速度。

（3）分析清楚零件间的装配关系（从尺寸分析入手），接触面和间隙处要表达清楚。对于零件间的微小间隙可采用夸大画法。

（4）分清零件间的前后关系，被遮挡的投影线随时擦除。

（5）装配图中零件的工艺结构（如小圆角、退刀槽、倒角等）可省略不画。

10.4　画零件工作图

画零件工作图不是对零件草图的简单抄画，而是根据装配图，以零件草图为基础，调整修改、规范画法的设计制图过程。因此，应先对零件草图中的视图表达、尺寸标注、技术要求等内容进行复查、补充或修改。尤其要严格检查零件间有定位、连接和配合关系的部分，重点检查尺寸是否遗漏或重复，相关零件的尺寸是否协调，有无干涉等。调整合适后，再开始画零件工作图。

画零件工作图的注意事项：

（1）检查草图中的视图表达，被省略的细小结构（如小圆角、退刀槽、倒角等）在零件工作图中应予表达完善。

（2）零件图尺寸标注要正确、完整、清晰、合理。

（3）图中的技术要求要明确标出。一般以装配图中的配合代号确定有关尺寸的公差；几何公差要以该零件在部件中所起的作用和各部分的功能来确定。

（4）图中不便注写的技术要求，以文字形式注写在标题栏上方，一般包括：材料、毛坯、热处理的要求；有关结构要素的统一要求（如圆角、倒角尺寸）和零件表面质量的要求等。

依照上述方法修改完善齿轮轴的零件草图，最后绘制出其零件工作图，如图 10-7 所示。

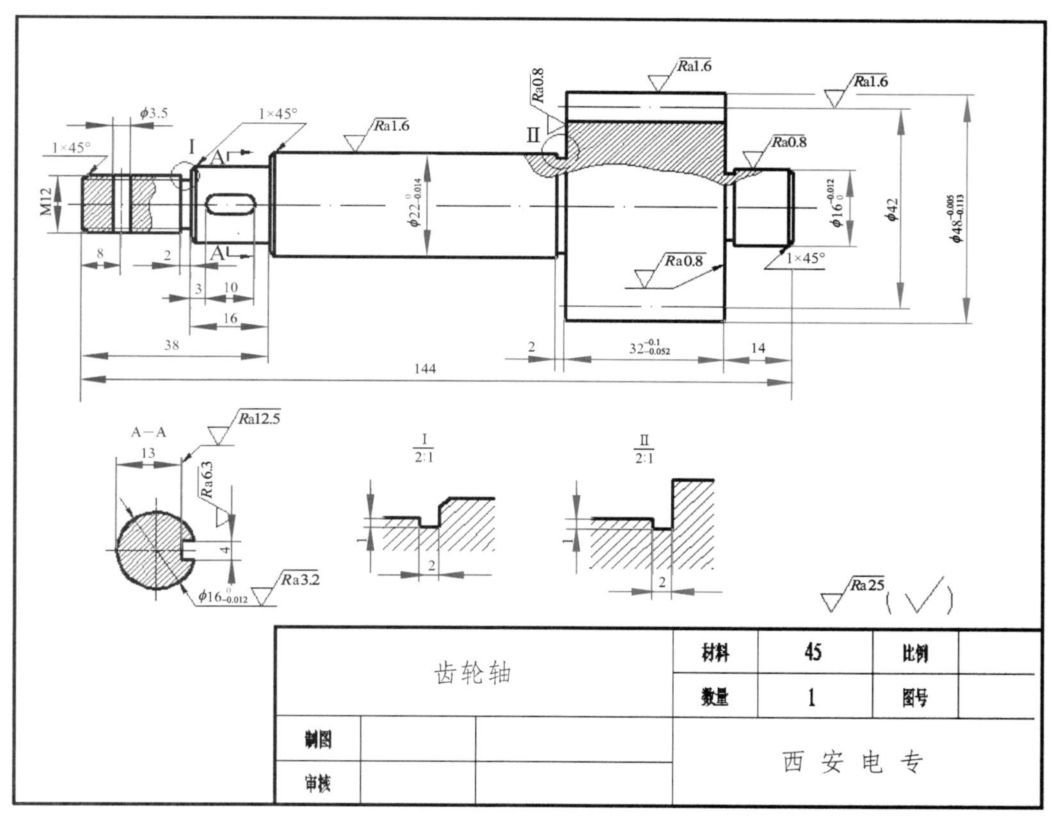

图 10-7　齿轮轴零件工作图

第11章

AutoCAD 2010绘图基础

教学提示

AutoCAD是美国Autodesk公司1982年推出的计算机辅助设计软件，也是目前使用最广泛的计算机绘图软件。它集二维图形绘制、三维造型、数据管理、图形处理等多功能为一体，具有简单易学、使用方便、系统开放等优点，本章以AutoCAD 2010为平台，重点介绍AutoCAD 2010的基本命令和操作以及绘制平面图样的方法。

11.1 AutoCAD 2010 基本知识

11.1.1 AutoCAD 2010 界面的初始设置

AutoCAD 2010 安装并初次启动之后，将会出现“AutoCAD 2010 初始设置”的界面，提示客户选择符合的行业来进行 AutoCAD 2010 图形环境的自定义，并优化工作空间和指定图形样板文件，如图 11-1 所示。其中图 11-1（a）显示为选择工作领域的行业，我们可根据需要选择“机械、电气和给排水（MEP）”选项。图 11-1（b）为优化工作空间，默认状态是将四个选项全选，单击进入下一页指定图形样板文件，如图 11-1（c）所示，选择“根据我的行业和单位格式使用默认图形样板文件”，并将单位改为公制，单击界面右下角“启动 AutoCAD 2010”，即完成适合机械绘图的初始界面的设置。

11.1.2 AutoCAD 2010 的初始工作界面

设定好初始界面后，即进入 AutoCAD 2010 的工作界面——用户初始设置的工作空间，它主要由应用程序菜单栏、快速访问工具栏、标题栏、交互信息工具栏、功能区、绘图区、命令行、状态栏、布局标签等组成，如图 11-2 所示。

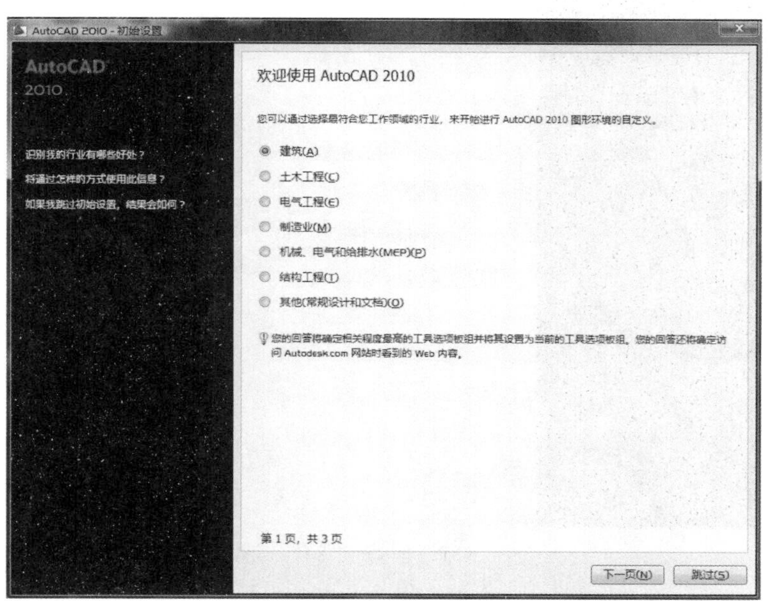

(a) 选择工作领域的行业

图 11-1 AutoCAD 2010 初始设置

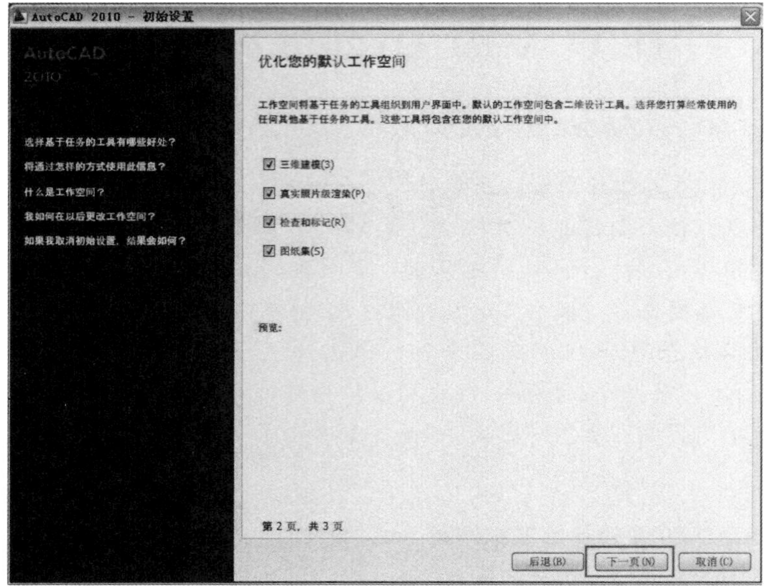

(b) 优化默认工作空间

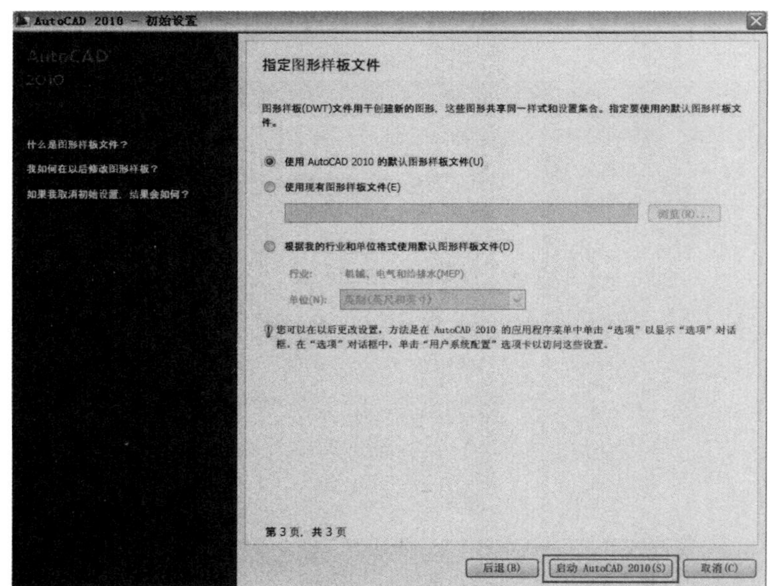

(c) 指定图形样板文件

图 11-1　AutoCAD 2010 初始设置（续）

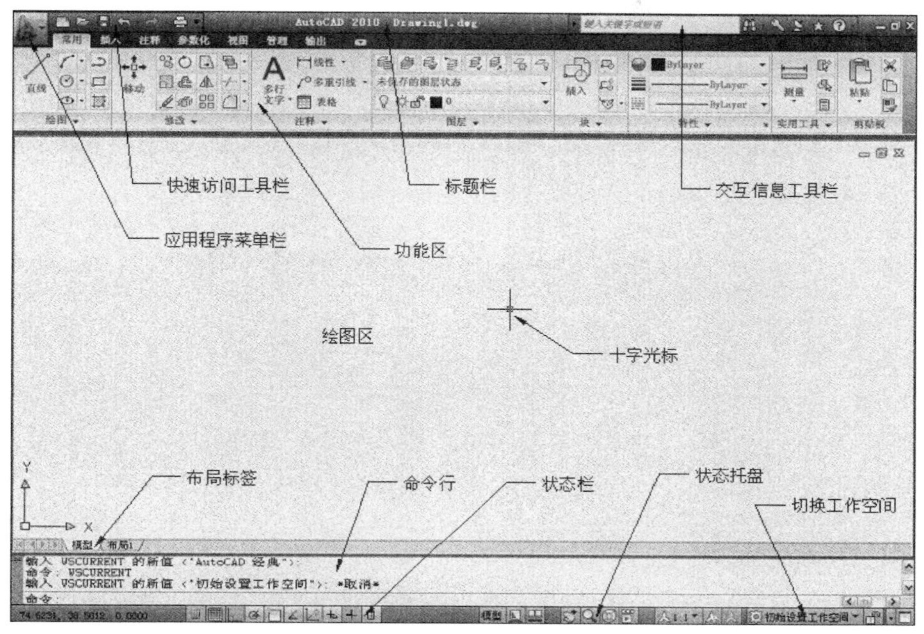

图 11-2　AutoCAD 2010 的工作界面

1. 标题栏

位于程序窗口的最上部，显示当前正在运行的应用程序名称及当前打开的文件名。标题栏的最右边是控制窗口的极大、极小化和关闭三个按钮。

2. 应用程序菜单栏

也称为菜单浏览器。它包括与文件相关的一些常用命令及命令搜索功能，如图 11-3所示。其中带有▶符号的表示当前功能下还有子菜单。

3. 快速访问工具栏

标题栏左边是 AutoCAD 2010 的快速访问工具栏，工具栏包括“新建”、“打开”、“保存”、“放弃”、“重做”和“打印”等几个最常用的工具。还可以单击工具栏右边的下拉菜单按钮，设置需要的常用工具，如图 11-4 所示。

4. 功能区

它是整个界面中最重要的组成部分，包括“常用”、“插入”、“注释”、“参数化”、“视图”、“管理”和“输出”七个功能选项卡，每个功能选项卡集成了相关的操作工具。例如，“常用”功能选项卡里有“绘图”、“修改”、“注释”、“图层”、“块”、“特性”、“实用工具”、“剪贴板”八个最常用的功能面板，如图 11-5 所示。其中带有▼符号的表示当前功能下还有子菜单，有其他功能、方式可选。

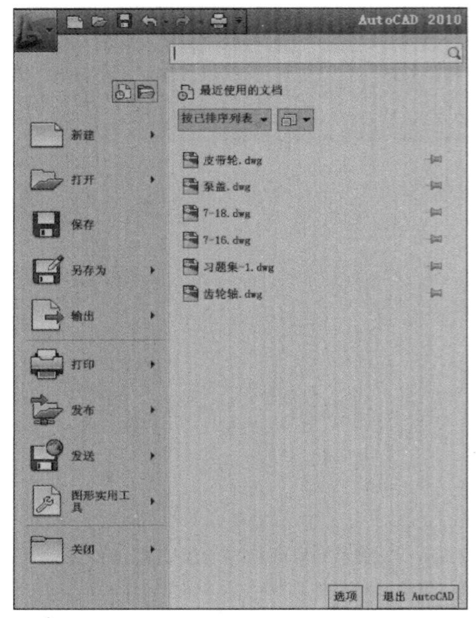

图 11-3 应用程序菜单栏

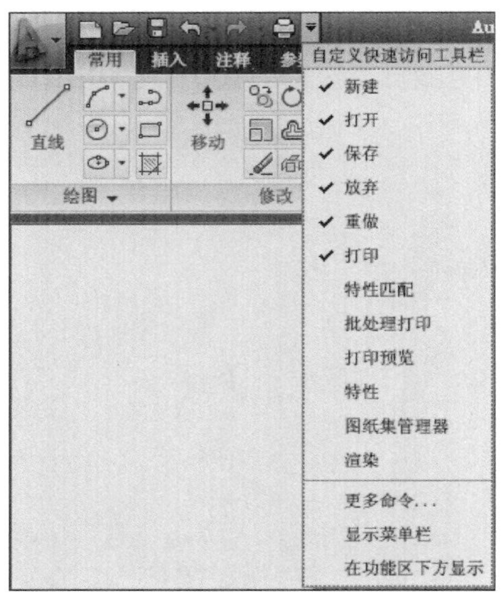

图 11-4 快速访问工具栏

图 11-5 “常用”功能面板

功能区选项的最后一个▣按钮，其位置如图 11-6 所示框线处，位于“输出”功能选项卡右侧，单击该按钮能控制整个功能区的三个状态（即“显示完整的功能区”、“最小化为面板标题”、“最小化为选项卡”）的展开与收缩。图 11-6 显示的为完整的功能区。

图 11-6 显示完整的功能区

将鼠标移到功能区，单击右键出现快捷菜单，可根据工作习惯和需要增删选项卡与面板，如图 11-7 所示。

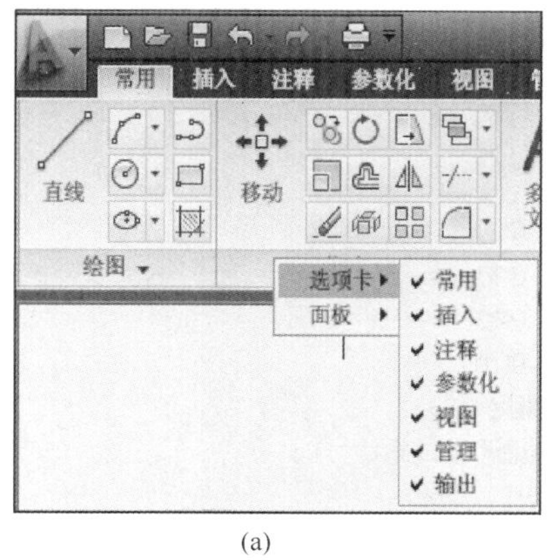

(a)

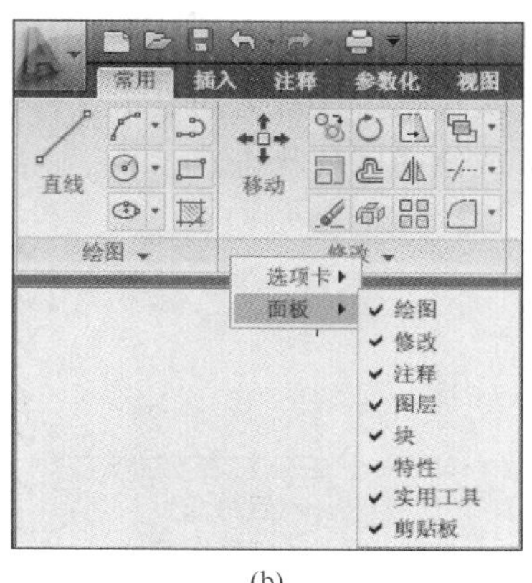

(b)

图 11-7　增删功能选项卡与面板

5. 绘图区

AutoCAD 2010 中最大的空白区域叫绘图区，用户绘制的图形在这里显示。绘图区左下角是坐标系，默认是世界坐标系 WCS，用户可以根据需要设置用户坐标系 UCS。十字光标可在绘图区的任意位置移动，拖动滚动条可进行视图的上下和左右移动，以观察图纸的任意部位。

6. 命令行和文本窗口

命令行是显示用户与 AutoCAD 交互信息的地方，默认状态下是 3 行。它也是用户和 AutoCAD 对话的窗口，在命令窗口可以直接输入操作命令进行相应的操作。同时，操作提示、错误信息也在这里显示。初学者一定要关注命令行的内容和提示，并给予正确的响应，操作才可成功。

7. 状态栏

状态栏显示当前十字光标的三维坐标和 AutoCAD 2010 绘图辅助工具的切换按钮，如图 11-8 所示。它们从左往右依次为“捕捉模式”、“栅格显示”、“正交模式”、“极轴追踪”、“对象捕捉”、“对象捕捉追踪”、“允许/禁止动态 UCS”、“动态输入”、“显示/隐藏线宽”、“快捷特性”共 10 个状态选项，用鼠标左键点击按钮即可开启或关闭相应状态。灰色表示关闭，浅蓝色表示开启。鼠标移动到状态栏的坐标值处单击右键，可控制坐标的显示与关闭。在状态按钮上单击右键，选择“显示”可设置状态按钮是否出现在状态栏上，如图 11-9 所示。

图 11-8　状态栏

8. 状态托盘

状态托盘包括一些常见的显示工具和注释工具，如图 11-10 所示，通过这些按钮可以控制图形或绘图区的状态。

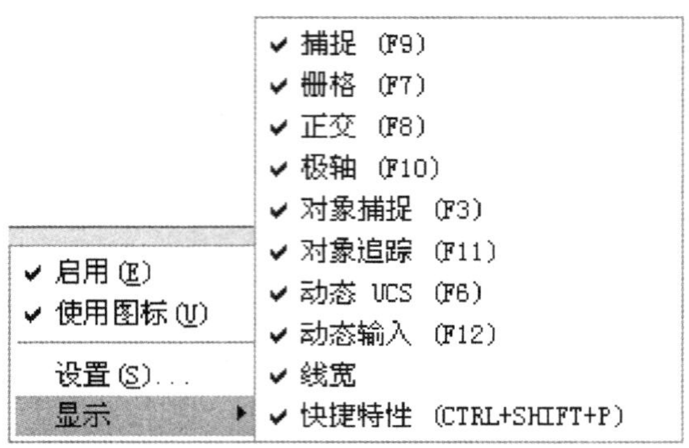

图 11-9　设置状态栏

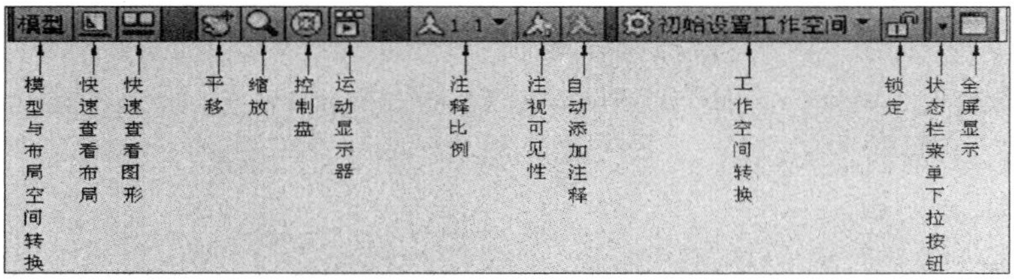

图 11-10　状态托盘

11.1.3　AutoCAD 2010 的经典工作界面

单击状态托盘的“工作空间转换”按钮，出现下拉菜单，如图 11-11 所示，单击“AutoCAD经典”即可将初始工作界面转换到经典工作界面，如图 11-12 所示。

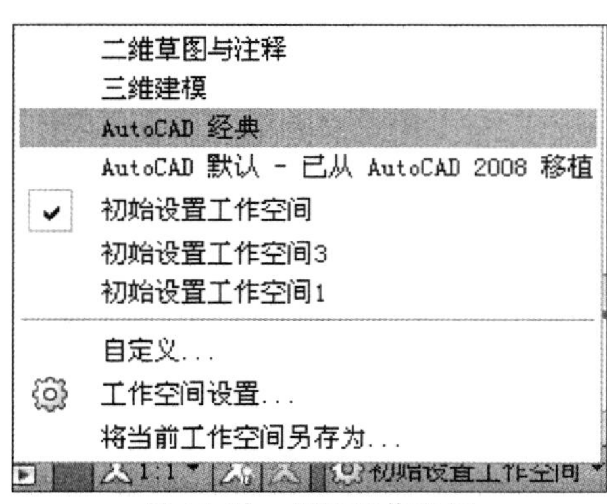

图 11-11　切换工作空间

经典工作空间与初始设置工作空间之间的区别在于菜单栏、工具栏及工具选项板。

1. 菜单栏

标题栏下面是 AutoCAD 2010 的下拉菜单栏，可通过逐层选择相应的下拉菜单激活 AutoCAD 2010 的相应命令或弹出相应的对话框，如图 11-13 所示。下拉菜单栏几乎包括了 AutoCAD 2010 的所有命令，用户可以方便地运用菜单中的命令进行绘图等操作。

AutoCAD 2010 还提供快捷菜单功能，可

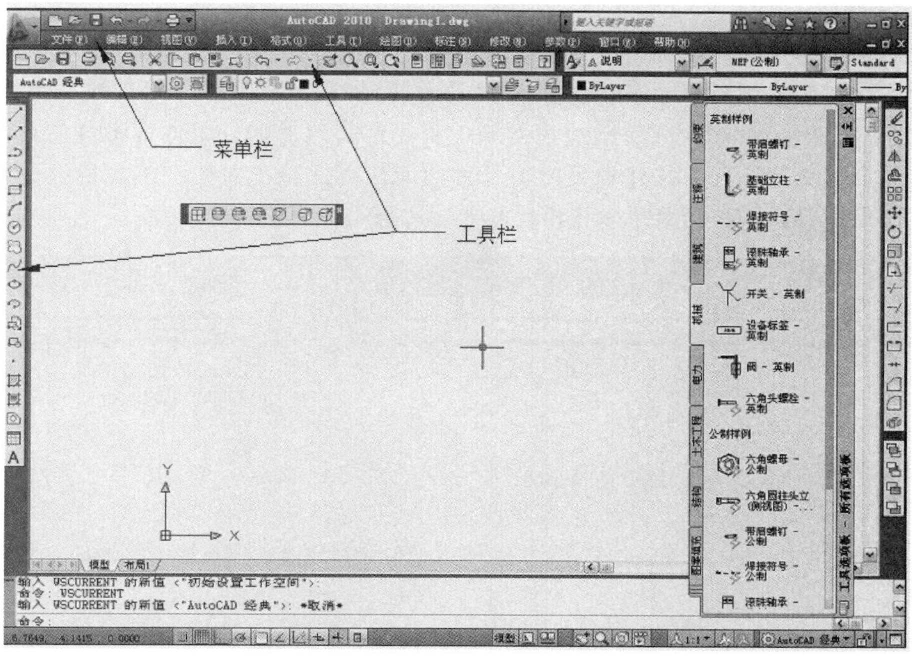

图 11-12 AutoCAD 2010 经典工作界面

以单击鼠标右键，弹出快捷菜单。快捷菜单上显示的选项是与上下文相关的，其决定于当前的操作和右击鼠标时光标的位置，如图 11-14 所示。任何工作空间都能用快捷菜单。

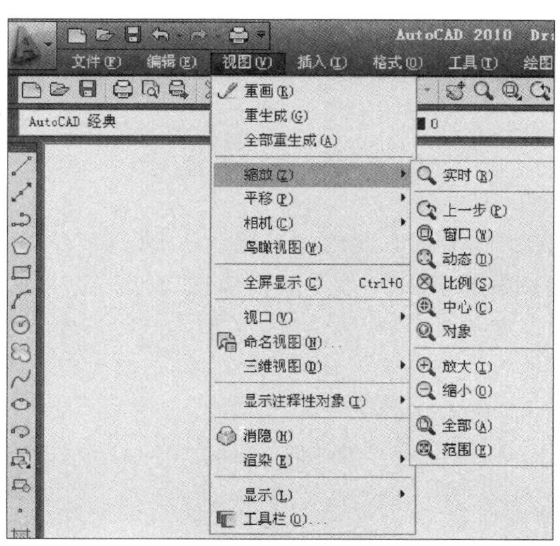

图 11-13 “视图”下拉菜单

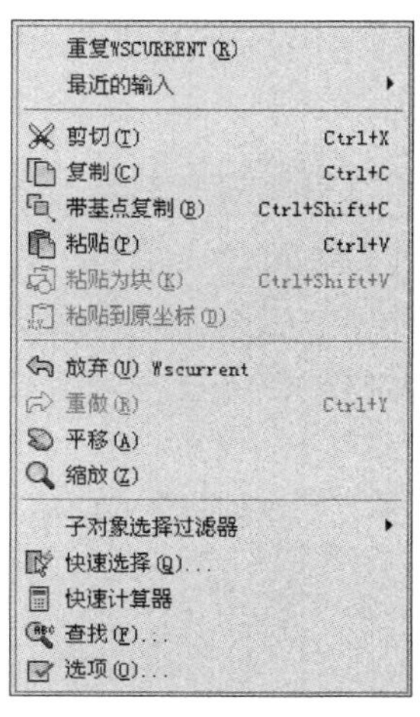

图 11-14 弹出快捷菜单

2. 工具栏

工具栏是为用户提供快速执行命令的方法。AutoCAD 2010 提供有众多工具栏，默认设置下，在工作界面上显示“标准”、“对象特性”、“样式”、“图层”、“绘图”和“修改”等工具栏。AutoCAD 2010 所有的工具栏都是浮动的，用户可将各工具栏拖放到工作界面的任意位置。打开和关闭工具栏的简便方法是，在任一工具栏的位置单击鼠标右键，在弹出的快捷菜单中将相应的选项勾选，如图 11-15 所示。

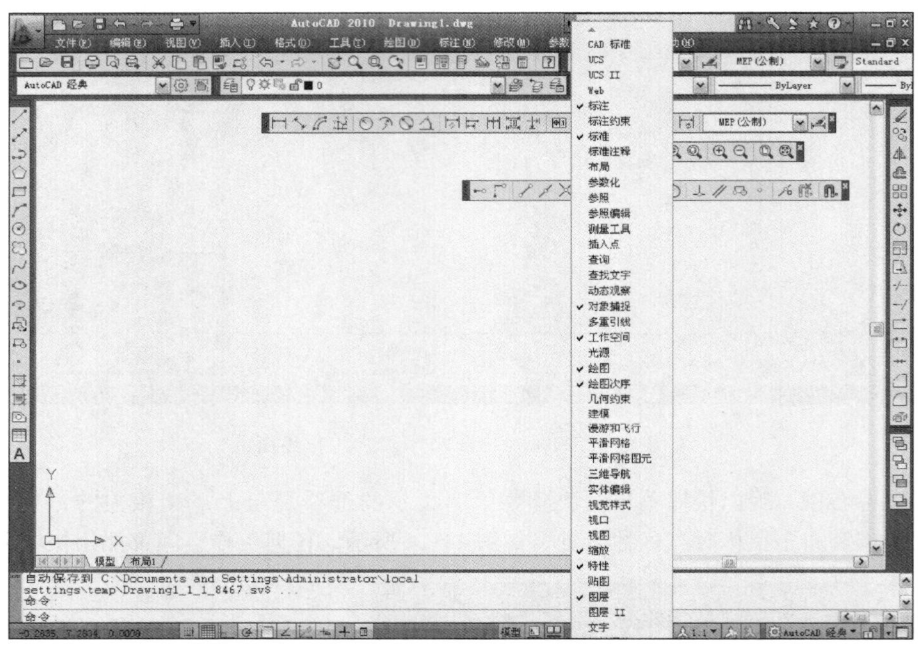

图 11-15　工具栏及其快捷菜单

3. 工具选项板

工具选项板位于图 11-12 所示经典工作界面右侧的“工具选项板”窗口中，它们提供了一种用来组织、共享和放置块、图案填充及其他工具的有效方法。工具选项板还可以包含由第三方开发人员提供的自定义工具。

“AutoCAD 经典模式”符合当今大多数使用者的使用习惯，以下的内容将以 AutoCAD 经典工作模式展开介绍。

11.1.4　文件管理

1. 创建新图形

单击应用程序菜单栏、快速访问工具栏或“标准”工具栏中“新建”按钮，

系统弹出“选择样板”对话框，如图 11-16 所示，其中为用户内置了许多已经设置好的样板，供用户方便、快捷地创建自己的图形。如果列表中没有需要的，也可单击右侧的“查看”打开其他样板文件或者用户自己创建的图形文件。

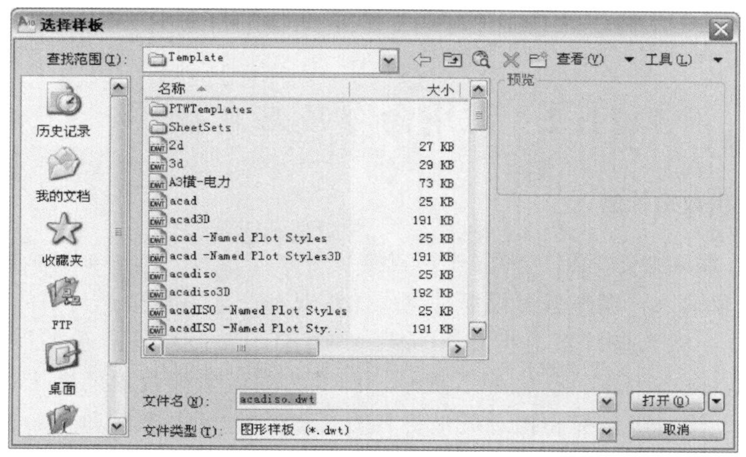

图 11-16　选择样板

2. 打开图形文件

同上方法单击工具栏中“打开”按钮，即可弹出如图 11-17 所示的“选择文件”对话框。左边显示浏览窗口，右边预览窗口显示选定文件的局部图，图形文件的默认后缀为“.dwg”，双击图形名称可打开该图形。

3. 保存图形文件

同上方法单击工具栏中“保存”按钮，即可弹出如图 11-18 所示的“图形另存为”对话框。通过对话框操作，可将绘制的图形以文件形式存盘而不退出绘图状态。

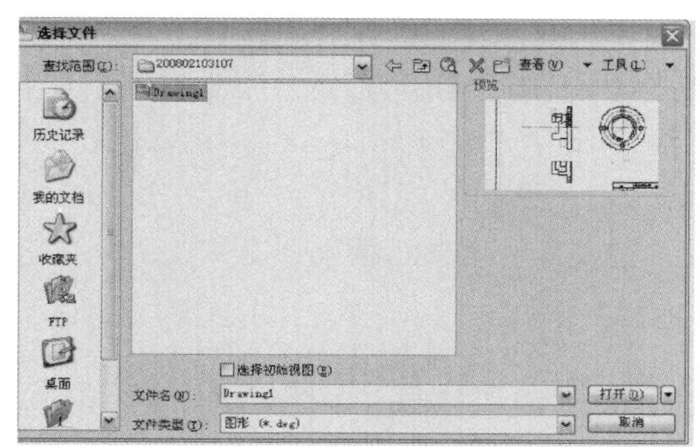

图 11-17　“选择文件”对话框

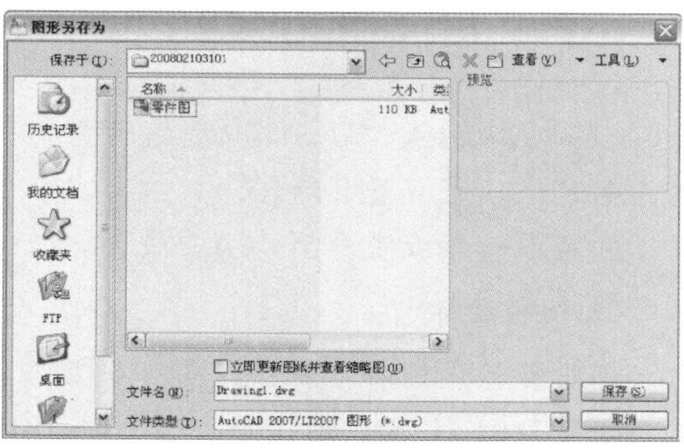

图 11-18　“图形另存为”对话框

4. 退出 AutoCAD

要退出系统，单击标题栏右边的“关闭”按钮，AutoCAD 会弹出一个“将改动保存到文件名 . dwg?”对话框，若当前的图形没有存盘，选择“Y”，保存图形，即退出 AutoCAD 系统。

11.2 常用命令及基本操作

11.2.1 命令和数据的输入

AutoCAD 输入命令常用三种方式：直接从命令行输入、单击工具栏相应命令按钮或使用下拉菜单输入。操作者可根据具体作图情况和个人习惯选择其中的方式。

AutoCAD 中默认坐标系为世界坐标系（WCS），即坐标原点位于图纸的左下角，X 轴为水平轴，向右为正；Y 轴为垂直轴，向上为正。坐标数据的输入方式有绝对坐标、相对坐标、绝对极坐标和相对极坐标四种。其中，相对坐标和相对极坐标的输入方式最常用。

1. 绝对坐标

绝对坐标是相对于原点的坐标，输入形式为“x，y”。

举例：用绝对坐标绘制图 11-19。

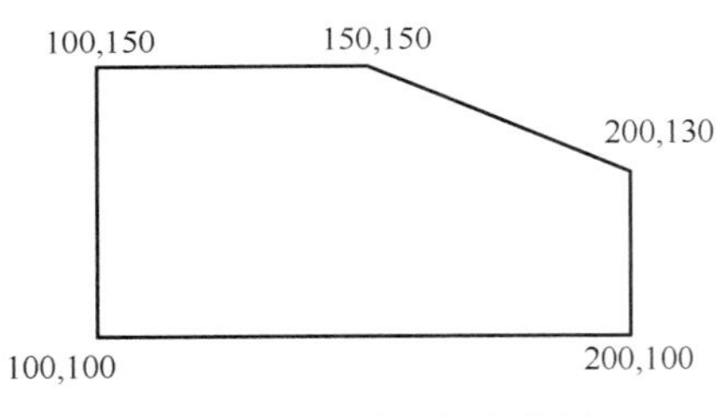

图 11-19 绝对坐标法绘图

单击“绘图”工具栏直线按钮或输入以下命令。

命令：line ↵（↵代表 Enter 回车键）

指定第一点：100，100 ↵（从键盘输入数据，分隔符应为英文状态下的逗号“，”）

指定下一点或【放弃（U）】：200，100 ↵

指定下一点或【放弃（U）】：200，130 ↵

指定下一点或【闭合（C）/放弃（U）】：150，150 ↵（输入“U”即取消最后画的一条线）

指定下一点或【闭合（C）/放弃（U）】：100，150 ↵

指定下一点或【闭合（C）/放弃（U）】：c ↵（首尾闭合并结束命令）

2. 相对坐标

相对坐标是相对于前一点的 X 轴和 Y 轴位移，输入形式为“@x，y”。

要绘制图 11-19，输入相对坐标时，参考图 11-20。

命令：line ↵

指定第一点：100，100 ↵

指定下一点或【放弃（U）】：@100，0 ↵

指定下一点或【放弃（U）】：@0，30 ↵

指定下一点或【闭合（C）/放弃（U）】：@－50，20 ↵

指定下一点或【闭合（C）/放弃（U）】：@－50，0 ↵

指定下一点或【闭合（C）/放弃（U）】：c ↵

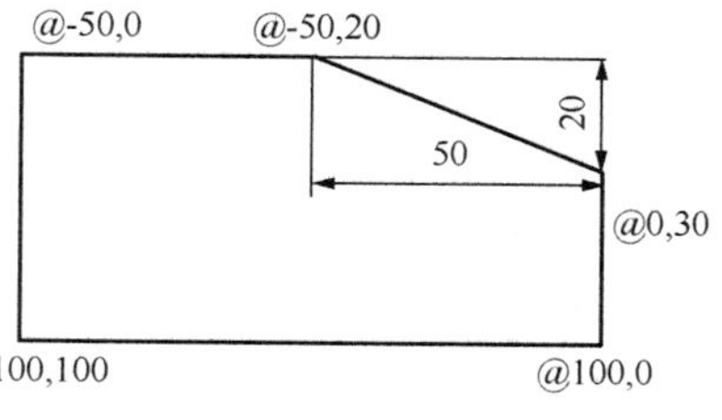

图 11-20　相对坐标法绘图

3. 绝对极坐标

绝对极坐标是指输入距原点的距离，和该点与原点所连直线与 X 轴正向的夹角，两者之间用“<”隔开。此方法一般不常用，这里不再举例。

4. 相对极坐标

相对极坐标是输入距前一点的距离以及该点与前一点连线与 X 轴正向的夹角，其输入方式为“@距离<角度”。

要绘制图 11-19，输入相对极坐标时，参考图 11-21。

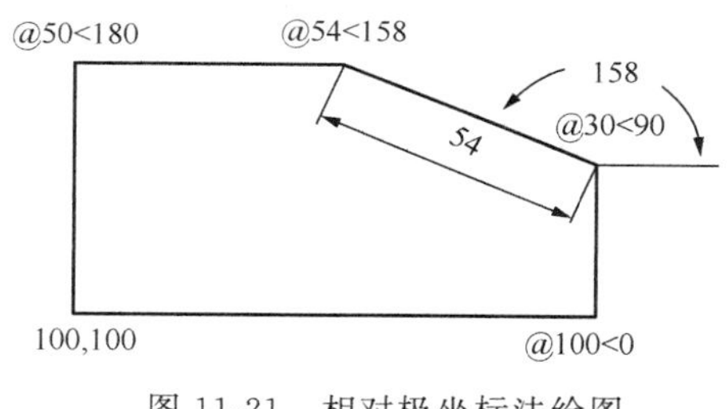

图 11-21　相对极坐标法绘图

命令：line ↵

指定第一点：100，100 ↵

指定下一点或【放弃（U）】：@100<0 ↵

指定下一点或【放弃（U）】：@30<90 ↵（逆时针角度为正）

指定下一点或【闭合（C）/放弃（U）】：@54<158 ↵（绘制与 X 轴正向成 158°线）。

指定下一点或【闭合（C）/放弃（U）】：@50<180 ↵

指定下一点或【闭合（C）/放弃（U）】：c ↵

11.2.2 显示命令

在绘图的过程中，有时需要绘制细部结构，而有时又要观看图形的全貌，因为受到视窗显示大小的限制，需要频繁地缩放或移动绘图区域。AutoCAD 2010 提供了视窗缩放和平移功能，从而方便地控制图形的显示。

1. 缩放

使用窗口缩放命令可以对图形的显示进行放大和缩小，而对图形的实际尺寸不产生任何影响。可以使用下列方法之一启动窗口缩放命令。

① 单击“视图→缩放”，弹出下拉菜单，如图 11-22（a）所示。

② 在“标准”工具栏按钮 中，亦有下拉菜单，如图 11-22（b）所示。

③ 单击鼠标右键，在弹出的快捷菜单中选择“缩放”，如图 11-22（c）所示。

④ 也可用状态托盘的 按钮。

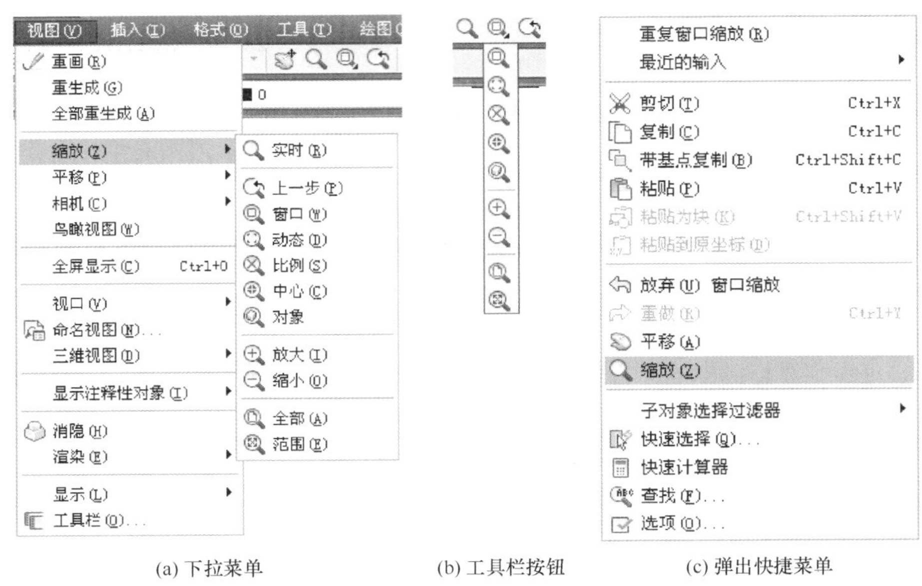

(a) 下拉菜单　　(b) 工具栏按钮　　(c) 弹出快捷菜单

图 11-22　启动窗口缩放命令

缩放命令中各选项说明如下。

全部（A）：以绘图范围显示全部的图形。

中心（C）：系统将按照用户指定的中心点、比例或高度进行缩放。

动态（D）：利用此选项可实现动态缩放及平移两个功能。

范围（E）：此选项可以使图形充满屏幕。与全部缩放不同的是，此项是针对图形范围，而全部缩放是针对绘图范围。

上一个（P）：显示上一次显示的视图。

比例（S）：按照输入的比例，以当前视图中心为中心缩放视图。

窗口（W）：把窗口内的图形放大到全屏显示。

对象（O）：系统将选取的对象放大使图形充满屏幕。

2. 平移

平移用于移动视图而不对视图进行缩放。可以使用下列方法之一启动平移命令。

① 单击“视图”→“平移”→“实时”或“标准”工具栏 按钮。

② 还可用右键快捷菜单，选择“平移”，如图 11-23 所示。

③ 也可用状态托盘的 按钮。

平移分为实时平移和定点平移。

实时平移：光标变成手形，此时按住鼠标左键移动，即可实现实时平移。

定点平移：用户指定两点，视图按照两点直线方向平移。

图 11-23　快捷菜单的平移选项

11.2.3　对象选择

当输入修改命令或进行其他操作时，AutoCAD一般会提示“选择对象”，表示要求用户从屏幕上选取操作的对象。此时十字光标变成了一个小方框□（选择框）。用户选择实体目标后，被选中实体的轮廓由原先的实线变成虚线，呈高亮显示状态。正确、快捷地选择目标是进行图形编辑的基础，常用的对象选择方式如下。

1. 直接点取模式

这是一种默认选择对象方式，在命令窗口提示“选择对象”时，用鼠标移动选择框□，使之触及所选对象，如图 11-24（a）所示，单击左键，即选中大圆，选中结果如图 11-24（b）所示。

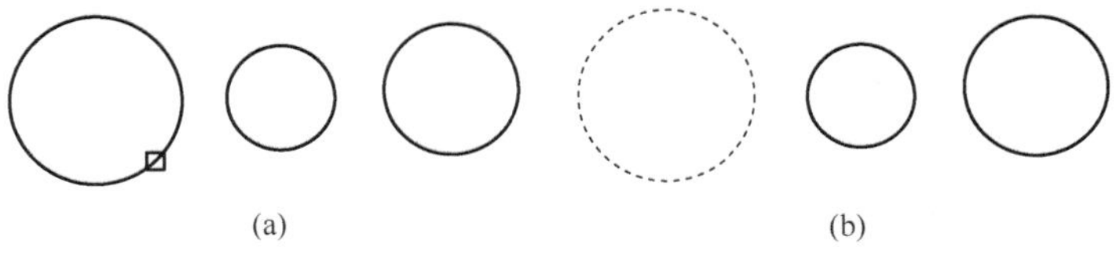

图 11-24　用选择框直接点取模式

2. Window（窗口）模式

此方式表示选中用户所指定矩形窗口内的所有图形。在命令提示“选择对象”时，单击鼠标确定选择框第一角点 F1，随后自左向右拖动光标到第二角点 F2，如图 11-25（a）所示，确定即可。这时选择框以实线表示。注意完全被矩形框围住的对象才被选中，图示结果为中间的小圆被选中，选择结果如图 11-25（b）所示。

3. 交叉窗口模式

此方式表示选取矩形窗口内部以及与窗口选择框相交的所有图形。在命令提示“选择对象”下，单击鼠标确定选择框第一角点 F1，自右向左拖动光标到第二角点 F2，这时选择框以虚线表示，如图 11-26（a）所示，确定即可。选择结果如图 11-26（b）

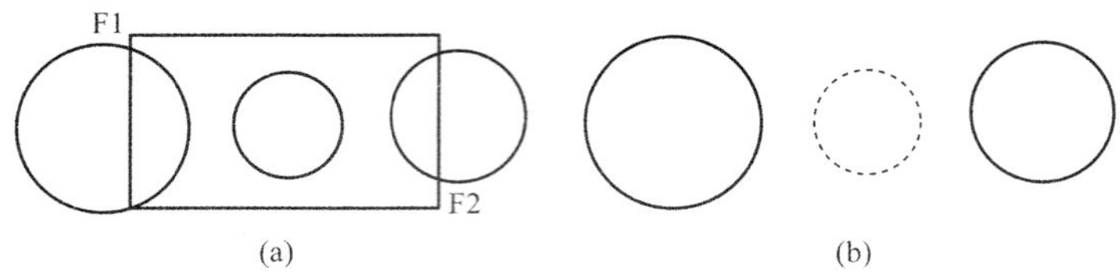

图 11-25　Window（窗口）选取模式

所示，三个圆全被选中。

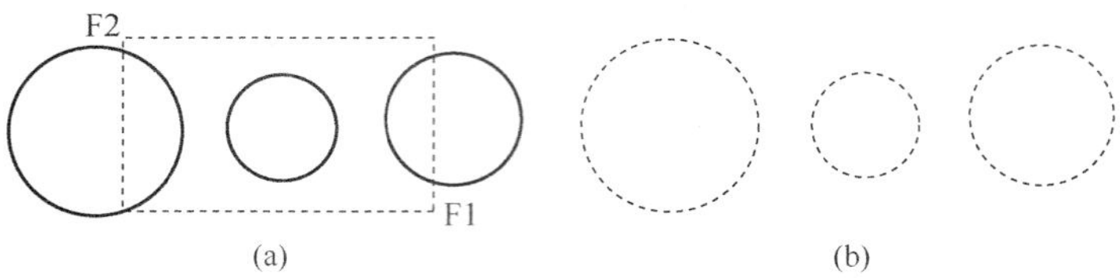

图 11-26　交叉窗口选取模式

4. 其他选择方式

在命令提示“选择对象”时，常用的还有从命令行输入 all 或 p：

选择对象：all ↵（图中所有对象均被选中）

选择对象：p ↵（将最近一次的选择对象作为当前的选择对象）

11.2.4　辅助作图工具

为了快速、准确地绘图，AutoCAD 2010 提供了“捕捉模式”、“栅格显示”、“正交模式”、“极轴”、“对象捕捉”、“对象追踪”、“动态输入”等辅助绘图工具，如图 11-27 所示。

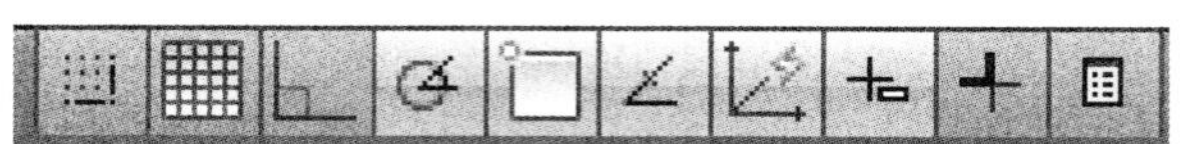
图 11-27　状态栏的辅助绘图工具按钮

用户可通过以下方法设置这些辅助绘图工具的状态和参数。

① 单击界面最底部状态栏中辅助绘图工具的相应按钮（见图 11-27），切换其开关状态。

② 右键单击辅助绘图工具的相应按钮，选择“设置”菜单项，在弹出的“草图设置”对话框中设置相应的参数，如图 11-28 所示。

利用辅助绘图工具可以方便、准确地绘图，并提高绘图速度与精度，是精确作图不可缺少的工具。若启动了“正交”模式，即可快速绘制水平和竖直线。开启了“对

象捕捉”与“对象捕捉追踪”按钮后，当AutoCAD命令中要求输入点的坐标时，就可以激活目标捕捉与追踪方式。

1. 捕捉和栅格

AutoCAD中栅格的作用与坐标纸相似。可以打开、关闭栅格显示，并能改变栅格间距。

修改捕捉间距的方法如下：

① 将光标放在状态栏的“捕捉”按钮上，单击右键从快捷菜单上选择“设置”选项，AutoCAD将显示“草图设置”对话框，如图11-28所示。在“捕捉和栅格”选项卡的“捕捉间距”和“栅格间距”选项区中，可设置沿X轴和Y轴方向的捕捉和栅格间距。

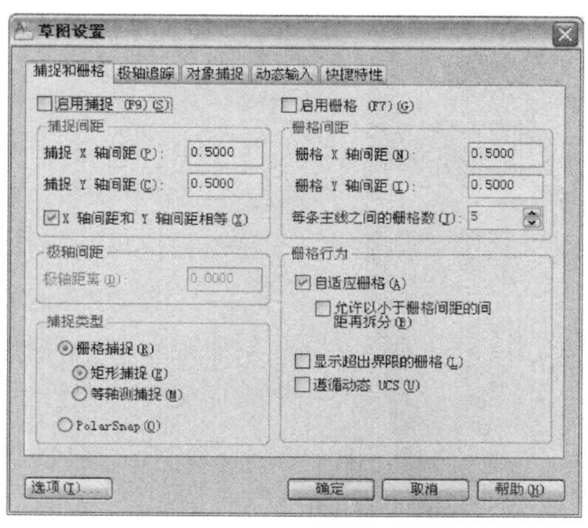

图11-28　“草图设置”中的“捕捉和栅格”选项卡

② 选择“工具→草图设置”下拉菜单，然后选择“捕捉和栅格”选项卡，其余步骤同①。

③ 命令行输入DRMODES，打开“捕捉和栅格”选项卡，其余步骤同①。

2. 对象捕捉

“对象捕捉”用来捕捉已绘制图形对象的几何特征点（如圆心、切点、中点等）。在AutoCAD绘图中，灵活使用对象捕捉和编辑命令，可快速、准确地找到已绘制对象上的一些特殊点，提高绘图的效率和准确性。对象捕捉模式又分为自动捕捉和临时捕捉两种方式。

（1）自动捕捉。自动捕捉功能需通过“草图设置”对话框设置，设置好此功能后，绘图中将一直保持着目标自动捕捉状态，直至取消该功能为止。将光标放在状态栏的“对象捕捉”按钮上，单击右键从快捷菜单中选择“设置（S）…”选项，AutoCAD将显示“草图设置”对话框，如图11-29所示。复选框左侧为执行命令中，系统捕捉到该特殊点时，绘图光标处出现的提示图标。如果相应的复选框已被选定，表明已选择了该对象捕捉模式。打开与关闭的方法是使用状态栏上的“对象捕捉”开关按钮。

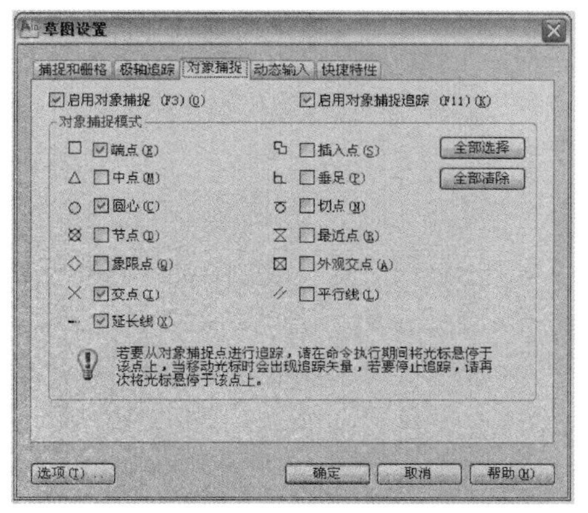

图11-29　设置自动捕捉模式

对象捕捉模式选项卡中有很多选项，

应根据绘图需要合理选择，过多地选择不仅不能提高绘图速度，反而影响有效地拾取所需要的点。

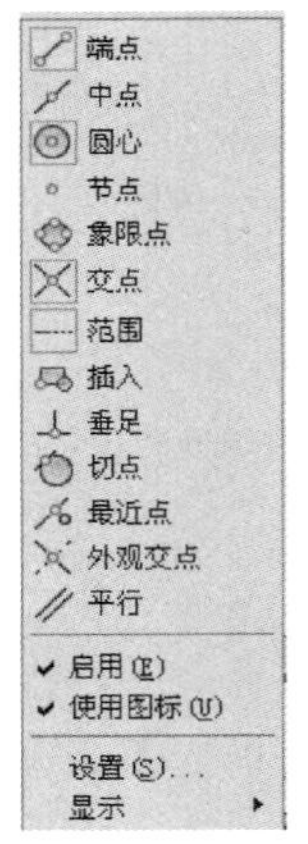

图 11-30　临时捕捉模式

（2）临时捕捉。在任意工具栏附近，单击右键，会弹出如图 11-15 所示的“工具栏”快捷菜单，在其中选中“对象捕捉”，调出“对象捕捉”工具栏（见图 11-30），左键单击相应图标，选择临时捕捉方式。

注意：“临时捕捉”模式只对当前选择对象有效一次。“对象捕捉”与“捕捉模式”不同，前者捕捉特定目标点，而后者捕捉栅格的点阵。

3. 极轴和极轴追踪

使用“极轴”功能，可以方便快捷地绘制一定角度的直线。使用“极轴追踪”，可按指定的极轴角或极轴角的倍数对齐要指定点的路径。“极轴追踪”必须配合“极轴”功能和“对象追踪”功能一起使用，即要同时打开“极轴”开关和“对象追踪”开关。

右键单击状态栏中的“极轴”按钮，选择“设置”菜单项，弹出“草图设置”对话框，在“极轴追踪”选项卡中，可设置极轴追踪的各项参数，如图 11-31 所示。

“启用极轴追踪”复选框：打开或关闭极轴追踪功能。

“增量角”下拉列表：设置极轴夹角的递增值，当极轴夹角为该值倍数时，显示辅助线。

“附加角”复选项：当“增量角”下拉列表中的角不能满足需要时，可先选中该项，再通过“新建”命令增加特殊的极轴夹角。

也可以直接在右键单击后出现的菜单中选择要设置的极轴增量角，如图 11-32 所示。

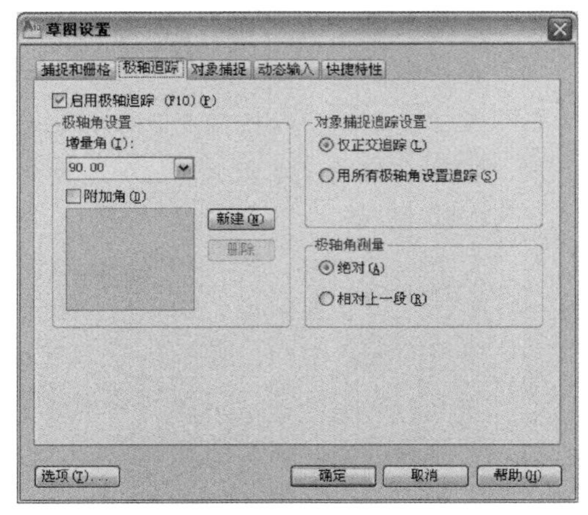

图 11-31　“草图设置”中的“极轴追踪”选项卡

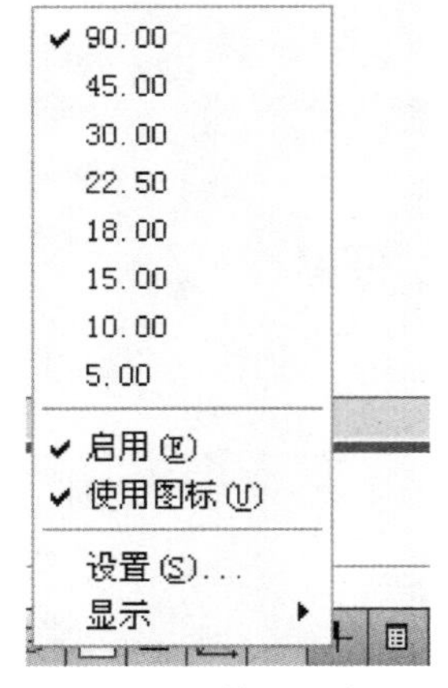

图 11-32　极轴增量角设置

【例 11.1】 使用"对象捕捉"功能，画图 11-33 所示的图形。

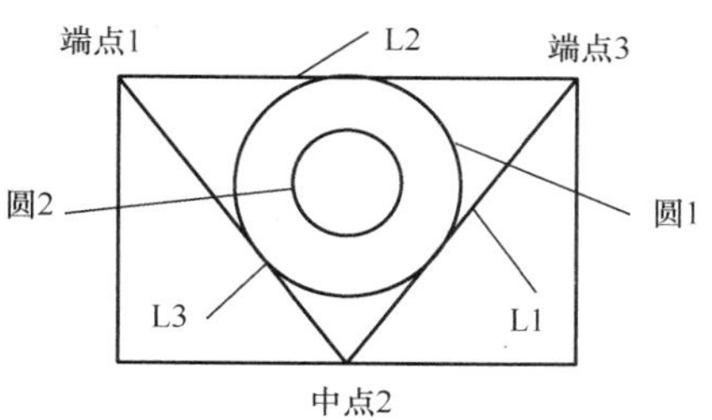

图 11-33 运用对象捕捉绘图

(1) 打开"对象捕捉"设置对话框，选择"中点"、"圆心"、"端点"，按"确定"退出对话框。将状态行的"对象捕捉"按钮处于激活状态。

(2) 单击绘图工具按钮▭，用鼠标在适当位置选取矩形的两个角点，绘出一个自定大小的矩形。

(3) 在命令行输入 line 按回车键，启动画直线命令。

命令：line ↵

指定第一点：(鼠标靠近端点 1 时，会显示黄色"□"即系统捕捉到点 1，按左键拾取)

指定下一点或【放弃 (U)】：(鼠标靠近中点 2 时，显示"△"即捕捉到中点，按左键)

指定下一点或【放弃 (U)】：(鼠标靠近端点 3 时，显示"□"即捕捉成功，按左键)

指定下一点或【闭合 (C) /放弃 (U)】：(或按鼠标右键，结束绘直线命令)

(4) 从"绘图"菜单选择"圆→相切、相切、相切 (A)"选项，画相切圆 1。

命令：circle 指定圆的圆心或【三点 (3P) /两点 (2P) /相切、相切、半径 (T)】：_3p 指定圆上的第一个点：_tan 到 (左键拾取直线 L1)

指定圆上的第二个点：_tan 到 (拾取直线 L2)

指定圆上的第三个点：_tan 到 (拾取直线 L3)

(5) 单击绘图工具栏⊙按钮，将光标移至圆 1 靠近圆心处，显示"○"捕捉到圆心时，按下左键，拖动鼠标，在圆 1 内部合适位置确认一点，绘出同心圆 2，结果如图 11-33所示。

【例 11.2】 绘制与水平方向成 18°N (18°/36°/54°/72°…)，长度为 50 的多线段。

具体操作方法如下：

(1) 光标放在状态栏"捕捉"按钮上，单击右键，在"草图设置"对话框中进行设置。

(2) 在捕捉和栅格选项中，启用极轴捕捉类型，极轴间距设为 50。

(3) 在极轴追踪选项中，启用极轴追踪，将"增量角"设置为 18°，如图 11-34 所示。

(4) 调用多线 (mLine) 命令绘图，结果如图 11-35 所示。

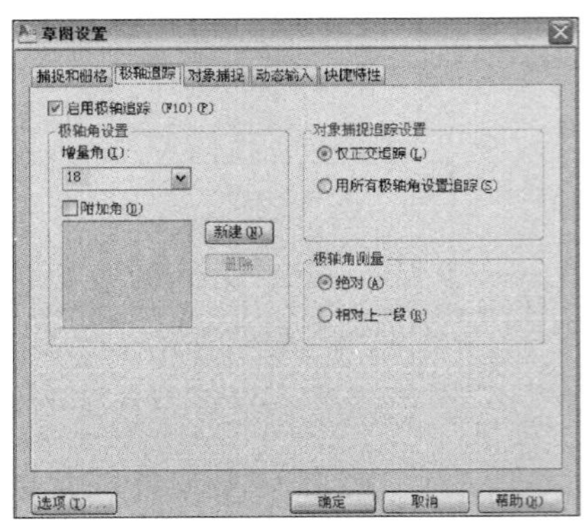

图 11-34　设置“极轴追踪”对话框

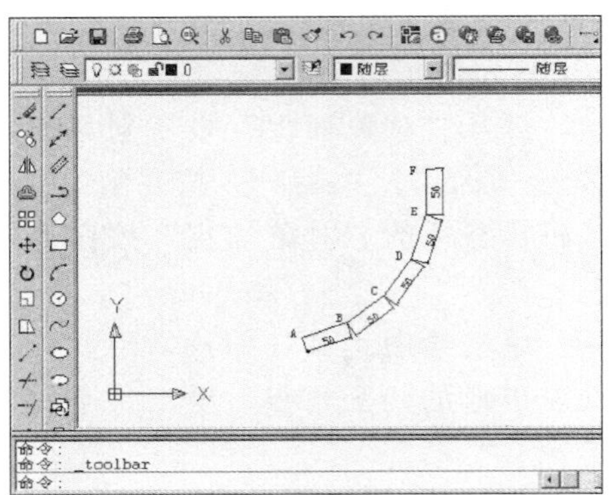

图 11-35　按要求绘制与水平方向成 18°N、长为 50 的线段

11.3　绘图环境及图层的设置

11.3.1　设置绘图环境

1. 设置图幅

绘制图形时，应先根据图形大小和复杂程度，按国家标准设置图纸幅面。

可以选取下拉菜单“格式→图形界限”或输入“Limits”，执行该命令。

命令：limits ↵

重新设置模型空间界限：

指定左下角点或［开（ON）/关（OFF）］<0.0000，0.0000>：↵（定义图形界限左下角）

指定右上角点 <420.0000，297.0000>：↵（定义 A3 图纸界限右上角）

命令：↵（回车，重复图形界限命令）

重新设置模型空间界限：↵

指定左下角点或［开（ON）/关（OFF）］<0.0000，0.0000>：ON ↵（打开图形界限检查）

说明：ON：打开图形界限检查，防止图形超出界限。

OFF：关闭界限检查，允许图形超出界限。

2. 绘图单位和精度

选取下拉菜单“格式→单位”，系统弹出“图形单位”对话框（见图 11-36），可设置长度和角度单位的类型和精度。其中各选项含义如下。

长度：设置长度单位的类型和精度。

角度：设置角度单位的类型和精度。

插入比例：设置插入块的图形单位。

输出样式：显示当前设置的单位和角度的举例。

方向：规定角度测量的起始位置和方向。

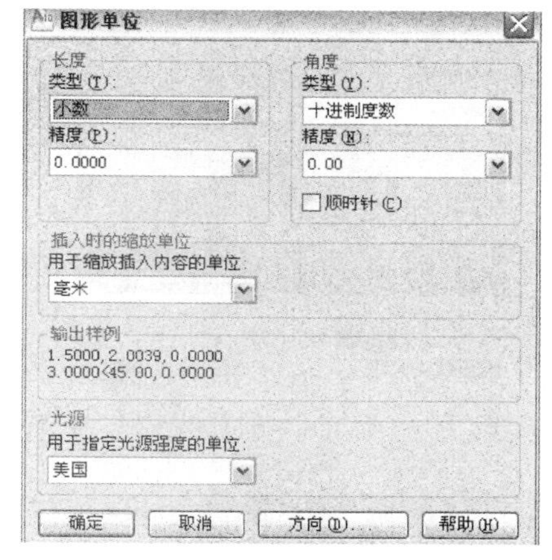

图 11-36　图形单位设置对话框

11.3.2　图层的设置

图层是用来组织图形最为有效的工具之一。它就好像一张张具有相同坐标的透明的图纸，具有相同特性（颜色、线型、线宽和打印样式）的实体被绘制在同一层上，再把各个图层组合起来，从而得到一个完整的复杂图形。用图层可以实现图形的统一管理，同时大大提高工作效率和图形的清晰度。图层操作可利用“图层特性管理器”（见图 11-37）来完成。

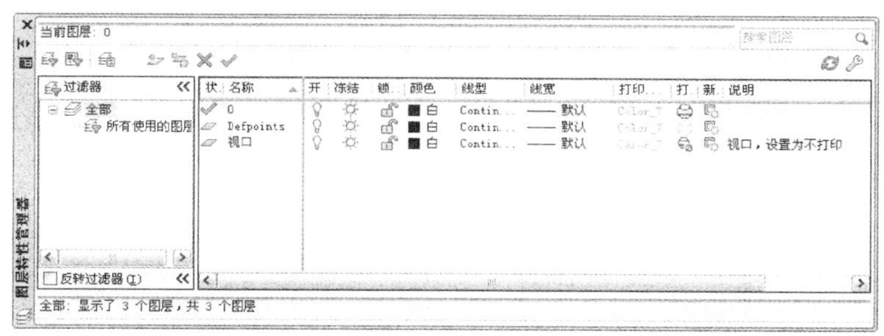

图 11-37　图层特性管理器对话框

单击下拉菜单“格式→图层…”或直接单击工具栏中按钮，系统弹出“图层特性管理器”对话框。默认状态下系统建立了三个图层。下面以定义“点画线”层为例说明图层具体的操作过程。

① 单击图 11-37 对话框左上角新建按钮，系统自动建立名为“图层 1”的图层，将“图层 1”改名为“点画线”，按回车键即新建了“点画线”层。

② 单击“点画线”层中的“白色”项，在弹出的“选择颜色”对话框中（见图 11-38）选择红色方块后单击对话框中的“确定”，完成颜色的设定。

③ 单击“点画线”层中的“Continuous”项，弹出如图 11-39 所示的“选择线型”对话框，对话框中已预先加载了常见常用的几种线型：“CENTER”——单点画线；“Continuous”——实线；“DASHED”——虚线；“HIDDEN”——隐藏线；“PHANTOM”——双点画线。在对话框中选择“CENTER”，单击对话框中的“确定”按钮，

即完成线型设定。

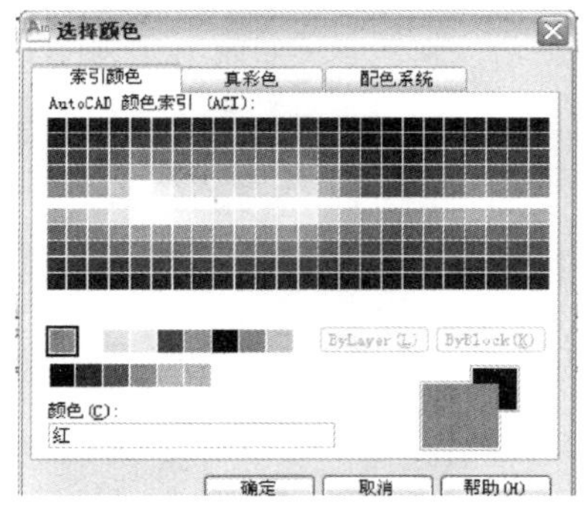

图 11-38 “选择颜色”对话框

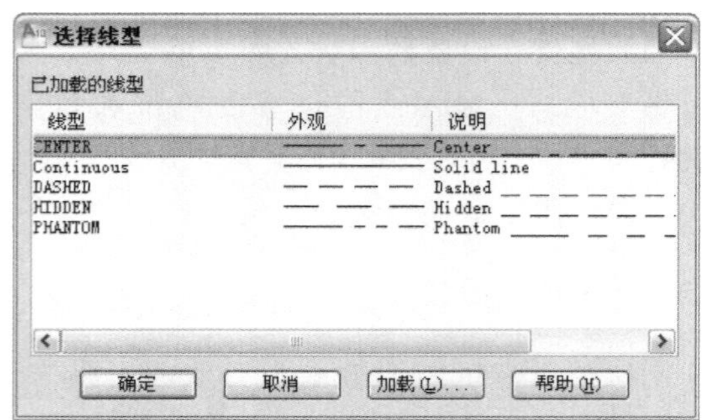

图 11-39 “选择线型”对话框

如果在“选择线型”对话框没有所需要的线型，单击“加载”按钮，在弹出的“加载或重载线型”对话框（见图 11-40）中选择需要的线型，单击“确定”返回到“选择线型”对话框，并在线型列表中选中该线型，单击对话框中的“确定”按钮，即完成线型设定。

④ 单击“点画线”层中的“默认”项，弹出“线宽”对话框，如图 11-41 所示。在对话框中选择“0.25mm”，单击“确定”按钮即设定了中心线的线宽。单击左上角 **X**，关闭图层特性管理器，图层设置完成。

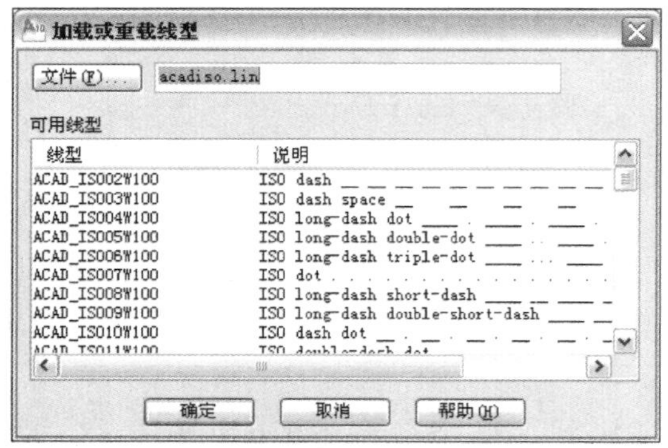

图 11-40 “加载或重载线型”对话框

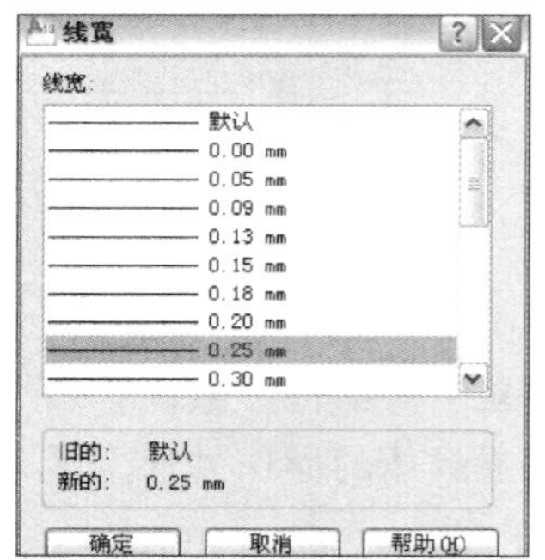

图 11-41 “线宽”对话框

在一个图形文件中，图层名必须是唯一的，即不能有重名图层。图层可按需要分别设置颜色、线型、线宽。正在使用的层称为当前层，用户只能在当前图层中进行操作。

图层设置好后，“对象特性”工具栏中的颜色、线型、线宽控制窗中，都应设置成“ByLayer”（随层）状态，如图 11-42 所示。若想改变图形对象所在的图层，可选中目标对象，点开图 11-43所示的图层下拉列表框，从中选择合适的层名即可。图形对象的

颜色、线宽等将按当前所选层的属性而变化。

图 11-42　图层的“随层”设置

图 11-43　图层控制列表框

层状态控制各项的含义如下。

为层可见开关。关闭时该层不可见，但在选择对象：输入“all”时仍能选中和修改。

为层冻结开关。关闭时该层不可见，且在选择对象：输入“all”时不能选中和修改。

为在当前视口中冻结或解冻开关。

为层上锁开关。关闭时该层可见，但不能选择，也不能修改。

11.3.3　绘制工程样板图

绘制工程图时，应首先按国家标准的各项规定设立图幅、线型、线宽、颜色等，绘制出图框及标题栏，以样板图的形式存储图形，以备后期绘图时随时调用。

1. 建立新图层

按前面所述的图层设置方法，建立若干图层，如虚线、点画线、细线、尺寸标注等。

2. 修改图层颜色

按前面所述的在“图层特性管理器”对话框中为各层设置合适的颜色。一般规则是将“点画线”层设为红色，轮廓线（粗线）层设为白色，“虚线”层设为黄色，“尺寸”层设为绿色。

3. 修改图层线型

AutoCAD 允许用户为每个图层分配一种线型。在图 11-37 所示的“图层特性管理器”对话框中选择“虚线”层，单击“线型”下的“Continuous”，弹出“选择线型”对话框，单击“加载（L）…”，在弹出的“加载或重载线型”对话框，选择“ACAD-ISO02W100”线型，然后按“确定”。同样操作，完成各图层线型的设置。

4. 修改图层线宽

可选择“0 层”单击“线宽”下的“默认”，弹出“线宽选择”对话框，将 0 层选成 0.3mm，设为粗实线，其余层为细线，可选“默认”。按下状态栏的“线宽”按钮，打开“线宽”显示。

5. 设置当前图层

在“对象特性”工具栏上单击“图层特性及开关”右侧向下箭头，系统弹出图层列表框（见图 11-43），左键选择所需图层，即可把所选图层设置为当前层。

6. 绘制图框和标题栏

(1) 绘制纸边。设当前层为“细线”层。用鼠标单击下拉菜单“绘图→矩形”或直接单击绘图工具栏上按钮▭。

命令：_rectang（状态栏中命令窗口显示及操作）

指定第一个角点或【倒角（C）/标高（E）/圆角（F）/厚度（T）/宽度（W）】：0，0 ↵（输入图纸左下角的坐标）

指定另一个角点：420，297 ↵（输入图纸右上角的坐标）

(2) 绘制图框。设置当前层为“0”层。用鼠标单击“绘图”工具栏中的▭。

命令：_rectang

指定第一个角点或【倒角（C）/标高（E）/圆角（F）/厚度（T）/宽度（W）】：25，5 ↵（输入图框左下角的坐标）

指定另一个角点：415，292 ↵（输入图框右上角的坐标）

(3) 画标题栏。

① 设置当前层为“0”层。打开状态行的“对象捕捉”按钮，单击▭绘制标题栏外框。

命令：_ rectang

指定第一个角点或【倒角（C）/标高（E）/圆角（F）/厚度（T）/宽度（W）】：（用鼠标捕捉端点 1（见图 11-44），该点即标题栏右下角）

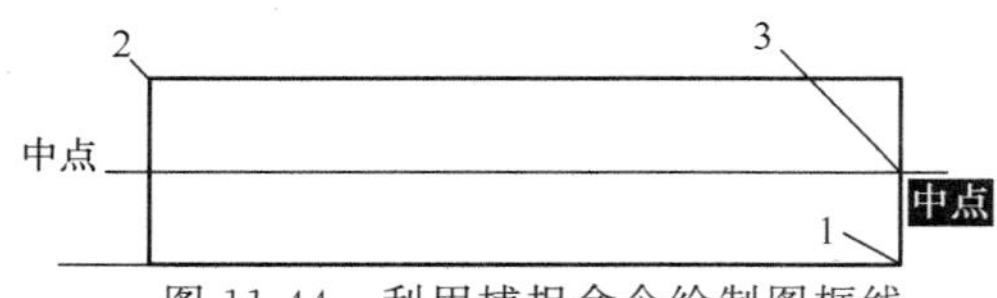

图 11-44　利用捕捉命令绘制图框线

指定另一个角点：@－140，32 ↵（输入标题栏左上角 2 点相对于右下角的相对坐标）

② 设置当前层为“细线”层，打开“正交”和“对象捕捉”模式。单击直线⟋按钮。

命令：_ line 指定第一点：（图 11-44 中，鼠标从 2 向下移动到中点，当出现左端边线中点的△框时，按下鼠标左键）

指定下一点或【放弃（U）】：（向右移动鼠标，绘制水平线，交到图框线即图 11-44 中的中点 3 时，出现捕捉中点△框时，按下鼠标左键）

指定下一点或【放弃（U）】：↵（结束水平线）

③ 同时启用“极轴/对象捕捉/对象追踪”功能，可以随时显示和监控当前点的极坐标（见图 11-45），按提示的坐标线和数值绘制
最后得到图 11-46 所示的标题栏。

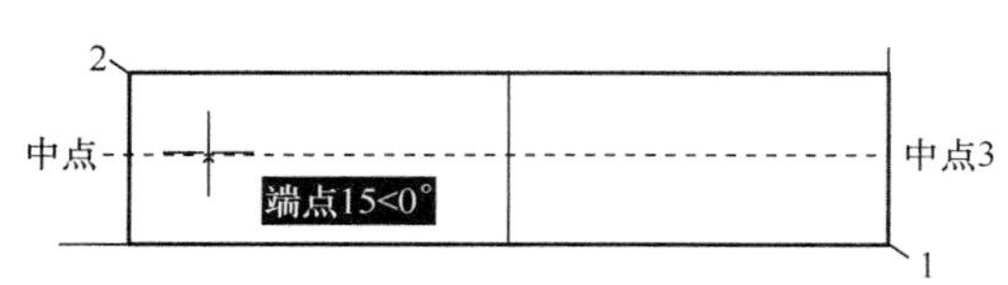

图 11-45　利用对象追踪绘制框内的细线

图 11-46　完成标题栏

7. 填写标题栏

标题栏应填写图名、设计者以及设计单位等内容。AutoCAD 提供了多种书写方法，这里仅介绍多行文字的操作方法：单击“绘图”工具栏中**A**按钮或选取下拉菜单“绘图→文字→多行文字”。

命令：mtext

当前文字样式：“Standard” 文字高度：2.5

指定第一角点：(在图 11-46 中的 2 点处单击鼠标左键，确定矩形区域的左上角)

指定对角点或【高度（H）/对正（J）/行距（L）/旋转（R）/样式（S）/宽度（W）】：(拖动鼠标到图框内的合适位置，单击左键确定矩形区域的右下角)

系统弹出如图 11-47 所示的文字编辑对话框，单击第二个字体框的向下箭头，选择仿宋字体；第三个编辑框内输入 10；选择中央对齐方式；将宽度比例改为 0.7。然后，同时按下 Ctrl 键和空格键，选择中文输入法，在文字编辑对话框内就可以输入长仿宋字，书写完毕按“确定”。用同样方式添加其他汉字，完成 A3 样板图的填写，结果如图 11-48 所示。

图 11-47 “文字格式”对话框

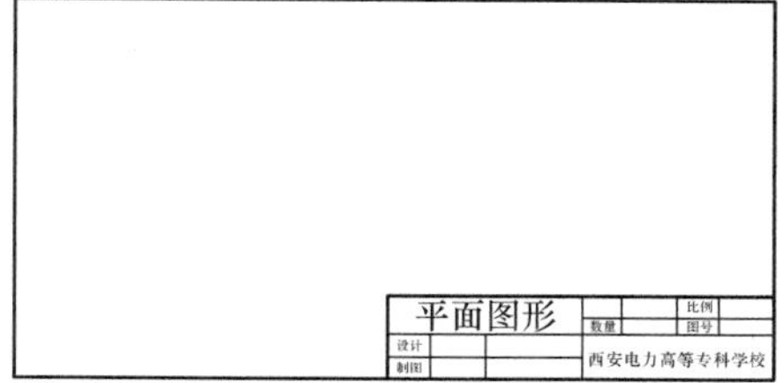

图 11-48 完成的样板图

8. 保存样板图

从下拉菜单选取“文件” → “另存为…”，弹出保存对话框，文件类型选择 AutoCAD 图形样板文件（扩展名为“ *.dwt” ），文件名为“A3”，然后按“保存”，即存成 A3 样板文件。

11.4 绘制平面图形的方法

本节以绘制平面图 11-49 为例，重点介绍常用的绘图、修改命令和绘制平面图形的方法。

11.4.1 绘制图形

1. 调用 A3 样板图并保存

(1) 单击标准工具栏上的新建按钮，出现“选择样板”对话框，选择“使用样板”，在样板列表框中选择“A3.dwt”。若当前未显示出该文件，可单击“查看”浏

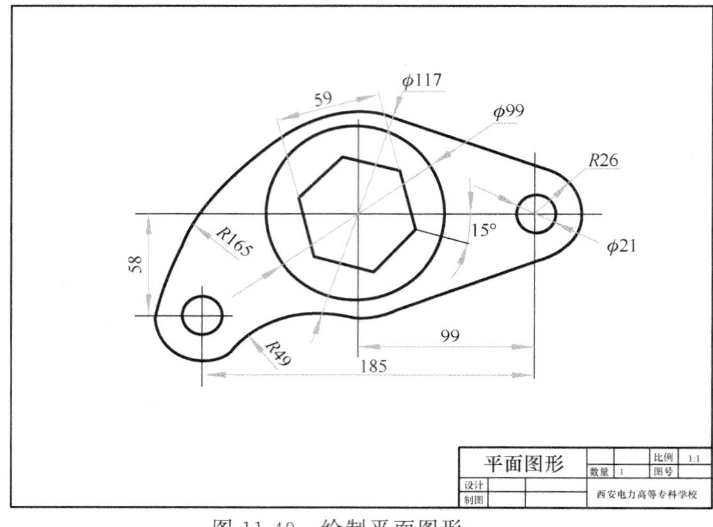

图 11-49　绘制平面图形

览，调出前面的 A3 样板图（见图 11-48）备用。

（2）单击标准工具栏上图标，弹出“另存为”对话框，在文件名（N）编辑框中输入文件名“图 11-49”，单击“保存”，关闭对话框。

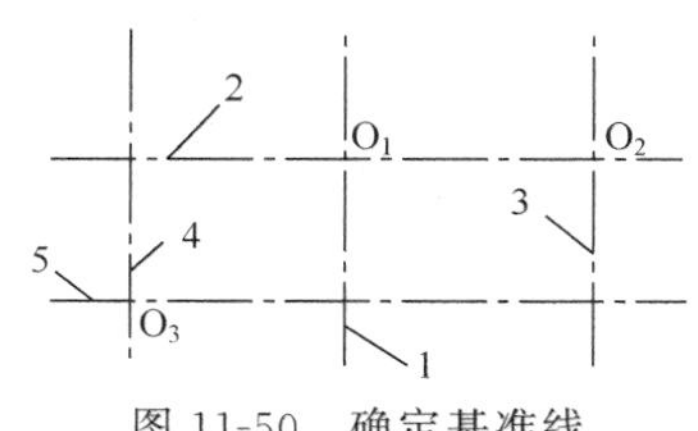

图 11-50　确定基准线

2. 绘制点画线

（1）将“点画线”层设置为当前层。

（2）打开正交开关（保证在屏幕上所绘的直线平行于 X、Y 轴）。

（3）调用点画线层的直线命令，绘制如图 11-50 的基准中心线 1 和 2。

3. 用偏移命令绘制其他中心线

单击“编辑”工具栏中的按钮。

命令：_offset

指定偏移距离或【通过（T）】<通过)：99 ↵（等距线距离）

选择要偏移的对象或<退出)：(选图 11-50 中的线 1)

指定点以确定偏移所在一侧：(在线 1 右边任拾取一点，得直线 3)

选择要偏移的对象或<退出)：↵（回车结束命令）

同样方法修改偏移距离和对象，分别绘制直线 4、5，结果如图 11-50 所示。

4. 绘圆

（1）设置“0”层为当前层。

（2）用绘圆命令分别绘制直径为 $\phi 99$ 的圆。

首先按下状态行中的“对象捕捉”按钮，激活“对象捕捉”自动模式，然后单击“绘图”工具栏中的⊙按钮。

命令：_circle 指定圆的圆心或【三点（3P）/两点（2P）/相切、相切、半径（T）】：（移动鼠标到图 11-50 中直线 2 和 1 交点 O_1 附近，当出现×符号，捕捉到交点时按左键确定圆心）

指定圆的半径或【直径（D）】（0.0000）：99/2 ↵（绘出直径为 99 的圆）

重复绘圆命令，画出其余的圆 ϕ117、圆心 O_2 处的 ϕ21 和 R26。

除了常用圆心及半径（或直径）方式画圆之外，AutoCAD 还提供了其他四种画圆方式：

- 3P——过三点画圆，要求用户输入在圆周上的任意三个点来画圆。
- 2P——过两点画圆，通过确定圆的直径来画圆。
- Ttr——通过给定两个相切对象和半径来画圆，通常用于绘制两个实体的公切圆。
- TTT——通过切点、切点、切点画圆，即过三个给定的相切对象来画相切圆。

（3）用“复制”命令绘制左侧圆心 O_3 处的 ϕ21 和 R26 的圆。

单击“修改”工具栏上的复制按钮

命令：_copy

选择对象：找到 1 个（选取已画好的 ϕ21 和 R26 圆，按鼠标右键）

选择对象：找到 1 个，总计 2 个

选择对象：↵（回车结束选择）

指定基点或位移，或者【重复（M）】：（鼠标捕捉两同心圆的圆心 O_2）

指定位移的第二点或 <用第一点作位移>：（捕捉图 11-50 中线 5 与线 4 的交点 O_3）

绘制结果如图 11-51 所示。

（4）用打断命令将多余的中心线断掉（见图 11-52）。

单击“编辑”工具栏中的按钮。

命令：_break 选择对象：（移动鼠标拾取图 11-51 中直线 4 上的点 6）

指定第二个打断点或【第一点（F）】：（拾取直线 4 最上面的点 7）

则直线 4 上 6、7 两点间的部分被擦去。用同样方法擦去多余的点画线，结果如图 11-52所示。

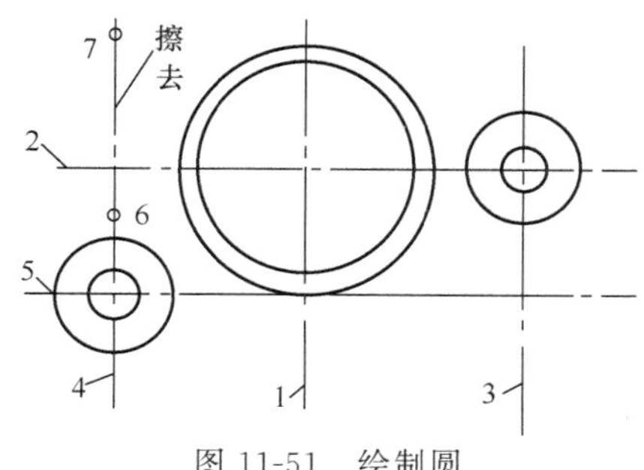

图 11-51　绘制圆

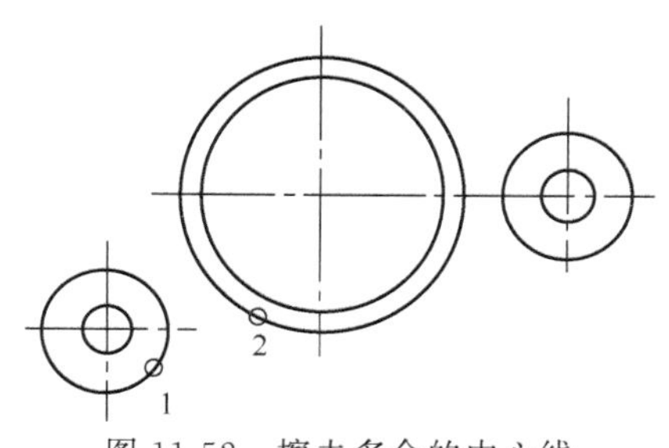

图 11-52　擦去多余的中心线

5. 绘制半径为 49 及 165 的连接圆弧

（1）打开“对象捕捉”工具栏。

（2）单击“绘图”工具栏中的按钮。

命令：_ circle 指定圆的圆心或【三点（3P）/两点（2P）/相切、相切、半径（T）】：t ↵（选择相切、相切、半径的绘图方式）

在对象上指定一点作圆的第一条切线：_ tan 到（单击相切，拾取图 11-52 中的点 1）

在对象上指定一点作圆的第二条切线：_ tan 到（单击按钮，拾取图 11-52 中的点 2）

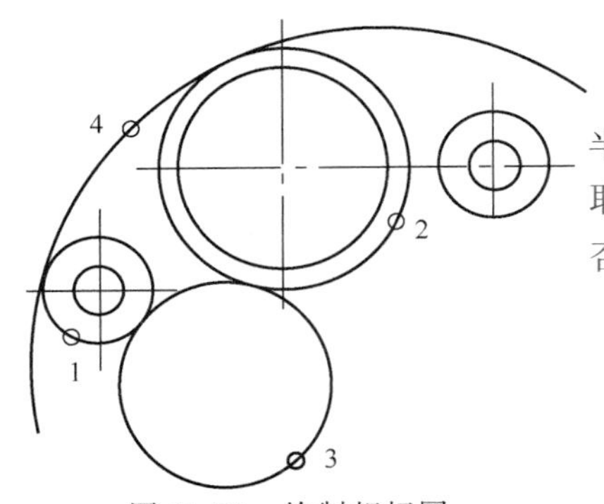

图 11-53　绘制相切圆

指定圆的半径：49 ↵（输入半径）

外切圆 ϕ49 绘制完毕，同样的操作步骤，绘制半径为 165 的内切圆，结果如图 11-53所示。注意拾取两切点的位置时，拾取点应尽量靠近切点的位置，否则可能会画出外切圆。

（3）用剪切命令剪掉多余圆弧部分。

单击“修改”工具栏中的按钮。

命令：_ trim

当前设置：投影＝UCS，边＝无

选择剪切边…

选择对象：找到 1 个（选择边界，拾取图 11-53 中的参考点 1）

选择对象：找到 1 个，总计 2 个（选择边界，拾取图 11-53 中的参考点 2）

选择对象：找到 1 个，总计 3 个（选择边界，拾取图 11-53 中的参考点 3）

选择对象：找到 1 个，总计 4 个（选择边界，拾取图 11-53 中的参考点 4）

选择对象：↵（回车，结束边界的选择）

选择要修剪的对象或【投影（P）/边（E）/放弃（U）】：（拾取图中要剪去的圆弧部分）

选择要修剪的对象或【投影（P）/边（E）/放弃（U）】：↵（结束命令）

结果如图 11-54 所示。同样通过“对象捕捉”工具栏中的相切按钮，分别拾取图 11-54 中的参考点 1 和 2 点、3 和 4 点，即可用直线命令绘制出两条切线。剪切掉图中多余的弧，结果如图 11-55所示。

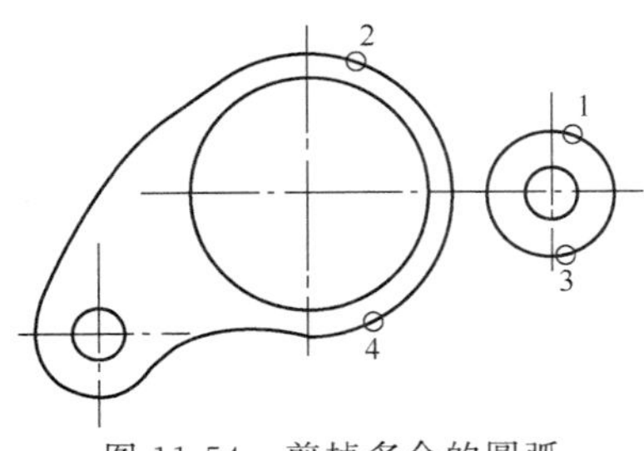

图 11-54　剪掉多余的圆弧

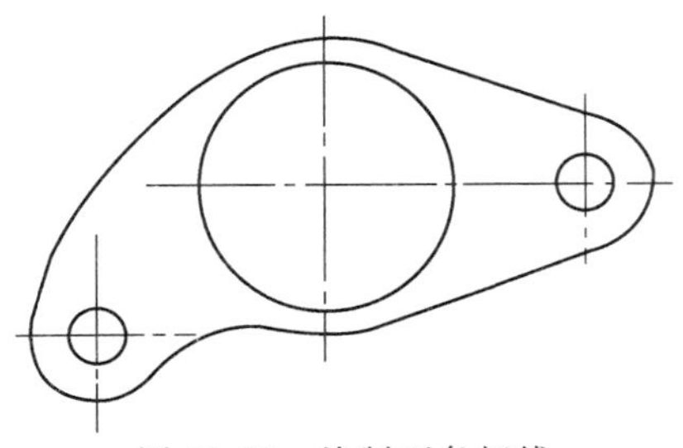
图 11-55　绘制两条切线

6．绘制正六边形

单击“绘图”工具栏中的按钮 。

命令：_polygon

输入边的数目<4>：6 ↵（正多边形的边数）

指定多边形的中心点或【边（E）】_int 于（单击按钮，拾取图 11-55 中的大圆圆心）

输入选项【内接于圆（I）/外切于圆（C）】<I>：C ↵（选择外切于圆的方式）

指定圆的半径：29.5 ↵（输入正六边形内切圆半径）

7．旋转正六边形

单击“修改”工具栏中的按钮。

命令：_rotate

UCS 当前的正角方向：ANGDIR；逆时针 ANGBASE＝0

选择对象：找到 1 个（选择正六边形）

选择对象：↵（结束选择）

指定基点：_int 于（单击“对象捕捉”的交点按钮，拾取正六边形的中心为基点）

指定旋转角度或【参照（R）】：－15 ↵（输入－15，即顺时针旋转 15°）

11.4.2　标注尺寸

1．打开尺寸标注工具栏

选择当前层为“尺寸”层，打开尺寸标注工具栏，如图 11-56 所示。

图 11-56　标注工具栏

2．设置标注线性尺寸的格式

单击下拉菜单“标注→样式”或单击“标注”工具栏按钮，弹出“标注样式管理器”对话框，如图 11-57 所示。单击“修改”按钮，弹出如图 11-58 所示的“修改标注样式”对话框。此对话框中有“线”、“符号和箭头”、“文字”等 7 个选项卡，单击各选项卡标签，切换到各选项卡界面，可以分别设置尺寸样式的所有内容。下面仅对需要更改设置的选项加以说明，需要修改的部分已在图中标示出。

• “线”选项卡：用于设置尺寸线、尺寸界线的形式和特征，各选项设置如图 11-58 所示。

• “符号和箭头”选项卡：用于设置箭头、圆心标记、弧长符号和半径标注折弯的形式和特征。当前设定“箭头大小”为 3.5，“弧长符号”选中“标注文字的上方”，如图 11-59 所示。

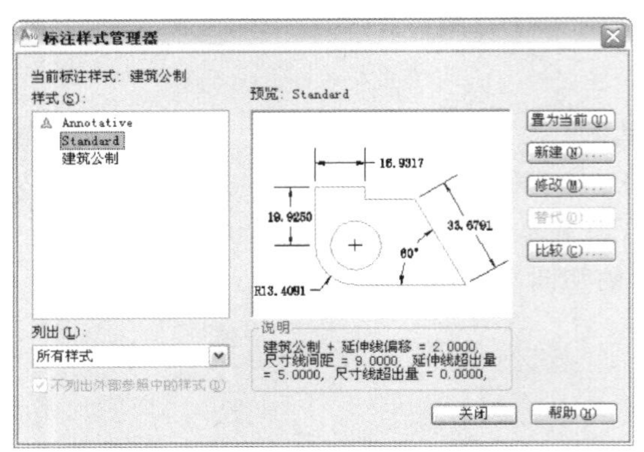

图 11-57　标注样式管理器

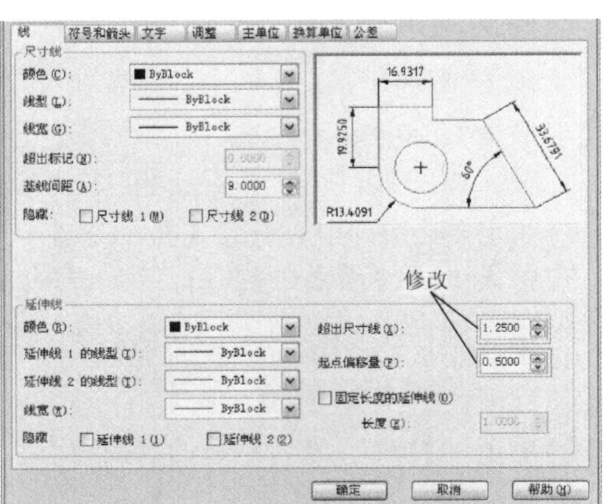

图 11-58　修改标注样式对话框

• “文字”选项卡：用于设置尺寸文本的形式、位置和对齐方式等。当前将“文字高度”设为 3.5；“文字位置”选择“垂直”为“上方”、“水平”为“居中”；“从尺寸线偏移”为 2；“文字对齐”为“ISO 标准”，如图 11-60 所示。

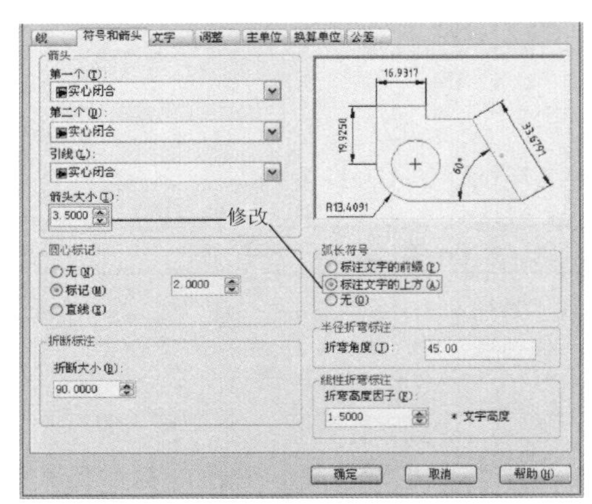

图 11-59　“符号和箭头”选项卡

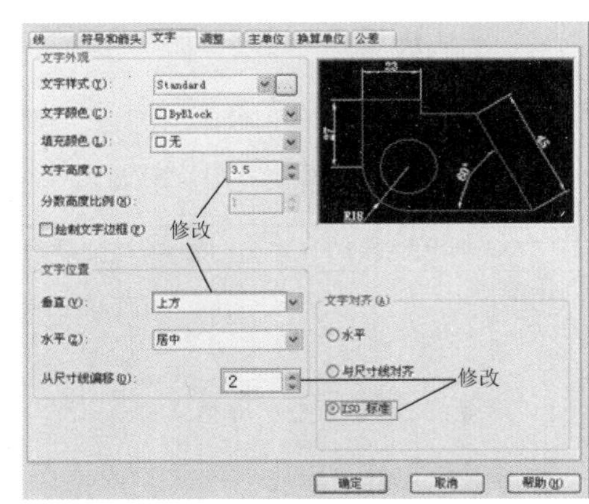

图 11-60　“文字”选项卡

• “调整”选项卡：用于设置尺寸文本、尺寸箭头的标注位置以及标注特征比例等。各选项设置如图 11-61 所示。

• “主单位”选项卡：用于设置尺寸标注的主单位和精度，以及给尺寸文本添加固定的前缀或后缀。各选项设置如图 11-62 所示。

• “换算单位”和“公差”选项可按默认设置，按“确定”退出。

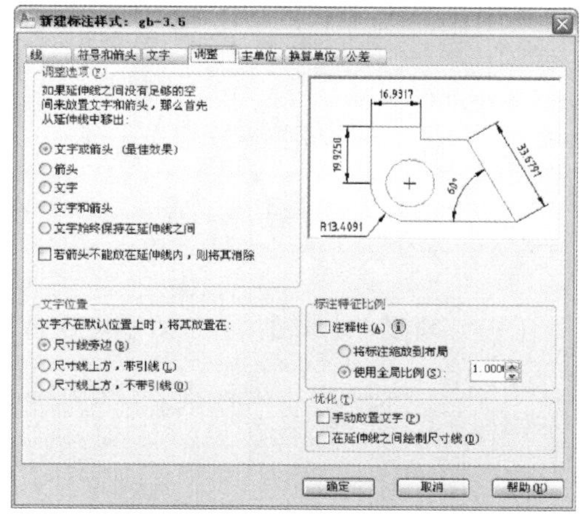

图 11-61 “调整”选项卡

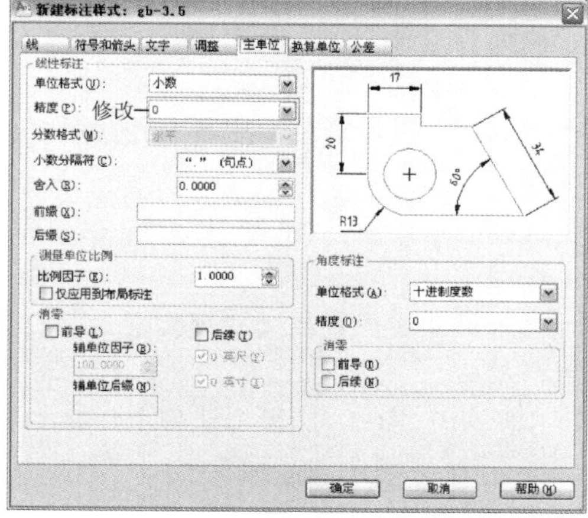

图 11-62 “主单位”选项卡

3. 标注线性尺寸

单击标注工具栏上按钮。

命令：_dimlinear

指定第一条尺寸界线原点或 <选择对象>：（捕捉点取尺寸界限一端点）

指定第二条尺寸界线原点：指定尺寸线位置或［多行文字（M）/文字（T）/角度（A）/水平（H）/垂直（V）/旋转（R）］：（捕捉点取尺寸界限另一点）

标注文字 ＝ 185（将尺寸 185 拖到合适位置释放）

长度尺寸 185 标注完成，用同样方法标注所有线性尺寸。标注多边形尺寸 59 时，应用对齐方式按钮操作。

4. 设置直径和半径尺寸的格式

在“标注样式管理器”对话框中单击“新建”按钮，弹出如图 11-63 所示的“创建新标注样式”对话框，在“新样式名”文本框中输入“直径”，在“用于”列表中选择“直径标注”，然后选择“继续”。在“文字”选项卡中，确定对齐方式为“ISO 标准”；在“调整”选项卡中调整选项选择“文字”。同样的方式设定“半径标注”的格式。

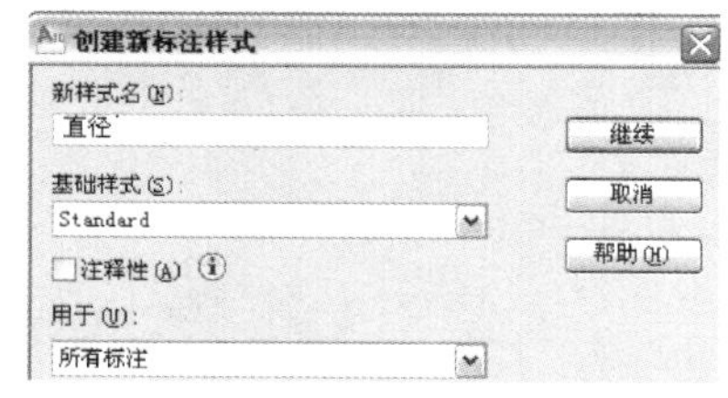

图 11-63 “创建新标注样式”对话框

5. 标注直径或半径

（1）单击下拉菜单“标注→直径”或按钮。

命令：_dimdiameter

选择圆弧或圆：（拾取图 11-49 中的小圆 $\phi 21$）

标注文字 ＝21

指定尺寸线位置或【多行文字（M）/文字（T）/角度（A）】：（将尺寸拖到合适位置释放）

ϕ21 标注完成，同理标注出 ϕ99、ϕ117、ϕ49 等直径尺寸。

（2）单击下拉菜单标注→半径或单击按钮。

命令：_dimradius

选择圆弧或圆：（拾取图 11-49 中的圆弧 R26）

标注文字 = 26

指定尺寸线位置或【多行文字（M）/文字（T）/角度（A）】：（将尺寸拖到合适位置释放）

R26 标注完成，同理标注出 R49、R165 等半径尺寸。

6. 设置角度尺寸的格式

在“标注样式管理器”对话框中，单击“新建”，弹出“创建新标注样式”对话框（见图 11-63），在新样式名中输入“角度”，用于列表中选择“角度标注”，然后选择“继续”。在“文字”选项卡中，确定文字对齐方式为“水平”；文字垂直位置为“外部”，单击“确定”按钮。

7. 标注角度尺寸

单击尺寸工具栏的按钮。

命令：_dimangular

选择圆弧、圆、直线或 <指定顶点>：↵（选择指定顶点方式）

指定角的顶点：（拾取图 11-49 中六边形的中心点）

指定角的第一个端点：（拾取图 11-49 中六边形旋转－15°后偏移的最右点）

指定角的第二个端点：（拾取图 11-49 中的水平中心线上任意点）

指定标注弧线位置或【多行文字（M）/文字（T）/角度（A）/象限点（Q）】：（将尺寸 15°拖到合适位置释放）

标注文字 = 15

角度尺寸标注完成，单击工具栏上的按钮，保存图形，完成图 11-49 的绘制工作。

11.5 图块与属性

在绘图过程中，有些内容是经常出现的，如果每一次都重复绘制，显然就增加了工作量。AutoCAD 提供的图块和属性功能很好地解决了上述问题。

图块是绘制在一个或几个图层上的不同颜色、线型和线宽特性的对象的组合，简称“块”。绘图时把大量重复的相同内容定义为图块，插入到图形中不同的位置处，而

且插入时可以方便地旋转和转换比例。属性则是为块附加上所要传达信息的文字。如果需要，用户也可随时将块分解为独立的对象，然后进行遍辑。这样既可节省绘图时间又可节省存储空间。

本节就以零件图中的粗糙度标注为例，介绍图块和属性的使用。

11.5.1　块

块分为内部图块和外部图块两种。内部图块只能在该块定义的图形中使用；外部块是以图形文件的形式存储在磁盘上，可供其他图形调用。块还可嵌套，即在所创建的块中调用其他的块，但不能自调用。下面介绍内部图块的操作过程。

1. 创建块

(1) 先在当前图形中绘制出将要做块的粗糙度符号图形$\sqrt{\quad}$。

(2) 选择“绘图→块→创建（M）”项，弹出“块定义”对话框，如图 11-64 所示。

(3) 在名称框中输入创建的块名（Ra）。

(4) 单击“对象”栏中“选择对象”按钮，选择块中所要包含的图形对象（粗糙度符号图形），选择后按回车键。块定义对话框提示所选图形对象的数目（已选择 6 个对象）。如果需要选择当前图形中具有某种特征的所有图形对象，可单击“快速选择”按钮来创建一个选择集过滤器，通过它可快速选择所需的图形对象。

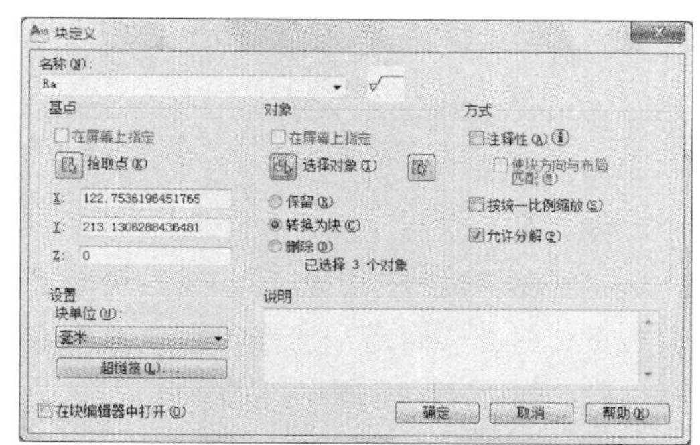

图 11-64　“块定义”对话框

(5) 在“基点”栏中输入插入基点的坐标；也可单击钮，然后在屏幕图形上捕捉插入基点（如符号的下顶点），此时对话框中会自动显示捕捉点的坐标值。插入图块时，插入基点与光标中心重合。

(6) 在插入单位中选择毫米，在说明框中输入块特征的简要提示信息：表面粗糙度。这有助于在包含许多块的复杂图形中迅速检索到该块。

(7) 单击“确定”按钮，完成创建内部块的操作。

2. 插入块

(1) 从下拉菜单中选择“插入→块（B）…”项，弹出“插入”对话框，如图 11-65所示。

(2) 在名称下拉列表中选择要插入的块（如 Ra）；或单击右侧的浏览(B)按钮，通过“选择图形文件”对话框来指定插入块的文件名。

(3) 在“插入点”栏中指定块的插入位置。选择“在屏幕上指定”，即可直接在屏幕上用鼠标捕捉块的插入位置（如图 11-66 中的 A 点）。

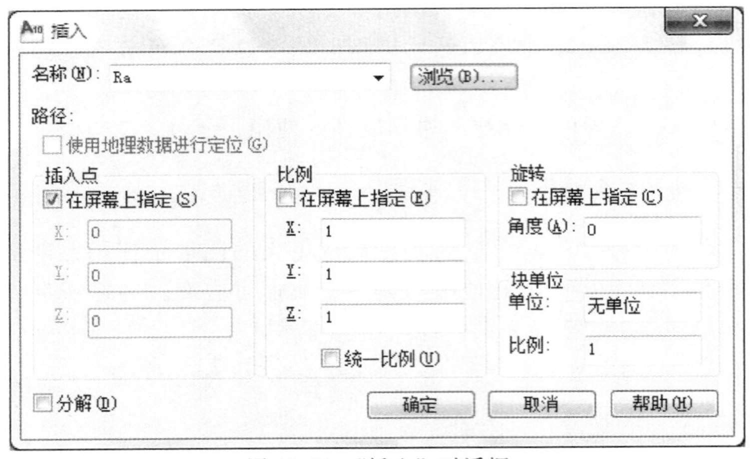

图 11-65 “插入”对话框

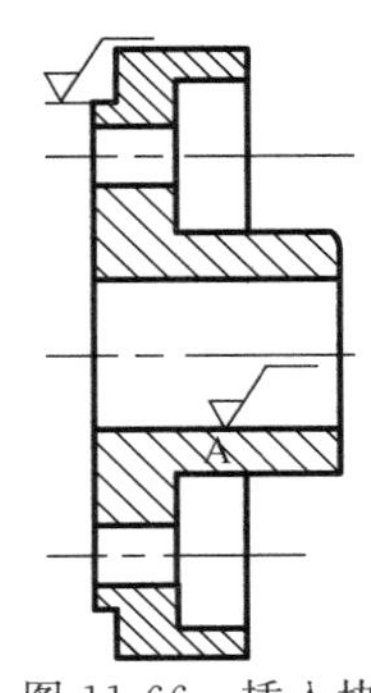

图 11-66 插入块

（4）在“缩放比例”栏中指定插入块与原块的比例因子（当前为 1）。

（5）在“旋转”栏中输入插入块的旋转角度（当前为 0）。

（6）单击“确定”按钮，即在屏幕上捕捉块插入点（如 A 点），单击左键，完成块的调用，如图 11-66 所示。

11.5.2 属性

属性是从属于块的非图形信息，为块提供说明性的文字和数据，是块的组成部分。例如粗糙度的数值 Ra1.6。通过定义粗糙度块属性后，当插入块时，系统提示输入粗糙度数值，并将粗糙度符号（块）和数据（属性）作为一个整体，插入到指定位置。这为绘图提供了极大方便。

1. 属性定义

（1）输入命令 ATTDEF 或选择下拉菜单“绘图→块→属性定义”，弹出“属性定义”对话框，如图 11-67 所示。

（2）在“模式”栏中选择属性的类型：

• “不可见”项，插入块时属性不显示。

• “固定”项，属性为常量，即附着在块上的数据或文字不可变。

• “验证”项，属性为变量，即附着在块上的数据或文字是可变的，当插入块时 AutoCAD 提示输入所需的数据或文字（本例应选择该项）。

• “预设”项，插入时 AutoCAD 将其属性自动恢复为默认值而不再提示输入属性值。

（3）“属性”区用来定义属性标志、提示及默认值。

• 标记框：输入属性标志（如 Ra）。

• 提示框：输入提示信息，插入块时命令行出现该信息以提示操作（如“请输入

表面粗糙度值”）。

• 默认框：输入属性文本的默认值（如 Ra3.2）。

（4）在“插入点”区中指定属性的位置，方法与前面创建块中的操作相同。

（5）在“文字设置”区中设置属性字符串的对正方式、样式、高度和旋转角度。

（6）单击“确定”按钮，在指定位置上显示“标记（T）”框中所输入的文字（如 Ra），完成定义属性的操作。

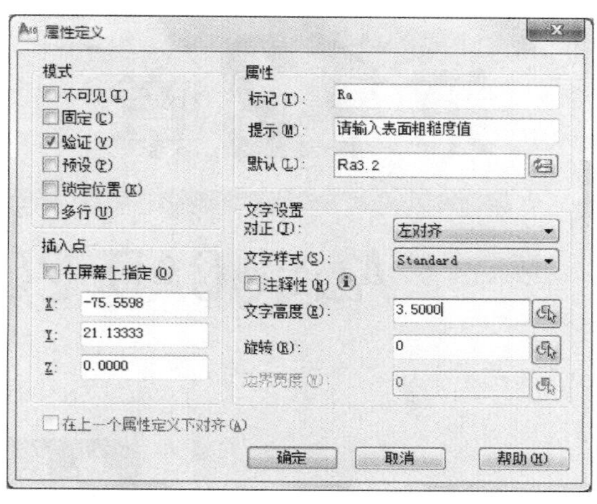

图 11-67 属性定义对话框

2. 创建包含属性的块

属性定义好后，必须将它与图块结合在一起，才能调用。

（1）将已绘制的图块（如粗糙度符号）与属性结合，并调整好图块与属性的相对位置。

（2）创建包含属性在内的图块，方法与前面创建块的操作相同。

3. 插入包含属性的块

插入包含属性图块的方法与前面介绍的块插入方法相同，只是在完成块插入操作后，在命令行窗口里还需根据提示，输入属性要表达的数据（如 *R*a0.8 或 *R*a1.6）。使用含属性的块，插入结果如图 11-68 所示。

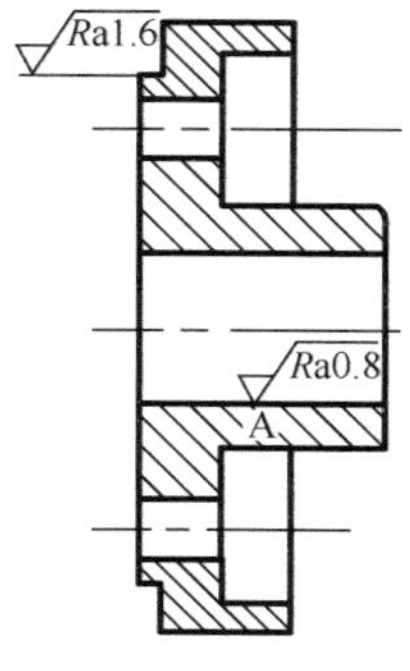

图 11-68 块示例

第12章

AutoCAD 2010绘图实训

教学提示

为了熟悉AutoCAD 2010的基本操作和常用命令，提高综合绘图能力，本节将分类举例介绍常见机械图样（零件图、装配图、轴测图等）的绘制方法。

12.1 绘制零件图

下面以图 12-1 所示的零件图为例，介绍使用 AutoCAD 绘制零件图的方法。

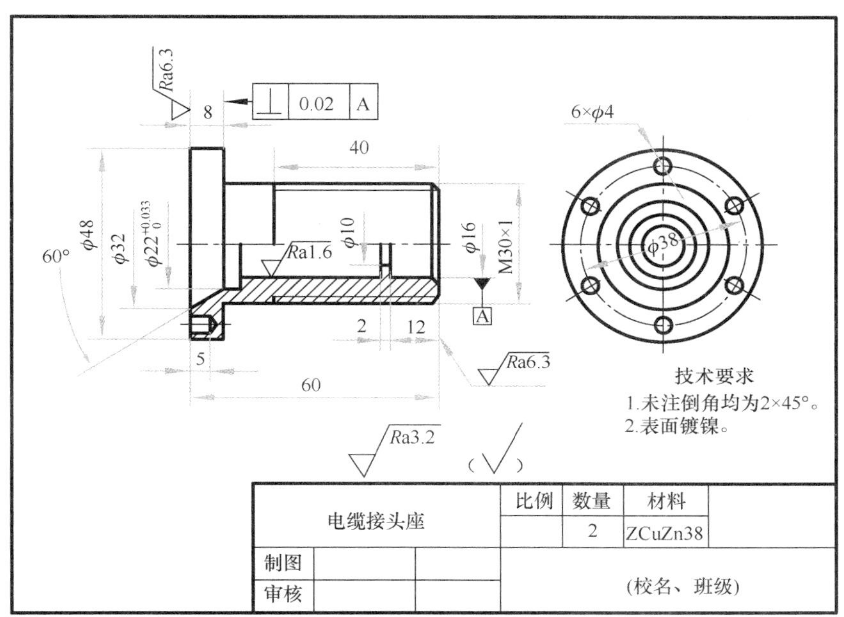

图 12-1　电缆接头座零件图

CAD 绘制零件图与手工绘图一样，首先要对零件有个概括了解，并且应注意以下的问题：

（1）要保证视图间“三等”对应关系，特别要注意俯、左视图之间的宽相等和前后对应关系。这就需要熟练使用正交、极轴、对象捕捉、对象追踪等精确作图工具。

（2）熟练使用样板图、图层、图块及属性的操作方法，以便提高绘图效率及质量。

（3）作图前首先应对零件的尺寸进行分析，明确作图的先后顺序。

（4）灵活应用绘图命令和修改命令，练习一张图用不同的绘图方法，以提高绘图技能。

具体的零件图绘制步骤如下。

1. 调用 A4.dwt 样板图

栏板图中已包括图幅和单位的设置。

2. 绘制中心线

选择中心线层，单击按钮，在合适位置绘制主视和左视图的基准线。

3. 绘制主视图

（1）选择轮廓线层（粗线层），打开自动捕捉功能。绘制出如图 12-2（a）所示的

外轮廓线；单击“倒角”命令进行倒角（注意先将倒角初始值设置为2）。

（2）用镜像命令绘出主视图下半部分的外轮廓线，如图12-2（b）所示。步骤如下：

单击修改工具栏上“镜像”按钮。

命令：_mirror

选择对象：拾取上半部分的外轮廓线（要镜像复制的内容，如图12-2（a）所示）

选择对象：指定对角点：找到8个

指定镜像线的第一点：在中心线上选择一点

指定镜像线的第二点：在中心线上选择另一点（系统可自动捕捉到端点或中点、最近点）是否删除源对象？【是（Y）/否（N）】<N>：↵（默认为否，直接回车）

（3）在“草图设置”对话框中，设置极角为30°，启用极轴和自动追踪功能，用画线命令绘制主视图中$\phi 4$小孔的120°锥坑和60°沉孔的轮廓线；综合应用画线、修剪、断开等命令完成主视图剖视部分的绘制。最后进入细实线层，绘制螺纹小径的细实线。绘制结果如图12-3所示。

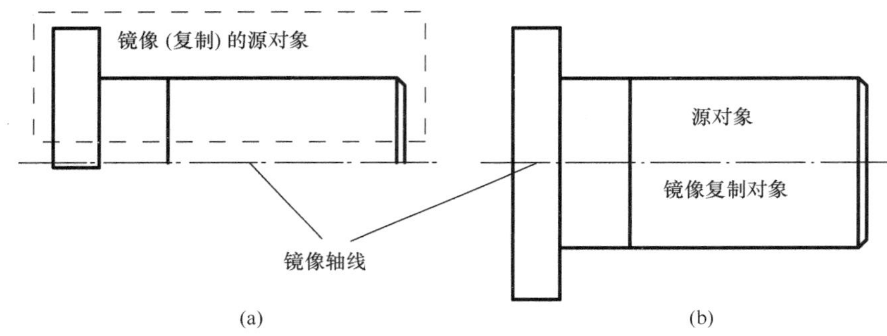

图12-2　画主视图外轮廓

4. 绘制左视图

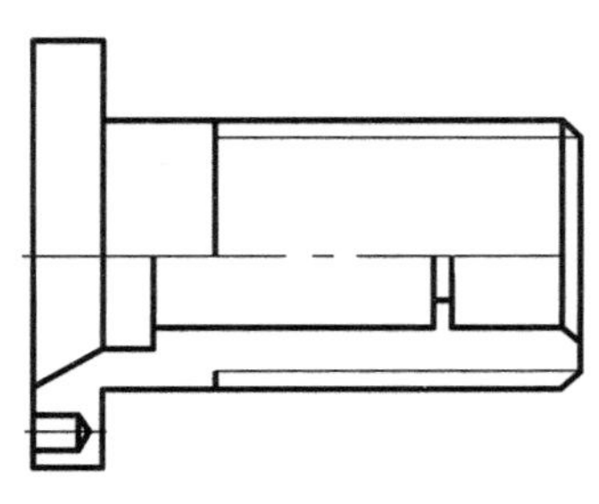

图12-3　画半剖主视图

选择粗实线层，用画圆命令按尺寸绘制出4个同心圆和一个小圆，如图12-4（a）所示。再用阵列命令绘制出其余5个小圆。单击修改工具栏上图标，弹出如图12-5所示“阵列”对话框，选择环形阵列并单击“选择对象”按钮，系统回到绘图区，选择阵列目标小圆；单击中心点区域右边按钮，自动回到绘图区，拾取环形阵列中心O点；输入阵列项目总数6，填充角度360，按“确定”。结果如图12-4（b）所示。

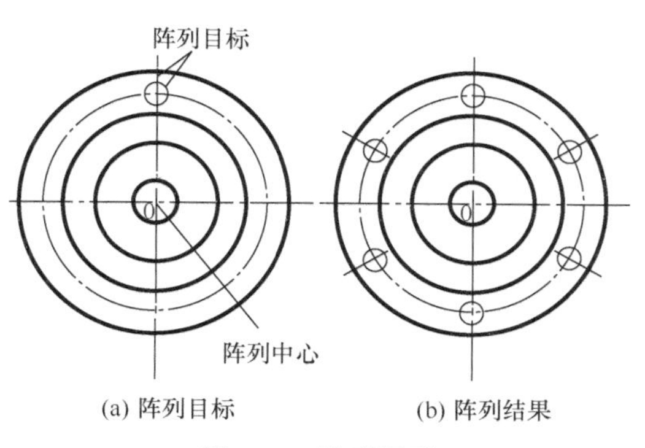

图 12-4　阵列图形

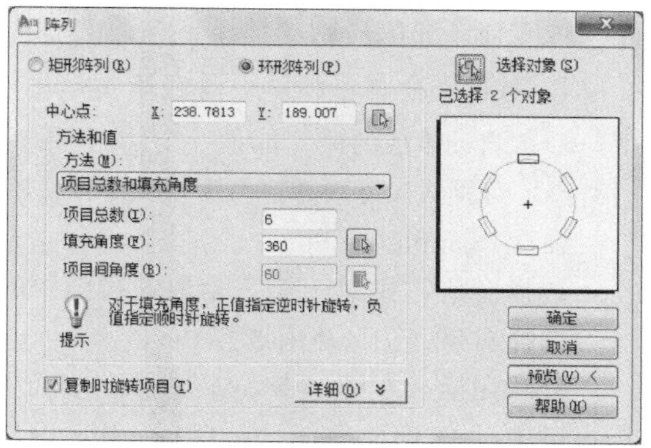

图 12-5　“阵列”对话框

5. 填充剖面线

选择细实线层；单击图案填充按钮，弹出如图 12-6 所示的“图案填充和渐变色”对话框。单击“图案”列表框右边的下拉按钮，选取“ANSI31”（45°剖面线）。点取右上角“边界”区中的“拾取点”前的按钮，系统自动进入绘图状态。此时选择主视图要填充的区域，按回车键结束选择，返回对话框。单击左下角的“预览”，系统会显示剖面线绘制结果，如图 12-7 所示。若剖面线间距不合适，可修改“比例”栏中的数字，预览满意后，确定退出。

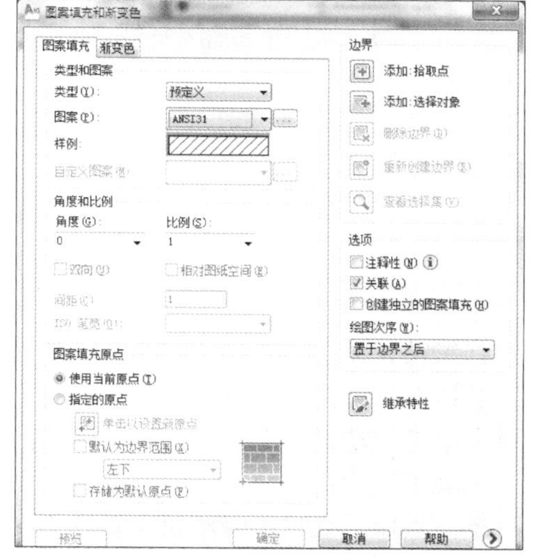

图 12-6　边界图案填充

6. 在非圆视图上标注直径尺寸

单击下拉菜单“标注→线性”或单击标注工具栏上按钮。

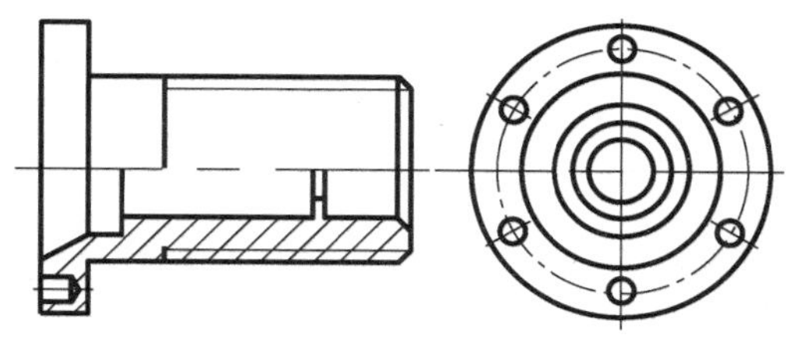

图 12-7　主视图填充结果

前几步同上，当命令窗口提示“输入标注文字（48）：”时，键盘输入%%c48 ↵，

ϕ48 尺寸标注完成，同理标出主视图中的其他含 ϕ 的线性尺寸。

7. 利用块分解，标注小圆直径 6×ϕ4

一般自动生成的尺寸都是一个块，不能单独编辑。若利用块分解功能，我们就可把尺寸炸开，分别对尺寸要素进行个性化编辑。单击下拉菜单“修改分解”或单击按钮。

命令：_ explode

选择对象：找到 1 个（拾取左视图中的 ϕ4 尺寸）

选择对象：↵（结束选择）

分解完毕，左键双击 ϕ4，进入“多行文字编辑器”对话框，如图 12-8 所示。在文字窗口中，ϕ4 前面加注“6×”按确定退出。若要输入其他符号，可选择其中的 @ 按钮查看即可。

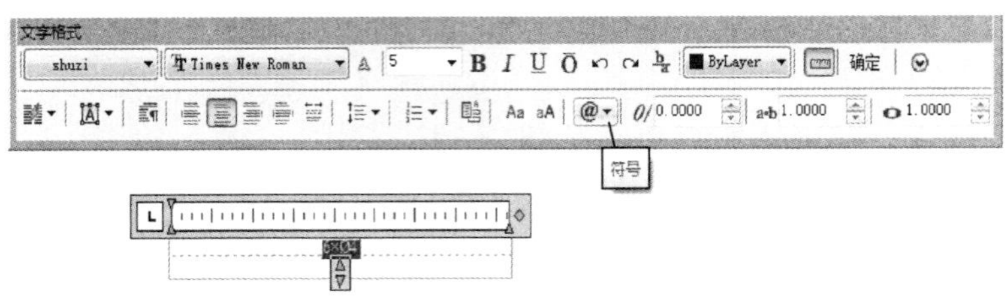

图 12-8 “多行文字编辑器”对话框

8. 标注公差尺寸

首先设置标注公差尺寸的格式。单击标注工具栏上按钮，弹出“标注样式管理器”对话框，单击“修改”，弹出“修改标注样式”对话框。在“主单位”和“公差”选项卡中设定精度和公差的样式，并输入具体的公差值，高度比例改为 0.5，具体如图 12-9和图 12-10 所示。

单击标注工具栏上按钮，自动生成含公差的线性尺寸 $22^{+0.033}_{0}$。用上面分解尺寸的方法，左键双击该尺寸，进入文字编辑器后加注直径符号 ϕ，则图中含有公差的尺寸 $\phi22^{+0.033}_{0}$标注完成。

9. 标注垂直度公差

单击“标注”工具栏上公差按钮，系统弹出如图 12-11 所示的“形位公差”对话框，左键单击符号区下面的黑方框，弹出如图 12-12 所示“特征符号”对话框，选择公差项目⊥，在“公差 1”栏中输入公差值 0.02，在基准 1 栏中输入 A，单击“确定”后进入绘图界面，则 ⊥|0.02|A 会随着鼠标移动而移动，在合适位置单击鼠标左键，即确定公差标注位置。再单击“标注”菜单中的“多重引线”按钮，用该命令为公差框格添上指引线，公差标注即完成。

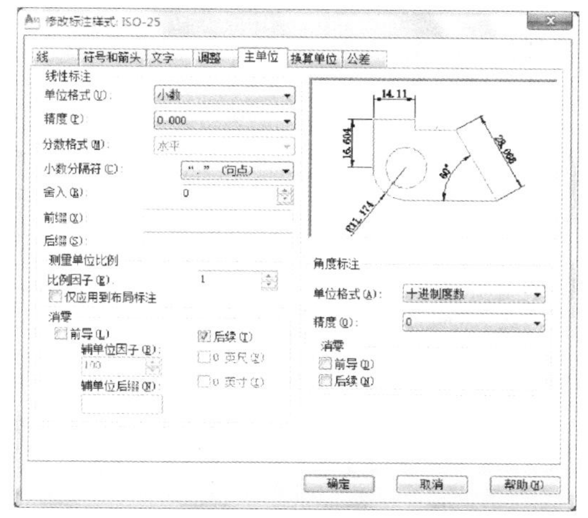

图 12-9　修改单位精度

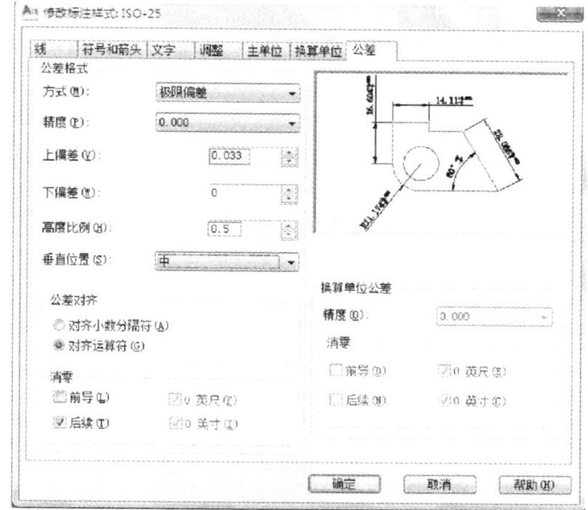

图 12-10　设置尺寸公差

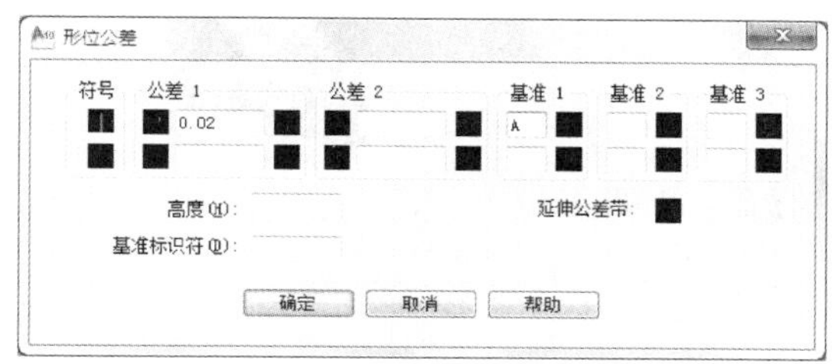

图 12-11　“形位公差”对话框

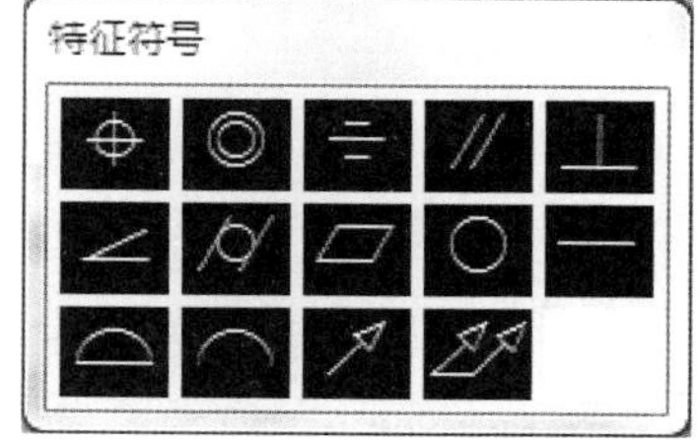

图 12-12　特征符号

10. 标注粗糙度

用前面所讲的图块与属性方法，创建包含属性的粗糙度图块，通过调用图块，进行表面粗糙度的标注。

11. 填写标题栏

使用“Text”命令或单击绘图工具栏上**A**按钮，书写技术要求的文字及填写标题栏，最终完成全图的绘制任务。

12.2　绘制等轴测图

等轴测图是用二维图形表示三维实体的图示方法，具有较强的真实感。在轴测图中立方体仅有三个面是可见的，分别称为左、右轴测面和上轴测面。利用AutoCAD提供的一系列专用命令，再结合辅助绘图工具和编辑、修改命令，使轴测图绘制变得准确、快捷。

以图 12-13 为例，介绍绘制轴测图的基本方法。

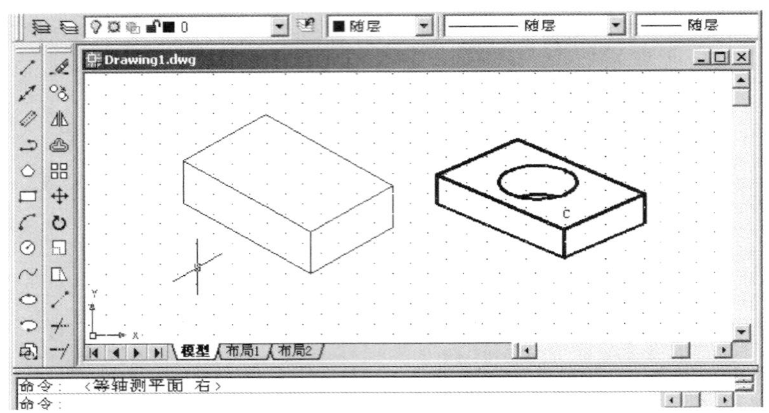

图 12-13　等轴测图的绘制

作图步骤如下：

1. 调用样板图

调用 A4 样板图，并用 SAVE 命令存盘，文件名取为“图 12-13”。

2. 设置等轴测图的绘图环境

（1）输入“Snap”命令来设置。

命令：snap ↵

指定捕捉间距或【开（ON）/关（OFF）/纵横向间距（A）/旋转（R）/样式（S）/类型（T）】<10.0000>：s ↵（选择样式）

输入捕捉栅格类型【标准（S）/等轴测（I）】<S>：I ↵（等轴测模式）

指定垂直间距 <10.0000>：1 ↵（确定捕捉间距）

（2）用“草图设置”对话框设置。单击下拉菜单“工具→草图设置”，系统弹出“草图设置”对话框，在捕捉和栅格选项卡中，捕捉类型选择“等轴测捕捉”，捕捉间距改为 1，启用捕捉和栅格，如图 12-14 所示。将正交模式、捕捉及栅格打开，此时十字光标

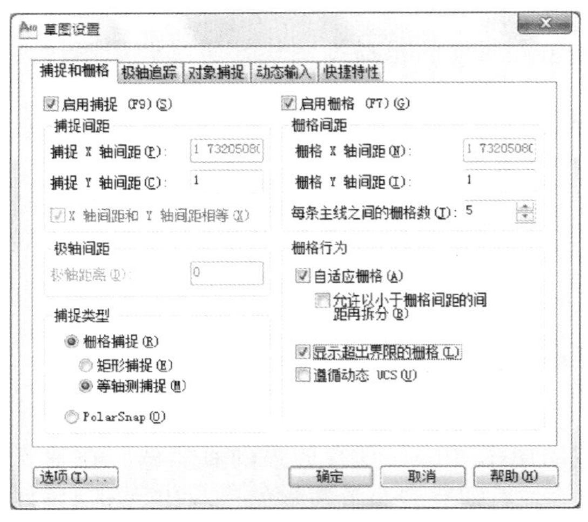

图 12-14　设置捕捉类型

呈 ，为左轴测平面状态。连续按 F5 键可以在左、右、上三个轴测面之间循环切换。

3. 画左轴测面图形

当命令行显示“命令：<等轴测平面左>”时，启动直线命令，在合适位置绘制一个闭合的矩形 ABCD，即长方体的左轴测面，如图 12-15（a）所示。

4. 画右轴测面图形

按 F5 键，当命令行出现提示“命令：<等轴测平面 右>”时再使用直线命令，绘制如图 12-15（b）所示的直线，即长方体的右轴测面。

5. 画上轴测面图形

按 F5 键，当命令行出现提示“命令：<等轴测平面 上>”时，启动直线命令，绘制上轴测平面的两条直线，如图 12-15（c）所示，完成长方体轴测图。

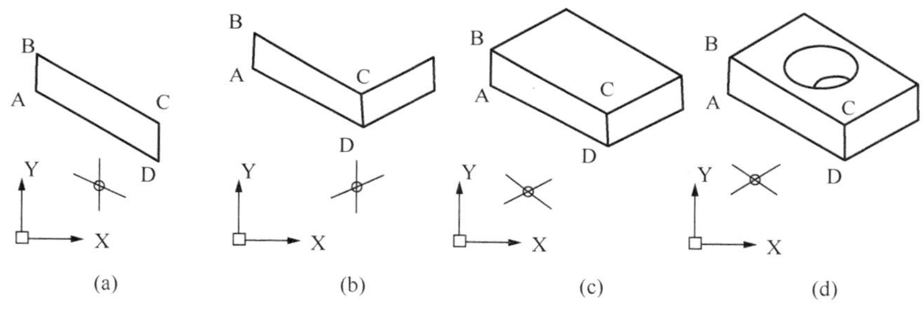

图 12-15　长方体轴测图绘制过程

6. 等轴测圆的画法

三个轴测面上圆的等轴测图是椭圆，如图 12-16 所示，可用椭圆命令中的选项“I”来绘制。在图 12-15（c）中长方体上添加一个“通孔”，操作步骤如下。

按下“椭圆”命令按钮，绘制上表面的椭圆。

命令：_ellipse

指定椭圆轴的端点或【圆弧（A）/中心点（C）/等轴测圆（I）】：I↵（选择画等轴测圆）

指定等轴测圆的圆心：（在上表面中确定圆心）

指定等轴测圆的半径或【直径（D）】：（拖动鼠标确定半径后↵）

用复制命令，绘制下表面的椭圆，经修剪后得到的图形如图 12-15（d）所示。

在绘制轴测圆时，注意要使椭圆与所在的等轴测面匹配，如图 12-16 所示。

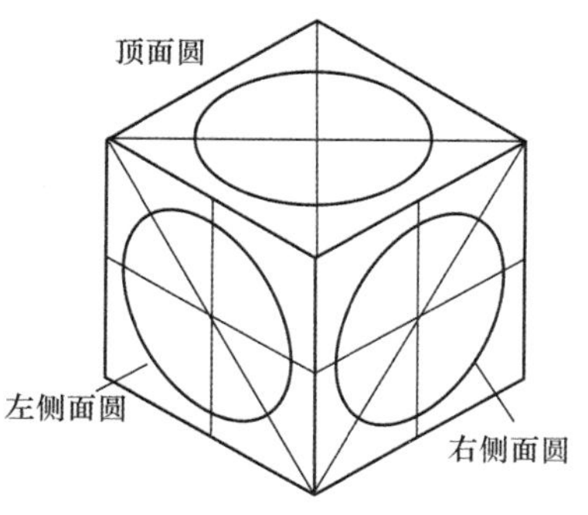

图 12-16　三个轴测面上圆

【例】 绘制如图 12-17 所示支架的等轴测图。

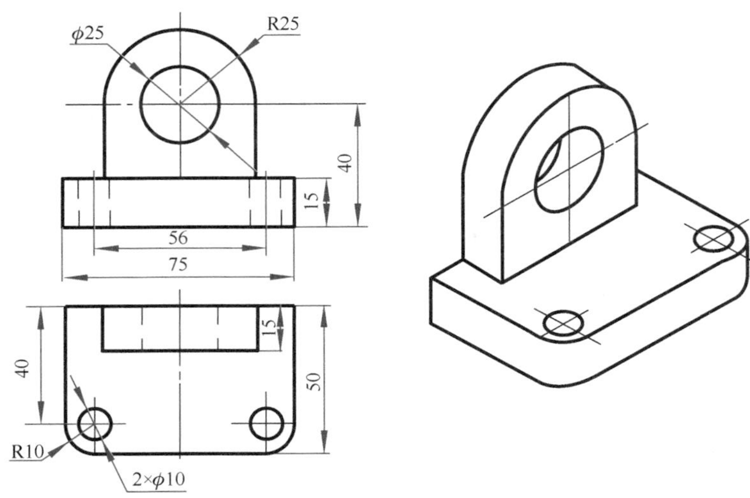

图 12-17　支架等轴测图

作图步骤如下：

（1）设置好等轴测图的绘图环境。

（2）用前例的方法，先按图 12-17 中的尺寸绘制出长方形底板，如图 12-18（a）所示。

（3）绘制底板上竖板的前表面，如图 12-18（b）所示。注意：作图基准线、轴测圆圆心的确定要准确；用右轴测面画椭圆方式作出 R25 和 ϕ25 孔所对应的 2 个椭圆。

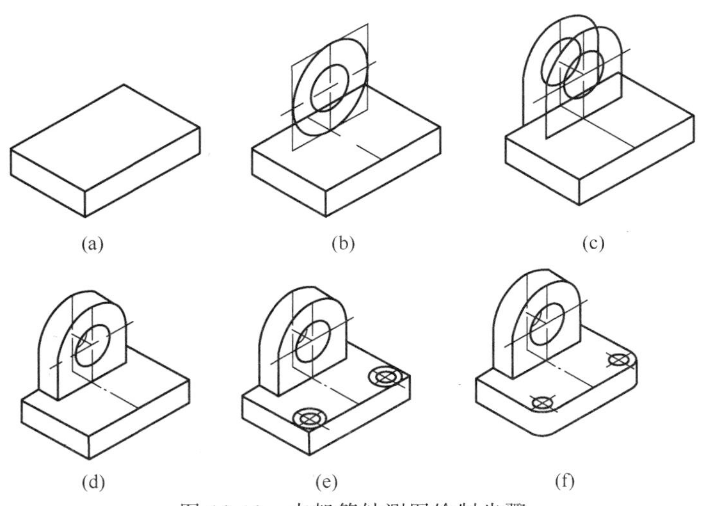

图 12-18　支架等轴测图绘制步骤

（4）将竖板前表面复制到底板的后表面对应位置，剪切掉多余的图线，如图 12-18（c）所示。

（5）画切线把前、后表面连接成一整体，并剪切掉多余的图线，如图 12-18（d）所示。注意应用切点捕捉方式画椭圆公切线。

（6）在底板上表面确定小圆和圆角的圆心，画出相应的基准线；用上轴测面画椭圆方式分别作出左右两侧的 4 个椭圆，如图 12-18（e）所示。

（7）剪切修改好上表面的圆角，并将其复制到下表面对应位置，画出右侧椭圆的公切线，如图 12-18（f）所示。

（8）统一用粗线加深图形，即等到图 12-17 所示支架的等轴测图。

12.3　绘制装配图

AutoCAD 绘制装配图的方法有两种：拼装画法和直接画法。

拼装画法是将所有的零件先画出图形，做成图块，分别插入到合适位置，然后修改和删除多余的图线，最后形成装配图的过程。

直接画法则是利用前面所讲的生成图形的方法，将所有零件直接画到合适位置而形成装配图的过程。

相比而言，拼装画法比较常用。下面以图 12-19 所示的千斤顶为例，介绍装配图的拼装画法。

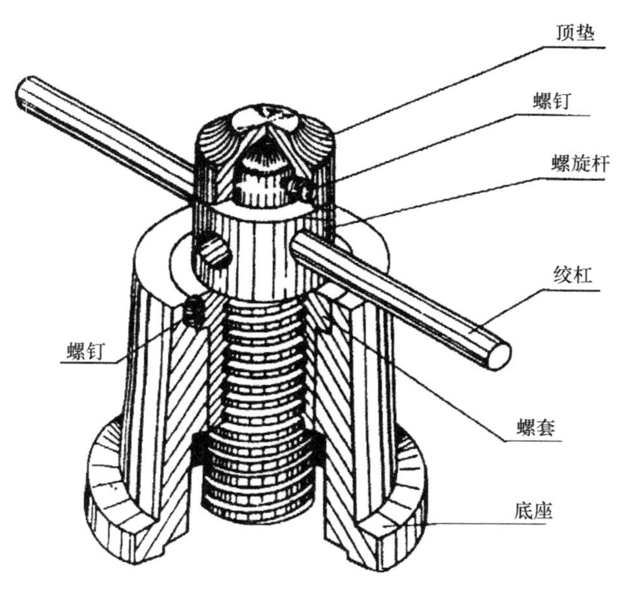

图 12-19　千斤顶轴测图

在拼画前，应先绘制好所有零件的零件图，绘图比例应相同，一般采用 1∶1。再根据部件的大小和复杂程度，结合已确定的表达方案，选定图幅和比例，按以下步骤拼画装配图。

1. 建立装配图的样板文件

与创建零件图的样本文件一样，新创建一个装配图的样板文件。设置好图幅、图层，画出图框和标题栏及明细表等。并以该样板文件为图形样本新建一图形文件，另存为“千斤顶”。

2. 装入主要零件

打开已画好的主要零件（如底座）的图形文件，关闭尺寸层和文字标注等层，将此零件复制到装配图中的合适位置。

3. 将其余零件装入并建成图块

将已画好的其他零件的图框、尺寸和文字标注等层均关闭，分别复制到装配图中，并按工作位置摆好，建立各零件的图块。在建块操作中，当定义图块的插入点时，一般选择零件间相互有定位和装配关系的特殊点。千斤顶零件的插入点选择，可参考图 12-20。

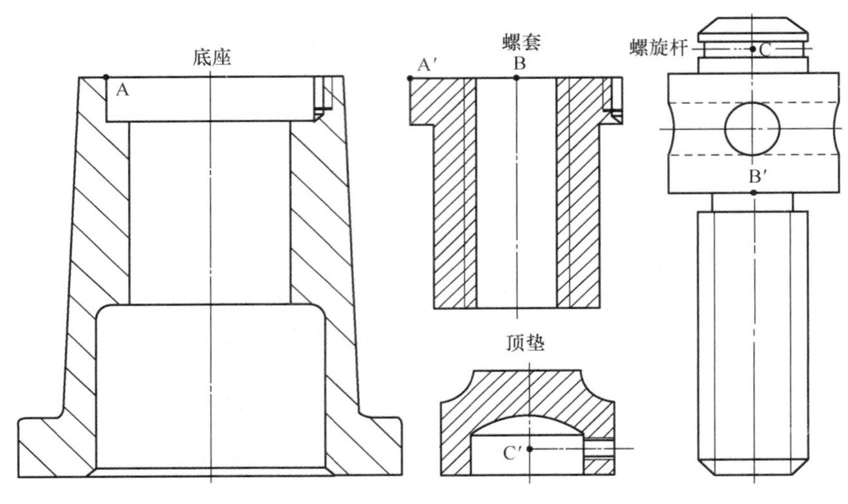

图 12-20　零件图形插入点的选取

4. 插入零件并整理图形

依据先画主要零件，再画次要零件；先画大体轮廓，再画局部细节的原则，按照装配关系，沿装配干线逐个“插入”零件图块。

先将图 12-20 中螺套零件上的点 A′与底座的点 A 对齐，把螺套插入底座中，结果如图 12-21 所示；再将螺旋杆的 B′与螺套的 B 对齐，插入螺套中；同理，将 C′与 C 对齐，插入顶垫；接着依次插入绞杠和螺钉。

注意：在拼画过程中，每装入一个零件后，随时检查是否有遮挡住的轮廓线，分解图块后，及时把不可见的图线删剪掉，整理清晰图形。

5. 标注完成装配图

拼装好的千斤顶装配图，需调整好剖面线方向、编写零件序号并标注装配图尺寸、填写标题栏、明细表和技术要求，保存后退出系统。

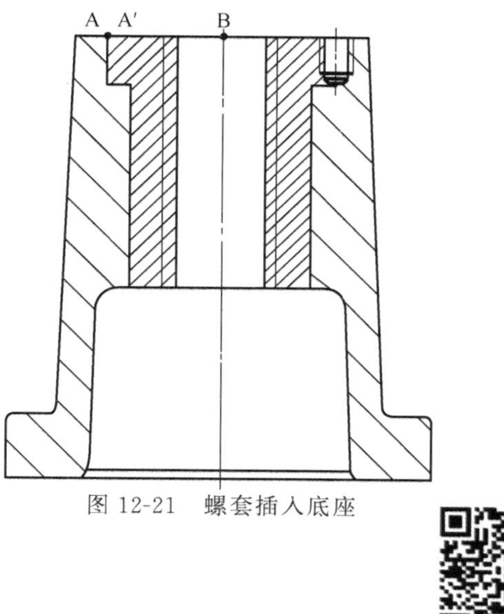

图 12-21　螺套插入底座

12.4　三维实体造型

AutoCAD 2010 除了用于绘制二维的机械图样以外，同时还具有三维实体造型的功能。

本节以图 12-22 所示的轴承座为例，简要介绍三维实体的绘制方法和作图步骤。

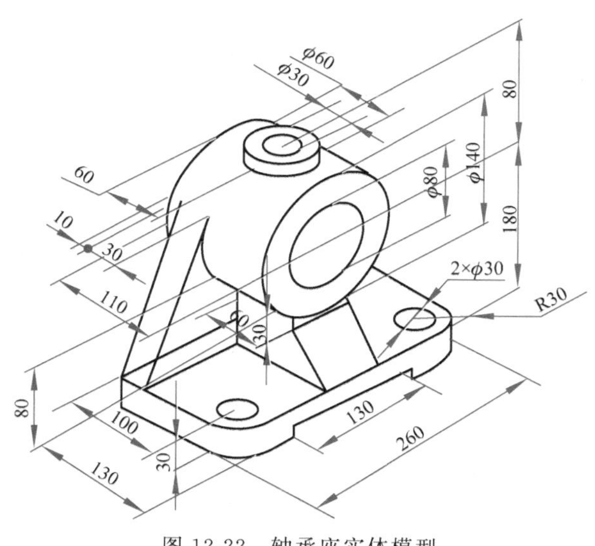

图 12-22　轴承座实体模型

1. 设置绘图环境

（1）设置图形界限。

（2）缩放全部。

（3）打开对象捕捉、对象追踪功能。

（4）保存图形为“轴承座”。

2. 绘制轴承座底板

（1）绘制底板的二维图形，如图 12-23 所示。

（2）将底板的二维图形创建成面域。单击“绘图”工具栏“面域”按钮，命令行提示：

命令：_region

选择对象：（选底板、选择两个小圆）

选择对象：↵（回车结束）

（3）执行面域布尔运算。单击“实体编辑”工具栏的“差集”按钮，命令行提示如下：

命令：_subtract 选择要从中减去的实体或面域

选择对象：（选择底板图形的外轮廓）

选择对象：↵（选择要减去的实体或面域）

选择对象：（选择底板图形的两个圆）

选择对象：↵（回车结束）

（4）切换到西南等轴测视图。单击“视图”工具栏的“西南等轴测”按钮，将视图显示缩放至合适的大小，如图 12-24 所示。

图 12-23　轴承座底板二维图形

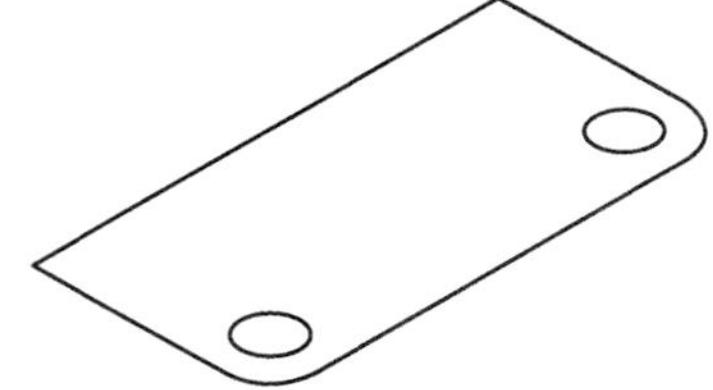

图 12-24　底板等轴测图

（5）将底板平面图形拉伸成实体模型。单击“建模”工具栏的“拉伸”按钮，命令行提示如下：

命令：_extrude

当前线框密度：ISOLINES=4

选择要拉伸的对象：找到 1 个//选择要拉伸的面域

选择要拉伸的对象：（选择底板图形）

指定拉伸的高度或[方向（D）/路径（P）/倾斜角（T）]：30↵

结果如图 12-25 所示。

（6）建立用户坐标系。

命令：ucs↵

当前 UCS 名称：*世界*

指定 UCS 的原点或[面（F）/命名（NA）/对象（OB）/上一个（P）/视图（V）/世界（W）/X/Y/Z/Z 轴（ZA）]<世界>：n↵

指定新 UCS 的原点或[Z 轴（ZA）/三点（3）/对象（OB）/面（F）/视图（V）/X/Y/Z]<0，0，0>：3↵

指定新原点<0，0，0>：捕捉中点 1

在正 X 轴范围上指定点<492.8547，585.6341，0.0000>：捕捉端点 2

在 UCS XY 平面的正 Y 轴范围上指定点<491.8547，586.6341，0.0000>：捕捉端点 3

结果如图 12-26 所示。

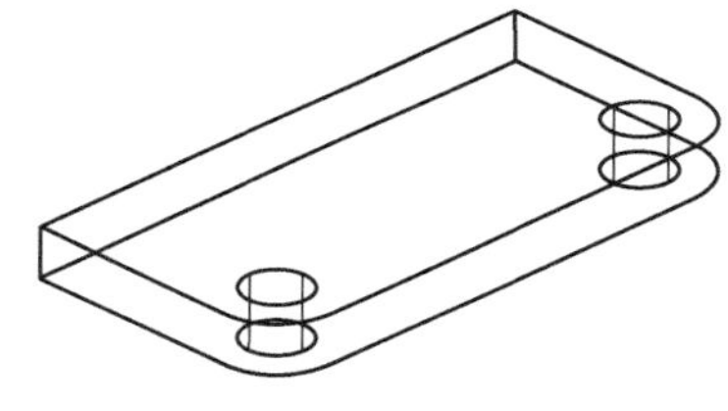

图 12-25 拉伸面域

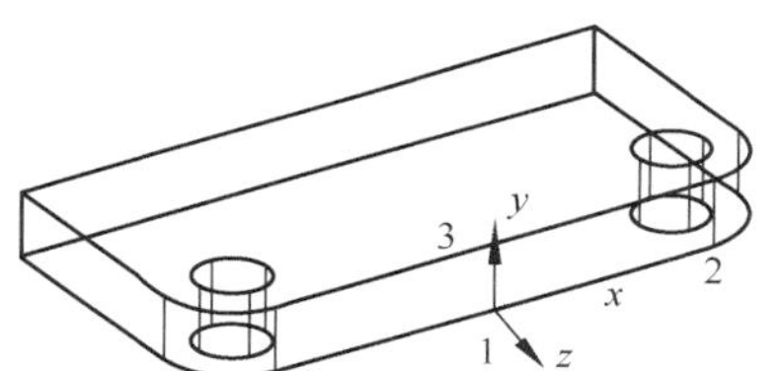

图 12-26 建立新坐标系

（7）绘制底座的长方槽。

① 绘制长方体底槽。

命令：_box

指定第一个角点或[中心（C）]：鼠标在作图区任意一点

指定其他角点或[立方体（C）/长度（L）]：@130，10↵

指定高度或[两点（2P）]<130.0000>：130↵

结果如图 12-27 所示。

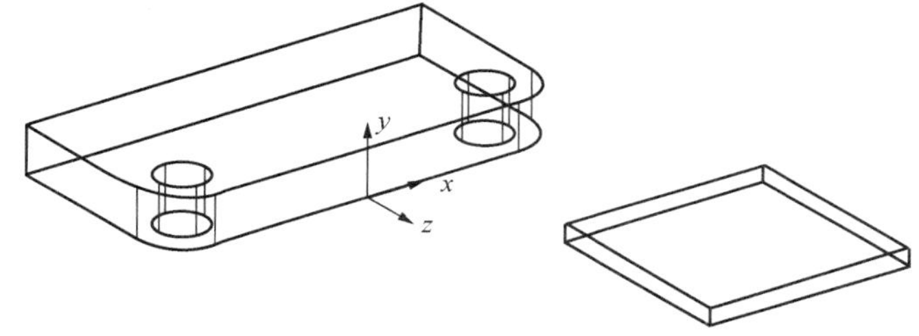

图 12-27 创建底板槽的立方体模型

② 移动长方槽到正确位置，如图 12-28 所示。

单击“修改”工具栏的“移动”按钮，命令行提示如下：

命令：_move

选择对象：选择长方体

选择对象：↵

指定基点或［位移（D）］＜位移＞：捕捉长方体前端底线的中点

指定第二个点或 ＜使用第一个点作为位移＞：↵

③ 对底板和长方体槽进行“差集”布尔运算。

单击“实体编辑”工具栏的“差集”按钮，命令行提示如下：

命令：_subtract ↵

选择要从中减去的实体或面域

选择对象：选择底板

选择对象：↵

选择要减去的实体或面域

选择对象：选择底板槽长方体及两个圆柱

选择对象：↵

结果如图 12-29 所示。

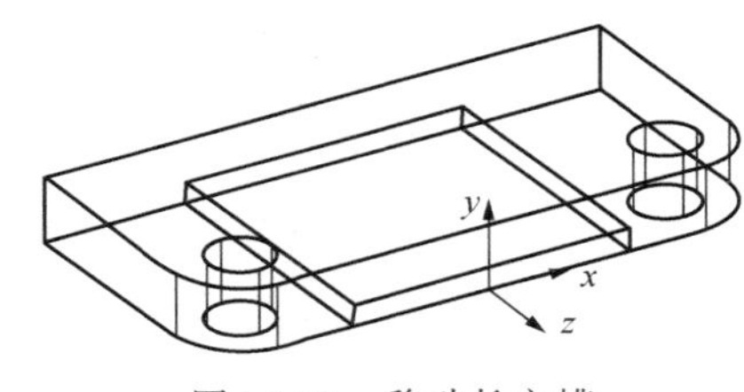

图 12-28　移动长方槽

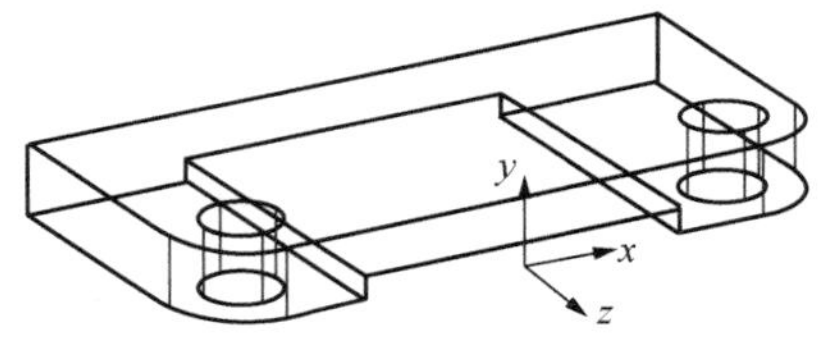

图 12-29　布尔运算

3. 绘制轴承座的两个空心圆柱体

（1）建立用户坐标系，使坐标原点在圆柱前端的圆心上。

命令：ucs ↵

当前 UCS 名称：＊没有名称＊

指定 UCS 的原点或［面（F）/命名（NA）/对象（OB）/上一个（P）/视图（V）/世界（W）/X/Y/Z/Z 轴（ZA）］＜世界＞：n ↵

指定新原点或［Z 向深度（Z）］＜0，0，0＞：0，160，－30 ↵

结果如图 12-30 所示。

（2）绘制上方的两个空心圆柱体。

① 绘制两个圆柱体。

单击“实体”工具栏的“圆柱体”按钮，命令行提示如下：

命令：CYLINDER

指定底面中心点或［三点（3P）/两点（2P）/相切、相切、半径（T）/椭圆（E）］：0，0，0 ↵

指定底面半径或［直径（D）］：70 ↵

指定高度或［两点（2P）/轴端点（A）］：－110 ↵

命令：↵

CYLINDER

指定底面的中心点或［三点（3P）/两点（2P）/相切、相切、半径（T）/椭圆（E）］：0，0，0 ↵

指定底面半径或［直径（D）］＜70.0000＞：40 ↵

指定高度或［两点（2P）/轴端点（A）］＜－110.0000＞：↵

结果如图 12-31 所示。

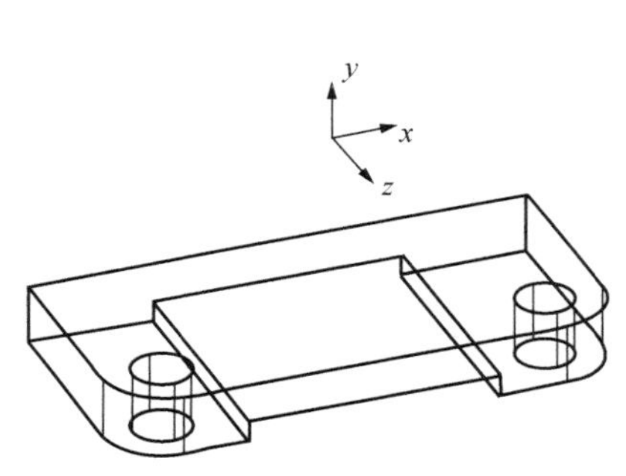

图 12-30 设置坐标系的原点

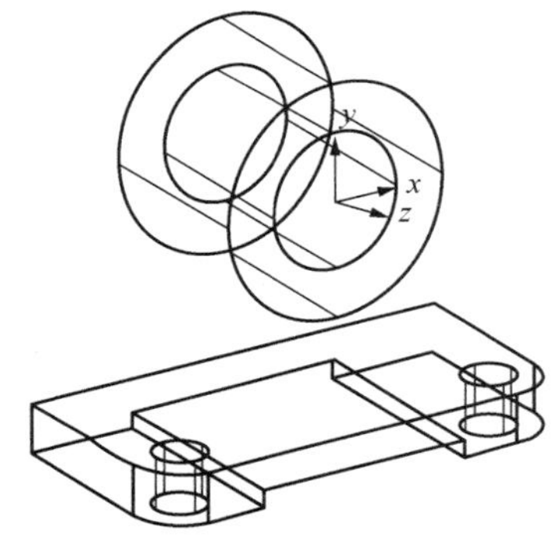

图 12-31 绘制两个圆柱体

② 对两个圆柱体进行“差集”布尔运算。

单击“实体编辑”工具栏的“差集”按钮，命令行提示如下：

命令：_subtract ↵

选择要从中减去的实体或面域…

选择对象：选择大圆柱体

选择对象：↵

选择要减去的实体或面域…

选择对象：选择小圆柱体

选择对象：↵

结果如图 12-32 所示。

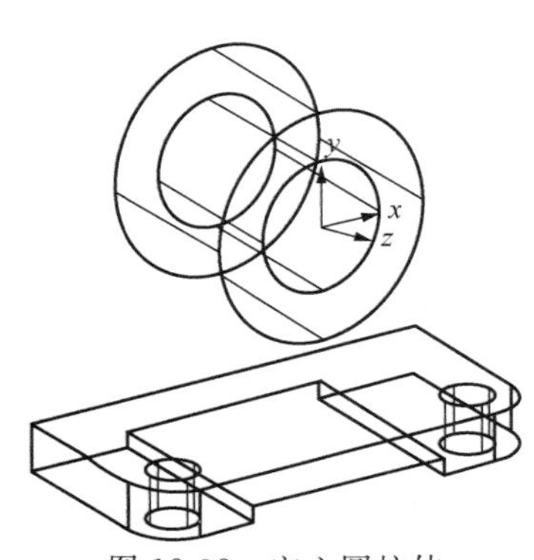

图 12-32 空心圆柱体

4．绘制支承板

（1）绘制支承板平面图，并创建成面域，如图 12-33 所示。

（2）拉伸支承板面域，拉伸高度为 30，形成支承板实体，如图 12-34 所示。

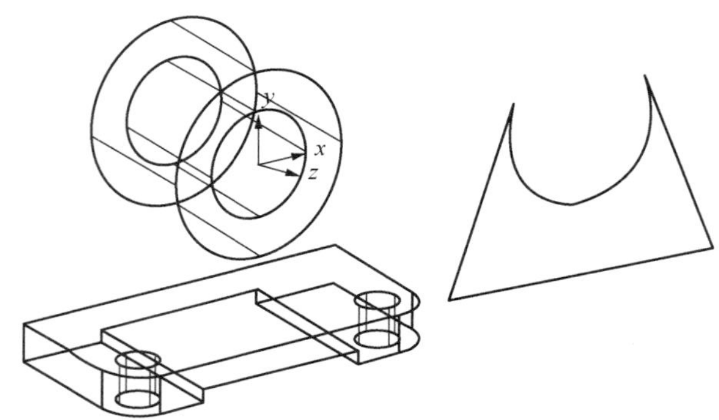

图 12-33　支承板平面图

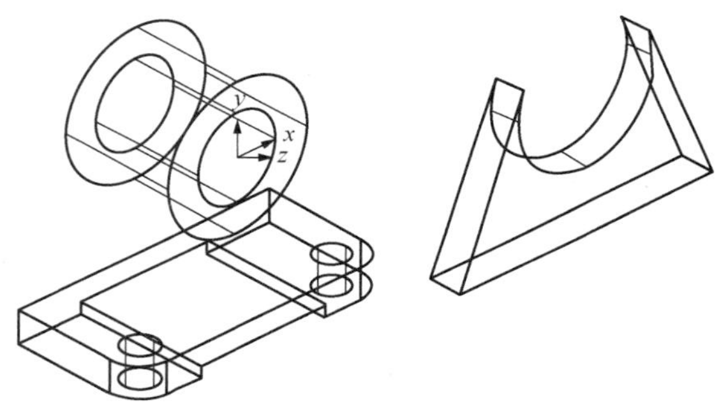

图 12-34　支承板实体

（3）用“移动”（MOVE）命令将支承板移到正确的位置，如图 12-35 所示。

5．绘制筋板

（1）用 UCS 命令设置用户坐标系，设定底板顶面长度的中点为坐标原点，如图 12-36所示。

（2）绘制筋板平面图形，并将其创建成面域，如图 12-37 所示。

（3）拉伸筋板面域，拉伸高度为 30，形成筋板实体，如图 12-38 所示。

（4）用“移动”（MOVE）命令将筋板移到正确的位置，如图 12-39 所示。

命令：_ move ↵

选择对象：选择筋板

选择对象：↵

指定基点或［位移（D）］＜位移＞：选择筋板底面宽度的中点

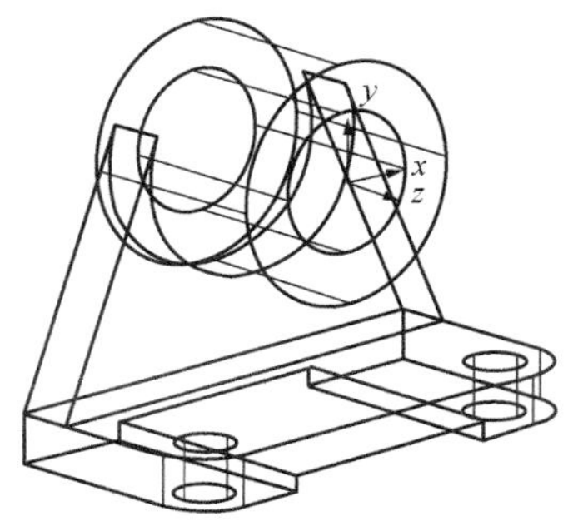

图 12-35 移动支承板图

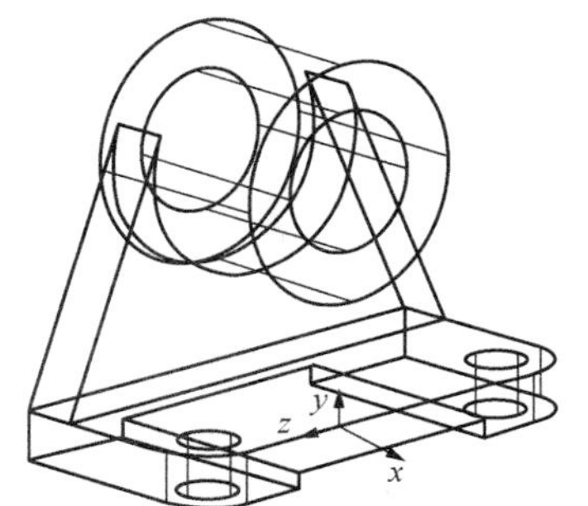

图 12-36 设置用户坐标系

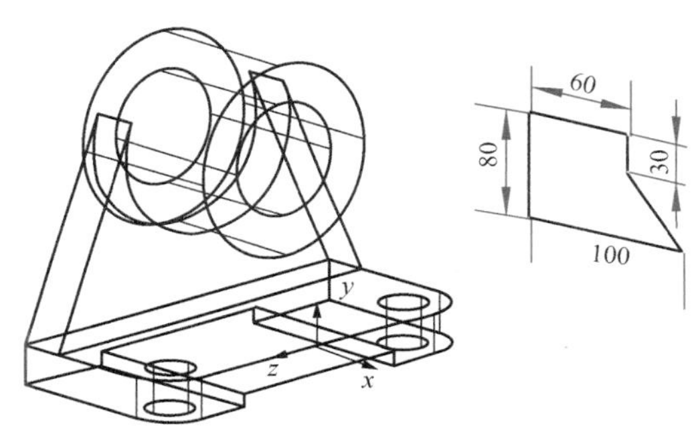

图 12-37 筋板平面图

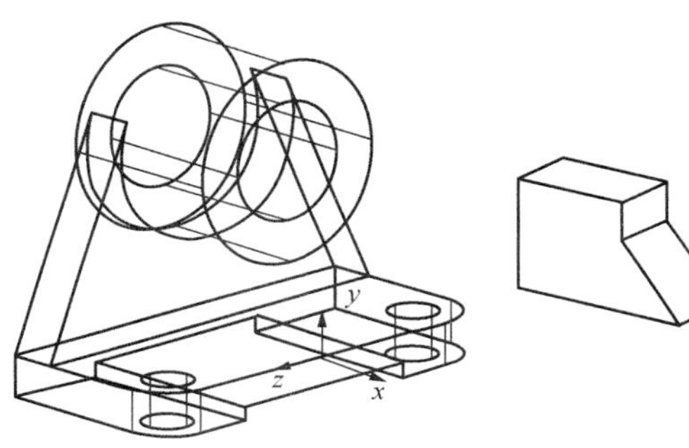

图 12-38 筋板实体

指定第二个点或 <使用第一个点作为位移>：0，0，0↵

6. 绘制凸台

(1) 用 UCS 命令，将用户坐标系设在凸台上底面的圆心，如图 12-40 所示。

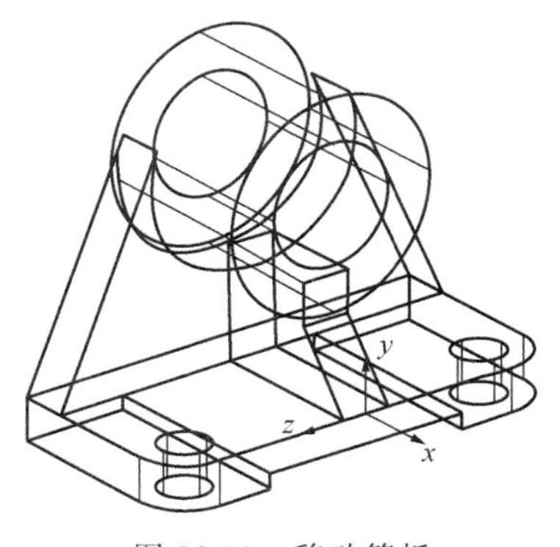

图 12-39 移动筋板

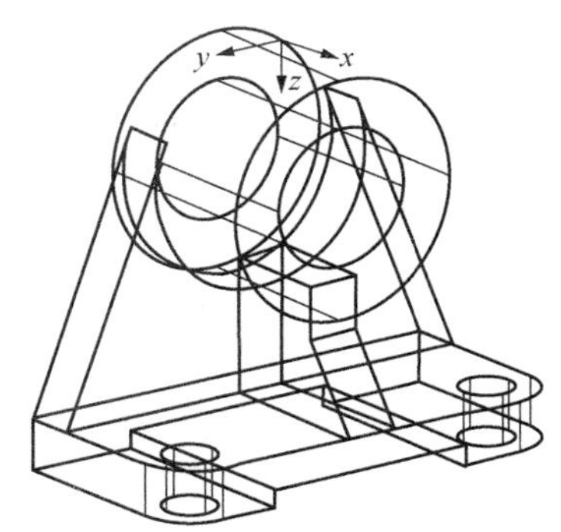

图 12-40 凸台坐标系

(2) 绘制凸台圆柱体。单击“实体”工具栏的“圆柱体”按钮，命令行提示如下：

命令：CYLINDER

指定底面的中心点或［三点（3P）/两点（2P）/相切、相切、半径（T）/椭圆（E）］：0，0，0↵

指定底面半径或［直径（D）］＜30.0000＞：30↵

指定高度或［两点（2P）/轴端点（A）］：40↵

命令：↵

指定底面的中心点或［三点（3P）/两点（2P）/相切、相切、半径（T）/椭圆（E）］：0，0，0↵

指定底面半径或［直径（D）］＜30.0000＞：15↵

指定高度或［两点（2P）/轴端点（A）］＜40.0000＞：80↵

结果如图12-41所示。

（3）对凸台大圆柱体和空心圆柱体进行“并集”布尔运算。

单击“实体编辑”工具栏的“并集”按钮，命令行提示如下：

命令：_union

选择对象：选择大圆柱体

选择对象：选择空心圆柱体

选择对象：↵

结果如图12-42所示。

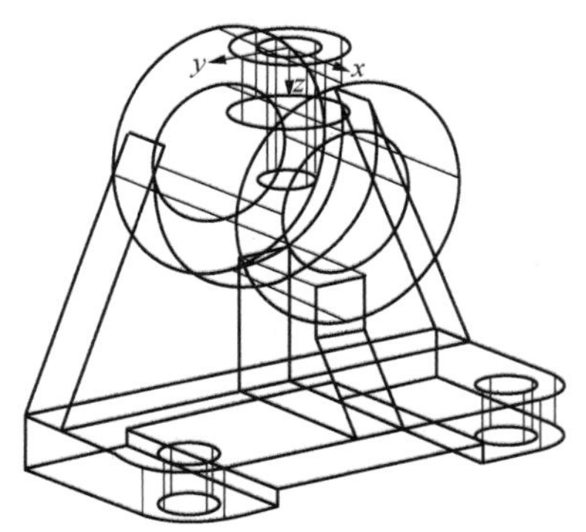

图12-41　凸台圆柱

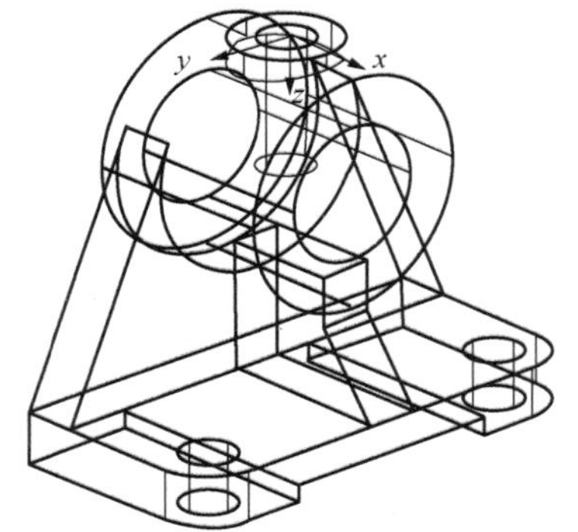

图12-42　凸台和空心圆柱“并集”布尔运算

（4）对合并后的空心圆柱和凸台小圆柱体进行“差集”布尔运算。

单击“实体编辑”工具栏的“差集”按钮，命令行提示如下：

命令：_subtract

选择要从中减去的实体或面域…

选择对象：选择空心圆柱体

选择对象：↵

选择要减去的实体或面域…
选择对象：选择凸台小圆柱体
选择对象：↵
结果如图 12-43 所示。

7. 使用“并集”布尔运算合并实体

将图形中的所有实体合并，渲染后得到图形图 12-44，绘图结束。

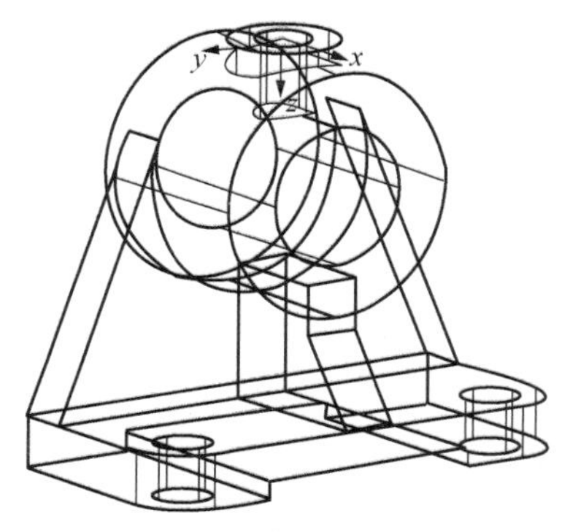

图 12-43 差集运算

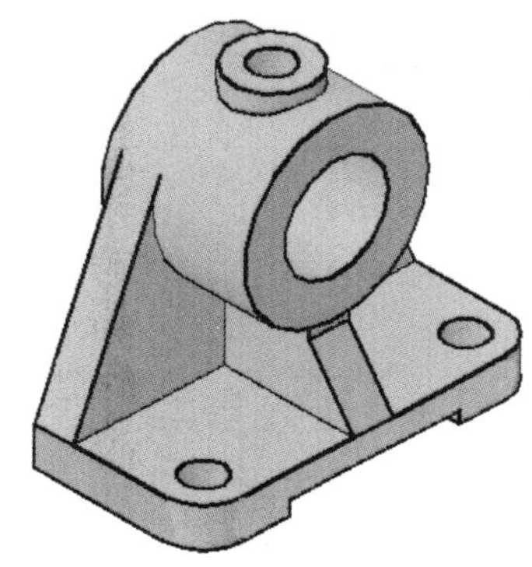

图 12-44 渲染图形

附录1 螺　纹

附表 1-1　普通螺纹直径与螺距系列（GB/T 193—2003）、基本尺寸（GB/T 196—2003）摘编

单位：mm

公称直径 D、d		螺距 P		粗牙中径 D_2、d_2	粗牙小径 D_1、d_1
第一系列	第二系列	粗牙	细牙		
3		0.5	0.35	2.675	2.459
	3.5	0.6		3.110	2.850
4		0.7	0.5	3.545	3.242
	4.5	0.75		4.013	3.688
5		0.8		4.480	4.134
6		1	0.75，(0.5)	5.350	4.917
8		1.25	1，0.75，(0.5)	7.188	6.647
10		1.5	1.25，1，0.75，(0.5)	9.026	8.376
12		1.75	1.5，1.25，1，(0.75)，(0.5)	10.863	10.106
	14	2	1.5，(1.25)*，1，(0.75)，(0.5)	12.701	11.835
16		2	1.5，1，(0.75)，(0.5)	14.701	13.835
	18	2.5	2，1.5，1，(0.75)，(0.5)	16.376	15.294
20		2.5		18.376	17.294
	22	2.5	2，1.5，1，(0.75)，(0.5)	20.376	19.294
24		3	2，1.5，1，(0.75)	22.051	20.752
	27	3	2，1.5，1，(0.75)	25.051	23.752
30		3.5	(3)，2，1.5，1，(0.75)	27.727	26.211
	33	3.5	(3)，2，1.5，(1)，(0.75)	30.727	29.211
36		4	3，2，1.5，(1)	33.402	31.670
	39	4		36.402	34.670
42		4.5	(4)，3，2，1.5，(1)	39.077	37.129
	45	4.5		42.077	40.129
48		5		44.752	42.587
	52	5		48.752	46.587
56		5.5	4，3，2，1.5，(1)	52.428	50.046
	60	5.5		56.428	54.046
64		6		60.103	57.505
	68	6		64.103	61.505

注：1. 优先选用第一系列，括号内尺寸尽可能不用，第三系列未列入。

2. M14×1.25 仅用于火花塞。

附表 1-2 55°密封管螺纹 第 1 部分 圆柱内螺纹与圆锥外螺纹（GB/T 7306.1—2000）
第 2 部分 圆锥内螺纹与圆锥外螺纹（GB/T 7306.2—2000）摘编

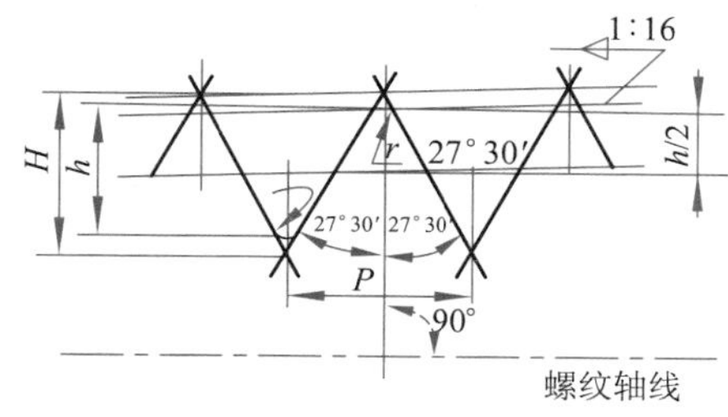

圆锥螺纹的设计牙型

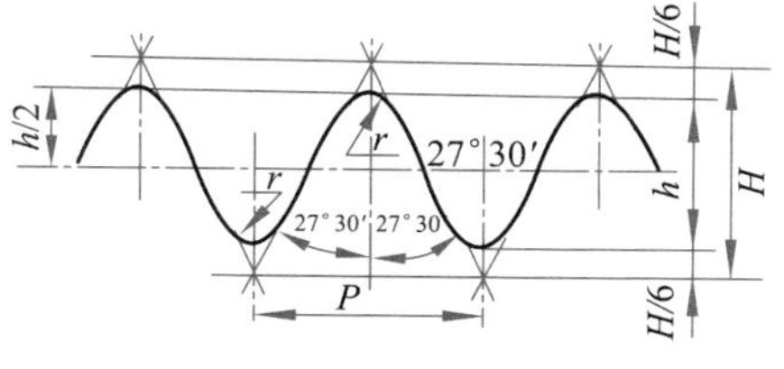

圆柱内螺纹的设计牙型

标记示例

GB/T 7306.1—2000
尺寸代号 3/4，右旋，圆柱内螺纹：$R_p3/4$
尺寸代号 3，右旋，圆锥外螺纹：R_13
尺寸代号 3/4，左旋，圆柱内螺纹：$R_p3/4$—LH

GB/T 7306.2—2000
尺寸代号 3/4，右旋，圆锥内螺纹：Rc3/4
尺寸代号 3，右旋，圆锥外螺纹：R_23
尺寸代号 3/4，左旋，圆锥内螺纹：Rc3/4—LH

尺寸代号	每 25.4mm 内所含的牙数 n	螺距 P/mm	牙高 h/mm	基准平面内的基本直径			基准距离（基本）/mm	外螺纹的有效螺纹不小于/mm
				大径（基准直径）$d=D$/mm	中径 $d_2=D_2$ /mm	小径 $d_1=D_1$ /mm		
1/16	28	0.907	0.581	7.723	7.142	6.561	4	6.5
1/8	28	0.907	0.581	9.728	9.147	8.566	4	6.5
1/4	19	1.337	0.856	13.157	12.301	11.445	6	9.7
3/8	19	1.337	0.856	16.662	15.806	14.950	6.4	10.1
1/2	14	1.814	1.162	20.955	19.793	18.631	8.2	13.2
3/4	14	1.814	1.162	26.441	25.279	24.117	9.5	14.5
1	11	2.309	1.479	33.249	31.770	30.291	10.4	16.8
1¼	11	2.309	1.479	41.910	40.431	38.952	12.7	19.1
1½	11	2.309	1.479	47.803	46.324	44.845	12.7	19.1
2	11	2.309	1.479	59.614	58.135	56.656	15.9	23.4
2½	11	2.309	1.479	75.184	73.705	72.226	17.5	26.7
3	11	2.309	1.479	87.884	86.405	84.926	20.6	29.8
4	11	2.309	1.479	113.030	111.551	110.072	25.4	35.8
5	11	2.309	1.479	138.430	136.951	135.472	28.6	40.1
6	11	2.309	1.479	163.830	162.351	160.872	28.6	40.1

附表 1-3　55°非密封管螺纹（GB/T 7307—2001）摘编

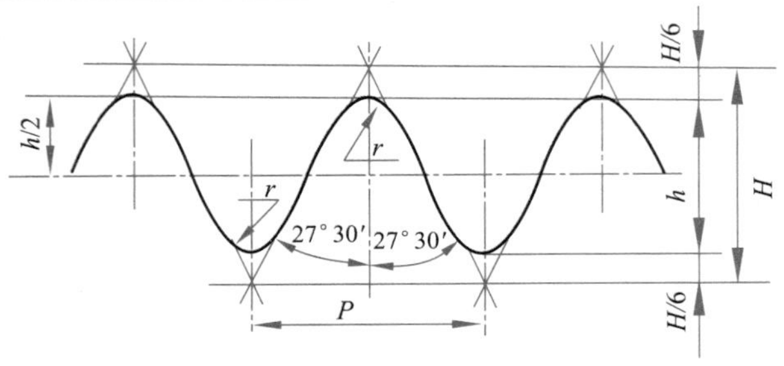

标记示例

尺寸代号 2，右旋，圆柱内螺纹：G2

尺寸代号 3，右旋，A 级圆柱外螺纹：G3A

尺寸代号 2，左旋，圆柱内螺纹：G2—LH

尺寸代号 4，左旋，B 级圆柱外螺纹：G4B—LH

尺寸代号	每 25.4mm 内所含的牙数 n	螺距 P/mm	牙高 h/mm	基本直径		
				大径（基准直径）$d=D$/mm	中径 $d_2=D_2$/mm	小径 $d_1=D_1$/mm
1/16	28	0.907	0.581	7.723	7.142	6.561
1/8	28	0.907	0.581	9.728	9.147	8.566
1/4	19	1.337	0.856	13.157	12.301	11.445
3/8	19	1.337	0.856	16.662	15.806	14.950
1/2	14	1.841	1.162	20.955	19.793	18.631
3/4	14	1.841	1.162	26.441	25.279	24.117
1	11	2.309	1.479	33.249	31.770	30.291
1¼	11	2.309	1.479	41.910	40.431	38.952
1½	11	2.309	1.479	47.803	46.324	44.845
2	11	2.309	1.479	59.614	58.135	56.656
2½	11	2.309	1.479	75.184	73.705	72.226
3	11	2.309	1.479	87.884	86.405	84.926
4	11	2.309	1.479	113.030	111.551	110.072
5	11	2.309	1.479	138.430	136.951	135.472
6	11	2.309	1.479	163.830	162.351	160.872

附表 1-4　梯形螺纹基本尺寸（GB/T 5796.3—2005）摘编

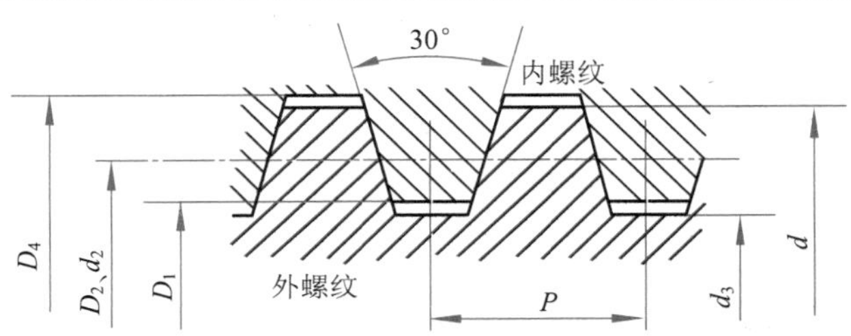

公称直径		螺距 P	中径 $d_2=D_2$	大径 D_4	小径	
第一系列	第二系列				d_3	D_1
8		1.5	7.25	8.30	6.20	6.50
	9	1.5	8.25	9.30	7.20	7.50
		2	8.00	9.50	6.50	7.00
10		1.5	9.2	10.30	8.20	8.50
		2	9.00	10.50	7.50	8.00
	11	2	10.00	11.50	8.50	9.00
		3	9.50	11.50	7.50	8.00
12		2	11.00	12.50	9.50	10.00
		3	10.50	12.50	8.50	9.00
	14	2	13.00	14.50	11.50	12.00
		3	12.50	14.50	10.50	11.00
16		2	15.00	16.50	13.50	14.00
		4	14.00	16.50	11.50	12.00
	18	2	17.00	18.50	15.50	16.00
		4	16.00	18.50	13.50	14.00
20		2	19.00	20.50	17.50	18.00
		4	18.00	20.50	15.50	16.00
	22	3	20.50	22.50	18.50	19.00
		5	19.50	22.50	16.50	17.00
		8	18.00	23.00	13.00	14.00
24		3	22.50	24.50	20.50	21.00
		5	21.50	24.50	18.50	19.00
		8	20.00	25.00	15.00	16.00

公称直径		螺距 P	中径 $d_2=D_2$	大径 D_4	小径	
第一系列	第二系列				d_3	D_1
	26	3	24.50	26.50	22.50	23.00
		5	23.50	26.50	20.50	21.00
		8	22.00	27.00	17.00	18.00
28		3	26.50	28.50	24.50	25.00
		5	25.50	28.50	22.50	23.00
		8	24.00	29.00	19.00	20.00
	30	3	28.50	30.50	26.50	27.00
		6	27.00	31.00	23.00	24.00
		10	25.00	31.00	19.00	20.00
32		3	30.50	32.50	28.50	29.00
		6	29.00	33.00	25.00	26.00
		10	27.00	33.00	21.00	22.00
	34	3	32.50	34.50	30.50	31.00
		6	31.00	35.00	27.00	28.00
		10	29.00	35.00	23.00	24.00
36		3	34.50	36.50	32.50	33.00
		6	33.00	37.00	29.00	30.00
		10	31.00	37.00	25.00	26.00
	38	3	36.50	38.50	34.50	35.00
		7	34.50	39.00	30.00	31.00
		10	33.00	39.00	27.00	28.00
40		3	38.50	40.50	36.50	37.00
		7	36.50	41.00	32.00	33.00
		10	35.00	41.00	29.00	30.00

附录 2　螺纹紧固件

附表 2-1　六角头螺栓——A 级和 B 级（GB/T 5782－2000）**摘编**

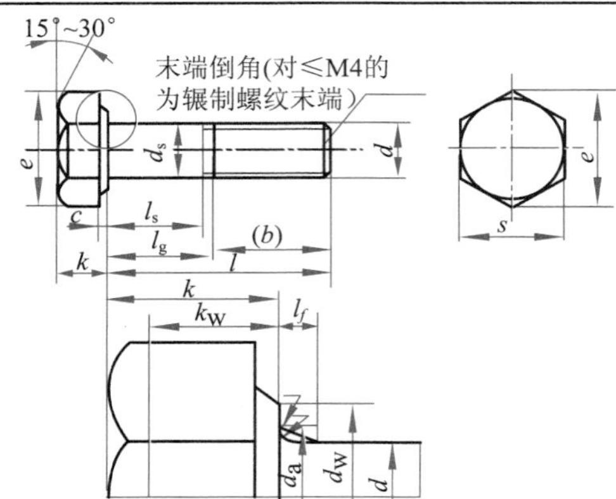

标记示例

螺纹规格 d＝M12、公称长度 l＝80mm、性能等级为 8.8 级、表面氧化、产品等级为 A 级的六角头螺栓：

螺栓 GB/T 5782 M12×80

单位：mm

螺纹规格 d				M3	M4	M5	M6	M8	M10	M12	M16	M20	M24	M30	M36	M42	M48
螺距 P				0.50	0.70	0.80	1.00	1.25	1.50	1.75	2.00	2.50	3.00	3.50	4.00	4.50	5.00
$b_{参考}$	$l_{公称}$≤125			12	14	16	18	22	26	30	38	46	54	66	78	—	—
	125＜$l_{公称}$≤200			18	20	22	24	28	32	36	44	52	60	72	84	96	108
	$l_{公称}$＞200			31	33	35	37	41	45	49	57	65	73	85	97	109	121
c	max			0.40	0.40	0.50	0.50	0.60	0.60	0.60	0.80	0.80	0.80	0.80	0.80	1.00	1.00
	min			0.15	0.15	0.15	0.15	0.15	0.15	0.15	0.20	0.20	0.20	0.20	0.20	0.30	0.30
d_a max				3.60	4.70	5.70	6.80	9.20	11.20	13.70	17.70	22.40	26.40	33.40	39.40	45.60	52.60
d_s	公称＝max			3.00	4.00	5.00	6.00	8.00	10.00	12.00	16.00	20.00	24.00	30.00	36.00	42.00	48.00
	min	产品等级	A	2.86	3.82	4.82	5.82	7.78	9.78	11.73	15.73	19.67	23.67	—	—	—	—
			B	2.75	3.70	4.70	5.70	7.64	9.64	11.57	15.57	19.48	29.48	29.48	35.38	41.38	47.38
d_w	min	产品等级	A	4.57	5.88	6.88	8.88	11.63	14.63	16.63	22.49	28.19	33.61	—	—	—	—
			B	4.45	5.74	6.74	8.74	11.47	14.47	16.47	22	27.7	33.25	42.75	51.11	59.95	69.45

续表

螺纹规格 d				M3	M4	M5	M6	M8	M10	M12	M16	M20	M24	M30	M36	M42	M48
螺距 P				0.50	0.70	0.80	1.00	1.25	1.50	1.75	2.00	2.50	3.00	3.50	4.00	4.50	5.00
e min	产品等级	A		6.01	7.66	8.79	11.05	14.38	17.77	20.03	26.75	33.53	39.98	—	—	—	—
		B		5.88	7.50	8.63	10.89	14.20	17.59	19.85	26.17	32.95	39.55	50.85	60.79	72.0	82.6
l_f max				1	1.2	1.2	1.4	2	2	3	3	4	4	6	6	8	10
k	公称			2	2.8	3.5	4	5.3	6.4	7.5	10	12.5	15	18.7	22.5	26	30
	产品等级	A	max	2.125	2.925	3.65	4.15	5.45	6.58	7.68	10.18	12.715	15.215	—	—	—	—
			min	1.875	2.675	3.35	3.85	5.15	6.22	7.32	9.82	12.285	14.785	—	—	—	—
		B	max	2.2	3.0	3.74	4.24	5.54	6.69	7.79	10.29	12.88	15.35	19.12	22.92	26.42	30.42
			min	1.8	2.6	3.26	3.76	5.06	6.11	7.21	9.71	12.15	14.65	18.28	22.08	25.58	29.58
k_w min	产品等级	A		1.31	1.87	2.35	2.70	3.61	4.35	5.12	6.87	8.6	10.35	—	—	—	—
		B		1.26	1.82	2.28	2.63	3.54	4.28	5.05	6.8	8.51	10.26	12.8	15.46	17.91	20.71
r min				0.1	0.2	0.2	0.25	0.4	0.4	0.6	0.6	0.8	0.8	1	1	1.2	1.6
s	公称=max			5.50	7.00	8.00	10.00	13.00	16.00	18.00	24.00	30.00	36.00	46.00	55.00	65.00	75.00
	min	产品等级	A	5.32	6.78	7.78	9.78	12.73	15.73	17.73	23.67	29.67	35.38	—	—	—	—
			B	5.20	6.64	7.64	9.64	12.57	15.57	17.57	23.16	29.16	35.00	45	53.8	63.1	73.1
l（商品规格范围）				20～30	25～40	25～50	30～60	40～80	45～100	50～120	65～160	80～200	90～240	110～300	140～360	160～440	180～480
l（系列）				20、25、30、35、40、45、50、55、60、65、70、80、90、100、110、120、130、140、150、160、180、200、220、240、260、280、300、340、360、380、400、440、460、480													

注：l_g 与 l_s 表中未列出。

附表 2-2　双头螺柱（GB/T 897～900—1988）摘编

$b_m=1d$（GB/T 897—1988）　　$b_m=1.25d$（GB/T 898—1988）

$b_m=1.5d$（GB/T 899—1988）　　$b_m=2d$（GB/T 900—1988）编摘

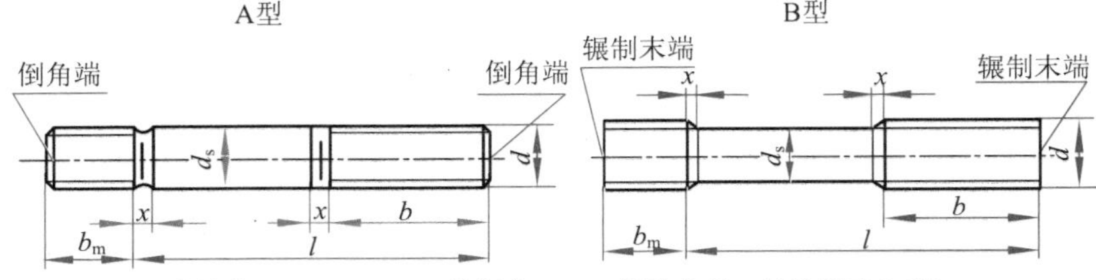

末端按 GB/T 2—1985 的规定：d_s≈螺纹中径（仅适用于 B 型）

标记示例

两端均为粗牙普通螺纹，d=10mm、l=50mm，性能等级为 4.8 级、不经表面处理、B 型，$b_m=1d$ 的双头螺柱：

螺柱　GB/T 897　M10×50

旋入机件一端为粗牙普通螺纹，旋螺母一端为螺距 P=1mm 的细牙普通螺纹，d=10mm、l=50mm，性能等级为 4.8 级、不经表面处理、A 型，$b_m=1d$ 的双头螺柱：

螺柱　GB/T 897　AM10－M10×1×50

单位：mm

螺纹规格 d	b_m（公称）				l/b
	GB/T 897—1988	GB/T 898—1988	GB/T 899—1988	GB/T 900—1988	
M2			3	4	12～16/6、20～25/10
M2.5			3.5	5	16～20/8、20～30/11
M3			4.5	6	16～20/6、25～40/12
M4			6	8	16～22/8、25～40/14
M5	5	6	8	10	16～22/10、25～50/16
M6	6	8	10	12	20～22/10、25～30/14、32～70/18
M8	8	10	12	16	20～22/12、25～30/16、32～90/22
M10	10	12	15	20	25～28/14、30～38/16、40～120/26、130/32
M12	12	15	18	24	25～30/16、32～40/20、45～120/30、130～180/36
M16	16	20	24	32	30～38/20、40～55/30、60～120/38、130～200/44
M20	20	25	30	40	35～40/25、45～65/35、70～120/46、130～200/52
M24	24	30	36	48	45～50/30、55～75/45、80～120/54、130～200/60
M30	30	38	45	60	60～65/40、70～90/50、95～120/66、130～200/72、210～250/85
M36	36	45	54	72	(65～75)/45、80～110/60、120/78、130～200/84、210～300/97
M42	42	52	63	84	70～80/50、85～110/70、120/90、130～200/96、210～300/109
M48	48	60	72	96	80～90/60、95～110/80、120/102、130～200/108、210～300/121
l（系列）	12、16、20、25、30、35、40、45、50、60、70、80、90、100、110、120、130、140、150、160、170、180、190、200、210、220、230、240、250、260、280、300				

附表 2-3 Ⅰ型六角螺母（GB/T 6170—2000）摘编

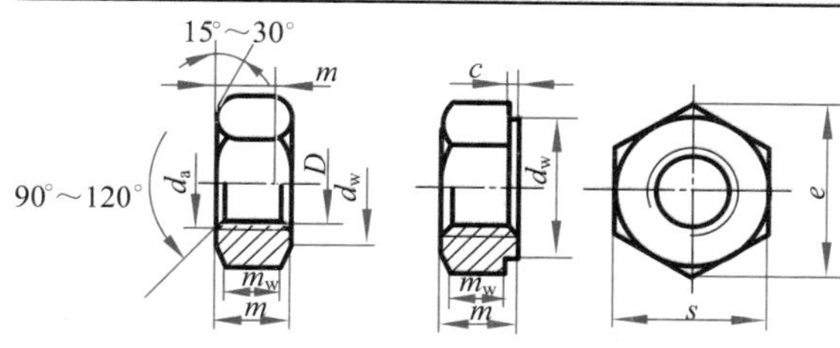

标记示例

螺纹规格 D＝M12、性能等级为 8 级、表面氧化、不经表面处理、产品等级为 A 级的Ⅰ型六角头螺母：

螺母 GB/T 6170 M12

垫圈面型应在订单中注明

单位：mm

螺纹规格 D		M1.6	M2	M2.5	M3	M4	M5	M6	M8	M10	M12
螺距 P		0.35	0.4	0.45	0.5	0.7	0.8	1	1.25	1.50	1.75
c	max	0.2	0.2	0.3	0.40	0.40	0.50	0.50	0.60	0.60	0.60
d_a	max	1.84	2.3	2.9	3.45	4.6	5.75	6.75	8.75	10.8	13
	min	1.60	2.0	2.5	3.00	4.0	5.00	6.00	8.00	10.0	12
d_w	min	2.4	3.1	4.1	4.6	5.9	6.9	8.9	11.6	14.6	16.6
e	min	3.41	4.32	5.45	6.01	7.66	8.79	11.05	14.38	17.77	20.03
m	max	1.30	1.60	2.00	2.40	3.2	4.7	5.2	6.80	8.40	10.80
	min	1.05	1.35	1.75	2.15	2.9	4.4	4.9	6.44	8.04	10.37
m_w	min	0.8	1.1	1.4	1.7	2.3	3.5	3.9	5.2	6.4	8.3
s	公称＝max	3.20	4.00	5.00	5.50	7.00	8.00	10.00	13.00	16.00	18.00
	min	3.02	3.82	4.82	5.32	6.78	7.78	9.78	12.73	15.73	17.73

螺纹规格 D		M16	M20	M24	M30	M36	M42	M48	M56	M64
螺距 P		2	2.5	3	3	4	4.5	5	5.5	6
c	max	0.8	0.8	0.8	0.8	0.8	1.0	1.0	1.0	1.0
d_a	max	17.3	21.6	25.9	32.4	38.9	45.4	51.8	60.5	69.1
	min	16.0	20.0	24.0	30.0	36.0	42.0	48.0	56.0	64.0
d_w	min	22.5	27.7	33.2	42.7	51.1	60.6	69.4	78.7	88.2
e	min	26.8	32.95	39.55	50.85	60.79	72.02	82.6	93.56	104.86
m	max	14.8	18.0	21.5	25.6	31.0	34.0	38.0	45.0	51.0
	min	14.1	16.9	20.2	24.3	29.4	32.4	36.4	43.4	49.1
m_w	min	11.3	13.5	16.2	19.4	23.5	25.9	29.1	34.7	39.3
s	公称＝max	24.00	30.00	36	46	55.0	65.0	75.0	85.0	95.0
	min	23.67	29.16	35	45	53.8	63.1	73.1	82.8	92.8

注：1. A 级用于 $D \leqslant 16$ 的螺母；B 级用于 $D>16$ 的螺母。本表仅按优选的螺纹规格列出。

2. 螺纹规格为 M8～M64、细牙、A 级和 B 级的Ⅰ型六角螺母，请查阅 GB/T 6171—2000。

附表 2-4　Ⅰ型六角开槽螺母——A 和 B 级（GB/T 6178—2000）摘编

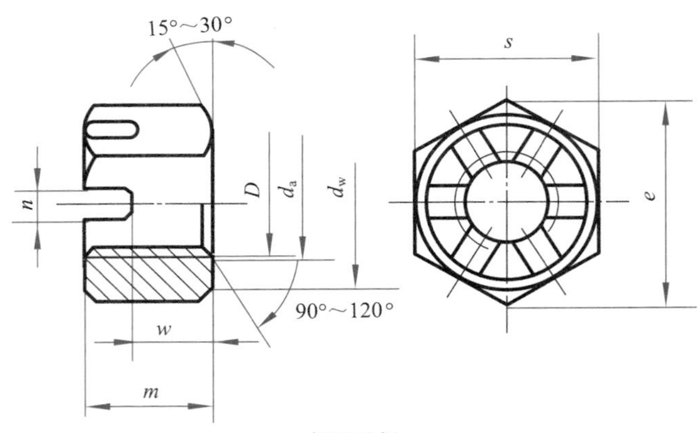

标记示例

螺纹规格 D=M12、性能等级为 8 级、表面氧化、A 级的Ⅰ型六角开槽螺母：

螺母　GB/T 6178M12

单位：mm

螺纹规格 D		M4	M5	M6	M8	M10	M12	M16	M20	M24	M30	M36
d_a	max	4.6	5.75	6.75	8.75	10.8	13	17.3	21.6	25.9	32.4	38.9
	min	4	5	6	8	10	12	16	20	24	30	36
d_e	max	—	—	—	—	—	—	—	28	34	42	50
	min	—	—	—	—	—	—	—	27.16	33	41	49
d_w　min		5.9	6.9	8.9	11.6	14.6	16.6	22.5	27.7	33.2	42.7	51.1
e　min		7.66	8.79	11.05	14.38	17.77	20.03	26.75	32.95	39.55	50.85	60.79
m	max	5	6.7	7.7	9.8	12.4	15.8	20.8	24	29.5	34.6	40
	min	4.7	6.34	7.34	9.44	11.97	15.37	20.28	23.16	28.66	33.6	39
m_w　min		2.32	3.52	3.92	5.15	6.43	8.3	11.28	13.52	16.16	19.44	23.52
n	min	1.2	1.4	2	2.5	2.8	3.5	4.5	4.5	5.5	7	7
	max	1.8	2	2.6	3.1	3.4	4.25	5.7	5.7	6.7	8.5	8.5
s	max	7	8	10	13	16	18	24	30	36	46	55
	min	6.78	7.78	9.78	12.73	15.73	17.73	23.67	29.16	35	45	53.8
w	max	3.2	4.7	5.2	6.8	8.4	10.8	14.8	18	21.5	25.6	31
	min	2.9	4.4	4.9	6.44	8.04	10.37	14.37	17.3	20.66	24.76	30
开口销		1×10	1.2×12	1.6×14	2×16	2.5×20	3.2×22	4×28	4×36	5×40	6.3×50	6.3×63

注：A 级用于 $D \leqslant 16$ 的螺母；B 级用地 $D>16$ 的螺母。

附表 2-5 小垫圈——A 级（GB/T 848—2002）、平垫圈——A 级（GB/T 97.1—2002）平垫圈 倒角型——A 级（GB/T 97.2—2002）、大垫圈——A 级（GB/T 96—2002）摘编

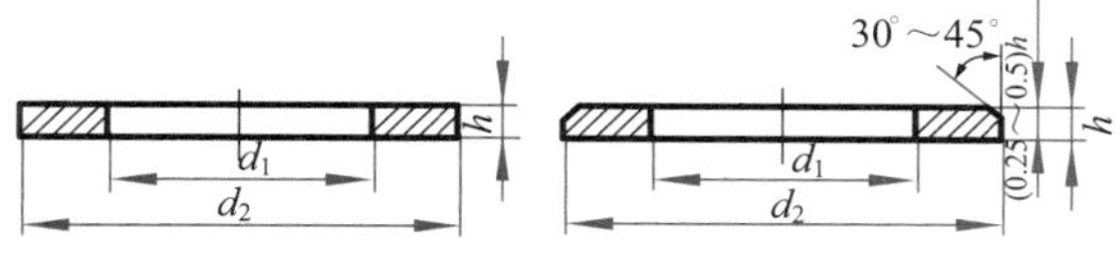

标记示例

标准系列、规格 8mm、性能等级为 140HV 级、不经表面处理的平垫圈：

垫圈 GB/T 97.1 8

单位：mm

规格（螺纹大径）			3	4	5	6	8	10	12	14	16	20	24	30	36
内径 d_1	公称 (min)	GB/T 848—2002	3.2	4.3	5.3	6.4	8.4	10.5	13	15	17	21	25	31	37
		GB/T 97.1—2002													
		GB/T 97.2—2002	—	—											
		GB/T 96—2002	3.2	4.3								22	26	33	39
	max	GB/T 848—2002	3.38	4.48	5.48	6.62	8.62	10.77	13.27	15.27	17.27	21.33	25.33	31.39	37.62
		GB/T 97.1—2002													
		GB/T 97.2—2002	—	—											
		GB/T 96—2002	3.38	4.48								22.52	26.84	34	40
外径 d_2	公称 (min)	GB/T 848—2002	6	8	9	11	15	18	20	24	28	34	39	50	60
		GB/T 97.1—2002	7	9	10	12	16	20	24	28	30	37	44	56	66
		GB/T 97.2—2002	—	—											
		GB/T 96—2002	9	12	15	18	24	30	37	44	50	60	72	92	110
	max	GB/T 848—2002	5.7	7.64	8.64	10.57	14.57	17.57	19.48	23.48	27.48	33.38	38.38	49.38	58.8
		GB/T 97.1—2002	6.64	8.64	9.64	11.57	15.57	19.57	23.48	27.48	29.48	36.38	43.38	55.26	58.8
		GB/T 97.2—2002	—	—											
		GB/T 96—2002	8.64	11.57	14.57	17.57	23.48	29.48	36.38	43.38	49.38	58.1	70.1	89.8	107.8
厚度 h	公称	GB/T 848—2002	0.5	0.5	1	1.6	1.6	1.6	2	2.5	2.5	3	4	4	5
		GB/T 97.1—2002		0.8				2	2.5		3				
		GB/T 97.2—2002	—	—											
		GB/T 96—2002	0.8	1	1.2	1.6	2	2.5	3	3	3	4	5	6	8
	max	GB/T 848—2002	0.55	0.55	1.1	1.8	1.8	1.8	2.2	2.7	2.7	3.3	4.3	4.3	5.6
		GB/T 97.1—2002		0.9				2.2	2.7		3.3				
		GB/T 97.2—2002	—	—											
		GB/T 96—2002	0.9	1.1	1.4	1.8	2.2	2.7	3.3	3.3	3.3	4.6	6	7	9.2
	min	GB/T 848—2002	0.45	0.45	0.9	1.4	1.4	1.4	1.8	2.3	2.3	2.7	3.7	3.7	4.4
		GB/T 97.1—2002		0.7				1.8	2.3		2.7				
		GB/T 97.2—2002	—	—											
		GB/T 96—2002	0.7	0.9	1	1.4	1.8	2.3	2.7	2.7	2.7	3.4	4	5	6.8

附表 2-6 开槽圆柱头螺钉（GB/T 65—2000）、开槽盘头螺钉（GB/T 67—2008）摘编

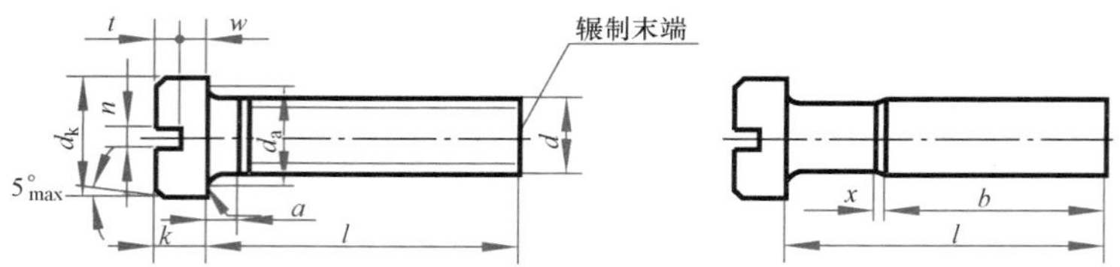

标记示例

螺纹规格 d=M5、公称长度 l=20mm、性能等级为 4.8 级、不经表面处理的 A 级开槽圆柱头螺钉：螺钉 GB/T 65 M5×20

螺纹规格 d=M5、公称长度 l=20mm、性能等级为 4.8 级、不经表面处理的 A 级开槽盘头螺钉：螺钉 GB/T 67 M5×20

单位：mm

螺纹规格 d		M1.2	M2	M2.5	M3	M4		M5		M6		M8		M10	
类别		GB/T67—2000				GB/T65—2000	GB/T67—2008	GB/T65—2000	GB/T67—2008	GB/T65—2000	GB/T67—2008	GB/T65—2000	GB/T67—2008	GB/T65—2000	GB/T67—2008
螺距 p		0.35	0.4	0.45	0.5	0.7		0.8		1		1.25		1.5	
a_{max}		0.7	0.8	0.9	1	1.4		1.6		2		2.5		3	
b_{min}		25	25	25	25	38		38		38		38		38	
d_k	max	3.2	4.0	5.0	5.6	7.00	8.00	8.50	9.50	10.00	12.00	13.00	16.00	16.00	20.00
	min	2.9	3.7	4.7	5.3	6.78	7.64	8.28	9.14	9.78	11.57	12.73	15.57	15.73	19.48
$d_a$max		2	2.6	3.1	3.6	4.7		5.7		6.8		9.2		11.2	
k	max	1.00	1.30	1.50	1.80	2.60	2.40	3.30	3.00	3.9	3.6	5.0	4.8	6.0	
	min	0.86	1.16	1.36	1.66	2.46	2.26	3.12	2.86	3.6	3.3	4.7	4.5	5.7	
n	公称	0.4	0.5	0.6	0.8	1.2		1.2		1.6		2		2.5	
	min	0.46	0.56	0.66	0.86	1.26		1.26		1.66		2.06		2.56	
	max	0.60	0.70	0.80	1.00	1.51		1.51		1.91		2.31		2.81	
r_{min}		0.1	0.1	0.1	0.1	0.2		0.2		0.25		0.4		0.4	
r_f 参考		0.5	0.6	0.8	0.9		1.2		1.5		1.8		2.4	3	
r_{min}		0.35	0.5	0.6	0.7	1.1	1	1.3	1.2	1.6	1.4	2	1.9	2.4	
w_{min}		0.3	0.4	0.5	0.7	1.1	1	1.3	1.2	1.6	1.4	2	1.9	2.4	
x_{max}		0.9	1	1.1	1.25	1.75		2		2.5		3.2		3.8	
L（商品规格范围公称长度）		2～16	2.5～20	3～25	4～30	5～40		6～50		8～60		10～80		12～80	
l（系列）		2,2.5,3,4,5,6,8,10,12,(14),16,20,25,30,35,40,45,50,(55),60,(65),70,(75),80													

注：1. 螺纹规格 d=M1.6～M3、公称长度 l≤30mm 的螺钉，应制出全螺纹；螺纹规格 d=M4～M10、公称长度 l≤40mm 的螺钉，应制出全螺纹（b=1－a）。

2. 尽可能不采用括号内的规格。

附录3 键 与 销

附表 3-1 普通平键键槽的尺寸与公差（GB/T 1095—2003）摘编

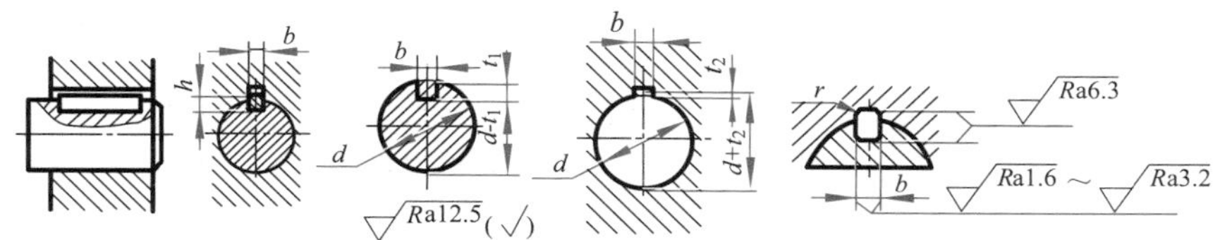

注：在工作图中，轴槽深用（$d-t_1$）或 t_1 标注，轮毂槽深度用（$d+t_2$）标注　单位：mm

轴的直径 d	键尺寸 $b\times h$	键槽											
		宽度 b						深度				半径 r	
		基本尺寸	极限偏差					轴 t_1		毂 t_2			
			正常连接		紧密连接	松连接							
			轴 N9	毂 JS9	轴和毂 P9	轴 H9	毂 D10	基本尺寸	极限偏差	基本尺寸	极限偏差	min	max
自 6～8	2×2	2	−0.004 −0.029	±0.0125	−0.006 −0.031	+0.025 0	+0.060 +0.020	1.2	+0.1 0	1	+0.1 0	0.08	0.16
>8～10	3×3	3						1.8		1.4			
>10～12	4×4	4	0 −0.030	±0.015	−0.012 −0.042	+0.030 0	+0.078 +0.030	2.5		1.8			
>12～17	5×5	5						3.0		2.3		0.16	0.25
>17～22	6×6	6						3.5		2.8			
>22～30	8×7	8	0 −0.036	±0.018	−0.015 −0.042	+0.036 0	+0.098 +0.040	4.0	+0.2 0	3.3	+0.2 0		
>30～38	10×8	10						5.0		3.3		0.25	0.40
>38～44	12×8	12	0 −0.043	±0.026	−0.018 −0.061	+0.043 0	+0.120 +0.050	5.0		3.3			
>44～50	14×9	14						5.5		3.8			
>50～58	16×10	16						6.0		4.3			
>58～65	18×11	18						7.0		4.4			
>65～75	20×12	20	0 −0.052	±0.031	−0.022 −0.074	+0.052 0	+0.149 +0.065	7.5		4.9		0.40	0.60
>75～85	22×14	22						9.0		5.4			
>85～95	25×14	25						9.0		5.4			
>95～110	28×16	28						10.0		6.4			
>110～130	32×18	32	0 −0.062	±0.037	−0.026 −0.088	+0.062 0	+0.180 +0.080	11.0		7.4			
>130～150	36×20	36						12.0	+0.3 0	8.4	+0.3 0	0.70	1.0
>150～170	40×22	40						13.0		9.4			
>170～200	45×25	45						15.0		10.4			

注：1. $d-t_1$ 和 $d+t_2$ 两组组合尺寸的极限偏差按相应的 t_1 和 t_2 的极限偏差选取，但（$d-t_1$）极限偏差应取负号（−）。

2. 轴的直径不在本标准所列，仅供参考。

附表 3-2 普通平键的尺寸与公差（GB/T 1096—2003）摘编

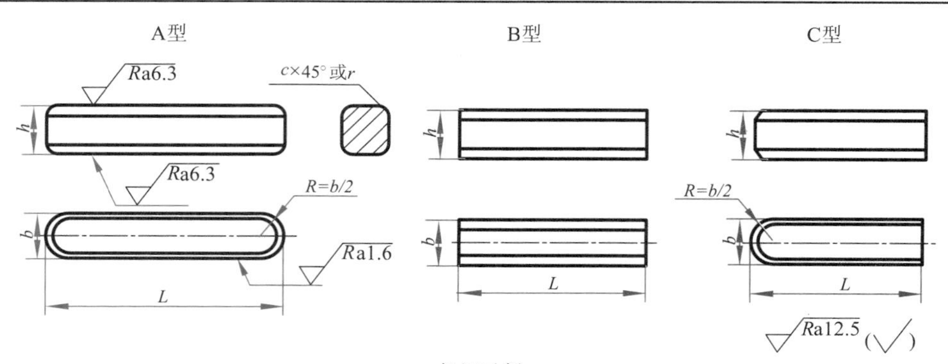

标记示例

圆头普通平键（A 型）、b=18mm、h=11mm、L=100mm：GB/T 1096—2003 键 18×11×100

平头普通平键（B 型）、b=18mm、h=11mm、L=100mm：GB/T 1096—2003 键 B 18×11×100

单圆头普通平键（C 型）、b=18mm、h=11mm、L=100mm：GB/T 1096—2003 键 C 18×11×100

单位：mm

<table>
<tr><td rowspan="2">宽度 b</td><td colspan="2">基本尺寸</td><td>2</td><td>3</td><td>4</td><td>5</td><td>6</td><td>8</td><td>10</td><td>12</td><td>14</td><td>16</td><td>18</td><td>20</td><td>22</td></tr>
<tr><td colspan="2">极限偏差(h8)</td><td colspan="2">0
−0.014</td><td colspan="3">0
−0.018</td><td colspan="2">0
−0.022</td><td colspan="4">0
−0.027</td><td colspan="2">0
−0.033</td></tr>
<tr><td rowspan="3">高度 h</td><td colspan="2">基本尺寸</td><td>2</td><td>3</td><td>4</td><td>5</td><td>6</td><td>7</td><td>8</td><td>8</td><td>9</td><td>10</td><td>11</td><td>12</td><td>13</td></tr>
<tr><td rowspan="2">极限偏差</td><td>矩形(h11)</td><td colspan="2">—</td><td colspan="3">—</td><td colspan="5">0
−0.090</td><td colspan="3">0
−0.110</td></tr>
<tr><td>方形(h8)</td><td colspan="2">0
−0.014</td><td colspan="3">0
−0.018</td><td colspan="5">—</td><td colspan="3">—</td></tr>
<tr><td colspan="3">倒角或圆角 s</td><td colspan="3">0.16～0.25</td><td colspan="3">0.25～0.40</td><td colspan="5">0.40～0.60</td><td colspan="2">0.60～0.80</td></tr>
<tr><td colspan="3">长度 L</td><td colspan="13" rowspan="2"></td></tr>
<tr><td>基本尺寸</td><td colspan="2">极限偏差(h14)</td></tr>
<tr><td>6</td><td colspan="2" rowspan="3">0
−0.36</td><td></td><td></td><td>—</td><td>—</td><td>—</td><td>—</td><td>—</td><td>—</td><td>—</td><td>—</td><td>—</td><td>—</td><td>—</td></tr>
<tr><td>8</td><td></td><td></td><td></td><td>—</td><td>—</td><td>—</td><td>—</td><td>—</td><td>—</td><td>—</td><td>—</td><td>—</td><td>—</td></tr>
<tr><td>10</td><td></td><td></td><td></td><td></td><td>—</td><td>—</td><td>—</td><td>—</td><td>—</td><td>—</td><td>—</td><td>—</td><td>—</td></tr>
<tr><td>12</td><td colspan="2">0
−0.43</td><td></td><td></td><td></td><td></td><td>—</td><td>—</td><td>—</td><td>—</td><td>—</td><td>—</td><td>—</td><td>—</td><td>—</td></tr>
</table>

续表

宽度 b	基本尺寸		2	3	4	5	6	8	10	12	14	16	18	20	22
	极限偏差(h8)		0 -0.014		0 -0.018			0 -0.022		0 -0.027				0 -0.033	
高度 h	基本尺寸		2	3	4	5	6	7	8	8	9	10	11	12	13
	极限偏差	矩形(h11)	—		—			0 -0.090					0 -0.110		
		方形(h8)	0 -0.014		0 -0.018			—					—		
倒角或圆角 s			0.16～0.25			0.25～0.40			0.40～0.60					0.60～0.80	
长度 L															
基本尺寸	极限偏差(h14)														
14	0 -0.43							—	—	—	—	—	—	—	—
16								—	—	—	—	—	—	—	—
18									—	—	—	—	—	—	—
20	0 -0.52								—	—	—	—	—	—	—
22			—							—	—	—	—	—	—
25			—			标准				—	—	—	—	—	—
28			—								—	—	—	—	—
32	0 -0.62		—								—	—	—	—	—
36			—									—	—	—	—
40			—	—								—	—	—	—
45			—	—				长度					—	—	—
50			—	—	—									—	—
56	0 -0.74		—	—	—										—
63			—	—	—	—									
70			—	—	—	—									
80			—	—	—	—	—				范围				
90	0 -0.87		—	—	—	—	—								
100			—	—	—	—	—	—							
110			—	—	—	—	—	—							
125	0 -1.10														
140															
160															
180															
200	0 -1.15														
220															
250															

附表 3-3 圆柱销不淬硬钢和奥氏体不锈钢（GB/T 119.1—2000）

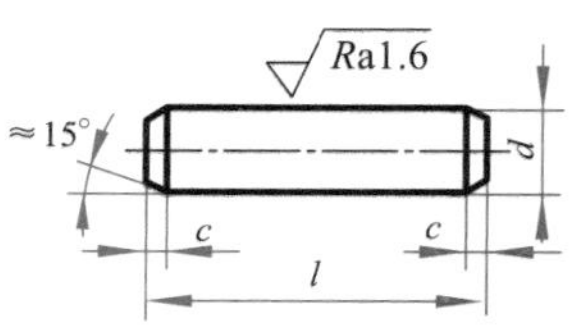

标记示例

（公称直径 d=10mm、公差为 m6、公称长度 l=90mm、材料为钢、不经淬火、不经表面处理的圆柱销）

销 GB/T 119.1 10m6×90

（公称直径 d=10mm、公差为 m6、公称长度 l=90mm、材料为 A1 组奥氏体不锈钢、表面简单处理的圆柱销）

销 GB/T 119.1 10m6×90—Al

$d_{公称}$	2	3	4	5	6	8	10	12	16	20	25
$c\approx$	0.35	0.5	0.63	0.8	1.2	1.6	2.0	2.5	3.0	3.5	4.0
$l_{范围}$	6～20	8～30	8～40	10～50	12～60	14～80	18～95	22～140	26～180	35～200	50～200
$l_{系列}$	2、3、4、5、6～32(2 进位)、35～100(5 进位)、120～200(20 进位)										

附表 3-4 圆锥销（GB/T 117—2000）

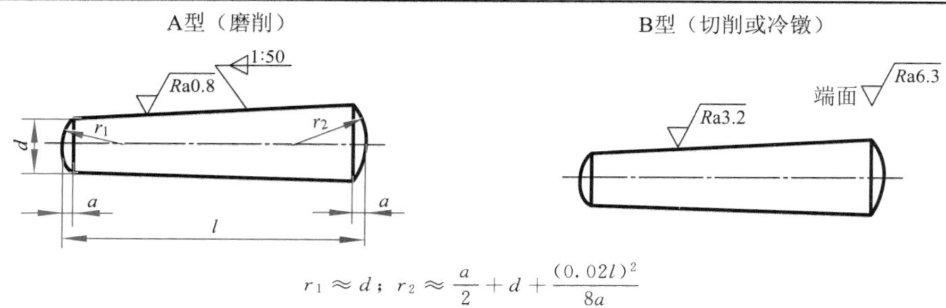

$$r_1 \approx d;\ r_2 \approx \frac{a}{2} + d + \frac{(0.02l)^2}{8a}$$

标记示例

（公称直径 d=10mm、公称长度 l=60mm、材料为 35 钢、热处理硬度 28～38HRC、表面氧化处理的 A 型圆锥销）

销 GB/T 117 10×60

单位：mm

$d_{公称}$	2	2.5	3	4	5	6	8	10	12	16	20	25
$a\approx$	0.25	0.3	0.4	0.5	0.63	0.8	1.0	1.2	1.6	2.0	2.5	3.0
$l_{范围}$	10～35	10～35	12～45	14～55	18～60	22～90	22～120	26～160	32～180	40～200	45～200	50～200
$l_{系列}$	2、3、4、5、6～32(2 进位)、35～100(5 进位)、120～200(20 进位)											

附表 3-5 开口销（GB/T 91－2000）摘编

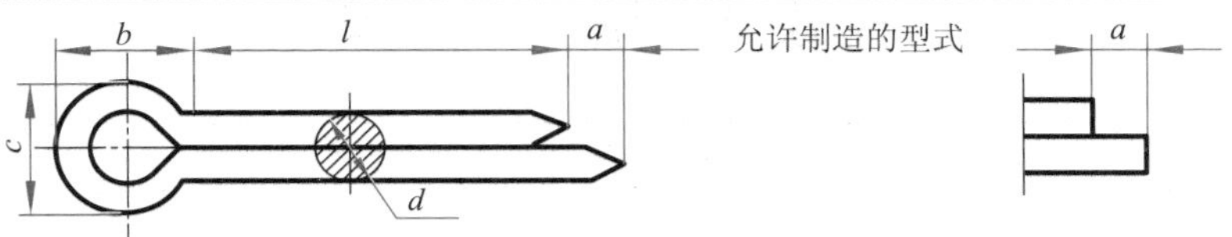

标记示例

公称规格为 5mm、公称长度 l＝50mm、材料为 Q215 或 Q235、不经表面处理的开口销：

销 GB/T 91 5×50

单位：mm

公称规格		1	1. 2	1. 6	2	2. 5	3. 2	4	5	6. 3	8	10	13	16
d	max	0. 9	1. 0	1. 4	1. 8	2. 3	2. 9	3. 7	4. 6	5. 9	7. 5	9. 5	12. 4	15. 4
	min	0. 8	0. 9	1. 3	1. 7	2. 1	2. 7	3. 5	4. 4	5. 7	7. 3	9. 3	12. 1	15. 1
a max		1. 6	2. 50	2. 50	2. 50	2. 50	3. 2	4	4	4	4	6. 3	6. 3	6. 3
b≈		3	3	3. 2	4	5	6. 4	8	10	12. 6	16	20	26	32
c	max	1. 8	2. 0	2. 8	3. 6	4. 6	5. 8	7. 4	9. 2	11. 8	15. 0	19. 0	24. 8	30. 8
适用的直径 螺栓	＞	3. 5	4. 5	5. 5	7	9	11	14	20	27	39	56	80	120
	≤	4. 5	5,5	7	9	11	14	20	27	39	56	80	120	170
适用的直径 U 型槽	＞	3	4	5	6	8	9	12	17	23	29	44	69	110
	≤	4	5	6	8	9	12	17	23	29	44	69	110	160
l（商品长度范围）		6～20	8～25	8～32	10～40	12～50	14～63	18～80	22～100	32～125	40～160	45～200	71～250	112～280
l（系列）		4、5、6、8、10、12、14、16、18、22、24、26、28、30、32、35、40、45、50、60、65、70、80、90、95、100、120、140、160、180、200…												

注：1. 公称规格等于开口销孔的直径。对销孔直径推荐的公差为：公称规格≤1. 2：H13；公称规格＞1. 2：H14。根据供需双方协议，允许采用公称规格为 3、6、12mm 的开口销。

2. 用于铁道和在 U 型销中开口销承受横向力的场合，推荐使用的开口销规格应较本表规定的加大 1 档。

附录4　滚 动 轴 承

深沟球轴承

（摘自GB/T276—1994）

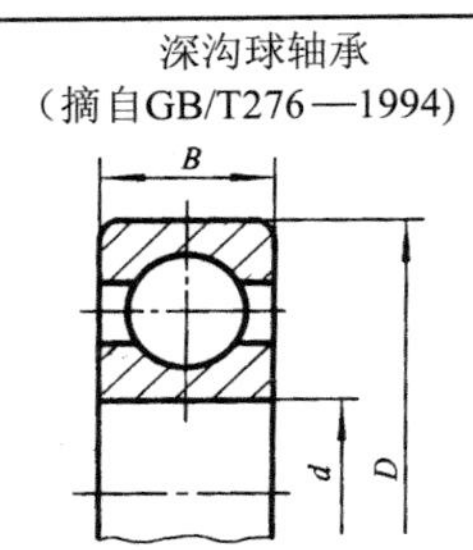

标记示例:

滚动轴承 6310 GB/T276

轴承型号	尺寸/mm		
	d	D	B
尺寸系列[(0)2]			
6202	15	35	11
6203	17	40	12
6204	20	47	14
6205	25	52	15
6206	30	62	16
6207	35	72	17
6208	40	80	18
6209	45	85	19
6210	50	90	20
6211	55	100	21
6212	60	110	22
尺寸系列[(0)3]			
6302	15	42	13
6303	17	47	14
6304	20	52	15
6305	25	62	17
6306	30	72	19
6307	35	80	21
6308	40	90	23
6309	45	100	25
6310	50	110	27
6311	55	120	29
6312	60	130	31
尺寸系列[(0)4]			
6403	17	62	17
6404	20	72	19
6405	25	80	21
6406	30	90	23
6407	35	100	25
6408	40	110	27
6409	45	120	29
6410	50	130	31
6411	55	140	33
6412	60	150	37
6413	65	160	37

圆锥滚子轴承

（摘自GB/T297—1994）

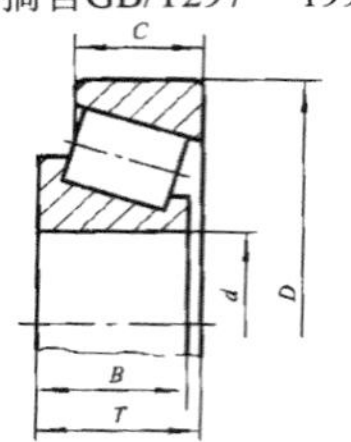

标记示例:

滚动轴承 30212 GB/T297

轴承型号	尺寸/mm				
	d	D	B	C	T
尺寸系列[02]					
30203	17	40	12	11	13.25
30204	20	47	14	12	15.25
30205	25	52	15	13	16.25
30206	30	62	16	14	17.25
30207	35	72	17	15	18.25
30208	40	80	18	16	19.75
30209	45	85	19	16	20.75
30210	50	90	20	17	21.75
30211	55	100	21	18	22.75
30212	60	110	22	19	23.75
30213	65	120	23	20	24.75
尺寸系列[03]					
30302	15	42	13	11	14.25
30303	17	47	14	12	15.25
30304	20	52	15	13	16.25
30305	25	62	17	15	18.25
30306	30	72	19	16	20.75
30307	35	80	21	18	22.75
30308	40	90	23	20	25.25
30309	45	100	25	22	27.25
30310	50	110	27	23	29.25
30311	55	120	29	25	31.50
30312	60	130	31	26	33.50
尺寸系列[13]					
31305	25	62	17	13	18.25
31306	30	72	19	14	20.75
31307	35	80	21	15	22.75
31308	40	90	23	17	25.25
31309	45	100	25	18	27.25
31310	50	110	27	19	29.25
31311	55	120	29	21	31.50
31312	60	130	31	22	33.50
31313	65	140	33	23	36.00
31314	70	150	35	25	38.00
31315	75	160	37	26	40.00

单向推力球轴承

（摘自GB/T301—1995）

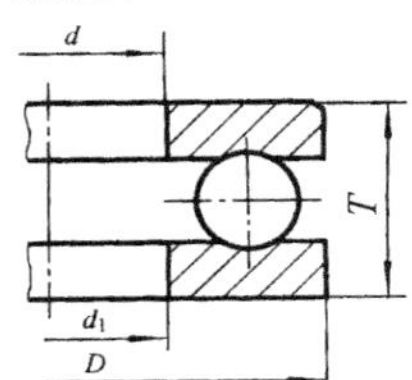

标记示例:

滚动轴承 51305 GB/T301

轴承型号	尺寸/mm			
	d	D	T	d_1
尺寸系列[12]				
51202	15	32	12	17
51203	17	35	12	19
51204	20	40	14	22
51205	25	47	15	27
51206	30	52	16	32
51207	35	62	18	37
51208	40	68	19	42
51209	45	73	20	47
51210	50	78	22	52
51211	55	90	25	57
51212	60	95	26	62
尺寸系列[13]				
51304	20	47	18	22
51305	25	52	18	27
51306	30	60	21	32
51307	35	68	24	37
51308	40	78	26	42
51309	45	85	28	47
51310	50	95	31	52
51311	55	105	35	57
51312	60	110	35	62
51313	65	115	36	67
51314	70	125	40	72
尺寸系列[14]				
51405	25	60	24	27
51406	30	70	28	32
51407	35	80	32	37
51408	40	90	36	42
51409	45	100	39	47
51410	50	110	43	52
51411	55	120	48	57
51412	60	130	51	62
51413	65	140	56	68
51414	70	150	60	73
51415	75	160	65	78

注：圆括号中的尺寸系列代号，在轴承型号中省略。

附录 5　极限与配合

附表 5-1　标准公差数值（GB/T 1800.2—2009）摘编

基本尺寸/mm		标准公差等级																	
		IT1	IT2	IT3	IT4	IT5	IT6	IT7	IT8	IT9	IT10	IT11	IT12	IT13	IT14	IT15	IT16	IT17	IT18
大于	至	μm											mm						
—	3	0.8	1.2	2	3	4	6	10	14	25	40	60	0.10	0.14	0.25	0.40	0.60	1.0	1.4
3	6	1	1.5	2.5	4	5	8	12	18	30	48	75	0.12	0.18	0.30	0.48	0.75	1.2	1.8
6	10	1	1.5	2.5	4	6	9	15	22	36	58	90	0.15	0.22	0.36	0.58	0.90	1.5	2.2
10	18	1.2	2	3	5	8	11	18	27	43	70	110	0.18	0.27	0.43	0.70	1.10	1.8	2.7
18	30	1.5	2.5	4	6	9	13	21	33	52	84	130	0.21	0.33	0.52	0.84	1.30	2.1	3.3
30	50	1.5	2.5	4	7	11	16	25	39	62	100	160	0.25	0.39	0.62	1.00	1.60	2.5	3.9
50	80	2	3	5	8	13	19	30	46	74	120	190	0.30	0.46	0.74	1.20	1.90	3.0	4.6
80	120	2.5	4	6	10	15	22	35	54	87	140	220	0.35	0.54	0.87	1.40	2.20	3.5	5.4
120	180	3.5	5	8	12	18	25	40	63	100	160	250	0.40	0.63	1.00	1.60	2.50	4.0	6.3
180	250	4.5	7	10	14	20	29	46	72	115	185	290	0.46	0.72	1.15	1.85	2.90	4.6	7.2
250	315	6	8	12	16	23	32	52	81	130	210	320	0.52	0.81	1.30	2.10	3.20	5.2	8.1
315	400	7	9	13	18	25	36	57	89	140	230	360	0.57	0.89	1.40	2.30	3.60	5.7	8.9
400	500	8	10	15	20	27	40	63	97	155	250	400	0.63	0.97	1.55	2.50	4.00	6.3	9.7
500	630	9	11	16	22	32	44	70	110	175	280	440	0.70	1.10	1.75	2.80	4.40	7.0	11
630	800	10	13	18	25	36	50	80	125	200	320	500	0.80	1.25	2.00	3.20	5.00	8.0	12.50
800	1000	11	15	21	28	40	56	90	140	230	360	560	0.90	1.40	2.30	3.60	5.60	9	14
1000	1250	13	18	24	33	47	66	105	165	260	420	660	1.05	1.65	2.60	4.20	6.60	10.5	16.5
1250	1600	15	21	29	39	55	78	125	195	310	500	780	1.25	1.95	3.10	5	7.80	12.5	19.5
1600	2000	18	25	35	46	‘65	92	150	230	370	600	920	1.50	2.30	3.70	6	9.20	15	23
2000	2500	22	30	41	55	78	110	175	280	440	700	1100	1.75	2.80	4.40	7	11	17.5	28
2500	3150	26	36	50	68	96	135	210	330	540	860	1350	2.10	3.30	5.40	8.60	13.5	21	33

注：1. 基本尺寸大于 500mm 的 IT1 至 IT5 的标准公差值为试行的标准。

2. 基本尺寸小于 1mm 时，无 IT14 至 IT18。

附表 5-2　优先配合中轴的极限偏差摘编　　单位：μm

基本尺寸/mm		公差带																
		c	*d*	*f*		*g*		*h*					*k*		*n*	*p*	*s*	u
大于	至	11	9	7	8	6	7	6	7	8	9	11	6	7	6	6	6	6
—	3	-60 -120	-20 -45	-6 -16	-6 -20	-2 -8	-2 -12	0 -6	0 -10	0 -14	0 -25	0 -60	+6 0	+10 0	+10 +4	+12 +6	+20 +14	+24 +18
3	6	-70 -145	-30 -60	-10 -22	-10 -28	-4 -12	-4 -16	0 -8	0 -12	0 -18	0 -30	0 -75	+9 +1	+13 +1	+16 +8	+20 +12	+27 +19	+31 +23
6	10	-80 -170	-40 -76	-13 -28	-13 -35	-5 -14	-5 -20	0 -9	0 -15	0 -22	0 -36	0 -90	+10 +1	+16 +1	+19 +10	+24 +15	+32 +23	+37 +28
10	14	-95 -205	-50 -93	-16 -34	-16 -43	-6 -17	-6 -24	0 -11	0 -18	0 -27	0 -43	0 -110	+12 +1	+19 +1	+23 +12	+29 +18	+39 +28	+44 +33
14	18																	
18	24	-110 -240	-65 -117	-20 -41	-20 -53	-7 -20	-7 -28	0 -13	0 -21	0 -33	0 -52	0 -130	+15 +2	+23 +2	+28 +15	+35 +22	+48 +35	+54 +41
24	30																	+61 +48
30	40	-120 -280	-80 -142	-25 -50	-25 -64	-9 -25	-9 -34	0 -16	0 -25	0 -39	0 -62	0 -160	+18 +2	+27 +2	+33 +17	+42 +26	+59 +43	+76 +60
40	50	-130 -290																+86 +70
50	65	-140 -330	-100 -174	-30 -60	-30 -76	-10 -29	-10 -40	0 -19	0 -30	0 -46	0 -74	0 -190	+21 +2	+32 +2	+39 +20	+51 +32	+72 +53	+106 +87
65	80	-150 -340															+78 +59	+121 +102
80	100	-170 -390	-120 -207	-36 -71	-36 -90	-12 -34	-12 -47	0 -22	0 -35	0 -54	0 -87	0 -220	+25 +3	+38 +3	+45 +23	+59 +37	+93 +71	+146 +124
100	120	-180 -400															+101 +79	+166 +144
120	140	-200 -450	-145 -245	-43 -83	-43 -106	-14 -39	-14 -54	0 -25	0 -40	0 -63	0 -100	0 -250	+28 +3	+43 +3	+52 +27	+68 +43	+117 +92	+195 +170
140	160	-210 -460															+125 +100	+215 +190
160	180	-230 -480															+133 +108	+235 +210
180	200	-240 -530	-170 -285	-50 -96	-50 -122	-15 -44	-15 -61	0 -29	0 -46	0 -72	0 -115	0 -290	+33 +4	+50 +4	+60 +31	+79 +50	+151 +122	+265 +236
200	225	-260 -550															+159 +130	+287 +258
225	250	-280 -570															+169 +140	+313 +284
250	280	-300 -620	-190 -320	-56 -108	-56 -137	-17 -49	-17 -69	0 -32	0 -52	0 -81	0 -130	0 -320	+36 +4	+56 +4	+66 +34	+88 +56	+190 +158	+347 +315
280	315	-330 -650															+202 +170	+382 +350
315	355	-360 -720	-210 -350	-62 -119	-62 -151	-18 -54	-18 -75	0 -36	0 -57	0 -89	0 -140	0 -360	+40 +4	+61 +4	+73 +37	+98 +62	+226 +190	+426 +390
355	400	-400 -760															+244 +208	+471 +435
400	450	-440 -840	-230 -385	-68 -131	-68 -165	-20 -60	-20 -83	0 -40	0 -63	0 -97	0 -155	0 -400	+45 +5	+68 +5	+80 +40	+108 +68	+272 +232	+530 +490
450	500	-480 -880															+292 +252	+580 +540

附表 5-3 优先配合中孔的极限偏差摘编

单位：μm

基本尺寸/mm		公差带												
		C	D	F	G	H				K	N	P	S	U
大于	至	11	9	8	7	7	8	9	11	7	7	7	7	7
—	3	+120 +60	+45 +20	+20 +6	+12 +2	+10 0	+14 0	+25 0	+60 0	0 −10	−4 −14	−6 −16	−14 −24	−18 −28
3	6	+145 +70	+60 +30	+28 +10	+16 +4	+12 0	+18 0	+30 0	+75 0	+3 −9	−4 −16	−8 −20	−15 −27	−19 −31
6	10	+170 +80	+76 +40	+35 +13	+20 +5	+15 0	+22 0	+36 0	+90 0	+5 −10	−4 −19	−9 −24	−17 −32	−22 −37
10	14	+205 +95	+93 +50	+43 +16	+24 +6	+18 0	+27 0	+43 0	+110 0	+6 −12	−5 −23	−11 −29	−21 −39	−26 −44
14	18													
18	24	+240	+117 +65	+53 +20	+28 +7	+21 0	+33 0	+52 0	+130 0	+6 −15	−7 −28	−14 −35	−27 −48	−33 −54
24	30	+110												−40 −61
30	40	+280 +120	+142 +80	+64 +25	+34 +9	+25 0	+39 0	+62 0	+160 0	+7 −18	−8 −33	−17 −42	−34 −59	−51 −76
40	50	+280 +120												−61 −86
50	65	+330 +140	+174 +100	+76 +30	+40 +10	+30 0	+46 0	+74 0	+190 0	+9 −21	−9 −39	−21 −51	−42 −72	−76 −106
65	80	+340 +150											−48 −78	−91 −121
80	100	+390 +170	+207 +120	+90 +36	+47 +12	+35 0	+54 0	+87 0	+220 0	+10 −25	−10 −45	−24 −59	−58 −98	−111 −146
100	120	+400 +180											−66 −101	−131 −166
120	140	+450 +200	+245 +145	+106 +43	+54 +14	+40 0	+63 0	+100 0	+250 0	+12 −28	−12 −52	−28 −68	−77 −117	−155 −195
140	160	+460 +210											−85 −125	−175 −215
160	180	+480 +230											−93 −133	−195 −235
180	200	+530 +240	+285 +170	+122 +50	+61 +15	+46 0	+72 0	+115 0	+290 0	+13 −33	−14 −60	−33 −79	−105 −151	−219 −265
200	225	+550 +260											−113 −159	−241 −287
225	250	+570 +280											−123 −169	−267 −313
250	280	+620 +300	+320 +190	+137 +56	+69 +17	+52 0	+81 0	+130 0	+320 0	+16 −36	−14 −66	−36 −88	−138 −190	−295 −347
280	315	+650 +330											−150 −202	−330 −382
315	355	+720 +360	+350 +210	+151 +62	+75 +18	+57 0	+89 0	+140 0	+360 0	+17 −40	−16 −73	−41 −93	−169 −226	−369 −426
355	400	+760 +400											−187 −244	−414 −471
400	450	+840 +440	+385 +230	+165 +68	+83 +20	+63 0	+97 0	+155 0	+400 0	+18 −45	−17 −80	−45 −108	−209 −272	−467 −530
450	500	+880 480											−229 −292	−517 −580

附录 6 常用材料

<table>
<tr><th>分类</th><th>材料（牌号）</th><th>用途</th><th>说明</th></tr>
<tr><td rowspan="8">黑色金属</td><td>Q235A</td><td>金属结构件：螺栓、螺母、连杆、轴及焊接件等</td><td>普通碳素结构钢牌号由字母 Q、屈服点数值（N/mm²）和质量等级符号组成</td></tr>
<tr><td>30</td><td>具有良好强度和韧性综合性能，用于轴、拉杆、转轴、丝杠等</td><td rowspan="4">优质碳素结构钢，数字表示钢中平均含碳量的万分数，含锰较高的钢，加元素符号“Mn”</td></tr>
<tr><td>35</td><td>性能与 30 号钢相似，用于曲轴、杠杆、键、销、螺栓等</td></tr>
<tr><td>45</td><td>用于强度要求较高的零件：齿轮、轴、连轴器、衬套等</td></tr>
<tr><td>65Mn</td><td>用于弹簧、垫圈、发条、座板簧等</td></tr>
<tr><td>ZG45</td><td>用于齿轮、机架等</td><td>“ZG”表示铸钢，数字意义同上</td></tr>
<tr><td>HT150</td><td>中强度铸铁，用于轴承座、带轮等</td><td rowspan="2">“HT”表示灰铸铁，数字表示抗拉强度值（N/mm²）</td></tr>
<tr><td>HT200</td><td>高强度铸铁：用于机座、泵体、床身等</td></tr>
<tr><td rowspan="5">有色金属</td><td>H62</td><td>用于散热器、垫圈、弹簧、网等</td><td>“H”表示黄铜，数字表示平均含铜量的百分数</td></tr>
<tr><td>ZQSn6－6－3</td><td>用于承受摩擦的零件：轴瓦等</td><td>“ZQ”表示铸造青铜，数字表示锡、锌、铅的平均百分数</td></tr>
<tr><td>ZQAl9－4</td><td>用于蜗轮、衬套、防锈零件等</td><td>铸造铝青铜，数字表示铝、铁的平均百分数</td></tr>
<tr><td>ZL102</td><td>用于载荷不大的薄壁零件</td><td>铸造铝合金，数字表示类别及顺序号</td></tr>
<tr><td>LY12</td><td>用于中等强度的零件，焊接性好</td><td>“LY”表示硬铝，数字表示顺序号</td></tr>
<tr><td rowspan="6">非金属材料</td><td>耐油橡胶板</td><td>较高硬度，冲制各种形状垫圈</td><td>牌号 3001，3002</td></tr>
<tr><td>油浸石棉盘根</td><td>用于回转轴、阀杆上的密封材料</td><td>牌号 YS450</td></tr>
<tr><td>毛毡</td><td>用于密封、防漏油、缓冲衬垫等</td><td>按需要选用细毛、半粗毛、粗毛</td></tr>
<tr><td>软钢纸板</td><td>用于密封连接处垫片</td><td></td></tr>
<tr><td>聚四氟乙烯</td><td>用于腐蚀介质中的垫片，密封减磨作用</td><td>牌号 SFL－4－13</td></tr>
<tr><td>有机玻璃</td><td>用于耐腐蚀和需要透明的零件</td><td></td></tr>
</table>

参 考 文 献

成大先.2008.机械设计手册［M］.5版.北京：化学工业出版社.

丁红宇.2003.制图标准手册［M］.北京：中国标准出版社.

大连理工大学工程画教研室.2003.机械制图［M］.5版.北京：高等教育出版社.

高捷.2008.新编机械制图［M］.北京：冶金工业出版社.

胡建生.2009.机械制图（少学时）［M］.北京：机械工业出版社.

刘力.2004.机械制图［M］.2版.北京：高等教育出版社.

宋巧莲.2007.机械制图与计算机绘图［M］.北京：机械工业出版社.

许冬梅.2007.机械制图与计算机绘图［M］.北京：清华大学出版社.

王爱民，等.2005.机械制图与计算机绘图［M］.北京：电力出版社.

唐克中.2009.画法几何及工程制图［M］.北京：高等教育出版社.

中华人民共和国标准化管理委员会.2007.产品几何技术规范（GPS）技术产品文件中表面结构的表示法［M］.北京：中国标准出版社.

李学京.2013.机械制图和持术制图国家标准学用指南［M］.北京：中国质检出版社.

叶玉驹，等.2012.机械制图手册［M］.北京：机械工业出版社.